インテリジェンス —— 機密から政策へ

マーク・M・ローエンタール =|著 Mark M. Lowenthal

小林良樹 =|訳 Yoshiki Kobayashi

［原著9版］

Intelligence
From Secrets to Policy
[9th Edition]

Mark M. Lowenthal

慶應義塾大学出版会

Intelligence 9th ed. by Mark M. Lowenthal

Copyright © 2023 by CQ Press, an Imprint of SAGE Publications, Inc.
CQ Press is a registered trademark of Congressional Quarterly, Inc.
Originally published by Sage Publishing in London, California, New Delhi and Singapore.

Japanese translation copyright © 2025 by KEIO UNIVERSITY PRESS INC.
Japanese language edition published by arrangement
with Sage Publishing through Tuttle-Mori Agency, Inc., Tokyo.
The copyright of the Japanese translation is jointly held
by KEIO UNIVERSITY PRESS INC. and Sage Publishing.

Yoshiki Kobayashi holds the copyright for the Japanese translation.

All rights reserved.

序　文

　かつて、インテリジェンスに関する講義を担当する研究者たちが集まると、互いが尋ねる最初の質問の1つが、「文献は何を使っているか」であった。このような質問が出るのは、インテリジェンスに関する標準的な教科書が存在しなかったからである。入手できる書籍は、授業の教科書としては不十分である通史かあるいは主に実務家やマニア向けに書かれた学術論文で、大学生や大学院生向けではなかった。多くの同僚たちと同様、私も長い間、入門的な教科書の必要性を感じていた。私は、インテリジェンス関連の文献におけるこうしたギャップを埋めるべく、2000年にこの本の初版を上梓した。

　『インテリジェンス：秘密から政策へ』は、いわゆるハウツー本ではない。本書は、読者を有能なスパイや優秀な分析担当者に変えることはできない。本書の目的はむしろ、国家安全保障政策を決定する際のインテリジェンスの役割を読者が十分に理解し、インテリジェンスの長所と短所に対する洞察力を読者が持つようにすることである。本書の最も重要なメッセージは、「インテリジェンスは政策に奉仕し従属するものである」、「インテリジェンスは、明確に理解された政策目標と結び付けられることによって、（分析においても工作においても）最も有効に機能する」、ということである。

　本書は、米国を中心とした偏った内容になっている。私が最も精通しているのは米国のインテリジェンス機構であり、それは世界で最大かつ最も充実し、最も多面的なインテリジェンス機構である。同時に、米国以外の国に関心を持つ読者としても、インテリジェンスの収集、分析、秘密工作活動に関する多くの基本的な問題、更にはインテリジェンスと政策との関係に関して、本書からより良い理解を得ることができるであろう。

　本書はまず、インテリジェンスの定義に関する議論、米国のインテリジェンス・コミュニティの簡単な歴史と概要から始まる。そして、本書の中心となる部分は、多くのインテリジェンス組織が実践しているインテリジェンスのプロセスに沿って構成されている。すなわち、要求、収集、分析、伝達、そして政策という流れである。それぞれの項目に関して、その役割、利点、問題点などに関する詳細な議論を行っている。本書のこうした構成を通じて、読者は、インテリジェンス・プロセスの全体像や、その各段階における具体的な問題点を理解することができる。本書は、秘密工作活動とカウンターインテリジェンスについても、同様の観点から考察を加えている。政策決定者と監督者の役割、特に議会における役割に関しても論じている。また、3つの章に渡って、米国のインテリジェンスが直面している諸課題に検討を加えている。国家主

体による問題、トランスナショナルな問題、さらに、インテリジェンスにおいて発生する道徳や倫理の問題である。本書は更に、インテリジェンス改革や諸外国のインテリジェンス組織についても触れている。

本書『インテリジェンス』は主に、私が長年教えてきた講義から生み出されたものである。すなわち、1994年から2007年までのコロンビア大学国際公共政策大学院における「米国外交政策におけるインテリジェンスの役割」、2008年からのジョンズ・ホプキンス大学ザンビル・クリーガー教養学部における「インテリジェンス：機密から政策へ」、2015年からのパリ政治学院における「インテリジェンスと国家安全保障」である。

学生たちにも言っていることだが、私はインテリジェンスに反対する議論を展開するものではないし、インテリジェンスに関する弁解を提供するものでもない。本書は、「インテリジェンスは政府の正常な機能である」との立場をとっている。すなわち、インテリジェンスは上手く機能することもあれば、上手く機能しない場合もある。米国のインテリジェンス組織を含め、いかなるインテリジェンス組織も、賞賛と批判の両方を当然受け止めなければならない。私の目的は、重要な問題を提起し、それらをめぐる議論に光を当て、こうした議論の背景事情を提供することである。教授や学生の皆さんには、それぞれ自分なりの結論を導き出していただきたい。本書は、インテリジェンスというテーマの入門書として、著者の見解に同意することを読者には求めてはいない。そうした点において、本書は正しいアプローチをとっていると私は考えている。

本書は入門書であり、このテーマに関する結論を提供するものではない。むしろ、本書の意図は、インテリジェンスに内在する諸課題を真剣かつ学術的に探求するための出発点となることである。各章の最後には、関連する諸問題をより深く検討するための推奨文献の一覧を掲載している。別添1は、その他の引用文献とウェブサイトを掲載している。別添2は、1945年以降の米国のインテリジェンス・コミュニティの改革に関する検討や提案の中でも最も重要なものの幾つかを掲載している。

本書は『インテリジェンス』の第9版である。各版の主な変更点は、2000年以降にインテリジェンス・コミュニティが直面した変化を反映している。第2版では、911テロ事件と「テロとの闘い」の開始に関する内容を追加した。第3版では、911テロ事件に関する調査、イラクの大量破壊兵器（WMD）に関する評価とその影響、国家情報長官（DNI）の創設（1947年以降の米国のインテリジェンスの最大の変更）を取り上げた。第4版では、幾つかの新しい分野が反映された。国家情報長官による改革の実施並びにその成功及び問題点、「テロとの闘い」によって生じている現下の法律面・工作面・倫理面での諸問題、大量破壊兵器問題などのトランスナショナルな問題の拡大、米国におけるインテリジェンスの政治化の拡大（特に、国家情報評価（NIE）の秘密指定解除

とその活用によって生じるもの）などである。第5版では、「テロとの闘い」が提起した問題の多くが引き続きの課題となった。インテリジェンス・コミュニティ全体の運営や国家情報長官の役割も同様である。同時に、サイバー空間などの新たな課題も目立つようになった。第6版は、政策決定者にとってのテロリズムの重要性がやや緩和し始めたことに伴い米国のインテリジェンスの優先課題の変更が進行していることや、マニング（Manning）やスノーデン（Snowden）によるリークの広範な影響を反映したものとなった。なお、これらのリークされたインテリジェンスは、現実にはリークされてしまってはいるものの、依然として秘密として扱われるべきものである。したがって、私としては、本件に関する当局の正式な見解がない限り、これらのリークに関して詳細に論じたりその真偽に関してコメントすることはできない。第7版は、「サイバーは新たな収集手段か」との問題を含め、依然として進化を続けるサイバー空間の問題の再評価を行った。また、米国のインテリジェンスの仕組みに関する主要な法令、国内における情報収集、公益通報者（リーク者とは異なる）、成長中の分野である金融インテリジェンスの概要に関する新たな章を追加した。第8版は、主権国家による問題（特に中国とロシア）への回帰が続いていることや、トランプ政権のインテリジェンスに対する姿勢によって生じた軋轢に言及した。

　この第9版においても、こうした傾向は更に進展している。本版の特徴は次のとおりである。すなわち、大国間競争の復活と激化、国内における暴力的過激主義問題の上昇、トランスナショナルな問題における大きな変化（特に、サイバー空間、新型コロナウイルスの流行によって生じた健康問題）である。また、諸外国のインテリジェンスに関する第15章や各種参考文献も大幅に更新されている。

　インテリジェンスの動的な性質に鑑みると、この分野に関する教科書はいずれも、掲載されている情報が陳腐化している危険性をはらんでいる。国際情勢が流動的かつ動的であることを踏まえれば、この問題は一層深刻であるかもしれない。これは、「状況が変化している中でインテリジェンスを完成させなければならない」というインテリジェンス分析担当者の直面するジレンマと類似している。こうしたリスクを避けることはできない。しかしながら、インテリジェンスをめぐる課題の大半は（とりわけ主要な論点は）、変化し続けるインテリジェンスの性質が示唆する以上に、より普遍的かつ永続的なものであり、急速に時代遅れになってしまう可能性は低いものである。この点を私は確信している。

　本書に記載されている事実関係、見解、分析は全て著者のものであり、国家情報長官室またはその他の米国政府機関の公式な立場や見解を反映したものではない。本書のいかなる内容も、米国政府による当該情報への承認や、国家情報長官による著者の見解への支持、を表明したり示唆したりするものではない。本書は、秘密情報の漏洩を防ぐため、インテリジェンス・コミュニティによる審査を受けている。

感謝の言葉をいくつか述べたい。まず、妻のシンシアと子供たち（サラとアダム）である。彼らは、私のパートタイムの学術的なキャリアを支えてくれている。そのために、しばしば夕食を共にできなくなってしまうことがあるにもかかわらずである。シンシアはまた、長い改訂作業の間、非常に大きな支えとなってくれている。次に、初期の草稿を査読し、大幅な改善を施してくれた3人の友人や同僚たちに感謝したい。故サム・ハルパーン、ロック・ジョンソン、ジェニファー・シムズである。また、この版に対しては、以下の研究者からも非常に有益な示唆を頂戴した。バージニア・コモンウェルス大学のキンバリー・A・アーバン、カリフォルニア州立大学サンバーナーディーノ校のアントニー・フィールド、ノートルダム大学のジョン・W・キング、イーストカロライナ大学のアーミン・クリシュナン、米国海軍大学校のリチャード・J・ノートンである。アンソニー・スパダロとジム・バーネットは、私や他の多くの同僚に対して、インテリジェンスに関する様々な問題に関する最新の記事を常に絶え間なく提供してくれた。ヘイデン・ピークは、諸外国のインテリジェンス諜報機関に関する新しい書籍や論文を常に私に教示してくれた。ジェイソン・ヒーリーとロバート・ゴーリーは、インテリジェンスとサイバー空間に関して有益なコメントを寄せてくれた。これらの人々はいずれも、残された欠陥や表明されている見解のいずれに対しても何ら責任を負うものではない。また、以前の版の査読者の方々にも謝意を表したい。カリフォルニア州立大学サンバーナーディーノ校のウィリアム・グリーン、カリフォルニア大学アーバイン校のパトリック・モーガン、アラバマ大学のドナルド・スノー、テキサス大学サンアントニオ校のジェームズ・D・カルダー、ケンタッキー大学のロバート・プリングル、ユタ州立大学のラリー・ブース、オハイオ州立大学のマシュー・ドナルド、カリフォルニア州立大学サクラメント校のジョン・シア、モンマス大学のジョン・コミスク、アリゾナ州立大学のピーター・ヒックマン、オーバーン大学のポール・M・ジョンソン、メリーランド大学ユニバーシティカレッジのマイケル・ボガート、ノートルダム大学のアラン・モア、カリフォルニア州立大学のマイケル・サイラー、メリーランド大学ユニバーシティカレッジのピーター・オレセン、ジョージア大学のロック・ジョンソン、エンブリリドル航空大学のゲイリー・ケスラー、ノートルダム大学のグレッグ・ムア、テキサス大学サンアントニオ校のジェームズ・カルダーとグレン・シェーファーである。さらに、CQ出版社の以下の方々との共同作業は、私にとって最も恵まれたものであった。買収担当エディターのスコット・グリーナン、編集アシスタントのローレン・ユンカー、制作担当エディターのレベッカ・リー、そして優秀なコピー・エディターのエイミー・マークスである。彼らとの仕事は最高に楽しいものであった。一連のサンディエゴの上空からの画像を提供してくれたスペース・イメージング社に感謝する。

　これまでの版と同様、インテリジェンス・コミュニティの全ての仲間に対し、彼ら

が私に教示してくれたことや彼らの業務への献身に関し、引き続き謝意を表する。最後に、長年にわたる私の生徒諸君に謝意を表する。彼らのコメントや議論によって、私の講義と本書は非常に意義深いものとなった。繰り返しになるが、本書のいかなる欠点に関しても、その責任を負うのはひとえに私のみである。

マーク・M・ローエンタール
バージニア州レストン

上・目次

序文　i

第1章　「インテリジェンス」とは何か？.......1
　なぜインテリジェンス組織が必要なのか？　2
　インテリジェンスとは何なのか？　8
　主要な用語　15／参考文献　15

第2章　米国のインテリジェンスの発展.......17
　主要な課題　18
　歴史上の主要な出来事　32
　主要な用語　55／参考文献　55

第3章　米国のインテリジェンス・コミュニティ
　.......57
　インテリジェンス・コミュニティに対する様々な視点　65
　様々な異なるインテリジェンス・コミュニティ　67
　インテリジェンス・コミュニティにおける重要な「関係性」　74
　インテリジェンス予算のプロセス　98
　主要な用語　105／参考文献　105

第4章　インテリジェンス・プロセス―マクロの視点
　――誰が誰のために何をするのか？.......107
　リクワイアメント　109
　収集　117
　加工処理　118
　分析及び生産　120

伝達及び消費　122

  フィードバック　125

  インテリジェンス・プロセスに関する考察　126

  主要な用語　130／参考文献　130

第5章　収集及び収集の方法 …………………………… 131

  全体に関連する課題　132

  長所及び短所　163

  まとめ　231

  主要な用語　234／参考文献　235

第6章　分析 ……………………………………………… 239

  主要な課題　240

  分析上の諸課題　273

  インテリジェンス分析の評価　318

  主要な用語　324／参考文献　325

第7章　カウンターインテリジェンス ………………… 329

  組織内における防護措置　332

  外部的な兆候及びカウンターエスピオナージ　347

  カウンターインテリジェンスに関する問題点　350

  リーク　357

  経済的エスピオナージ　370

  国家安全保障書簡（ナショナルセキュリティ・レター）　371

  まとめ　373

  主要な用語　375／参考文献　375

略称一覧　378

コラム一覧

[コラム] 2001年9月11日のテロ攻撃：もう1つの真珠湾攻撃なのか？　4
[コラム] 政策 対 インテリジェンス：巨大な隔たり　7
[コラム] そして、あなたがたは真理を知り…　11
[コラム] インテリジェンスのワーキング・コンセプト　14
[コラム] インテリジェンスの単純化　68
[コラム] 8つの同時進行予算　104
[コラム] なぜ秘密指定が必要なのか？　144
[コラム] 画像の解読担当者の必要性　168
[コラム] ジオイントは画像である必要はあるのか？　170
[コラム] シギントとイミントの比較　185
[コラム] インテリジェンスのユーモア　220
[コラム] 分析を考えるための『例え話』　279
[コラム] どの程度正しく、どの程度頻繁に　312
[コラム] 誰が誰に対してスパイを行っているのか　330
[コラム] なぜ、スパイとなるのか？　335

図表一覧

図3.1　インテリジェンス・コミュニティ：組織図　63
図3.2　インテリジェンス・コミュニティの別の見方：機能の流れ　67
図3.3　インテリジェンス・コミュニティの別の見方：機能の観点からの見方　69
図3.4　インテリジェンス・コミュニティの別の見方：予算に関する見方　101
図3.5　インテリジェンス予算：3年間の4段階　102
図4.1　インテリジェンスのリクワイアメント：「重要性」対「可能性」　113
図4.2　インテリジェンス・プロセス：CIAの見解　127
図4.3　インテリジェンス・プロセス：概要　128
図5.1　インテリジェンス収集：各収集手法（イント）の構成　232
表5.1　各インテリジェンス収集手法（イント）の比較　233

＊下・目次＊

第 8 章　秘密工作活動
第 9 章　政策決定者の役割
第10章　監督及びアカウンタビリティー
第11章　インテリジェンスの課題——主権国家
第12章　インテリジェンスの課題——トランスナショナルな問題
第13章　インテリジェンスにおける倫理的・道徳的な課題
第14章　インテリジェンス改革
第15章　諸外国のインテリジェンス組織

第1章
「インテリジェンス」とは何か？

　インテリジェンス（intelligence）とは何なのであろうか。なぜその定義が問題になるのだろうか。インテリジェンスに関する書籍の大半において、最初に議論されているテーマは、「インテリジェンス」とは何を意味するか、あるいは少なくとも著者としてはこの用語をどのように使用する意図なのか、という問題である。こうした編集上の事実からは、インテリジェンスという分野に関する多くのことが明らかになる。もし本書が、防衛、住宅、交通、外交、農業等政府の他の機能に関する教科書であるならば、議論の主要テーマに関して混乱を来すこともなければ、あえてそれを説明する必要もないであろう。

　インテリジェンスは、少なくとも2つの理由において他の政府機関とは異なっている。第1に、インテリジェンス活動の大半は秘密裡に実行される。インテリジェンスが存在する理由として、政府がある情報を他国の政府に対して秘匿しようとする一方、他国の政府もまた秘密の手段を用いて当方が秘匿している情報を発見しようとしている。こうしたインテリジェンスの秘匿性がゆえに、インテリジェンスに関する執筆は不可能である、あるいは自分はインテリジェンスに関する十分な知識を持ってないと考える人々もいる。こうした論者は、自身の研究の限界について説明するべきと感じている。確かに、インテリジェンスの多くの部分は秘密とされており、またそうあるべきである。しかし、そうだとしても、インテリジェンスの基本的な役割、プロセス、機能及びその課題を説明することには何ら支障はない。

　第2に、こうした秘匿性は、特に米国のような民主主義国家においては、市民を戸惑わせる要因になり得る。米国のインテリジェンス・コミュニティは比較的最近になって構築されたものであるが、1947年の創設以降大きな両面性（アンビバレンス）を抱えている。米国人の中には、チェック・アンド・バランスに基づく開かれ

た政府の建前の中において、インテリジェンスが秘密の存在であるという考え方に違和感を持つ人々もいる。しかも、インテリジェンス・コミュニティは、スパイ活動、通信傍受、秘密工作活動等に関与している。こうした活動は、米国の国家としての「あるべき姿（及び他国の模範としてのあるべき姿）」に反するものだと考える人々もいる。こうしたインテリジェンスの現実を米国の理念及び目標と上手く折り合いを付けて理解することは、一部の米国国民にとっては困難である。

多くの人々にとって、インテリジェンスは、おそらく、秘密であるという点を除けば、インフォメーション（情報：information）と大差ないように映るであろう。しかし、両者を区別することは重要である。インフォメーション（情報）とは、「知ることができるもの」全てである。それがどのようにして知られるに至ったのかは問題ではない。一方、インテリジェンスとは、政策決定者（policymaker）のニーズに合致するインフォメーション（情報）であり、また、そうしたニーズを満たすべく焦点を当てて収集、処理されたものである。そうしたニーズは、明示されることもあれば、暗黙に理解されることもある。インテリジェンスは、広い意味でのインフォメーション（情報）の一部分である。インテリジェンス（のプロダクト）及びそれが生産されるプロセスの全体（課題の特定、収集、分析等）は、いずれも政策決定者のニーズに応えるためのものである。全てのインテリジェンスはインフォメーション（情報）に含まれる。これに対して、インフォメーション（情報）は必ずしもインテリジェンスであるとは限らない。

なぜインテリジェンス組織が必要なのか？

本書の主題は、「インテリジェンスの唯一の存在目的は、多様な方法によって政策決定者を支援することだ」という点である。それ以外の活動は全て、無意味なもの、あるいは違法なものである。本書は、あらゆる側面における「インテリジェンス及び政策決定との関係」に焦点を当てたものとなっている。政策決定者は、受動的にインテリジェンスを受け取るのではなく、インテリジェンスのあらゆる側面に積極的に影響を与える存在である。（政策決定者とインテリジェンスとの関係に関するこうした考え方は、政府のみならずビジネスにも該当するかもしれない。しかし、本書は政府の問題に焦点を絞っている。）

インテリジェンス組織の存在理由は、少なくとも次の4つである。第1は、戦略的サプライズを回避するためである。第2は、長期的に専門的な知識を提供するためである。第3は、政策プロセスを支援するためである。第4は、インフォメー

ションの秘匿性並びに（インテリジェンス活動の）ニーズ及び手法の秘匿性を保持するためである。

戦略的サプライズの回避

　インテリジェンス・コミュニティの最大の目標は、自国の存立を脅かす可能性のある脅威、勢力、出来事、その他の諸動向の進捗等を常に把握し続けることである。こうした目標は大げさで突飛なものに聞こえるかもしれない。しかし、各国は、20世紀初頭以来幾度となく、甚だ準備不足の中で直接的な軍事攻撃に晒されている。例えば、1904年に日本はロシアを驚かせた。1941年にはドイツがソ連を、日本が米国をそれぞれ驚かせた。1973年にはエジプト及びシリアがイスラエルを驚かせた。2001年9月11日の米国におけるテロ攻撃も同様なパターンの例の1つである。ただし、実際の規模はより限定的なものであった。

　戦略的サプライズ（strategic surprise）及び戦術的サプライズ（tactical surprise）を混同してはならない。後者は前者とは規模が異なり、これを完全に回避することは不可能である。こうした点は、コロンビア大学教授のベッツ（Richard Betts）が論文「分析、戦争と決定：なぜインテリジェンスの失敗は不可避なのか（Analysis, War, and Decision: Why Intelligence Failures Are Inevitable）」の中で指摘をしている。この2種類のサプライズの違いを整理するために、例えば、スミス氏及びジョーンズ氏がビジネスパートナーであると仮定する。毎週金曜日、スミス氏が顧客と昼食を共にしている間、ジョーンズ氏は事務所の小口現金から勝手に資金を着服していた。ある日の午後、スミス氏は予定より早く昼食から帰社したことからジョーンズ氏の犯行を発見し、2人は同時に「びっくりした！」と叫んだ。この場合、ジョーンズ氏の驚きは戦術的なものである。なぜなら、ジョーンズ氏は、まさかスミス氏に見つかるとは予想していなかったものの、自分が何をしているのかは自覚していた。これに対し、スミス氏の驚きは戦略的なものである。なぜなら、スミス氏はそもそも着服が行われているとは考えてもいなかったからである。

　戦術的なサプライズは、仮にそれが発生した場合には心理的な衝撃は生じ得るものの、国家の存立を脅かすほどの規模及び重要性は有していない。9.11テロはある意味、戦術的なサプライズであった。ただし、戦術的なサプライズが繰り返し発生する場合、それは、インテリジェンスに深刻な問題があることを示唆している（コラム「2001年9月11日のテロ攻撃：もう1つの真珠湾攻撃なのか？」）。

　核兵器を搭載した大陸間弾道ミサイルの出現により、米国及びソ連においては、奇襲攻撃を回避するためのインテリジェンスが一層重視されるようになった。今日

では、サイバー空間の活用による壊滅的な攻撃の可能性が生じている。これらは、事前の察知あるいは抑止が一層困難なものである。

> **[コラム] 2001年9月11日のテロ攻撃：もう1つの真珠湾攻撃なのか？**
>
> 　2001年9月11日のニューヨークの世界貿易センター及び国防省へのテロ攻撃に関し、多くの人々はこれを直ちに「新たな真珠湾攻撃」と表現した。どちらも奇襲（サプライズ）攻撃であったため、こうした見方は感情的な面では理解し得る。しかし、両者には重要な違いが存在する。
>
> 　第1に、真珠湾攻撃は戦略的なサプライズであった。米国の政策決定者は、日本が何らかの行動を起こすことは予想していたが、それが米国に対するものだとは考えていなかった。ソ連が標的となる可能性はある程度予想されていた。しかし、最も可能性を持って懸念されていたのは、日本が東南アジアにおける欧州諸国の植民地を攻撃する一方で米国の領地への攻撃を回避し、米国を参戦させることなく帝国を拡張し続けることであった。9.11テロは、むしろ戦術的なサプライズであった。（それ以前の）東アフリカ諸国における米国大使館に対する攻撃及び米国の軍艦USSコールに対する攻撃を通じて、ビンラディン（Osama bin Laden）の米国に対する敵意及び米国を標的とした攻撃の意思は既に十分に示されていた。2001年の夏、米国のインテリジェンス担当者は、ビンラディンが再び攻撃を実行する可能性がある旨の警報（ウォーニング）を発していた。しかし、どのような標的に対し、どのような手段で攻撃を行うのかに関しては未判明であった（あるいは単なる推測の域にとどまっていた）。
>
> 　第2に、日本及び枢軸国は、米国の国力及び米国の生活様式を打ち負かし破壊するだけの能力を持っていた。他方、テロリストの能力は、これらと同水準の脅威をもたらす程度のものではなかった。

長期的な専門知識の提供

　永続的な官僚機構に比べると、政策決定を担当する政府の上級幹部はいずれも「短期的な滞在者」に過ぎない。米国大統領の平均在任期間は5年である。国務長官及び国防長官の任期はそれより短期間である。彼らの上級スタッフである各省庁の副長官、次官、局長（次官補）の任期は、更に短期間であるのが一般的である。こうした政策担当者は、各分野における豊富な知識を持ってそれぞれの担当部署に就くことが一般的である。しかし、彼らが、自身の担当事項の全てに関して精通することは事実上不可能である。こうしたことから、彼らが、特定の問題に関して更に高い知識及び専門性を持つ他者に依存するのは避けられないことである。こうした中で、国家安全保障問題に関する多くの知識及び専門性を有しているのはインテリジェンス・コミュニティである。同コミュニティにおいては、分析担当者の集団

が、政治任用者よりも安定的に存在している（ただし、米国においては、2001年以降、こうした状況は若干変化している。第6章を参照）。インテリジェンス組織においては、外交部門及び国防部門に比較しても、人員の安定性は高い傾向がある。特に、上級のポストにおいてはそうした傾向は更に顕著である。また、インテリジェンス組織においては、国務省及び国防省に比較して、政治任用者が非常に少数である。ただし、インテリジェンス・コミュニティにおけるこうした人事上の2つの特徴（安定性及び非政治性）は、過去10年間でやや後退している。後述するように、米国インテリジェンスの最高の職である国家情報長官（DNI）は、非常に不安定なポストである。同制度創設後の最初の5年間（2005–2010年）で、4人が同長官のポストを務めた。こうした中で、クラッパー（James Clapper）空軍中将（退役）は、2010年から2017年まで国家情報長官を務めた。クラッパー長官は、自身の前任者全員の任期を合計した期間よりも長期間にわたり同職に留まり、優れた継続性を示した。しかし、トランプ（Donald Trump）政権の期間（2017–2021年）は、4年の間に2名の国家情報長官及び2名の長官代行が同職を務めるなど、再び不安定な期間となった。

政策プロセスの支援

　政策決定者は、テーラーメイド（当該政策決定の個別具体的なニーズに合わせて作成されているという意味）かつ時期を逸しないインテリジェンスを常に必要としている。こうしたインテリジェンスからは、物事の背景、文脈、事実関係、警報はもとより、リスク、利益、起こりうる結末に関する評価を得ることができる。また、政策決定者は時として、ある特定の政策目的を達成するための代替手段を必要とする場合がある。こうした両方のニーズを満たすのがインテリジェンス・コミュニティである。

　「インテリジェンス及び政策の厳格な峻別」は、米国のインテリジェンスの理念の1つである。この2つ（インテリジェンス及び政策）は別個の機能である。政府を運営しているのは政策担当者であり、インテリジェンスの役割はあくまでもこれを支援することである。インテリジェンスは、こうした区分を踏み越えて何らかの政策の選択を主張することは許されない。インテリジェンス担当者は、政策決定者と接する際においても、専門家としての客観性を維持するとともに、特定の政策、選択、結果を推し進めないことが求められる。インテリジェンス担当者によるそうした行為は、彼らが提示する分析の客観性を自ら損なうものとみなされる。インテリジェンス担当者が特定の政策結果に対して強い嗜好を持っている場合、彼らのインテリジェンス分析にも同様のバイアスがかかる可能性がある。これがいわゆる**政治化されたインテリジェンス**（politicized intelligence）の意味するところである。この

フレーズ（政治化されたインテリジェンス）は、米国のインテリジェンス・コミュニティにおける最も辛辣な侮蔑表現の1つである。ただしこれは、「インテリジェンス担当者は、政策の選択に関して何らの嗜好性も持っていない」との趣旨ではない。実際のところ、インテリジェンス担当者も何らかの政策的な嗜好を持っている。しかし、インテリジェンス担当者は、自分の政治的嗜好が自身の手掛けるインテリジェンス分析あるいは助言に影響を与えることがないように訓練を受けている。仮にインテリジェンス担当者が政策提言に携わることを許されるならば、彼らは、自分が提言した政策を支持するようなインテリジェンスを提示したいとの強い衝動に駆られる可能性がある。その時点で、インテリジェンスの客観性は完全に失われてしまうことになる。

　政策とインテリジェンスの区別に関しては、更に3つの重要な注意点を指摘しておく。第1に、「インテリジェンス及び政策の峻別」という考え方は、「インテリジェンス担当者は政策の結果に全く関心を持たず、政策に対して何ら影響を与えない」との趣旨ではない。インテリジェンス担当者が政策担当者にインテリジェンスを提供すること（すなわち、インテリジェンスの報告を行うこと）によって政策プロセスに影響を与えようとすること自体は許容される。他方で、政策担当者を何らかの特定の政策選択に誘導する意図を持ってインテリジェンスを操作しようとすることは許容されない。この2つの行為は峻別されるべきである。第2に、政策部門の幹部がインテリジェンス部門の幹部に対して意見を求めることは許容される。実際にそうしたことは行われている。第3に、「政策及びインテリジェンスは峻別される」との考え方は、双方向ではなく「インテリジェンスは政策を支援する」という方向にのみ該当する。すなわち、政策決定者がインテリジェンス部門の見解に従わないことや、自身の独自の分析的な見解を有することは特に問題はない。ただし、政策担当者がそうしたことを行う際、自らの代替的な見解を「これはインテリジェンスだ」と称して提示することは適切ではない。なぜなら、そうした政策決定者による独自の代替的な見解は、インテリジェンスに必要とされる客観性を欠いているからである。この点に関しては、厳密な基準等は存在しないものの、概ね広く合意されている不文律のような基準が存在する。こうした問題は、2002年に国防省のフェイス（Douglas Feith）次官（政策担当）が新たな部署を創設した際に顕在化した。すなわち、多くの識者は、フェイスが創設した当該組織は政策部門の中に位置しているにもかかわらず、実質的に代替的なインテリジェンス分析を提供していると考えた。政策決定者は、政策の領域の中で活動している限り、独自の代替的な見解を提示したとしても、インテリジェンス組織の見解そのものに対して政策部門の見解を押し

付けていることには該当しないと考えるかもしれない。しかし、こうした行為も「インテリジェンスの政治化」とみなされる場合がある。「インテリジェンスの政治化だ」との批判を受けることは、インテリジェンス担当者のみならず政策決定者も忌み嫌うことである。なぜならば、こうした非難を受けることは、自身の政策及び政策決定の根拠の健全性に疑義を呈せられることになるからである。政策決定者がインテリジェンスを否定することの妥当性は、2005年のボルトン（John Bolton）の国連大使への指名をめぐる議論の際の中心的な論点であった。ボルトンは、国務次官として、インテリジェンス部門から提供される見解が自身の望むものと異なっていた場合、インテリジェンスを否定するような行動をとっていた。ボルトンのこうした行為は批判を受けることとなった（コラム「政策 対 インテリジェンス：巨大な隔たり」参照）。2020年の選挙における外国からの干渉の脅威に関するインテリジェンス報告（2019年公表）に関し、2021年1月、国家情報長官室の分析オンブズマンであるズラウフ（Barry Zulauf）は、ロシアからの脅威を過小評価する意図に基づく「政治化」が施された旨を述べた。ただし、当時の国家情報長官代理であったグレーネル（Richard Grenell）はこれを否定している。

[コラム] 政策 対 インテリジェンス：巨大な隔たり

　政策及インテリジェンスの峻別をイメージする1つの方法として、両者を「半透性の膜で隔てられている2つの異なる政府の活動領域」に例えることが可能である。「半透性の膜」と言うのは次のような意味である。すなわち、政策決定者はインテリジェンスの領域に踏み込むことが可能であり、実際にそうしている〔訳者注：政策決定者は提供されたインテリジェンスを無視して政策決定を行うことも許容され得るという意味。インテリジェンスの政治化が許容されるという意味ではない。〕。しかしインテリジェンス担当者は、政策の領域に踏み込むことはできない。

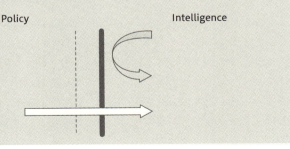

第1章 「インテリジェンス」とは何か？　　7

インフォメーション、ニーズ及び手法の秘匿性の保持

　秘匿性は、インテリジェンスの特徴である。他人があなたに対して、重要な情報を秘匿している場合がある。また、あなたはある種の情報を必要としているが、その必要性（ニーズ）を内密にしておきたい場合がある。さらに、あなたは情報を得るための手段を有しているが、その手段を秘匿にしておきたい場合がある。これらが、インテリジェンス組織が必要とされる主要な理由である。

インテリジェンスとは何なのか？

　インテリジェンスという用語は、主に国家安全保障に関わる問題に結び付いている。すなわち、国防及び外交政策、更には国土安全保障及び国内保安の一部も含まれる。このうちの後者は、2001年のテロ攻撃及び2021年1月6日の暴動〔訳者注：連邦議会襲撃事案〕以来、その重要性はますます高まっている。現在の米国の法律（2004年インテリジェンス・コミュニティ改編法）では、全てのインテリジェンスは**国家インテリジェンス**（national intelligence）との定義の下で、対外（foreign）、国内（domestic）、国土安全保障（homeland security）の3種類に分類されている。以前には、対外インテリジェンス及び国内インテリジェンスは極めて厳格に峻別されていた。しかし、特にテロのように双方の領域が重なる問題に関しては、こうした厳格な区分はインテリジェンス共有の障害になるとの認識が広まってきた。現在の仕組みは、こうした問題を克服するために規定されたものである。ただし、実務家にとって、国土安全保障（homeland security）、対内（internal）、国内保安（domestic security）の区別は理解することが困難なものである。このことには注意を要する。

　他の国家及び重要な非国家的主体（国際機関、テロ組織等）の活動、政策方針、能力は、最も重要な関心事項である。ただし、政策決定者及びインテリジェンス担当者としては、敵（当方にとって敵対的であることが既に知られている勢力、あるいは、何らかの形で当方に対して敵対的な政策目標を掲げている勢力）のことだけを考えていれば十分な訳ではない。中立国、友好国、あるいは同盟国であっても、一定の状況下においては当方にとって競争相手となり得る。こうした勢力に関してもその動向を把握しておく必要がある。例えば、欧州連合（EU）を構成する国々の多くは米国の同盟国である。しかし、米国は、こうした国の多くとの間で、世界の資源及び市場をめぐり競争関係にある。その意味において、こうした国々も競争相手と言い得る。同様の状況は、日本及び韓国との関係においても該当する。さらに、状況によっては、当方にとっての友好国の活動状況及び意図を把握する必要に迫られる場合もあり得

る。例えば、当方の同盟国が第3国との紛争に巻き込まれかねない方向に向かっている場合がある。こうした動向が当方にとって好ましくない場合（あるいは当方が巻き込まれる可能性がある場合）、当該同盟国の動向を早期に把握しておくことは有意義である。例えば、ヒトラー（Adolf Hitler）は、真珠湾の米国艦隊に対する1941年の日本の攻撃計画を仮に事前に知っていたならば、より上手く立ち回れた可能性がある。すなわち、ヒトラーにとっては米国が直接参戦することは好ましくないことであり、したがって、日本による米国への直接攻撃に対して反対した可能性がある。（真珠湾攻撃とは異なる選択肢として、日本が、米国の領土を攻撃するのではなく、南方における欧州諸国の植民地を攻撃することが考えられた）。また、20世紀後半から21世紀初頭にかけて、非国家主体（テロリスト、薬物密売人、フリーランスで拡散活動に従事する者、サイバーハッカー等）を追跡することは、米国にとって一層重要となっている。

　こうした様々なアクター、更には彼らの意図、彼らが実行する可能性の高い行動、様々な分野（経済、軍事、社会等）における彼らの能力に関する情報が必要となっている。米国は、自らが必要としているこれらの情報の一部はアクセスが不可能であり、あるいはアクセスを相手側から積極的に拒絶されているとの現実を良く認識している。そして、こうした認識に基づき、インテリジェンス組織を構築してきた。すなわち、米国の立場から見ると、これらの情報は秘匿されており、当該情報を所持している側はそうした秘匿状態を維持したいと望んでいる。

　秘匿されている情報の入手を図ることは、インテリジェンス活動の重要な柱である。同時に、冷戦終結がもたらした政治的変化の結果、かつては秘匿されていた情報の多くが、現在ではアクセス可能となりつつある。特に、旧ソ連の衛星国あるいは同盟国であった国々において、そうした動向はより顕著である。この結果、インテリジェンス活動における公開情報及び秘密情報の比率は劇的に変化しつつある。ある元インテリジェンス担当の幹部の推定によると、冷戦時代においては、米国が必要とするインテリジェンスの80％は秘匿されていた一方、公開されているものは20％であった。しかし、冷戦後の世界においては、この比率は逆転しているとみられる。この数字は正確なものではなくあくまで大雑把なものに過ぎない。しかしいずれにせよ、2種類のインテリジェンス（秘密情報に基づくもの、公開情報に基づくもの）の関係性の変化を反映している。依然として、外国の国家及びその他のアクターは、米国が必要としている情報を秘匿している。また、こうしたインテリジェンスの全てが、米国にとって敵国と言い得る程の敵対的な国によって秘匿されている訳ではない〔訳者注：必要なインテリジェンスは、同盟国あるいは友好国等によって秘匿されている場合もあり得るという意味〕。

インテリジェンスというと、多くの人々は、軍事情報（部隊の動き、兵器の性能、奇襲攻撃計画等）を連想しがちである。確かに軍事情報はインテリジェンスの重要な構成要素である。なぜならば、軍事情報は、奇襲攻撃の回避というインテリジェンス組織の第1の存在理由に資するものである。しかし、インテリジェンスの構成要素は軍事情報だけではない。分析担当者にとっては、政治、経済、社会、環境、健康、文化等に関連する多くの異なった種類の情報もまた重要な素材である。また、政策決定者及びインテリジェンス担当者は、対外インテリジェンス以外の事柄も視野に入れる必要がある。国内保安に対する脅威、すなわち、破壊工作、スパイ活動、暴動、テロリズム等に焦点を当てたインテリジェンス活動も考慮しなければならない。

　少なくとも米国及び同様の民主主義国家においては、国内インテリジェンスは（対内的な安全保障上の脅威を除いては）、法執行機関が扱う課題とされてきた。しかし、米国においては、テロリズム及び潜在的なテロリストの脅威の問題をめぐり、国内インテリジェンスの問題は論争の的となっている。2021年1月6日の暴動をめぐってもやはり、国内インテリジェンスが問題となっている。すなわち、同事案は、法執行の問題とされているのと同時に、国内インテリジェンス及び対外インテリジェンスの問題でもあると考えられる。

　なお、こうした国内インテリジェンス及び法執行の関係性は、西側民主主義国家及び全体主義あるいは権威主義国家におけるインテリジェンスの実態の違いを浮き彫りにしている。例えば、旧ソ連の国家保安委員会（KGB）は、国内の秘密警察として重要な機能を果たしていた。しかし、米国の中央情報局（CIA）はこのような機能は有していない。中国の国家安全部も旧KGB同様に2種類の機能を有している。このように、多くの点において、旧ソ連のKGB及び中国の国家安全部はCIAと同種の機関とは言い難い。

　「インテリジェンスではないもの」とは何であろうか？　インテリジェンスとは、真実（truth）を示すものではない。もしもある事項が真実である（あるいは偽りである）ことが判明しているとすれば、国家はインテリジェンス組織によって当該事項に関する情報を収集したり分析したりする必要はない。真実という語句は絶対的なものであり、インテリジェンスが真実に到達できることはほとんどない。むしろ、インテリジェンスとは「現実に近いもの（proximate reality）」と捉える方が妥当であり、より正確である。すなわち、インテリジェンス組織は、様々な課題や疑問に直面し、「何が起こっているのか」をより良く理解するべく最善を尽くしている。しかし、たとえどんなに緻密かつ最上の分析を行ったとしても、それが真実であると断言

できることはまずあり得ない。したがって、インテリジェンス組織の目標はあくまで、信頼性が高く、偏りがなく、正直な（すなわち、政治の影響を受けていない）インテリジェンスのプロダクトを作成し提供することである。これらは非常に立派な目標ではあるが、いずれにせよ真実とは異なる。（コラム「そして、あなたがたは真実を知り…」参照）。

> [コラム] そして、あなたがたは真実を知り…
> 　米国のCIA本部の昔の玄関を入ると、左手の大理石の壁に次のような碑文がある。
> 　「そして、あなたがたは真実を知り、真実はあなたがたを自由にする」（新約聖書「ヨハネによる福音書」第8章32節）。
> 　このフレーズは感動的である。しかしこのフレーズは、CIAあるいは他のインテリジェンス組織の活動を誇張し、誤解を招くものである。

　なお、もう一つ重要な点として、インテリジェンスの対象は「秘密（secret）」であり、「謎（mystery）」ではない。すなわち、秘密とは、「我々以外の誰かがどこかにおいてそれを知っているが、しかし我々はそれを知らない」という事柄を意味する。インテリジェンスの目的は、これにアクセスすることである。他方、謎（ミステリー）とは、「そもそも説明不可能である、あるいはそれに関する信頼できるインテリジェンスが存在しない可能性が高い」という事柄を意味する。例えば「ストーンヘンジを造ったのは誰か」といった事柄である。

　インテリジェンスは政策プロセスに不可欠なものなのであろうか？インテリジェンスに関する本においてこの問題を提示することは、やや大袈裟かもしれない。しかしそれでも、これは検討を要する重要な問題である。この問いに対する第1義的な答えは「イエス」である。すなわち、インテリジェンスは切迫した戦略的脅威に関して警報を発するべきであり、またそれを実行することが可能である。（もっとも、前述のとおり、実際には、戦略的サプライズを被ってしまった国家は幾つもある。）また、インテリジェンス担当者は、熟練し経験豊富なアドバイザーとして有益な役割を果たすことができる。さらに、インテリジェンス組織が収集する情報は、当該組織による秘密の収集活動なしではおそらく入手不可能であり、その意味で価値のあるものである。ただし、皮肉な面もある。すなわち、インテリジェンス組織は、単に秘密情報を収集する以上の存在であるべく努めており、秘密情報に対して分析による付加価値を与えることを重視している。しかし、同じように有能な分析担当者は、政策部門にも存在する。両者の違いは、双方の分析担当者の任務の性質及び責任を担

うべき結果の違い、すなわち、インテリジェンスか政策決定か、という点にある。

同時に、インテリジェンスは、幾つかの潜在的弱点を抱えている。これらの弱点がゆえに、政策担当者の視点からは、インテリジェンスは十分に機能していないと見なされる場合もあり得る。これらの弱点の全てが常に顕在化している訳ではない。全く問題とならない場合もある。しかし、これらが潜在的な「落とし穴」であることに変わりはない。

第1に、インテリジェンス分析の多くは、与えられた課題に対する従来からの通説的な見解の域を超えるものではない。こうした従来からの通説的な見解はしばしば（時として不当に）、頭ごなしに否定される場合がある。政策決定者はこうした通説的な見解を超えるものを期待しているのであり、それはある意味でもっともなことである。

第2に、インテリジェンスの分析がデータに依存し過ぎる場合、無形的〔訳者注：客観的なデータとしては現れないもの〕ではあるが重要である要素が見落とされてしまう場合がある。例えば、1770年代に小規模でやや不統一な13の植民地〔訳者注：米国独立前に同地域にあった旧イギリス植民地のこと〕がイギリスの支配から脱却できる可能性に関し、合理的な分析の結果は、植民地側の敗北は不可避であるとの結論を示したかもしれない。理由としては次の点が指摘し得る。イギリスは当時最大の工業国であり、植民地にはない武器を製造することができた。イギリスは、訓練された軍隊を植民地に駐留させていた。各植民地の意見は不統一なままであった（ただし、この点はイギリス側も同様であった）。イギリスは米国の先住民を追加の勢力として利用することが可能であった。しかし、こうした政治的・軍事的要因に基づく単純な分析は、幾つかの重要な要素を見落としていた可能性がある。例えば、イギリス側の分裂の深さ、フランスの王党派からの援助の可能性等である。

第3に、**ミラーイメージング**（mirror imaging）、すなわち他の国家あるいは個人が特定の国家あるいは個人と同じように行動すると仮定することによって、分析が損なわれる可能性がある。この問題の原因は非常に理解しやすいものである。人は日々、車の運転中、混雑した道の歩行中、家庭や仕事場で他者と交流する機会等において、他者がどのように反応し行動するかに関して無数の判断を下している。こうした際、人は、他者の反応及び行動は「黄金律」に基づいていると思い込みがちである。このような判断は、社会の規範、ルール、エチケット、経験等に由来するものである。問題は、分析担当者が、こうした日常生活上の思考方法をインテリジェンスの問題にも安易に適用してしまうことである。例えば、1941年当時、米国の政策担当者は、日米の国力に大きな格差があることに鑑み、日本が（米国の領

土に対する攻撃を回避しつつ前進を続けるのではなく）公然と対米戦争を開始するとは想像もしていなかった。しかし、東京においてはむしろ、そうした国力の格差がゆえに、可能な限り早期の対米開戦の必要性が強く主張されていた。ミラーイメージングのもう1つの問題は、ある程度同じレベルの「合理性」が全ての関係者の間で共有されているとの前提に立っていることである。このため、（当方から見ると）非合理的なアクター、すなわち、当方とは異なる視点あるいは当方が知らない視点に基づいて合理性の判断を行う個人あるいは国民の存在は、当方の視野に入ってこなくなってしまう。一例として、西洋の文化の視点から見た場合の「自殺テロリスト」はこれに該当する。

　第4に、おそらく最も重要な点として、政策決定者は自由に、提供されたインテリジェンスを拒否したりあるいは無視することができる。政策決定者は、自己の政策が芳しくない結果を招いた場合、結果責任を問われる可能性がある。しかし、だからといって、政策決定者は、インテリジェンスを受け入れることを強制されるものではない。すなわち、政策決定者は、（政策プロセスにおいて）インテリジェンスを自由に切り捨てることができる。他方、そのような場合においても、インテリジェンス担当者側は、自分たちの意向（あるいは自分たちのプロダクト）を政策プロセスに押し付けることはできない。

　こうした多くの弱点があることから、インテリジェンスのメリットはほぼ打ち消されてしまっているように見えるかもしれない。確かに、これらの弱点は、政策プロセスにおけるインテリジェンスの脆弱性を示唆し、強調している。では、「インテリジェンスは重要であるか否か」の判断はどのようにして行うことができるのだろうか。遡及的な手法として最良の方法は、「あるインテリジェンスが存在した場合と存在しなかった場合それぞれにおいて、政策決定者は異なる選択を行ったであろうか」との問いを検証してみることである。この問いに対する答えが「イエス」（あるいは「おそらくイエスだろう」）であれば、当該インテリジェンスは重要であったと評価し得る。もっとも、実際には、インテリジェンスは特定の出来事あるいは意思決定には直接には結び付いていない場合も少なくない。したがって、当該質問に対する解答は依然として不明確なままである。元CIA副長官のカー（Richard Kerr）は、50年間にわたる様々な問題に対するCIAの分析を検証し、次のような結論に達している。すなわち、インテリジェンスは、その時々の出来不出来の変動はあるにせよ、概ね一貫して、政策決定者が物事を理解することを支援すると共に必要な警報を発し、政策決定者が直面する不確実性を低減させることを支援してきた。確かにインテリジェンスが常に正しいとは限らない。仮にそうだとしても、このように不

確実性を低減させることは、価値の高い任務と考えるべきである（コラム「インテリジェンスのワーキング・コンセプト」参照）。

> **［コラム］インテリジェンスのワーキング・コンセプト**
> インテリジェンスとは次のようなものである。
> ・国家安全保障上の重要な知識が、要求に基づいて収集・分析されて政策担当者に提供されるプロセス。
> ・そうしたプロセスによって生産された成果物。
> ・そうしたプロセス及びインフォメーションを、カウンターインテリジェンス活動によって保護すること。
> ・合法的な権限者による指示に基づき、工作活動を実行すること。

　ここで、「インテリジェンスとは何か」という問題に立ち戻ってみよう。カナダのベテランのインテリジェンス担当者であるブレイクスピア（Alan Breakspear）は、インテリジェンスを「何らかの変化（それが良いことであれ、悪いことであれ）に関し、当該変化への対応が間に合うように、そうした変化を予想する能力」と定義している。インテリジェンスに関連する出来事はしばしば否定的に捉えられがちである。これに対し、ブレイクスピアが「良いこと」を含めている点は重要である。この点は、「機会分析（opportunity analysis）」の考え方にも通じている（第6章参照）。

　本書では、インテリジェンスに関して、以下のような様々の複数の観点から考察を加える。なお、複数の観点が同時に考察される場合もある。

- プロセスとしてのインテリジェンス：インテリジェンスとは、情報に関する要求、収集、分析、報告を行う際の仕組み、更には、ある種の秘密工作活動を検討し実行する際の仕組みとして捉えることが可能である。
- 成果物としてのインテリジェンス：インテリジェンスとは、インテリジェンス・プロセス（分析及びインテリジェンス工作）によって生産される成果物として捉えることが可能である。
- 組織としてのインテリジェンス：インテリジェンスとは、様々な機能を果たすための組織として捉えることが可能である。

主要な用語

インテリジェンス（intelligence）
ミラーイメージング（mirror imaging）
国家インテリジェンス（national intelligence）
政治化されたインテリジェンス（politicized intelligence）

参考文献

以下の文献はいずれも、インテリジェンスの定義に関して様々な視点から考察している（機能別、役割別）。あるものは、インテリジェンスそれ自体を独立したものとして取り扱っている。他方、インテリジェンスをより大きな政策過程と関連付けることを試みているものもある。

Betts, Richard. "Analysis, War, and Decision: Why Intelligence Failures Are Inevitable." *World Politics* 31 (October 1978). Reprinted in *Power, Strategy, and Security*. Ed. Klaus Knorr. Princeton, N.J.: Princeton University Press, 1983.

Breakspear, Alan. "Intelligence: The Unseen Instrument of Governance." In *Governance and Security as a Unitary Concept*. Eds. Tom Rippon and Graham Kemp. Victoria, British Columbia: Agio, 2012.

Hamilton, Lee. "The Role of Intelligence in the Foreign Policy Process." In *Essays on Strategy and Diplomacy*. Claremont, Calif.: Claremont College, Keck Center for International Strategic Studies, 1987.

Herman, Michael. *Intelligence Power in Peace and War*. New York: Cambridge University Press, 1996.

Heymann, Hans. "Intelligence/Policy Relationships." In *Intelligence: Policy and Process*. Eds. Alfred C. Maurer, Marion D. Tunstall, and James M. Keagle. Boulder, Colo.: Westview Press, 1985.

Hilsman, Roger. *Strategic Intelligence and National Decisions*. Glencoe, Ill.: Free Press, 1958.

Kent, Sherman. *Strategic Intelligence for American Foreign Policy*. Princeton, N.J.: Princeton University Press, 1949.

Kerr, Richard J. "The Track Record: CIA Analysis from 1950 to 2000." In *Analyzing Intelligence*. Eds. Roger Z. George and James B. Bruce. Washington, D.C.: Georgetown University Press, 2008.

Laqueur, Walter. *A World of Secrets: The Uses and Limits of Intelligence*. New York: Basic Books, 1985.

Oleson, Peter C., ed. *AFIO's Guide to the Study of Intelligence*. Falls Church, Va.: Association of Former Intelligence Officers (AFIO), 2016.

Scott, Len, and Peter Jackson. "The Study of Intelligence in Theory and Practice." *Intelligence and National Security* 19 (summer 2004): 139–169.

Shulsky, Abram N., and Gary J. Schmitt. *Silent Warfare: Understanding the World of Intelligence*. 2d rev. ed. Washington, D.C.: Brassey's, 1993.

Shulsky, Abram N., and Jennifer Sims. *What Is Intelligence?* Washington, D.C.: Consortium for the Study of Intelligence, 1992.

Troy, Thomas F. "The 'Correct' Definition of Intelligence." *International Journal of Intelligence and Counterintelligence* 5 (winter 1991–1992): 433–454.

Warner, Michael. "Wanted: A Definition of Intelligence." *Studies in Intelligence* 46 (2002): 15–23.

第2章
米国のインテリジェンスの発展

　各国は、その国にとって（特殊とまでは言わないまでも）特色のある方法によってインテリジェンスを実践している。これは、共通の伝統を持つとともに多くのインテリジェンスを共有している国々（例えば、**ファイブ・アイズ（Five Eyes）**と呼ばれるオーストラリア、イギリス、カナダ、ニュージーランド及び米国）の間でも同様である。とは言うものの、米国のインテリジェンスの実践の状況及びその背景事情を十分に理解することは重要である。なぜならば、米国のインテリジェンスのシステムは、他国にとっての模範となる雛形として、競争相手として、更には標的として、依然として世界で最大かつ最も影響力が強いものである。（他国のインテリジェンス組織の実態に関しては第15章で説明する。）こうしたことから、本章では、米国のインテリジェンスの発展を形成しその機能の在り方を決定付けた主要なテーマ及び歴史的な出来事に関して論じる。

　インテリジェンス・コミュニティ（intelligence community）という用語は、本書全体を通じて、更には米国のインテリジェンスに関する他の多くの議論においても使用されている。この「コミュニティ」という用語は、米国のインテリジェンスを表現する上で極めて「言い得て妙」な用語である。すなわち、米国のインテリジェンス・コミュニティは、複数の組織及び部局から構成されている。こうしたコミュニティの各組織の業務は、しばしば相互に関連し、統合されている。しかし、基本的には、各組織はそれぞれ異なるニーズあるいは政策決定者に対して奉仕しており、様々な異なった指揮・管理系統の下で運営されている。また、米国のインテリジェンス・コミュニティは、特段の全体的な計画等もないままで、次々に発生する様々な要求に応える中で発展してきた。したがって、米国のインテリジェンス・コミュニティは、非常に機能的である一方で、機能不全に陥ることもある。かつての中央

情報長官（DCI: Director of Central Intelligence）の1人であるヘルムズ（Richard Helms）（在1966–1973年）は、連邦議会における証言において、インテリジェンス・コミュニティの仕組み及び機能に対しては様々な批判はあるものの、もしもこれを最初から再構築するとしたら、ほぼ同じコミュニティが出来上がるだろうと述べた。ヘルムズが注目したのは、コミュニティの仕組みよりもむしろ、コミュニティが提供する業務であり、それは複雑かつ多様で、多くの人々によって監督されている。インテリジェンスに対するこうしたアプローチは、米国に特有なものである。（ただし、他国の中にはこれを部分的に模倣している国もある）。なお、2004年には国家情報長官（DNI: Director of National Intelligence）（第3章参照）の設置に関する法律が成立し、インテリジェンス・コミュニティの上層の構造に変更が加えられた。しかし、コミュニティの各組織の機能の本質的部分には特段の変更はなかった。

主要な課題

以下は、米国のインテリジェンスの仕組みの発展に影響を与えている主要テーマである。

自由及び安全

米国の歴史を通じて、憲法の下における「自由及び安全」と言ういずれも同等に実現されるべき2つの目標に関しては常に議論（時には緊張）が生じている。この2つの目標は必ずしも常に対立するものではない。しかし、一方が他方に譲歩しなければならない場合もある。アダムズ（John Adams）政権（1797–1801年）の際、言論あるいは報道における政府批判を制限することを目的として、外国人・治安法（Alien and Sedition Acts）が連邦議会において成立した。南北戦争中、リンカーン（Abraham Lincoln）（在1861–1865年）は、人身保護令状を何度も停止した。（南部連合側では、デイビス（Jefferson Davis）も同様の措置を行った。）第1次世界大戦中、ウイルソン（Woodrow Wilson）（在1913–1921年）は、エスピオナージ法（Espionage Act）を利用し、戦時中の特定の政策に反対する人々を逮捕した。さらに、同大戦後、司法長官のパーマー（A. Mitchell Palmer）は、米国の左翼過激派に対する捜査及び逮捕を行った。米国の第2次世界大戦参戦に伴い、日系の人々は強制収容所に収容された。東西冷戦の初期、マッカーシー（Joseph McCarthy）連邦上院議員（共和党、ウィスコンシン州選出）は、共産主義者の政府への潜入の疑いを根絶するべく、十分な証拠がないにもかかわらず、何度も公聴会を開催した。ベトナム戦争中、ジョンソン（Lyndon B. Johnson）大統領

(在 1963–1969 年）及びニクソン（Richard M. Nixon）大統領（在 1969–1974 年）は、連邦捜査局（FBI）及び中央情報局（CIA）を利用して、反戦運動及び公民権運動の関係者に対する調査を行った。最後に、「テロとの闘い」が推進される中で、国家安全保障局（NSA）の諸活動、更にはこうした活動の米国国内における広がり及び侵食の度合いへの懸念が生じている。

米国のインテリジェンスの新規性

　戦時中の緊急事態以外は別として、米国のインテリジェンス活動の歴史は、20世紀及び 21 世紀における大国の中では最も短い。中国の偉大な軍事思想家である孫子は、紀元前 5 世紀にインテリジェンスの重要性について著述している。イギリスのインテリジェンスはエリザベス 1 世（Elizabeth I）（在 1558–1603 年）の時代、フランスのインテリジェンスはリシュリュー枢機卿（Cardinal Richelieu）（在 1624–1642 年）の時代、そしてロシアのインテリジェンスはイワン雷帝（Ivan the Terrible）（在 1533–1584 年）の時代にそれぞれ端を発している。米国が成立したのがようやく 1776 年であることを考慮しても、米国のインテリジェンスの経験は短いものである。米国における**国家インテリジェンス**（national intelligence）活動の最初の兆しは、1940 年になって初めて現れた。確かに、海軍及び陸軍による常設あるいは個別のインテリジェンス組織は 19 世紀後半から存在していた。しかし、より広範な国家インテリジェンス活動の開始は、1941 年の情報調整室（COI: Coordinator of Information）の創設によって初めて実現した。同室は、第 2 次世界大戦中に活動した戦略事務局（OSS: Office of Strategic Services）の前身である。

　建国以降 165 年もの間、米国には組織的なインテリジェンス機能が存在しなかったのはなぜだろうか。米国は、その歴史の大半において、自国の国境周辺以外を越えた地域に対する外交政策上の強い関心を持ってはいなかった。1823 年のモンロー・ドクトリンは、「西半球を植民地化しようとする欧州側のいかなる試みに対しても米国は抵抗する」と宣言するものであった。同方針は、欧州における当時の最強国であったイギリスでさえも不承不承ながら黙認せざるを得ないものであった。同方針の成功により、米国の基本的な安全保障上の利益及び広範な外交上の利益は満たされていた。19 世紀末、米国は世界の大国の地位を獲得し、より広範な国際問題に関与するようになった。こうして初めて、より優れたインテリジェンスの必要性が明白になった。

　加えて米国は、近隣諸国及び西半球外の大国から受ける安全保障上の脅威に直面することはなかった。また、南北戦争（1861–1865 年）を除けば、自国の政治形態に

影響を及ぼすような大規模な内乱等の脅威に直面することもなかった。欧州諸国が直面する環境とは異なり、米国をめぐるこうした良好な環境の結果、国家的なインテリジェンスの必要性は認識されなかった。

　1945年の対ソ冷戦の開始以前、米国は、平時における国防費及び関連活動への支出を厳格に制限していた。インテリジェンスもそうした活動の範疇に入り、過小評価されていた。歴史研究者によると、ワシントン（George Washington）大統領の時代、インテリジェンスは連邦予算の12％という驚くべき（かつ異常なほどの）割合を消費していた。これは連邦予算におけるインテリジェンス支出の最高水準であり、この後、同様の割合に近づくことはなかった。2021会計年度におけるインテリジェンス関連の予算要求額は850億米ドルで、これは予算要求総額の1.7％である。データによると、9.11テロ事件以降、インテリジェンス関連の支出は、金額としては大幅に増加している。しかし、2001年以降、インテリジェンスの地位は、国家的な優先事項としては必ずしも大きく上昇している訳ではない。連邦予算に占める割合は、同テロ事件前後の時期においても1.6％であり、その後も微増にとどまっている。言い換えると、確かにインテリジェンス関連支出は増加しているが、これは他の連邦予算の増加と同様である。連邦予算支出に占めるインテリジェンス部分の比率は微増しているに過ぎない。こうした支出割合は、支出金額そのものよりも重要な指標である。

　1940年代当時、インテリジェンス組織はまだ「目新しいもの」であった。当時、行政府及び連邦議会の政策決定者は、インテリジェンス組織を国家安全保障分野における新参者と見ていた。陸海軍においてもインテリジェンスの発達は比較的遅く、20世紀に入ってからも十分に機能しているとは言えなかった。その結果、インテリジェンス組織は、政府内の確固とした「後ろ盾」を持たなかった。むしろ、陸軍、海軍、FBIを始めとして競合する組織が多く存在し、そのいずれも情報源の共有に積極的ではなかった。さらに、インテリジェンス組織には、確立された伝統あるいは活動様式がなかった。そのため、第2次世界大戦及び冷戦という極度のプレッシャーがかかる2つの時期に、これらを策定することを余儀なくされた。

脅威に基づく外交政策

　モンロー・ドクトリンの下においても、米国は次第に国際的な状況に対して関心を持つようになった。こうした関心は、1898年の米西戦争後に一層顕著になった。米国は、小さな植民地帝国を獲得したことにより、国際的にも満足の行く地位を獲得した。それは、特段の脅威に晒されることもない、ほぼ自己完結的なものであっ

た。しかし20世紀になると、こうした現状に対して直接的な脅威となる外交政策をとる大国が繰り返し台頭してきた。それは、第1次世界大戦時のドイツ帝国、第2次世界大戦の枢軸国、冷戦時のソ連である。

これらの脅威に対応することが、米国の国家安全保障政策の中心的な課題となった。そして、これらの脅威に対応するために、米国のインテリジェンス機能においては、工作活動に多くの焦点が当てられることとなった。こうした動向は、第2次世界大戦中のOSSにおける初期の活動から冷戦時における広範な秘密工作行動に至るまで見られるものである。インデテリジェンスにおける工作活動は、米国がこれらの脅威に対抗するための手段の1つであった。

20世紀後半から21世紀初頭におけるテロの脅威は、「国際的な現状を否定する敵である」という点において同様のパターンに該当し、米国の国家安全保障上の課題となった。ただし、この際の敵は主権国家ではない（もちろん、テロリストは国家の支援を受けることもあれば、一時期のISILのように疑似国家の体をなすこともある）。このことによって、問題への対処はより難しくなっている。ナチス・ドイツやソ連のような主権国家も（当時の）国際社会の現状を忌み嫌っていた。しかし、現状否定と言う点においては、こうした主権国家よりもテロリストの方が深刻かもしれない。なぜならば、主権国家は、必要な場合あるいは都合の良い時には、（現状否定という）政策を忘れて一時的に現状を受け入れ、これを継続することがあり得る。しかし、テロリストにとっては、「現状の受け入れ」は自身の存在意義の否定である。

中国が同様に「現状に対する脅威」なのか否かに関しては、多くの議論がなされている。中国は、主にその新興の経済力に基づき、大国としての認知を求め、また、実際に大国として認知されつつある。また、中国は東アジア及び西太平洋において更なる覇権的な役割を求めており、こうした動向は米国に対する挑戦となっている。このことは、米中の競争が更に先鋭化し、危険なものになることを示唆している可能性がある。

「現状の守護者」となることは、それだけの経済的、軍事的なコストを負担することを意味する。ただし、通常は、現状維持から得られるメリットによって、そうしたコストは相殺され得る。トランプ（Donald Trump）政権は、そうしたコスト負担を望んでいないように見えた。コーツ（Dan Coats）国家情報長官（在2017–2019年）が発表した2019年の「世界脅威評価（Worldwide Threat Assessment）」においては、こうした「米国第一主義」の姿勢の結果、米国の同盟国及びパートナー国において、対米関係及びその役割の見直しが促進されることとなった旨が示唆された。

冷戦の影響

インテリジェンスの歴史研究者はしばしば、「仮に冷戦がなくても、米国は大規模なインテリジェンス能力を有していたであろうか」との問題を議論する。本書の見解では、その答えは「イエス」である。米国のインテリジェンス・コミュニティの最初の設立を促したのは、冷戦ではなく、1941 年の日本軍による真珠湾攻撃であった。

それでもなお、米国のインテリジェンス・コミュニティの基本的な形態及び実務の発展において主要な決定要因となったのは、冷戦の遂行であった。元中央情報長官のゲイツ（Robert Gates）（在 1991–1993 年）によると、1991 年にソ連が崩壊するまで、冷戦は国家安全保障上の最重要課題であり、インテリジェンス予算の半分を占めるに至っていた。加えて、ソ連及びその同盟国が基本的には閉鎖的な標的であったことは、米国のインテリジェンスに大きな影響を与えた。すなわち、米国のインテリジェンス組織は、必要な情報を遠隔地から収集するために、様々な遠隔技術システムに大きく依存せざるを得なかった。

インテリジェンスの関心領域の世界規模での広がり

冷戦は、戦後の欧州における覇権争いから、世界規模への争いへと急速に変化した。特に、脱植民地化によって多くの新しい独立国家が創設したことに伴い、事実上、全ての国あるいは地域が東西両陣営どちらかの「駒」となり得ることとなった。確かに、一部の地域は常に他の地域よりも重要であり続けた。しかし、どの地域も完全に見過ごすことはできなかった。こうしたことから、米国のインテリジェンス組織は、あらゆる地域に関する情報を収集・分析し、全ての地域に職員を駐在させるようになった。

意図的に重複した分析の体制

インテリジェンスは、4 つの活動に大別される。収集、分析、秘密工作、カウンターインテリジェンスである。米国では、様々な種類の収集活動（イミント、シギント、ヒューミント）及び秘密工作活動を扱うべく、それぞれ別個の組織が発達している。また、カウンターインテリジェンス活動は、事実上全てのインテリジェンス組織がこれに取り組んでいる。他方、分析に関しては、米国の政策決定者は、機能が重複すると思われる 3 つの組織を意図的に設立している。CIA の分析局（2015 年までは DI と呼ばれた）、国務省の情報調査局（INR）、そして国防情報局（DIA）である。これらの組織はいずれも、いわゆるオール・ソース・アナリシス（all-source Analysis）

を担う組織とされる。すなわち、これらの組織の分析担当者は、収集された全ての情報へのアクセスが可能であり、しばしば同じ課題を扱っている。(ただし、それぞれの主要な政策カスタマーの関心に基づき、重点の置き方は異なる。)

　こうした重複体制の理由は大きく分けて2つある。これらの理由は、米国における分析の在り方の本質を示すものである。第1に、インテリジェンスの利用者である政策決定者は、それぞれが異なるインテリジェンスを必要としている。例えば、大統領、国務長官、国防長官、統合参謀本部議長の全員が同じ課題に取り組んでいる場合でも、各人は異なった業務上の責任及び関心を有している。したがって、米国においては、各政策決定者が持つ固有のニーズに応えるため、様々な分析組織が発展した。また、それぞれの政策担当組織も、自らのニーズに特化したインテリジェンス分析の提供を確実に受けることを期待している。

　第2に、米国においては、**競争的分析**（competitive analysis）という概念が発展している。これは、複数の組織に属する異なった経歴及び視点を持つ分析担当者たちが同じ課題に取り組むことによって、偏った見解が（完全に排除されないまでも）是正される可能性が高くなるとの考え方に基づく。すなわち、こうした取組により、より信頼性の高い「現実に近いもの」が達成される可能性が高まると考えられている。こうした競争的分析の取組は、理論的には、いわゆる**グループシンク**（groupthink）〔訳者注：付和雷同的な集団的思考〕や「強制的なコンセンサス形成」に対する解決策になると考えられる。しかし、実際には必ずしもそうはなっていない。例えば、イラクの大量破壊兵器（WMD）計画に関する開戦前の評価に関しては、幾つかの論点に関して、複数のインテリジェンス組織の間で見解の相違が生じた。例えば、一部のインテリジェンスの内容（核計画におけるアルミチューブの役割の可能性等）に関する評価や、「当該インテリジェンスは核計画の一部を示すものに過ぎないのか、あるいはより一貫した計画を示すものなのか」といった点に関する評価である。しかし、こうした意見の相違にもかかわらず、イラクの潜在的な核能力の全体像に関する従来からの支配的な見解が大きく修正されることはなかった。

　当然のことながら、競合的分析は、インテリジェンス・コミュニティにとって相応のコストを強いるものである。なぜならば、複数の組織に所属する多くの分析担当者が同じ課題に取り組む必要があるからである。1990年代には、冷戦後のいわゆる「平和の配当」の圧力の下で、インテリジェンス関連予算は大幅な縮小を余儀なくされた。行政府あるいは連邦議会のいずれにおいても政治的な支援が得られなかったこともあり、競争的分析を行うための能力の多くが喪失された。単純に言えば、分析担当者の数が足りなくなってしまった。元中央情報長官のテネット（George

Tenet)（在 1997–2004 年）によると、1990 年代、インテリジェンス・コミュニティ全体で約 2 万 3 千人の職が失われ、影響は全ての活動に及んだ。その結果、競争的分析の機会は減少し、各インテリジェンス組織はそれぞれが特定の事項に独占的に焦点を絞る傾向が強まった。すなわち、一種の「分析のトリアージ」が行われるようになった。

(インテリジェンスの) 消費者及び生産者の関係

　政策及びインテリジェンスの間には明確な峻別がなされている。このことから、インテリジェンスの「生産者」〔訳者注：インテリジェンス部門〕及び「消費者」〔訳者注：政策部門〕はどのような関係にあるべきかとの疑問が生じる。問題は、どの程度の距離感が望ましいかという点である。

　米国ではこの議論に関して 2 つの明確な異なる考え方がある。いわゆる「距離学派」は、インテリジェンス組織は、政策決定者との間で然るべき距離を置くべきと主張する。なぜならば、客観性を欠くインテリジェンスを提供するリスク及び、特定の政策の選択に関する賛否を明らかにするリスクを避けるためである。また、「距離学派」の支持者は、政策決定者が特定の政策を支持または反対するような分析を得ることを画策してインテリジェンスに干渉することを危惧している。こうした考え方は、（インテリジェンス及び政策）の関係が密接過ぎる場合、インテリジェンスの政治化の危険性を高めると考えている。

　いわゆる「近接学派」は、（インテリジェンス及び政策の）距離が遠過ぎる場合、インテリジェンス・コミュニティは政策決定者のニーズを十分に把握することができず、その結果、政策決定者にとって有用なインテリジェンスの生産ができなくなる危険性があると主張する。この考え方は、適切な訓練や内部監督を行うことによって、インテリジェンスの政治化を避けることは可能であると主張する。

　1950 年代後半から 1960 年代初頭にかけて、米国のインテリジェンスにおいては、「近接学派」的な考え方が優勢となった。しかしいずれにせよ、この論争は、インテリジェンスの政治化に対する従前からの根強い懸念を浮き彫りにする重要なものであった。

　1990 年代後半には、政策及びインテリジェンスの関係に 2 つの微妙な変化が生じた。第 1 は、（インテリジェンスの任務として）軍事作戦に対する支援が大幅に強化されたことである。当時は、国家安全保障に対する脅威が低下したように見えた時期であった。いずれにせよ、こうした分野が優先された結果、他の分野のインテリジェンスのカスタマーは後回しにされてしまったともみられる。もう 1 つの変化は

「作戦的なインテリジェンスのカスタマー及び分析的なインテリジェンスのカスタマーとの間で一部の分析担当者は板挟みになっている」との見方が生じたことであった。

インテリジェンス及び政治の関係の接近は、ブッシュ（George W. Bush）大統領（在2001–2009年）の下において更に促進された。同大統領は、就任に際し、インテリジェンス・ブリーフィングを週6日実施することを指示した。中央情報長官のテネット及びゴス（Porter J. Goss）（在2004–2006年）（ゴスは最後の中央情報長官であり、（2004年の制度改編後の）最初のCIA長官）は、こうした毎日のブリーフィングに自らも同席した。その後、国家情報長官の初代及び2代目を務めたネグロポンテ（John Negroponte）（在2005–2007年）及びマコーネル（Mike McConnell）（在2007–2009年）も同様であった。こうした措置は異例であった。このように最高幹部レベルにおいて両部門の距離が大幅に接近した結果、提供されるインテリジェンスに関してインテリジェンス部門のトップが客観性を維持し続ける能力に影響が及ぶことを懸念する見方も生じた。オバマ（Barack Obama）大統領（在2009–2017年）も毎日、大統領定例インテリジェンス報告（PDB: President's Daily Brief）を受けた。ただし、国家情報長官が必ずしも同席する訳ではなく、代わりに、ポストブリーフ・ミーティング〔訳者注：大統領ブリーフィングの後に、ブリーフ担当者がその内容並びに大統領からの反応及び指示等を関係者に説明する会議〕が実施され、国家情報長官あるいは副長官はこちらに出席した。トランプ大統領の下でも、頻度は従前に比較すると低下したものの、国家情報長官あるいはCIA長官（場合によっては両者）が大統領ブリーフィングに同席する場合があった。こうした動向から示唆されることとして、大統領及び国家情報長官が定期的に会合を持つことは、「政策及びインテリジェンスの関係」において既に定番化していると言い得る。

分析並びに収集及び秘密工作活動の関係

インテリジェンスの生産者及び消費者の関係をめぐる議論と同様に、「インテリジェンス分析」並びに「インテリジェンス収集及び秘密工作活動」の適切な関係に関しても、類似の議論がなされている。

この問題の主たる焦点は、CIAの組織構造の在り方に関するものである。CIAは分析部門（分析局（DA））及び工作部門（工作局（DO））の両方を擁している。（DIAも同様の組織構造をしており、分析部門及び秘密工作部門（現在は国防秘密工作室（DCS）と呼ばれている）の双方を擁している。しかし、通常DIAはこの問題の焦点とはなっていない。）（CIAの）工作局は、秘密情報集活動及び秘密工作活動の双方を担当している。ここ

においても、「距離学派」及び「近接学派」の双方の考え方の間に論争がある。「距離学派」は、分析及び2つの工作機能は大きく異なるものであり、これらを一緒にすることは、人的情報源及び（情報収集）手法の安全確保にとってリスクであり、分析にとってもリスクとなる旨を主張している。「距離学派」の論者は、例えば、工作局が大規模な秘密工作行動を実行している時に、分析局は客観的な分析を提供し得るのか、との点に懸念を持っている。すなわち、秘密工作活動の担当者が、分析担当者に当該作戦を支持させることを画策して、あからさまに（あるいは間接的に）分析担当者に対して圧力を掛けてくることはないのだろうか、との懸念である。こうした利害衝突の一例として、1980年代にニカラグアのサンディニスタ政権と戦っていた反革命勢力（コントラ）を支持する人々と、インテリジェンス・コミュニティの分析部門の一部との間でこうした緊張関係が生じていた。分析担当者の中には、コントラ側の勝利の可能性に懐疑的な見方もあった。しかし、こうした見方は、コントラの大義を支持する人々からは非協力的とみなされた。

　「近接学派」は、2つの機能を分離してしまうと、分析及び工作の双方において、緊密な関係によって得られるメリットが失われてしまうと論じる。すなわち、（双方が接近することにより）分析担当者は、工作の目標及び現実をよりよく理解し、これを自身の業務に反映させることが可能となる。また、工作活動を通じて得られた情報源の価値（信頼性）をよりよく理解することが可能となる。同時に、工作担当者は、受領した分析をより良く理解し、これを自らの工作計画に反映させることが可能となる。

　現状では「近接学派」が優位になっている（ただし、こうした現在のCIAの組織構造を批判する人々は、分析部門及び工作部門の分離を繰り返し提案している）。1990年代半ば、当時の分析局及び工作局は協力を強化し、両部門の中枢部署及び各地域担当部署の統合が進められた。ただしそれでも、両者の関係が完全に改善された訳ではなかった。その後、2002年のイラクの大量破壊兵器に関する国家インテリジェンス評価（NIE: National Intelligence Estimate）をめぐる問題の副産物の1つとして、工作局が管理する情報源を分析担当者がより深く理解できるようにするための取組が実行された。これは主に、カーブボール（CURVE BALL）と呼ばれていた情報源の問題への対応として実施されものである。カーブボールは、ドイツの管理下にあったイラク人の情報源であった。同人がもたらしたイラクの生物兵器に関する情報は捏造であることが明らかになったにもかかわらず、一部の分析担当者はそれを知らされていなかった。これらの分析担当者は、カーブボールからもたらされた情報を含む報告書が回収された後も、（当該情報が捏造であったことを）知らずにこれらの情報の利用を継続

し、（イラクが大量破壊兵器を製造しているとの見方を支持するような内容の）インテリジェンスを作成していた。2015 年、ブレナン（John Brennan）CIA 長官（在 2013–2017 年）は、CIA の組織機構を大規模に再編し、分析及び工作の担当者及び機能を統合した地域別あるいは課題別のミッション・センター（mission center）の設置を進める旨を発表した。各ミッション・センターは、局長級（アシスタント・ディレクター）をトップとしている。組織改編以後は、これらのミッション・センターが CIA の全ての活動の中心拠点となる一方、分析局及び工作局は基本的にミッション・センターの後方支援的な役割に回ることとなった。このように、現状では「近接型」モデルが優勢となっている。ただし、こうしたミッション・センターを中心とした組織構造となった結果、分析局及び工作局それぞれの独自の文化及び特性が均質化してしまうことを懸念する見方もある。

秘密工作活動をめぐる議論

　第 1 章で述べたように、秘密工作活動の利用は、米国の政策の特徴の 1 つである。同時に、その妥当性あるいは許容性に関心を持つ人々の間に常に懸念を生じさせてきた。こうした活動は、他国に対する秘密裡の介入であり、多くの場合は暴力的なものである。さらに、一部の政策決定者、連邦議会議員及び市民の間では、（秘密工作活動の一部として実施される）準軍事的活動の妥当性に関する議論も生じている。これらは例えば、ニカラグアのコントラあるいはアフガニスタンのムジャヒディンのような外国の大規模な非正規武装組織に訓練及び装備品を供与するような活動である。こうした準軍事的活動は、暗殺を除けば、秘密工作活動の中でも最も議論の多いものの 1 つであり、その成果も様々である。準軍事的活動の賛否に関する議論の様相も、時代と共に大きく変化している。準軍事的活動に関しては、ピッグス湾侵攻の失敗（1961 年）以前はほとんど議論されず、その後も 1970 年代までは、やはりほとんど議論はなされなかった。1970 年代には、ベトナム戦争を契機として、米国におけるいわゆる「冷戦コンセンサス」（ソ連の膨張に対抗するための様々な方策に対する超党派の支持）が崩壊することとなった。同時に、インテリジェンス・コミュニティの不祥事が次々と明らかになり、インテリジェンス活動に関して（反対はしないまでも）懐疑的な見方が強まった。こうした議論は、1980 年代中旬、ニカラグア政府に対するコントラによる準軍事的活動の際にも再燃した。しかし、2001 年の米国におけるテロ事件の後、秘密工作活動の全般に関して再び広範な合意が形成された。（これは、その後、テロリストに対する取調べ手法及び移送（rendition）（海外における超法規的な拘束を意味する）に対して（批判的な）議論が盛り上がったのとは対照的で

ある。）

　秘密工作活動をめぐる議論は引き続き継続している。最近の論点の1つは、武装した無人航空機（UAV: unmanned aerial vehicle、ドローン（drone））を利用して海外においてテロリストを攻撃することである。特に、こうした活動の際に米国国籍の者を標的とすることに関して、その妥当性及び合法性に対して疑義が呈されている。もう1つの論点は、サイバー空間を先制攻撃に利用することは軍事活動あるいは秘密工作活動のいずれに該当するかという点である。（これらの問題の詳細は、第8章及び第12章で議論する。）

インテリジェンス政策の継続性

　冷戦期の大半を通じ、インテリジェンスに関する政策に関して、民主党及び共和党の間に違いはなかった。ソ連に対する封じ込め政策を継続する必要性に関して、いわゆる「冷戦コンセンサス」が党派間に形成されていた。ベトナム戦争期までは、こうしたコンセンサスが、政治上の立場の違いを超越していた。ベトナム戦争期には、両党間において立場の違いが生じたものの、その多くは現実的なものと言うよりは修辞的なものに過ぎなかった。例えば、カーター（Jimmy Carter）（在1977–1981年）及びレーガン（Ronald Regan）（在1981–1989年）の両大統領とも、大統領選挙戦における争点としてインテリジェンス政策をとりあげた。1976年、カーターは、CIA及び他のインテリジェンス組織の不正行為の発覚、ウォーターゲート事件、ベトナム戦争等を「一括り」にして結び付けた。1980年、レーガンは、CIAを含む米国の安全保障の再建を唱えた。2人の大統領によるインテリジェンスに対する支援及びその活用の手法は大きく異なる。しかし、一方が「反インテリジェンス」で他方が「親インテリジェンス」と見ることは誤りと考えられる。

　インテリジェンス政策の広範な連続性は、テロリズムの問題に関しても同様にみられた。オバマは、大統領候補として、テロリズム及びテロリストに関する米国の政策の多くを変更する旨を公約に掲げていた。実際にオバマは方向転換を示唆する措置をとったが、これらは実現困難であることが判明した。例えば、オバマは、キューバのグアンタナモ湾に所在する収容所の閉鎖を指示した。しかし、当該テロリスト収容施設は2021年の時点でも開設されたままである。また、オバマ政権は、（同政権の前の）ブッシュ政権の4倍の頻度で、テロリストを標的とした無人航空機による攻撃を命じた。電話及びコンピュータ通信からのデータ収集プログラムも引き続き許可した。興味深いことに、オバマ政権による2011年の「テロ対策戦略」では、当該分野におけるブッシュ政権及びオバマ政権の継続性が言及されている。

とりわけテロの脅威が大規模な攻撃から個別的な攻撃へ変化していく中で、(テロ対策においては)全体として、変化よりも継続性が多く見られた。同様に、国家情報長官が毎年報告する「世界脅威評価」も、クラッパー長官の時代から、同人の後任者としてトランプに指名されたコーツ長官の時代の一時期までは大きくは変化していなかった。ただしその後、トランプは、自身の対北朝鮮政策及び対イラン政策の前提となっているインテリジェンス評価に疑問があるとして、国家情報長官が同評価を連邦議会に対して報告することを禁じた。

科学技術に対する大きな依存

　1940年代に現在のインテリジェンス・コミュニティが誕生して以来、米国はその収集能力の主軸として、科学技術に大きく依存している。何らかの課題に対して科学技術を以て対応するということは、インテリジェンスの分野に限ったことではない。1860年代の南北戦争以降、米国の戦争遂行の手法は、科学技術に基づいて説明することが可能である。加えて、20世紀におけるインテリジェンスの主要な標的であったソ連は閉鎖的であった。したがって、これに対する情報収集には、遠隔操作に基づく技術的な手段を必要とした。

　科学技術への依存の問題は、単に収集能力の問題にとどまらない重要性を含んでいる。なぜならば、この問題は、インテリジェンス・コミュニティの構造及びその機能の在り方にも大きな影響を及ぼしている。科学技術への依存の結果、ヒューマン・インテリジェンス（人的情報源に基づく情報収集、いわゆるスパイ活動）〔訳者注：いわゆるヒューミント〕が十分に機能しなくなったとの見方もある。こうした見解を裏付ける実証的なデータはないものの、このような見方は少なくとも1970年代から根強く残っている。主な論点は、「人的情報源に基づく情報収集は、科学技術に基づく方法では収集できないある種の情報（意図及び計画）を収集することができるか否か」という点である。（こうした議論は、インテリジェンスの実績が期待通りではないと認識される場合に盛り上がる傾向がある。）もっとも、この種の情報（意図及び計画）は、シグナル・インテリジェンス（通信情報収集）によって得られる場合もある。様々な種類の情報収集の手段それぞれに長所及び短所の双方があるという点に関しては、ほとんど異論は聞かれない。「人的情報源に基づく情報収集は、科学技術に基づく情報収集に比較して劣る」という見方が常に支持される訳ではない。この問題に関する議論が続く背景には、インテリジェンス収集に関する根本的な懸念、すなわち、科学技術に基づく収集と人的情報源に基づく収集の適切なバランスに関する問題がある（更にこの前提には、そうしたバランスが上手くとれるはずだという仮定があ

る)。こうした問題は、従来は適切には提起・対処されてこなかった。そして、この問題をめぐる議論は、2001年のテロ事件の後に再び盛り上がることとなった(「テロとの闘い」において必要とされるインテリジェンス収集の類型の議論に関しては第12章を参照)。

秘匿性及び公開性

　代表制民主主義政府に不可欠な公開性と、インテリジェンス活動に必要な秘匿性は矛盾するものである。主要なインテリジェンス・コミュニティを擁する民主主義国家の中で、米国ほど、当該問題に関する議論及び悩みに多くの時間を費やしてきた国はないであろう。インテリジェンスは、その効果を損なうことなく、どこまで公開とすることができるのか。秘匿性がどの程度にまで及ぶと、民主主義の価値を脅かされるのであろうか。こうした問題に最終的な決着をつけることは不可能である。しかし、米国は、この問題の解決策を模索し続けている。そうした中で、米国は（政府として、国際社会のリーダーとして）、自身の価値観及びインテリジェンス活動の一定の必要性との間で様々な折り合いをつけて来ている。無人航空機の使用及びNSAの情報収集プログラムに関する議論においては、より高い「透明性（transparency）」を求める意見が頻繁に聞かれた。しかしこれらは単に、従来からと同じ議論が別の形で表現されたものに過ぎない。2015年10月、国家情報長官のクラッパーは、（インテリジェンス・コミュニティの）透明性に関する原則を発表した。同長官は、透明性は「インテリジェンスが何をするべきかをより深く洞察する」ためのみならず、こうした洞察に基づいて「インテリジェンスに対するより大きな支持を構築する」ためにも重要である旨を指摘した。

監督の役割

　インテリジェンス・コミュニティは、その設立から最初の28年間は、連邦議会の監督（oversight）をほとんど受けることなく運営されてきた。理由の1つは、いわゆる「冷戦コンセンサス」である。もう1つは、連邦議会側が厳密な監督の実施に関して後ろ向きであったことである。秘匿性もまた要因の1つである。連邦議会及び政府の間で微妙な問題を処理するに当たり、インテリジェンスの秘匿性は、手続き的な困難性に拍車を掛ける要因とみなされた。しかし、1975年以降、連邦議会による監督は突然、劇的に変化した。その結果、連邦議会はインテリジェンス・プロセスにおける全面的な参加者となり、インテリジェンスの主要な消費者（利用者）となるに至った。2002年以降、連邦議会はより独立したインテリジェンスの消費

者の性格を強め、特定の課題に関する国家インテリジェンス評価の作成を要求する事例も出てきた。監督をめぐるより大きな課題の中には、もう1つの問題がある。すなわち、（インテリジェンス・コミュニティに対する監督の責務に関しては）、連邦議会のインテリジェンス問題担当委員会が他の議員の代表として機能すれば足りるのか、それとも、そうした責務は（同委員会のみならず）より広く共有されるべきなのか、という問題である。

インテリジェンス・コミュニティの管理・運営

　米国のインテリジェンス組織の規模が大きいということは長所である。なぜならば、大規模であるがゆえに、インテリジェンス活動及び取り扱う課題の範囲に幅広さ及び奥深さを持たせることができるからである。しかし、特定の目標に向かって様々な組織を調整する際には、そうした大規模性はむしろ足枷となる。1947年から2004年までの間は、中央情報長官がこうした調整の役割を担っていた。しかし、同長官は、「権限あるコミュニティの長」としてではなく、むしろ「同輩中の首席」として機能しているに過ぎない傾向があった。また、中央情報長官は、（コミュニティの調整業務よりも）CIAの職務により重点を置く傾向があった。なぜならば、CIA長官としての力こそが、（中央情報長官が発揮し得る）官僚的な権力の源泉だったからである。現在は国家情報長官がこうしたコミュニティの調整等の任務を担っている。その結果、（この点に関する）CIAの機能は削除された。（コミュニティの調整に関する）大きな課題の1つは、CIAを除くインテリジェンス組織はいずれも閣僚をトップとする（別個の）省庁に属していることである。このため、国家情報長官の各インテリジェンス組織に対する指導力は限定的なものにとどまっている。こうした状況は、中央情報長官の時代も国家情報長官の創設後も同様である。（かつての）中央情報長官及び現在の国家情報長官のコミュニティ運営の役割を支援するため、多くのスタッフが次々と創設されている。これらのスタッフの有効性は、国家情報長官の任務の有効性に直接に結び付いている。国家情報長官のクラッパーは「インテリジェンスの統合」をコミュニティの管理・運営の最大のテーマと位置付けた。これは、「（各組織の）目標及び努力の統合を促す、持続的な努力」と表現し得る。（クラッパーの後任者である）国家情報長官のコーツも、2018年のミッション・ステートメント及び2019年の国家情報戦略において引き続き「インテリジェンスの統合」を強調した。クラッパー及びコーツの両名は、「国家情報長官は、リーダーシップを発揮することはできるが、個々のインテリジェンス組織を指揮することは必ずしもできるわけではない」旨をよく理解していた。

歴史上の主要な出来事

　インテリジェンス・コミュニティの歴史に通底する諸課題に加えて、米国のインテリジェンスの形成及び運営において極めて重要な役割を果たした幾つかの出来事がある。

情報調整室（COI）及び戦略事務局（OSS）の創設（1941-1942 年）

　1941 年まで、米国には国家インテリジェンス組織に相当するものはなかった。そうした組織の重要な先例となったのが、ルーズベルト（Franklin D. Roosevelt）大統領（在 1933-1945 年）が創設した情報調整室（1941 年）及び戦略事務局（1942 年）であった。情報調整室及びその後の戦略事務局を率いたのはドノバン（William Donovan）であった。ドノバンは、米国が第 2 次世界大戦に参戦する前に 2 度にわたりイギリスを訪問し、（米国における）この種の組織の創設の必要性を主張していた。ドノバンは、イギリス政府の（米国よりも）中央集権的な組織に感銘を受け、米国もこれに倣う必要があると考えた。ルーズベルトはドノバンに対して同人が希望したものの大半を与えた。ただし、ドノバン自身の権限には制限を加えた。特に軍との関係においては、戦略事務局を独立した組織とするのではなく、1942 年に新たに創設された統合参謀本部の一部とした。

　情報調整室及び戦略事務局は、国家的なインテリジェンス機能を構築する第 1 歩であったのみならず、次の 3 つの理由からも重要であった。第 1 に、両組織はイギリスのインテリジェンスの手法に大きな影響を受けていた。特に、現在でいう秘密工作活動（ゲリラ、敵陣後方におけるレジスタンス組織との協力、サボタージュ等）に重点を置いていたことである。イギリスが戦時中にこうした作戦を重視したのは当然の結果であった。なぜならば、連合軍がイタリア及びフランスに侵攻するまで、欧州においてナチス・ドイツに対抗し得る数少ない手法の 1 つがこうした作戦であった。これらの秘密工作活動は、戦争の結末に対してほとんど影響を与え得なかったものの、戦略事務局の主要な歴史的遺産となった。

　第 2 に、戦略事務局の活動が第 2 次世界大戦における連合国側の勝利に果たした役割は決して大きくはなかった。しかし、戦後のインテリジェンス・コミュニティ（特に CIA）の設立に貢献した多くの人々にとって、こうした戦時中の戦略事務局における活動は、技術的・精神的な訓練の場となった。ただし、元中央情報長官のヘルムズ（Richard Helms）（自身も戦略事務局出身である）が回顧録の中で指摘しているように、戦略事務局出身者の多くは収集活動及びカウンターインテリジェンス活動の

経験は積んでいたものの、秘密工作活動の経験は積んでいなかった。

　第3に、戦略事務局は米軍との間で難しい関係にあった。軍首脳は、インテリジェンス組織が自らの統制の及ばないところで活動し、軍自身のインテリジェンス部門（軍の指揮命令系統に従属するインテリジェンス部門）と競合する可能性があることを懸念していた。このため、統合参謀本部は、「独立した文民のインテリジェンス組織」の創設という考えに難色を示し、戦略事務局を自身の組織の一部とすることを主張した。この結果、ドノバン及び戦略事務局は統合参謀本部組織の一部となった。こうした軍事部門及び非軍事部門のインテリジェンス組織の間の緊張関係は、程度の差こそあれ、その後も継続している。顕著な例として、2004年の国家情報長官の創設に際し、国防省及びその支援者である連邦議会は、国防省内のインテリジェンス部門にまで国家情報長官の権限が拡大しようとする動きに抵抗し（これを阻止することに）成功を収めた（詳細は第3章を参照）。

真珠湾攻撃（1941年）

　1941年の日本による奇襲攻撃は、「インテリジェンスの失敗」の典型であった。米国側は様々な兆候を見落としていた。例えば、当時の米国のインテリジェンス・プロセス及び手続には深刻な欠陥があり、重要なインテリジェンスの断片が関係組織間で共有されていなかった。また、いわゆるミラーイメージングのため、米国の政策決定者は東京における政策決定の実態を理解していなかった。真珠湾攻撃は、第2次世界大戦後に設立されたインテリジェンス・コミュニティの指針として最も重要な事例となった。すなわち、こうした大規模な戦略的サプライズの再発を阻止することが（特に核武装したミサイルの時代においては）、インテリジェンス・コミュニティの基本的な使命となった。

マジック及びウルトラ（1941–1945年）

　第2次世界大戦における連合国側の大きな優位点の1つに、優れたシグナル・インテリジェンス、すなわち枢軸国側の通信を傍受し解読する能力があった。マジック（MAGIC）とは、米国による日本の通信を傍受するプログラムであり、ウルトラ（ULTRA）とは、イギリス（後に英米）によるドイツの通信を傍受するプログラムであった。これらのプログラムは戦時中の最も重要なインテリジェンスとなり、こうした戦時中の経験によって、シグナル・インテリジェンスが非常に重要であることが浮き彫りとなった。また、こうした経験に基づき、米英のインテリジェンスにおける協力関係は強固となった。このような両国の関係は戦後も長く継続している。

さらに、米国においては、マジック及びウルトラを管理していたのは戦略事務局ではなく軍部であった。こうした状況は、軍部及び戦略事務局との間の軋轢を浮き彫りにするものであった。今日においても、軍部は、NSAにおいてシグナル・インテリジェンスを管理している。NSAは国防省傘下の組織であり、戦闘支援のための組織と位置付けられている。こうした法的地位に基づき、国防省は、特定の状況下において、(NSAによる)インテリジェンス支援に対して優先的に関与することが可能となっている。なお、NSAに対する監督者は国防長官及び国家情報長官の双方である。

国家安全保障法（1947年）

　国家安全保障法（National Security Act）の制定に基づき、インテリジェンス・コミュニティ及び中央情報長官に対して法的な根拠が付与されるとともに、同長官の下にCIAが創設された。同法は、冷戦の開始に際して、インテリジェンスの新たな重要性を示唆するものであった。同時に、同法によって、インテリジェンス機能は恒久化されることとなった。これは、「平時においては国家安全保障の機構を縮小する」という従来の米国の慣行を大きく変更するものであった。同法は、インテリジェンス・コミュニティの存在及び機能をいわゆる「冷戦コンセンサス」の一部として位置付けることを暗黙に示唆するものでもあった。

　同法の幾つかの点は注目に値する。（同法の定めでは）中央情報長官は軍人であっても問題ないとされた一方、CIAは軍事部門の監督下には置かれなかった。また、軍人が中央情報長官となる場合には、同長官は軍事部門に対する指揮を執ることはできないとされた。CIAは、米国国内における任務あるいは警察権限は保持しないこととされた。また、CIAと言った場合に一般的によく想起される諸活動（例えば、スパイ活動、秘密工作活動、分析）に関して、同法においては、具体的な言及はなされていなかった。むしろ、同法においては、様々な組織が作成するインテリジェンスを調整することがCIAの主要な任務とされていた。まさにその事こそ、当時、トルーマン（Harry S. Truman）大統領（在1945-1953年）の最大の関心事であった。なお、同法は、CIAによる秘密工作活動に関し、曖昧な表現ではあるものの、法的根拠を付与している。

　さらに、国防長官及び国家安全保障会議（NSC）を含む（国家安全保障に関する）包括的な組織構造が、同法に基づいて構築された。この制度構造は、その後の57年間にわたり、驚異的な程に安定したものであった。この間、任務及び機能の微調整はあったものの、1947年に同法によって構築された構造は、2004年までは大き

く変更されることはなかった。すなわち、2004年には、インテリジェンス・コミュニティ改編法が成立し、国家情報長官が設置された（同法の詳細に関しては第3章を参照）。

朝鮮戦争（1950年）

　北朝鮮による韓国に対する不意の侵攻は、朝鮮戦争の引き金となり、米国のインテリジェンスに対して2つの大きな影響を及ぼした。第1に、当該侵攻を予見できなかったことから、中央情報長官のスミス（Walter Bedell Smith）（在1950–1953年）は、国家インテリジェンス評価の重視を含め、大幅な改革の実行を余儀なくされた。第2に、朝鮮戦争の結果、冷戦は世界規模のものとなった。冷戦は、従前は欧州における覇権争いにとどまっていた。しかし、同戦争を契機として、アジア、更には（暗黙のうちに）世界の他の地域にまで拡大することとなった。この結果、インテリジェンスの扱う射程及び責務も拡大することとなった。

イラン・クーデター（1953年）

　1953年、米国はイランにおいて一連の大衆デモを扇動した。これによってモサデク（Mohammad Mossadegh）首相の民族主義的な政権は打倒され、欧米の利益に対してより友好的な国王による統治が復活した。当該作戦の成功及びその手軽さから、米国の政策決定者にとって、秘密工作活動はますます魅力的な手段となっていった。特に、アイゼンハワー（Dwight D. Eisenhower）政権時代（在1953–1961年）のダレス（Allen Dulles）中央情報長官の在任中（在1953–1961年）において、こうした傾向が強まった。

グアテマラ・クーデター（1954年）

　1954年、米国は、グアテマラのグスマン（Jacobo Arbenz Guzmán）の左派政権を打倒した。背景に、同政権がソ連に同調的であるとの懸念があった。米国は、反政府勢力のための秘密のラジオ局を運営し、反政府勢力に対して航空支援を実施した。グアテマラにおけるクーデターの成功によって、イランにおける成功は決して例外ではないことが証明された。この結果、米国の政策決定者にとって、こうした秘密工作活動の魅力は更に高まることとなった。

ミサイル・ギャップ（1959–1961年）

　1950年代後半、宇宙開発競争においてソ連が明らかに優位に立っているとの見

方が広がった。1957年の人工衛星スプートニクの打ち上げは、こうした見方に拍車を掛けた。こうした見方は更に「ミサイルに基づく戦略兵器においてもソ連が優位に立っているのではないか」との懸念を生じさせた。このような議論を主に展開したのは、1960年の大統領候補を目指した民主党の議員たちであった。この中には、ケネディ（John F. Kennedy）（マサチューセッツ州）及びシミントン（Stuart Symington）（ミズーリ州）も含まれていた。アイゼンハワー政権は、米国の偵察プログラムに基づいて戦略ミサイルにおけるソ連の優位性に関するこうした指摘が正しくないことを承知していた。しかし、インテリジェンスの情報源（特にU2偵察機がソ連の領空を侵犯していた事実）を秘匿するため、同政権は、こうした指摘に対して反論をしなかった。ケネディ（在1961–1963年）も、政権獲得後に、ソ連の優位性に関する従前の自身の指摘は正しくなかった旨を認識した。一方、ケネディ政権下で新たに国防長官となったマクナマラ（Robert S. McNamara）（在1961–1968年）は、インテリジェンス（特に空軍のインテリジェンス）は、国防予算を守るためにソ連の脅威を誇張していると考えるようになった。これは、インテリジェンスが政治問題化した初期の例であり、主に政権を失った側の政党によって提起された。

インテリジェンスの歴史におけるミサイル・ギャップ問題に関する説明の多くは、正確ではない。一般的な説明によれば、インテリジェンス・コミュニティは、おそらく卑屈で利己的な動機に基づき、ソ連の戦略ミサイルの数を過大評価していたとされている。しかし、こうした一般的な見方は真実ではない。第1に、ソ連の戦略部隊の規模に関しては、各インテリジェンス組織の間でも見解が分かれていた。そうした中で、例えば、空軍は（他の組織に比較して）より大きな規模を主張していた（後に、空軍の見方は正しくなかった旨が判明した）。第2に、一般に知られている過大評価は、インテリジェンス組織自身ではなく、主にアイゼンハワー政権に対する政治的な批判に端を発するものであった。すなわち、アイゼンハワー政権に対して批判的な陣営が、ソ連の戦略ミサイルの数を過大に評価していた。他方、インテリジェンス・コミュニティはむしろ、ソ連が欧州をカバーするために建設中であった中距離ミサイルの数を過小に評価していた（欧州は、ソ連にとっての主要な懸念地域であった）。マクナマラは、空軍が利己的な偏狭主義へ陥っていると考えた。そうした空軍に対する不信感の結果、同長官はDIAを設立することとした。

こうしたインテリジェンスの政治的利用は、（インテリジェンスをめぐる）秘匿性の問題も浮き彫りにした。なぜならば、アイゼンハワー大統領は、自身が知っている戦略ミサイルのバランスの実態を明らかにすることはできないと考えていた。アイゼンハワーは「どのようにして（戦略ミサイルのバランスの実態を）知ったのか」と質

問されることを嫌っていた。こうした問答は、（秘匿とされている）U2 プログラムに関する議論に及ぶ可能性があるからである。同プログラムは、カメラを搭載した有人飛行機がソ連領に深く侵入するという、国際法を侵害するものであった。ソ連上空における U2 の飛行は、1960 年 5 月、CIA の契約職員であるパワーズ（Francis Gary Powers）がスヴェルドロフスク上空で撃墜されるまで継続した。パワーズは生き延び、（ソ連において）裁判にかけられた。アイゼンハワーは当初、上空飛行の責任を認めることに否定的であった。最終的には飛行の事実を認めたものの、その責任は好戦的かつ秘密主義的なソ連側にあると主張した。（ソ連側は、U2 の飛行を追跡していた。また、米軍の規模は秘密事項でなかったことから、ソ連側は、（米ソ間の）戦略バランスに関する実態も承知していた。）

ピッグス湾事件（1961 年）

アイゼンハワー政権は、CIA によってキューバ人亡命者を訓練した上で彼らをキューバに侵攻させ、指導者のカストロ（Fidel Castro）を失脚させることを画策する作戦を計画した。同作戦は、ケネディが大統領に就任するまで実行されなかった。ケネディは、「ピッグス湾侵攻はキューバ人だけの作戦である」との体裁を保つべく、作戦規模を縮小し、米国の明白な関与を制限する措置を採った。ピッグス湾侵攻は大失敗に終わった。この結果、大規模な準軍事的活動の有効性の限界と共に、そうした秘密工作活動に対する自身の関与を隠蔽する米国の能力の限界が露呈された。本件は、ケネディ政権及び CIA にとって大きな痛手となった。この結果、ダレス長官を含め複数の CIA の最高幹部が職を退いた。統合参謀本部のメンバーも全員、任期切れの際に退役した。

キューバ・ミサイル危機（1962 年）

キューバへの中距離ミサイル配備をめぐるソ連との対立は、インテリジェンス分析の観点からは、現在では広く「成功」と解釈されている。しかし、当初は「失敗」であった。中央情報長官のマコーン（John McCone）（在 1961–1965 年）の顕著な例を除いて、全ての分析担当者は「ソ連のフルシチョフ（Nikita Khrushchev）首相は、キューバにミサイルを配置するほど大胆あるいは軽率ではない」旨を主張していた。また、分析担当者たちは、「ソ連の戦術核ミサイルはキューバには存在しない」、「ソ連の現地指揮官は、モスクワの許可を得ずに核兵器を使用する権限はない」と考えていた。しかし、1992 年になって、こうした見方はいずれも誤りであったことが判明した。ミサイル危機が「成功」と言い得る点は、米国のインテリジェンス

がミサイル基地を完成前に発見したことである。この結果、ケネディ大統領としては、武力行使に依存せずに事態に対処し得る十分な時間的余裕を得ることができた。加えて、米国のインテリジェンスは、ソ連の戦略的戦力及び通常戦力の能力に関して、確度の高い評価をケネディに提供することができた。この背景には、ソ連軍のペンコフスキー（Oleg Penkovsky）大佐がスパイとして絶妙な地位に配置されていたことがある。こうした状況は、ケネディによる困難な決断を後押しすることとなった。本件は、異なる類型のインテリジェンス収集の手法が相互に連携し、別の情報の収集につながる潜在的な機会の端緒を提供したという優れた事例となった。本事例におけるインテリジェンス・コミュニティの活躍は、ピッグス湾事件の失敗によって損なわれた同コミュニティの評判の回復に大きく貢献した。

ベトナム戦争（1964–1975 年）

　ベトナム戦争は、米国のインテリジェンスに対して 3 つの重要な影響を及ぼした。第 1 に、戦時中、「不満を募らせた政策決定者が、インテリジェンス側に政策を支持させるべく、インテリジェンスの政治化を行っているのではないか」との懸念が高まった。その一例は、1968 年のテト攻勢である。当時、米国のインテリジェンスは、ベトコンが南ベトナムにおける大規模攻勢の準備を進めている旨を察知していた。これに対し、ジョンソン大統領には 2 つの選択肢があったが、いずれも彼にとっては不本意なものであった。選択肢の第 1 は、国民に（インテリジェンス評価に基づく情勢を説明した上で）攻撃に対する準備を促すものである。ただしこの場合は、「戦況は米国に優位であるにもかかわらず、なぜ敵方は大規模な攻撃を実行し得るのか」との質問に直面する可能性があった。選択肢の第 2 は、敵の攻撃は上手くいかないだろうと信じ、（特に何もせずに）やり過ごすことである。ジョンソンは 2 番目の選択肢を選んだ。そして確かに、ベトコン側は、困難かつ多大な犠牲を伴う戦闘の結果、テト攻勢において軍事的な敗北を喫した。しかし、米国側も、軍事的勝利を得るために大規模な軍事作戦を展開することとなった。この結果、米国側は、インテリジェンスによる警報（ウォーニング）が功を奏し軍事的には勝利を収めたにもかかわらず、政治的には深刻な敗北を喫することとなってしまった。なお、多くの人はテト攻勢を奇襲と考えているが、それは誤りである。

　第 2 に、戦争の進捗状況に関して、軍部のインテリジェンス組織及び軍以外のインテリジェンス組織の分析担当者の間において、しばしば深刻な論争が展開された。こうした状況は、敵の戦闘序列に関する論争（主に、戦場に配置されている敵の部隊の数に関する論争）において特に顕著に見られた。軍の指導者たちは、主に CIA によ

るインテリジェンス分析は戦場における進捗状況を正確に報告していないと考えていた。敵側の戦闘序列をめぐる論争の核心は、「活動している敵の部隊数に関し、CIA の分析は、軍の見解よりも大きいと評価している」という点であった。逆に言うと（CIA の側から見ると）、「軍の報告通りに米軍の作戦が（順調に）進展しているならば、なぜ敵はこれほど多くの部隊を戦場に展開し得るのか」との点が問題視された。敵側の戦闘序列に関する CIA の評価は必ずしも正確ではなかったかもしれない。しかし、こうした論争を通じて、「戦争の進捗状況を描写する際に、インテリジェンスはどのように利用されているのか（特に、軍部によってどのように利用されているのか）」という点が浮き彫りにされた。第 3 に、ベトナム戦争がもたらしたより長期的かつ深刻な結果として、従前のインテリジェンス組織の活動基盤であったいわゆる「冷戦コンセンサス」が大きく損なわれた。

ABM 条約及び SALT I 協定（1972 年）

ニクソン政権は、ソ連との間で、弾道弾迎撃ミサイル（ABM）及び戦略核兵器の配備システム（搭載される兵器そのものではなく、地上及び潜水艦のミサイル発射装置並びに航空機に関するもの）に関して交渉を行った。こうした戦略兵器の管理に関する初めての合意（ABM 条約及び SALT I 協定）の結果、両当事国が必要なインテリジェンスを収集するために、**国家の技術的手段**（NTM: national technical means）、すなわち各種の衛星及びその他の技術的な情報収集手段を使用することが明示的に認められ、正統化された。同時に、NTM に対する公然の妨害は禁止された。さらに、これらの合意の結果、**検証**（verification）（条約上の義務が果たされているか否かを確認する能力）という新たな課題が生じた。（ソ連の活動を**モニタリング**（monitoring）して把握することは、軍備管理以前にも、インテリジェンス・コミュニティの創設時から行われていた。）検証とは、こうしたモニタリングに基づく評価及び政策判断から成る。米国のインテリジェンス組織はこうした活動の中心にあり、軍備管理の擁護派及び反対派の双方からの「インテリジェンスが政治的に利用されている」との新たな非難に直面した。ソ連側の不正を懸念する人々〔訳者注：軍備管理に反対する人々〕は、「ソ連側の不正は（インテリジェンス組織によって）見過ごされているかあるいは無視されている」と主張した。軍備管理を擁護する人々は、「ソ連は不正をしていないか、仮にしていたとしても、不正は小規模で取るに足らないものであり、協定の条件とは無関係である」と主張した。こうした立場は、「仮に多少の不正があるとしても、無制限の戦略的競争よりはましだ」と考えていた。いずれにせよ、インテリジェンス・コミュニティはこうした論争の渦中において中心的な立場にあることが浮き彫りと

なった。

インテリジェンス組織に対する調査（1975–1976年）

　1974年末、CIAが法令に違反して米国国民を監視していたことが発覚した。これを発端として、インテリジェンス・コミュニティ全体を対象とした様々な調査が実施された。副大統領のロックフェラー（Nelson A. Rockefeller）が委員長を務める委員会は、（CIAによる）法令違反があった旨を結論付けた。連邦上下両院の特別委員会による調査は更に深く掘り下げたものであり、より広範な不正行為が発見された。

　これらの公聴会は、ウォーターゲート事件（政治的妨害及び犯罪隠蔽が行われ、1974年のニクソン大統領の辞任に至った）及びベトナム戦争の敗戦の直後の時期に実施された。この結果、政府組織に対する国民の信頼、とりわけ従前はほぼ神聖不可侵とされてきたインテリジェンス・コミュニティに対する国民の信頼は一層損なわれることとなった。これらの調査以降、インテリジェンス組織は従前のような自由を回復することはなかった。むしろ、より高い公開性及び監視の下における活動の在り方を学ぶことを余儀なくされた。同時に、連邦議会側は、従前の自らの監督が杜撰であったという事実に直面した。連邦上下両院は常設のインテリジェンスの監督委員会を設置した。これらの委員会は、インテリジェンス組織に対する監督をより強力に実施し、（本章の前の部分で既述のとおり）インテリジェンス機能の主要な担い手となった。

イラン革命（1979年）

　1979年、ホメイニ師（Ayatollah Ruhollah Khomeini）による革命の結果、イランの国王（シャー）は王座を追われ、国外に追放された。米国のインテリジェンス組織は、こうした事態の発生の可能性が高まっていることをほぼ見落としていた。原因の一つは、歴代の政権がイラン国内における（米国による）情報収集活動を厳しく制限する政策を採っていたことであった。米国の歴代の政権は、国王の神経を刺激しないよう、米国関係者によるイランの反体制派との接触を制限してきた。こうした情報収集上の制約に加え、（分析の面においても）デモが始まった際に、インテリジェンス分析担当者の多くは、国王に対する脅威の深刻さを十分に把握することができなかった。インテリジェンス・コミュニティはこうした制約の中で活動していたにもかかわらず、この結果に対して大きな責任を担わされることとなった。なお、そもそも論として、「王政の崩壊は、1953年のクーデターによる国王復活の必然的な結末である」との見方もあった。

王政の崩壊による影響の1つとして、イラン北部に所在していた2つの情報収集施設が閉鎖された。米国は当該施設を利用してソ連のミサイル実験を監視していた。この結果、SALT I 協定及び当時交渉中であった SALT II 協定に関する米国のモニタリング能力が損なわれることとなった。

イラン・コントラ事件（1985–1987 年）

　レーガン政権は、ニカラグアにおいて親ソ連のサンディニスタ政権に抵抗するコントラを支援するため、イランへのミサイル売却益を利用していた。しかし、こうした支援活動は連邦議会によって制限されていた。加えて、そもそもイランへのミサイル売却は、「テロリストとは取引しない」という政権自身の政策と矛盾するものであり、かつ、法律違反でもあった。イラン・コントラ事件は、憲政上の危機を招くと共に、（インテリジェンス・コミュニティに対する）連邦議会による調査が開始される引き金となった。本事件は、一連の様々な問題を浮き彫りにした。例えば、行政府及び連邦議会によるインテリジェンス組織に対する監督の限界、行政府幹部が連邦議会の意向を無視する風潮、そして、2つの別個の秘密工作活動が絡み合ったときに発生する弊害である。また、本事件の結果、インテリジェンス能力の再構築及び回復に向けたレーガン大統領による努力の多くが水泡に帰することとなった。

ソ連の崩壊（1989–1991 年）

　1989 年にソ連「帝国」の衛星諸国の崩壊が始まり、1991 年には遂にソ連邦そのものが崩壊した。ここにおいて、米国は、長期間をかけて推進してきた「封じ込め政策」の勝利を目撃することになった。同政策は、米国の外交官であるケナン（George Kennan）が、ソ連の脅威に対処する方法として、1946 年から 1947 年にかけて最初に提唱したものである。ソ連の崩壊は極めて急速かつあっけないものであり、これを予想できた人はほとんどいなかったと言い得る。

　（冷戦期における）インテリジェンス・コミュニティの課題の中心はソ連であった。こうしたことから、「ソ連の崩壊の到来を見過ごしたことは、究極のインテリジェンスの失敗だ」との批判がインテリジェンス・コミュニティに対して浴びせられた。こうした失敗に鑑み、「インテリジェンス・コミュニティの縮小及び抜本的な改革が必須である」との意見すらもみられた。他方、米国インテリジェンス組織を擁護する人々は、「インテリジェンス・コミュニティは、ソ連を崩壊に至らしめた同国内部の問題点の多くを明らかにしていた」と主張した。

　冷戦後、米国のインテリジェンスの組織及び機能の在り方に関し、大規模な研究

が幾つも実施された。これらの研究は、インテリジェンス・コミュニティの改革の可能性を視野に入れたものであった。しかし結局、2001年の9.11テロ事件及びイラクの大量破壊兵器問題の後まで、大規模な改革はほとんど実行されなかった。こうした（インテリジェンスの改革をめぐる）論争は、依然として決着していない。引き続き残る重要な論点としては、米国のインテリジェンスの能力に関する問題のみならず、より根本的なインテリジェンスの本質に関する問題も含まれる。さらに、「インテリジェンスに対して合理的に期待し得ることは何か」との問題もある（詳細な議論は第11章を参照）。

エイムズ事件（1994年）及びハンセン事件（2001年）

　CIA職員であったエイムズ（Aldrich Ames）は、ソ連及びソ連崩壊後のロシアのために約10年間にわたりスパイ活動を行っていた容疑で逮捕され、有罪判決を受けた。この事件は、米国のインテリジェンス組織に大きな衝撃を与えた。従来からも秘密漏えいをめぐるスキャンダルは存在した。例えば、1985年のいわゆる「スパイの年」には様々な事件が明るみになった。ウォーカー一族（the Walker family）は海軍の通信データをソ連に売り渡していた。ペルトン（Ronald Pelton）はNSAのプログラムをソ連に漏えいしていた。チェン（Larry Wu-tai Chin）は、中国によってCIA内に配置された秘密の情報源であることが明らかになった。

　冷戦の終結にもかかわらず、ロシアによる対米スパイ活動は継続していた。エイムズの経歴に鑑み、様々な問題点が浮き彫りとなった。第1は、CIAの人事施策に関する問題点である。エイムズはアルコール問題を抱えていることで知られていた最低レベルの評価の職員であった。第2は、同局のカウンターインテリジェンス施策に関する問題点である。第3は、こうした（カウンターインテリジェンス上の）問題に対処するためのCIA及びFBIの連絡体制に関する問題点である。加えて、行政府及び連邦議会の間におけるインテリジェンスに関わる情報の共有の在り方に欠陥があることも、本件スキャンダルを通じて明らかとなった。

　2001年、FBI捜査官のハンセン（Robert Hanssen）が、秘密漏えいの容疑で逮捕された。本事件は、エイムズ事件で生じた幾つかの懸念事項を再確認すると共に、新たな懸念事項をも生じさせた。ハンセン及びエイムズはほぼ同時期に秘密漏えいを開始していた模様である。しかし、ハンセンの活動はエイムズの場合に比較してより長期間にわたり発覚を免れていた。当初、ハンセンはカウンターインテリジェンスの専門家であるために上手く発覚を免れていたと考えられていた。しかし、その後の捜査を通じて、FBIにおける深刻な（規律等の）弛緩こそがハンセンの活動の継

続にとって決定的に重要な要因であったことが明らかになった。ハンセンも、エイムズと同様に、ソ連及びソ連崩壊後のロシアのために秘密漏えいを行っていた。ハンセンによる秘密漏えいの発覚の結果、エイムズの逮捕後に実施されていたエイムズ事件の損害の評価は修正を余儀なくされた。なぜならば、両名は幾つかの同じ情報に対してアクセスが可能であったからである。加えて、CIAがエイムズを察知できなかったことをFBIは厳しく批判していた中で、ハンセン事件はFBIにとっての深刻な失態となった。当時、FBIはCIA職員のケリー（Brian Kelley）に焦点を絞って捜査を進めており、捜査の最終盤に至るまで「ケリーこそがスパイである」との誤った見立てに固執していた。

この2つのスキャンダルは、（CIA及びFBIそれぞれの）組織内の問題を明らかにしたことに加えて、冷戦の終結にもかかわらず大国間のスパイ活動が継続している実態を浮き彫りにした。ロシアの活動であれ米国の活動であれ、こうした大国間のスパイ活動の継続を不快と感じる向きも一部にはある。しかし、「このように大国間のスパイ活動が継続しているのはむしろ当然であり正常な状態である」との見方も少なくない。

9.11 テロ事件及び「テロとの闘い」（2001年–）

2001年9月に米国で発生したテロ攻撃は、幾つかの点において重要である。第1に、アルカイダの指導者であるオサマ・ビンラディン（Osama bin Laden）の米国に対する敵意及び（テロ実行の）能力は（同攻撃の以前から）既に知られていたものの、攻撃の具体的な内容は予想されていなかった。（テロの発生を受けて）テネット中央情報長官の辞任を求める声もあったものの、ブッシュ（George W. Bush）大統領はテネットを支援した。一方、連邦議会はインテリジェンス・コミュニティの業績評価に関する広範な調査を開始した。第2に、テロ攻撃の直後から、テロ対策のための大規模なインテリジェンス活動に対する広範な政治的支持が高まった。これらの中には、暗殺の解禁の要求及びヒューマン・インテリジェンスの活用の拡大の要求等も含まれていた。同テロ攻撃に対する最初の主要な立法措置は、いわゆる2001年米国愛国者法（The USA PATRIOT Act of 2001）である。同法は、国内インテリジェンス活動の一部及び法執行組織による情報収集活動に対して大幅な裁量を認めると共に、これらの2つの分野の連携を改善する措置を講じた。2004年には、同テロ事件に関する2回目の調査の結果を受けて、インテリジェンス・コミュニティの指揮系統を大幅に改編する法律が成立した。さらに、（イラクの大量破壊兵器問題に関して）インテリジェンス組織が「大量破壊兵器がイラクに存在する」と評価していたにもかかわ

らず結局そうした兵器は発見されなかったことも、こうした動向に拍車を掛けた（詳細は第3章参照）。第3に、テロ対策のための戦闘活動の初動段階において、インテリジェンス収集能力の大幅な進展がみられた。特に、無人航空機の活用や、米軍の戦闘部隊に対するリアルタイムのインテリジェンス支援の提供において、顕著な進展がみられた（詳細は第5章を参照）。テロとの闘いの結果、CIA及びNSAの権限の一部は拡大されることとなった。CIAは、海外においてテロ容疑者の身柄を拘束してこれを第3国に**移送**（render）し、収容・尋問を行った。こうした活動は物議を醸すこととなった。なぜならば、第3国への移送の法的根拠、第3国における容疑者をめぐる状況（特に尋問時の状況）等に対して疑問を呈する見方もあったからである。2008年の大統領選挙においては、こうした手法の利用が政治問題となった。もっとも、前述のとおり、オバマ大統領の対テロ政策は概ね、ブッシュ大統領の政策と大差はなかった。米国愛国者法を根拠として、NSAは、電話及びインターネット上のデータ収集活動を大幅に拡大した。ただし、大半の場合、収集の対象は通話の内容ではなく、いわゆるメタデータ（通話の場所、時間）であった。2013年、当該情報収集プログラムの存在が一般に明らかとなり、物議を醸すこととなった。すなわち、こうしたNSAの活動は法律の授権の範囲を逸脱しているとの批判や、NSAは連邦議会に対する報告を怠っていたとの非難がなされた（本章の後の部分を参照）。

　2004年までに、2001年のテロ攻撃以前の米国のインテリジェンス組織の業績評価に関する2つの詳細な調査が実施された。双方の調査の報告書とも、多くのインテリジェンス組織の欠陥を指摘した。しかし、アルカイダの攻撃計画を正確に把握し得るようなインテリジェンスの存在の指摘には至らなかった。すなわち、アルカイダが具体的な攻撃を計画している旨を示唆する戦術的インテリジェンスは（9.11テロ攻撃の以前には）存在しなかった（こうした「戦術的インテリジェンス」は、（一般論としての）アルカイダの敵意の性質及び深刻さを示す「戦略的インテリジェンス」とは別個のものである）。

　2009年を境に、テロの脅威は、大規模な攻撃からより小規模で個人による企てへと変化したとみられる。これに伴い、こうした種類の脅威を防止するためのインテリジェンス・コミュニティの能力に関して新たな懸念が生じた。こうした新たな脅威の中には（米国国外ではなく）国内に端を発するものもあり、その対処には、国家のインテリジェンス能力というよりはむしろ国内の警察の能力を要するとも考えられた。2011年5月に実施された作戦により、ビンラディンが死亡した。このことは、米国のインテリジェンス機能に対する信頼の回復の一助となった。また、同

作戦は、複数の情報収集の手段の活用（ヒューミント、シギント、イミント）、長年にわたる緻密な分析、インテリジェンス・コミュニティの内部及び軍部とのインテリジェンス共有等に関する好事例となった。

2013年までに、10年間以上に及ぶテロとの闘いは、新たな歪みを引き起こし始めた。前述のとおり、無人航空機の継続的な活用は、次の2つの理由から物議を醸すようになっていた（詳細は第8章参照）。第1に、（無人航空機による攻撃の）標的とされている人々の重要性が低いということへの懸念、継続的な攻撃作戦の結果として（攻撃が実施されている国において）対米感情が悪化していることへの懸念である。第2に、より物議を醸したのは、テロリストと共闘している米国国民が（CIA等による）無人航空機による攻撃の標的となり殺害されていることである。また、NSAによる通信データの収集活動が明らかになった。これを受けて、安全保障及び自由のバランス、そうした活動に対する監督の在り方に関して一部の人々は懸念を抱くようになった。加えて、10年間以上にわたりテロ対策、ゲリラ対策に注力した結果、分析担当者のコミュニティ、特にCIAに大きな影響が生じた。すなわち、インテリジェンス組織の分析機能が、戦術的、軍事的なものに偏り過ぎてしまったとの見方が生じた（第6章参照）。

最後に、ISIL（あるいはISISまたはDaesh）の台頭によって、テロとの闘いは更に複雑化した。なぜならば、ISILが国家を標榜し、多くの領土及び人々を支配したからである。ISILは、2015年11月及び2016年3月の一連の攻撃を通じて、（一テロ組織であるにもかかわらず）地理的に広範な範囲に勢力を及ぼしている旨を誇示した。その後の米国等による攻勢によってISILは失速し、その支配領域は大幅に縮小した。ただし、この結果、ISILの戦闘員が欧州及びその他の出身国に帰還し、それらの場所においてテロ活動を行う可能性が高まる等の新たな懸念が生じた。

イラクに関するインテリジェンス（2003–2008年）

イラクの指導者であるフセイン（Saddam Hussein）は、1991年の湾岸戦争終結時に、大量破壊兵器の廃棄及び国際的な査察の受け入れに合意した。しかし、ブッシュ政権は、当該合意にもかかわらずフセインは大量破壊兵器を隠し持っていると確信していた。国際社会の大半も同様に考えていた。（2002年秋の国連における議論は、「イラクは大量破壊兵器を保有しているか否か」に関するものではなく、「保有しているか否かを判断する最善の方法」及び「そうした兵器を除去する最善の方法」に関するものであった。）しかし、軍事的な紛争が開始してから2年以上が経過した後も、大量破壊兵器は発見されなかった。その結果、2つの大きな問題が発生した。1つは、「インテリジェ

ンス組織はなぜ、このように深刻かつ誤った結論に至ったのか」である。もう1つは、「インテリジェンスは政策決定者によってどのように利用されたのか」である。2001年のテロ攻撃に関する2つの調査の結果に加え、イラクの大量破壊兵器問題に関するこうしたインテリジェンスのパフォーマンスを踏まえ、インテリジェンス・コミュニティの再構築を求める極めて厳しい声が上がるようになった。連邦上院のインテリジェンス問題担当の委員会は、イラク問題に関する分析における主要な問題点として、「既存の前提条件の検証に失敗したこと」に加えて、いわゆるグループシンクがあった旨を明らかにした。他方、同委員会は、インテリジェンスが政治的に利用されたことを示す証拠の発見には至らなかった。ブッシュ大統領によって設置されたイラク大量破壊兵器調査委員会（The Commission on the Intelligence Capabilities of the United States Regarding Weapons of Mass Destruction）も、インテリジェンスの政治化の問題に関しては連邦上院の委員会と同様の結論に達した。ただし、同委員会の調査結果は、イラクの大量破壊兵器及びその他の問題に関するインテリジェンス・コミュニティの情報収集及び分析の手法の在り方に関しては極めて批判的であった。

　開戦の理由（戦争行為を正当化する理由）を提供した可能性のあるインテリジェンスの問題に加え、開戦後のイラクに関するインテリジェンスも物議を醸すこととなった。開戦後のイラクが（占領軍に対する）反乱状態に陥ってしまったことに関し、元インテリジェンス関係者は、開戦前の情勢評価は既にそうした可能性を示唆していた旨を指摘した。2007年、インテリジェンス・コミュニティは、連邦議会の要請を受け、「イラクにおいて将来的に起こり得る事態」及び「（今後の占領政策の）成功あるいは失敗に関する兆候」に関して、インテリジェンス評価報告書を作成した。当該インテリジェンス評価報告書の**主要な結論**（key judgements）は、公開情報として公表された。このことは、イラクをめぐる政治的な議論に更に油を注ぐこととなった。

　2001年のテロ攻撃も（インテリジェンス組織にとって）深刻な問題ではあったが、イラクの大量破壊兵器に関する当初のインテリジェンス評価は、米国のインテリジェンス組織に対してより根本的な問題を突き付けるものであった。イラク問題に関する分析の失敗は、その後長期間にわたり、米国のインテリジェンス組織にとっての重荷となった。開戦後の分析においても、インテリジェンスの政治化の進展がうかがわれた。こうした政治化は、インテリジェンスの生産者〔訳者注：インテリジェンス・コミュニティを指す〕ではなく、行政府及び連邦議会の関係者によってなされたものであった。彼らは、秘密指定解除によって公開されたインテリジェンス

評価書を利用して（自己の政策に関して）政治的な優位性を得ようと画策した。

　イラクに関する分析をめぐる論争は、その後のインテリジェンス分析にとっての試金石となっている。2007年、マコーネル国家情報長官は、イランの核兵器開発に関する国家インテリジェンス評価の主要な結論部分の一部を公表した。当該評価書は、2005年当時の評価を覆し、イラクの核兵器開発は2003年に既に停止していた旨を結論付けた。当該評価報告書は、直ちに議論を引き起こした。そうした議論は、評価それ自体に関するもののみにはとどまらなかった。あわせて、「こうした評価の修正は、イラク問題から得られた『教訓』なのか、それとも、従前の誤った評価を覆い隠すための手段なのか」との点も一部では議論となった。ただし、こうした見方は、インテリジェンス評価のプロセスに関して深刻な誤解がある旨を示す穿った見解であった。

　2013年、化学兵器の使用を理由にシリアを攻撃すべきか否かの議論が起こった。この際も、過去のイラク問題を踏まえ、大量破壊兵器に関する現在のインテリジェンスの精度に関して再び問題が提起された。

インテリジェンス機構の再編（2004–2005年）

　2004年、インテリジェンス・コミュニティを改編する法律が成立した。この背景には、次の3つの要因があった。第1は、2001年のテロ攻撃への対応である。第2は、その後の「米国に対するテロ攻撃に関する国家委員会（The National Commission on Terrorist Attacks Upon the United States）」（通称9.11委員会（The 9/11 Commission））による2004年の報告である。第3は、インテリジェンス・コミュニティはイラクに大量破壊兵器が存在すると評価していたにもかかわらず、実際には存在しなかったことである。連邦議会において当該法律が制定された結果、インテリジェンスを監督し調整する役割は、従来の中央情報長官（DCI）から国家情報長官（DNI）に取って代わられることとなった。ただし、国家情報長官は、いずれのインテリジェンス組織とも切り離されることとなった。これは、1947年の国家安全保障法（詳細は第3章参照）の制定以降、米国のインテリジェンスにとって最大の改編であった。2005年3月、イラク大量破壊兵器調査委員会は報告書を発表した。その中で、同委員会は、インテリジェンスの仕組み並びに分析及び収集の管理の在り方に関する更なる変革を提言した。

　2006年、CIA長官のゴスが辞任した。2007年、初代の国家情報長官を務めたネグロポンテ元大使は、2年に満たない期間で同長官職を退任し、国務省に復帰した。ネグロポンテの後任の国家情報長官には、退役海軍中将のマコーネルが就任した。

マコーネルはブッシュ政権の終了時に辞任し、後任には退役海軍大将のブレア（Dennis Blair）が就任した。ブレアは、（制度創設以降の）4年に満たない期間の中で3人目の国家情報長官となった。そのブレアは、2010年、在職1年少々余りで退任した。ブレアの後任のクラッパー退役中将は、ほぼ5年余りの間で4人目の国家情報長官となった。また、国家情報長官の幾つかの上級スタッフの職は、人材の確保が困難であった。こうした人材確保上の問題は、新たな組織機構が期待されたほど順調には機能していない証しであるとする見方もあった。クラッパーが国家情報長官として6年半在籍したことにより、新たな組織機構には一定の安定がもたらされた。ただし、国家情報長官の地位及びその権限に関する根本的な問題は依然として継続している。

　2017年、トランプ新政権は、国家情報長官を任命せず、その権限をCIA長官に戻すことを画策していたとみられる。しかし、そうした措置のためには法整備が必要との指摘を受け、新政権は、前上院議員で駐ドイツ大使のコーツを新たな国家情報著官に指名した。コーツは2年後に職を解かれ、その後の18ヵ月間に2人の長官代行と1人の（議会承認を経た）長官が同職を継承した。この期間は、国家情報長官の制度にとって、再度の不安定期となった。

マニング及びスノーデンによるリーク

　2010年1月、当時上等兵であったマニング（Bradley Manning）は、秘密情報システムから約70万の資料をダウンロードし、これをウィキリークス（WikiLeaks）に提供した。ウィキリークスとは、専ら秘密情報の公開を行うウェブサイトである。2013年6月、米国及びイギリスの新聞は、NSAが米国国内及び世界中のインターネット及び電話回線からメタデータの収集を行っているプログラムの詳細に関して、報道を開始した。これは、NSAに勤務する契約職員のスノーデン（Edward Snowden）が各社にリークしたものであった。スノーデンは、当該プログラムとは無関係である他の極めて高度な秘密も大量にリークしていた。この2つのリーク事案は、その内容面において異なるものである。すなわち、マニングがリークした資料の多くは外交公電であった。他方、スノーデンがリークした資料は、進行中のインテリジェンス情報収集プログラムに関するものであった。スノーデンによるリークは、内容面においてもその影響の面においても、（議論の余地はあるものの）米国史上最悪のリークと言い得る。この2つのリーク事案は様々な論争を巻き起こした。主な論点は次のようなものであった。第1は、いかにして、単なる個人がこれほど多くの資料にアクセスし、秘密保護措置が施されたエリアからこれらを持ち出すことができたの

であろうかという問題である。第2は、リーク者及びスパイに対処するための米国の各種法律の妥当性である。第3は、米国のインテリジェンス組織が推進してきたインテリジェンス共有の今後の在り方である。第4は、これらのリーク事案が米国の外交関係及びインテリジェンス能力に及ぼす影響である。第5は、NSAの事例に関し、同局がその権限を逸脱していたか否かという問題並びに行政府及び連邦議会による監督の妥当性である。マニングはエスピオナージ法違反として有罪となり、禁固35年の判決を受けた。2017年1月、オバマ大統領はマニングの刑を7年に減刑し、同人は2017年5月に釈放された。他方、スノーデンは、ロシアにおいて暫定的な亡命を認められている。2020年、スノーデンはロシアの市民権を申請したことを公表した。2014年1月、オバマ大統領は、演説において、暴露されたNSAによる情報収集プログラムに関し、「これらのプログラムは合法的に管理されている」、「意図的に権限が濫用されたことはない」旨を指摘し、当該プログラムを擁護した。

　マニング及びスノーデンの事案以降も多くのリーク事案が発生している。こうしたことから、インテリジェンス・コミュニティの保安・保全措置に対する懸念が高まっている。また、リーク事案に対する刑事訴追も増加している。オバマ政権下においてリークを理由として起訴された者は10人であるが、これは歴代政権で最多である。これらのリーク事案の中には、報道関係者が関与しているものもあった。こうしたことから、報道の自由の在り方に関しても疑問が呈されている。

ロシアによるハッキング及び2016年の選挙

　2016年の報道により、進行中の米国大統領選挙に対してロシアが影響を及ぼそうと画策している可能性に関する懸念が提起された。（本件に関し）2017年1月、インテリジェンス・コミュニティはトランプ次期大統領に対して報告を行うと共に、CIA、FBI及びNSAの3者が共同して作成したインテリジェンス評価を発表した。当該評価は、「ロシアのプーチン（Vladimir Putin）大統領は、クリントン（Hillary Clinton）よりもトランプを支持することを画策して『影響力工作（influence campaign）』の実行を命じた」旨を明らかにした。ただし、当該評価は、こうしたロシアの活動の効果に関する評価は示さなかった。

　当該インテリジェンス評価に関し、トランプは当初、自分自身の当選の正統性に対して疑義を呈するものとして反論していた。しかし、当該問題は収束しなかった。むしろ、トランプの選挙対策陣営の関係者及びロシア当局者との共謀の可能性に関する疑惑が浮上するに至り、問題はより複雑化した。（こうした事態受けて）司法省は、

モラー（Robert Mueller）元 FBI 長官を本件の捜査を担当する特別検察官に任命した。モラーによる捜査は直ちに、連邦議会（特に、下院のインテリジェンス問題委員会）において、極めて険悪かつ党派的な論争の的となった。モラーによる報告書は、トランプの選挙対策陣営の関係者及びロシアとの間の緊密な接触を認めた。しかし、両者の共謀関係に関しては十分な証拠は認められなかったと結論付けた。また、当該報告書は、2016 年の大統領選挙に対するロシアによる「広範かつ組織的」な干渉を認めた。2019 年、バー（William Barr）司法長官は、2016 年の選挙におけるトランプの選挙対策陣営及びロシアの関係に関する疑惑をインテリジェンス・コミュニティがどのように評価したのかに関する捜査を許可した。こうした動向は、分析における政治的なバイアスの有無を探るものであったとみられる。特別検察官による捜査は刑事訴追に至る可能性を示唆するものであり、特別検察官がインテリジェンス組織の分析活動を捜査することの妥当性を疑問視する見方もあった。当該捜査は、トランプ政権の終了までに完了することはなかった。

同様の問題に関し、連邦上院のインテリジェンス問題の委員会は、3 年間にわたる超党派の調査を実施した。当該調査の 5 巻から成る報告書は、2017 年 1 月のインテリジェンス・コミュニティの評価書の「分析の潔白」〔訳者注：分析に政治的なバイアスがないこと〕を擁護した。また、連邦上院による報告書は、トランプの選挙対策陣営の関係者及びロシア側との間で広範な接触があった旨を認めると共に、これによってロシアは 2016 年の米国の選挙の信頼性を批判することが可能となった旨を指摘した。ただし、当該報告書は、両者（トランプ陣営及びロシア側）の共謀関係に関しては指摘をしなかった。

2020 年の選挙の際にも、ロシア及びその他の勢力による干渉の問題が再度噴出した。当該問題に関して、国家情報官室の分析オンブズマン組織は、「トランプ政権においてインテリジェンス組織の職に任命された者が、インテリジェンス報告を政治化した」旨を非難した（第 6 章参照）。2021 年 4 月、バイデン（Joe Biden）政権（在 2021 年 –）は、トランプの選挙対策陣営の幹部（選挙対策本部長のマナフォート（Paul Manafort）を含む）がトランプの選挙活動を支援するべくロシアに情報を流していた旨を示す情報を公表した。

トランプはまた、政権の発足に当たり、米国のインテリジェンス組織を罵るような発言を行った。こうしたことから、トランプ政権の発足は、「新政権及びインテリジェンス・コミュニティの関係性」という観点からは、最も困難な政権移行となった。こうしたトランプ大統領及びインテリジェンス・コミュニティの溝は、2018 年 7 月のヘルシンキにおけるトランプ及びプーチンの会談の後に更に顕著と

なった。（ロシアによる選挙干渉の問題に関し）同会談において、トランプは、米国インテリジェンス・コミュニティによる評価を支持するのではなく、選挙干渉を否定するプーチンの説明を公式に受け入れた。本件が政治的に炎上したことを受けて、トランプは当該発言に関する弁明を試みた。しかし、ダメージが修復されることはなかった。それどころか、トランプの曖昧な弁明の結果、当該問題は未解決のまま放置されることとなった。在イスタンブールのサウジアラビア総領事館においてカショギ（Jamal Khashoggi）（米国を拠点とするサウジ人のジャーナリスト）が殺害された事件に関し、2018年11月、トランプは、サウジアラビアのサルマン（Mohammed bin Salman）皇太子の関与に関するCIAによる評価を公式に否定した。（2021年、米国のインテリジェンス・コミュニティは同皇太子の関与を確認した。）

　2016年の選挙及びロシアに関連するもう1つの問題として、当時のオバマ政権は、手元にあったインテリジェンスを踏まえ、一体何をしたのか（あるいは、何をしなかったのか）、という問題がある。オバマ政権の関係者によると、オバマは、（トランプを支持するロシアによる選挙干渉への対応措置を積極的に採った場合）クリントンを利するような選挙干渉をしたとの批判を受けることを危惧し、表立って強い措置を採ることに消極的であった。連邦上院による調査は、こうしたオバマ政権による対応の欠如を批判した。

　2021年3月のインテリジェンス・コミュニティによる評価は、ロシアはトランプ大統領の再選を支援するために活動し、イランはトランプ大統領の評価を下げることを画策した旨を指摘した。また、当該評価は、実際の投票は（これらの干渉活動によって）特段の影響は受けなかった旨を指摘した。

国内の過激主義

　2021年1月6日の米国連邦議会議事堂における暴動を受けて、ヘインズ（Avril Haines）国家情報長官（在2021年-）は、米国のインテリジェンス組織が米国国内の過激主義に関する調査を実施する旨を発表した。国家情報長官は、対外インテリジェンスのみならず、国内インテリジェンス及び国土安全保障に関わるインテリジェンスも統括している。したがって、こうした動向は国家情報長官としての職権の範囲内と言い得る。しかし、このような調査活動の対象は基本的には米国国民であることから、インテリジェンス組織の関与には限界がある。例えば、CIA及びNSA等の組織は関与できない。なお、ヘインズは、国内の過激主義及び国外との関係の可能性の調査を実施する旨も述べた。こうした整理に基づき、他のインテリジェンス組織は、法的な「車道の車線」を遵守する限り（すなわち、法令上認められ

た権限の範囲内において)、こうした調査活動への参加が可能となった。いずれにせよ、当該調査は政治的な議論を呼び起こす可能性がある。

インテリジェンス活動の法的枠組み

米国のインテリジェンス組織は、法的な枠組みの中で活動している。そうした枠組みは時代と共に発展してきている。以下は、主要な法令及び政令等である。

- **アメリカ合衆国憲法（The Constitution of the United States of America）**：憲法は三権の役割及び責務を定めている。インテリジェンスの観点から重要な点は次のとおりである。連邦議会は、政府の省庁を創設する権限及び財政の権限を持つと共に、議会による監督の基盤となっている。大統領は、最高司令官としての役割を担うと共に、国家防衛の責務を担う。司法は、法律、政令等の合憲性を判断する役割を担う。さらに、権利章典（合衆国憲法修正第1–10条）は、インテリジェンス活動において遵守されなければならない国民の権利を規定している。言論及び報道の自由（修正第1条）、相当な理由を示す個別の令状なしに個人の所有物を捜索・押収をしてはならいないこと（修正第4条）、法の適正なプロセスによらずに生命や自由を奪ってはならないこと（修正第5条）、残酷あるいは異常な刑罰を科してはならないこと（修正第8条）等がこれに含まれる。
- **エスピオナージ法（The Espionage Act）、1917年**：同法は、第1次世界大戦中の米軍の作戦及び徴兵制の運用を保護するために制定された。秘密資料のリークを告発する際の主要な根拠となっている。
- **国家安全保障法（The National Security Act）、1947年**：同法は、現代の米国の国家安全保障機構を創設した。こうした機構には次が含まれる。国家安全保障会議、国防長官及び統合参謀本部、中央情報長官（DCI）（同長官は、国家安全保障会議の下で、対外インテリジェンスの総括の責務を担う）、CIA（CIAは、中央情報長官の下に設置される）である。また、同法は、曖昧な表現によって、CIAに関する規定を定めている。これによると、CIAの権限には警察権あるいは召喚権は含まれない一方、「指示を受けたその他の任務を遂行すること」が含まれている。
- **連邦上院決議第400号（S. Res. 400）、1976年**：同決議は、連邦上院インテリジェンス問題特別委員会（The Senate Selected Committee on Intelligence）に関する規定を定めている。
- **対外インテリジェンス監視法（Foreign Intelligence Surveillance Act）、1978年**：同法は、対外的なインテリジェンスを目的とした物理的あるいは電子的な監視活動を行うための手続を定めている。同法の定めにより、こうした監視活動には原則として令状が必要とされている（ただし、特別かつ限定的な条件の下で無令状の監視が認められる場合もある）。

また、こうしたプロセスを監督するため、同法に基づき、対外インテリジェンス監視裁判所 (FISC: The Foreign Intelligence Surveillance Court) が設置されている。

- **インテリジェンス監督法（Intelligence Oversight Act）、1980 年**：同法は、連邦議会によるインテリジェンス組織に対する監督活動を具体的に定めたものである。同法は、インテリジェンス活動（今後「想定される重要な活動」を含む）に関して、連邦議会に対して「完全かつ最新」の報告を行うことをインテリジェンス組織に義務付けている。

- **秘密インテリジェンス手続法（Classified Intelligence Procedures Act）、1980 年**：同法律は、秘密情報を所持している刑事事件の被告人が、起訴を回避する手段として当該秘密情報を利用すること（しばしば「グレーメール」と呼ばれる）を制限している。こうした場合、裁判官は、陪審員に当該秘密情報を明らかにすることなく、当該秘密情報を聴取することが可能とされている。

- **インテリジェンス身元保護法（Intelligence Identities Protection Act）、1982 年**：同法は、秘密情報にアクセスする権限を持つ者あるいは身分非公開の職員の身元を特定し暴露することを計画的に図る者が、米国インテリジェンス組織の職員の身元を意図的に明らかにすることを連邦犯罪と定めている。

- **米国愛国者法（USA PATRIOT Act）、2001 年**：9.11 テロ攻撃への対応として、連邦議会は、テロ対策のためにインテリジェンス能力を強化する一連の法律を成立させた。この中には、米国国民及び外国人の双方に対する監視の強化、いわゆる「移動性通信傍受（roving wiretaps）」、インテリジェンス共有の改善等が含まれていた。同法に関しては、期限の延長及び改訂が数回にわたりなされている。

- **インテリジェンス・コミュニティ改編・テロ防止法（Intelligence Reform and Terrorism Prevention Act（IRTPA））、2004 年**：同法は、国家情報長官（DNI）を創設した。同長官は、「国家インテリジェンス」（対外インテリジェンス、国内インテリジェンス、国土安全保障インテリジェンス）を統括する。これは、1947 年に国家安全保障法によって米国のインテリジェンス機構が創設されて以降、初めての大改編であった。国家情報長官は個別のインテリジェンス組織からは切り離された。CIA の長は（従来の中央情報長官（DCI）から）CIA 長官（DCIA）に改組された。

- **米国自由法（USA FREEDOM Act）、2015 年**：同法は、米国愛国者法の下で認められたインテリジェンス収集プログラムの幾つかを修正し、大量データの一括収集（バルク収集）プログラム（愛国者法第 215 条）を廃止した。また、同法は、対外的インテリジェンス監視裁判所（FISC）の重要な決定事項を（必要に応じて編集の上で）公表することも規定している。

- **行政命令第 12333 号（Executive Order 12333）、1981 年、2004 年及び 2008 年改訂**

「米国のインテリジェンス活動」：行政命令第 12333 号は、レーガン大統領が最初に公布したものである。同命令は、米国のインテリジェンス機構全体及び個別の組織の役割並びに責務を定めている。加えて、市民の自由の保護の観点から、インテリジェンス活動の実施に関する規則を定めている。

- **行政命令第 13526 号（Executive Order 13526）、2009 年「国家安全保障に関する秘密情報」**：同命令は、国家安全保障に関する情報の秘密指定、保護、秘密指定解除に関する現行の行政命令である。
- **インテリジェンス・コミュニティ通達（Intelligence Community Directives（ICDs））**：国家情報長官は、幾つかの通達を発出し、インテリジェンス・コミュニティのための政策を確立している。これらは次のサイトで閲覧可能である。https://www.dni.gov/index.php/what-we-do/ic-related-menus/ic-related-links/intelligence-community-directives 各種の通達には以下が含まれる。

    ICD 107：市民の自由、プライバシー、透明性
    ICD 112：連邦議会に対する通知
    ICD 116：インテリジェンス活動の企画、計画、予算、評価の制度
    ICD 120：インテリジェンス・コミュニティにおける公益通報者の保護
    ICD 203：分析の基準
    ICD 204：国家インテリジェンスの優先順位の枠組み
    ICD 304：ヒューマン・インテリジェンス活動
    ICD 403：秘密扱いの国家インテリジェンスの外国への開示と公開
    ICD 700：国家インテリジェンスの保護
    ICD 701：秘密扱いの安全保障関連情報の権限に基づかない開示
    ICD 703：秘密扱いの国家インテリジェンスの保護（隔離された秘密情報（Sensitive Compartmented Information（SCI））を含む）

主要な用語

競争的分析（competitive analysis）
ファイブ・アイズ（Five Eyes）
グループシンク（groupthink）
主要な結論（key judgements）
モニタリング（monitoring）
国家インテリジェンス（national intelligence）
国家の技術的手段（national technical means）
移送（render）
検証（verification）

参考文献

　米国のインテリジェンスの歴史の大半は、CIA を中心に据えたものである。以下の参考文献も例外ではない。それでも、これらの文献は、本章で紹介した諸問題及び事例に関して最も優れた議論を提供するものである。

Allison, Graham. *Destined for War: Can America and China Escape Thucydides's Trap?* Boston, Mass.: Houghton Mifflin Harcourt, 2017.
Ambrose, Stephen E., with Richard H. Immerman. *Ike's Spies: Eisenhower and the Espionage Establishment*. Garden City, N.Y.: Doubleday, 1981.
Best, Richard A., Jr. "Intelligence and U.S. National Security Policy," *International Journal of Intelligence and Counterintelligence* 28 (fall 2015): 449–467.
Brugioni, Dino A. *Eyeball to Eyeball: The Inside Story of the Cuban Missile Crisis*. Ed. Robert F. McCort. New York: Random House, 1990.
———. *Eyes in the Sky: Eisenhower, the CIA and Cold War Aerial Espionage*. Annapolis, Md.: Naval Institute Press, 2010.
Colby, William E., and Peter Forbath. *Honorable Men: My Life in the CIA*. New York: Simon and Schuster, 1978.
Draper, Theodore. *A Very Thin Line: The Iran-Contra Affair*. New York: Hill and Wang, 1991.
Garthoff, Douglas J. *Directors of Central Intelligence as Leaders of the U.S. Intelligence Community 1946–2005*. Washington, D.C.: Center for the Study of Intelligence, CIA, 2005.
Gates, Robert M. *From the Shadows*. New York: Simon and Schuster, 1996.
Helms, Richard M. *A Look Over My Shoulder: A Life in the Central Intelligence Agency*. New York: Random House, 2003.
Herman, Michael, J. Kenneth McDonald, and Vojtech Mastny. *Did Intelligence Matter in the Cold War?* Oslo: Norwegian Institute for Defence Studies, 2006.
Hersh, Seymour. "Huge CIA Operations Reported in U.S. Against Anti-War Forces, Other Dissidents in Nixon Years." *The New York Times*, December 22, 1974, 1.
Houston, Lawrence R. "The CIA's Legislative Base." *International Journal of Intelligence and Counterintelligence* 5 (winter 1991–1992): 411–415.
Jameson, W. George. "Intelligence and the Law: Introduction to the Legal and Policy Framework Governing Intelligence Community Counterterrorism Efforts." *In The Law of Counterterrorism*. Ed. Lynne K. Zusman. Washington, D.C.: American Bar Association Publishing, 2011.
Jeffreys-Jones, Rhodri. *The CIA and American Democracy*. New Haven, Conn.: Yale University Press, 1989.
Lowenthal, Mark M. *U.S. Intelligence: Evolution and Anatomy*. 2d ed. Westport, Conn.: Praeger, 1992.
Montague, Ludwell Lee. *General Walter Bedell Smith as Director of Central Intelligence: October 1950–February*

1953. University Park: Pennsylvania State University Press, 1992.
Moynihan, Daniel Patrick. *Secrecy: The American Experience*. New Haven, Conn.: Yale University Press, 1998.
Persico, Joseph. *Casey: From the OSS to the CIA*. New York: Viking, 1990.
Pillar, Paul. *Intelligence and U.S. Foreign Policy: Iraq, 9/11 and Misguided Reform*. New York: Columbia University Press, 2011.
Powers, Thomas. *The Man Who Kept the Secrets: Richard Helms and the CIA*. New York: Knopf, 1979.
Prados, John. *Lost Crusader: The Secret Wars of CIA Director William Colby*. New York: Oxford University Press, 2003.
Ranelagh, John. *The Rise and Decline of the CIA*. New York: Touchstone, 1987.
Rhodes, Jill D., ed. *National Security Law: Fifty Years of Transformation*. Washington, D.C.: ABA Publishing, 2012.
Tenet, George. *At the Center of the Storm: My Years at the CIA*. New York: HarperCollins, 2007.
Troy, Thomas F. *Donovan and the CIA: A History of the Establishment of the Central Intelligence Agency*. Frederick, Md.: University Publications of America, 1981.
Turner, Michael. "A Distinctive U.S. Intelligence Identity." *International Journal of Intelligence and Counterintelligence* 17 (summer 2004): 42–61.
U.S. Department of Justice. *Report on the Investigation Into Russian Interference in the 2016 Presidential Election*. 3 vols. Special Counsel Robert S. Mueller III. March 2019. (Also known as the Mueller report.)
U.S. National Intelligence Council. "Foreign Threats to the 2020 US Federal Elections." March 10, 2021. (Available at https://www.dni.gov/files/ODNI/documents/assessments/ICA-declass-16MAR21.pdf.)
U.S. Senate Select Committee on Intelligence. Russian Active Measures Campaigns and Interference with the 2016 U.S. Election. Vols. I–V. 116th Cong., 2d sess., 2010. (Report volumes are I. Russian Efforts Against Election Infrastructure; II. Russia's Use of Social Media; III. U.S. Government Response to Russian Activities; IV. Review of the Intelligence Community Assessment; and V. Counterintelligence Threats and Vulnerabilities.)
U.S. Senate Select Committee to Study Governmental Operations with Respect to Intelligence Activities [Church Committee]. *Final Report. Book IV: Supplementary Detailed Staff Reports on Foreign and Military Intelligence*. 94th Cong., 2d sess., 1976. (Also known as the Karalekas report, after its author, Anne Karalekas.)
Warner, Michael. "The Rise of the U.S. Intelligence System, 1917–1977." In *The Oxford Handbook of National Security Intelligence*. Ed. Loch Johnson. Oxford, U.K.: Oxford University Press, 2010.
Wohlstetter, Roberta. *Pearl Harbor: Warning and Decision*. Stanford, Calif.: Stanford University Press, 1962.
Wyden, Peter. *Bay of Pigs: The Untold Story*. New York: Simon and Schuster, 1979.

第3章
米国のインテリジェンス・コミュニティ

　長年の間にインテリジェンス・コミュニティには様々な組織が加わってきたものの、1947年に国家安全保障法の制定によって同コミュニティが創設されて以降、その基本的な構造は驚くほど安定していた。しかし、前章で述べたように、2001年9月11日のテロ攻撃の後、こうした状況は変化した。「米国に対するテロ攻撃に関する国家委員会」（The National Commission on Terrorist Attacks Upon the United States）（通称9.11委員会（The 9/11 Commission））は、2004年の報告書において、インテリジェンス・コミュニティの再編に関する一連の提言を行った。同委員会の提言の多くは、連邦議会及びブッシュ（George W. Bush）政権の間での緊密な交渉を経て、比較的短期間の議論によって実現された。同委員会及びそのスタッフ並びに9.11テロ事件遺族の一部による巧みな広報活動もこうした動向を支援した。

　2004年のインテリジェンス・コミュニティ改編法（The Intelligence Reform and Terrorism Prevention Act（IRTPA））がもたらした主要な変化は、国家情報長官（DNI）の創設である。この結果、従来は中央情報長官（DCI）が担っていた様々な地位、すなわち、（政府の）上級インテリジェンス・オフィサー、インテリジェンス・コミュニティの長、大統領及び国家安全保障会議（NSC）に対する第1次的なインテリジェンス・アドバイザーとしてのそれぞれの地位はいずれも国家情報長官に代わられることとなった。従来、米国の実務においては、インテリジェンスは、対外（foreign）及び国内（domestic）の2種類に区分されていた。中央情報長官は、このうちの対外インテリジェンスを担当していた。なお、対外インテリジェンス（「国家対外インテリジェンス（national foreign intelligence）」と呼ばれる場合もあった）は国防関連のインテリジェンスとは区別され、後者は前者よりも狭義のものとされていた。しかし、2004年のインテリジェンス・コミュニティ改編法によって、「インテリジェン

ス」の用語は再定義された。現在では、「国家インテリジェンス（national intelligence）」のみが存在し、その下部概念として、対外、国内、国土安全保障（homeland security）の3つがあるとされている。したがって、国家情報長官は、国内情報の面において従来の中央情報長官よりも幅広い責務を担っている。同法の背景には、各組織間のインテリジェンス共有が不十分であったこと、とりわけ「対外インテリジェンス及び国内インテリジェンスの分断」に対する懸念が大きく影響していた。こうしたことから、国家情報長官は全てのインテリジェンスにアクセスができることとなり、必要に応じてコミュニティ全体にインテリジェンスが行き渡るような措置を講じる責務を担うことになっている。ただし、国家情報長官がこうした責務を果たす能力があるか否かの点に関しては、繰り返し懸念が呈されている。なお、国家情報長官はまた、インテリジェンスの情報源及び（活動の）手法を保護する法的な責任も担っている。

　国家情報長官は、従来の中央情報長官とは異なり、いずれのインテリジェンス組織とも直接の関係を有さないままで、全てのインテリジェンス組織を監督している。こうした業務を遂行するため、国家情報長官は多数のスタッフを擁しており、その規模（2018年時点で、国家テロ対策センター（NCTC）のスタッフを含めて約1,700人）は批判の的となっている。国家情報長官室（ODNI）の職員の約40％は、他の組織からの期限付きの出向者である。なお、中央情報局（CIA）の長は、CIA長官（DCIA: Director of the CIA）となった〔訳者注：制度改編前は、中央情報長官（DCI）がCIA長官を兼務していた〕。国家情報長官は、自身のスタッフに加え、国家テロ対策センター、国家拡散対策センター（NCPC）、国家インテリジェンス評議会（NIC）、国家カウンターインテリジェンス・保安センター（NCSC）（詳細は第7章参照）、サイバー脅威情報統合センター（CTIIC、後述）を統括している。2021年4月、国家情報長官室は、対外悪性影響センター（The Foreign Malign Influence Center）の設立を発表した。これは、外国勢力による米国の選挙への妨害活動に対する懸念が継続していることを受けたものである。

　要するに、2004年、インテリジェンス・コミュニティには新たな主要組織が加わり、組織間の関係も一新された。これによって、インテリジェンス・コミュニティは新たな時代を迎えた。国家情報長官は連邦議会の定めた目標をどの程度達成し得たのか、また、より大きくなったインテリジェンス・コミュニティは国家情報長官の下でどのように機能しているのか等の点は依然として不明である。（これらの点に関して）個人の資質は非常に重要である。このことは、政府関係者の多くは認識している一方で、一部の研究者は認識していない。国家情報長官の発足当初は、

2005年から2010年の間に4人もの長官が就任するなど、やや不安定な時期が続いた。このようにトップ（長官）の交代が頻繁なことに加えて、首席副長官の補職もしばしば困難に直面した。こうした状況は、国家情報長官がインテリジェンス・コミュニティの中で確固たる地位を確立し得ていない旨を示唆した。（初代の国家情報長官の指名を含め）これらの職の適任者を見つけるのが困難であった背景には、これらのポスト自体の困難さと共に当該ポストが直面する官僚機構の争いがあったとの見方もある。（他方で）2010年に4人目の国家情報長官に就任したクラッパー（James Clapper）米空軍退役中将は、2017年初頭まで同長官のポストを維持し、同長官の地位に安定をもたらした。クラッパーの在職期間は、同人の前任者全員の在職期間の合計よりも長い期間であった。なお、トランプ（Donald Tramp）政権下では再び不安定な状況が生じた。4年の間に2人の長官及び2人の同長官代行が国家情報長官の職を務めた。主な背景として、トランプが自身の政策をより支持するインテリジェンスを望んだことがある。

　クラッパーが国家情報長官へ指名された際、一部の連邦議会議員及び関係者からは、インテリジェンス・コミュニティに対して軍部が影響力を有することに対しての懸念の声があがった。クラッパーの前任者の3人のうち2人（マコーネル（Mike McConnell）海軍中将（在2007–2009年）、ブレア（Dennis Blair）海軍大将（在2009–2010年））は退役した将官であり、初代の首席国家情報副長官（ヘイデン（Michael Hayden）将軍）も同様であった。このうち、マコーネル、クラッパー及びヘイデンはインテリジェンスの専門家であった。それ以前の時代においても、中央情報長官及び同副長官のうち何人かは軍人であった。ただし、中央情報長官及び同副長官が同時に軍人であることはなかった。国家情報長官及びその首席副長官に関しても同様に、両者が同時に軍人であったことはない。1996年から2005年の間は中央情報長官の下に副長官が2人配置されており、うち1人はCIA担当、もう1人はインテリジェンス・コミュニティ担当であった。当時は、法律の規定により、軍人（現職あるいは過去10年以内に退役した者）は（中央情報長官及びその副長官2名の）3人のうち1人のみに限定されていた。クラッパーは、（インテリジェンス・コミュニティに対する軍部の影響力拡大に関する）こうした連邦上院の懸念を払拭し、指名の承認を得た。5代目の国家情報長官となったコーツ（Dan Coats）（在2017–2019年）は、前連邦上院議員であり駐ドイツ大使であった。コーツの暫定的な後任者〔訳者注：長官代行を意味する〕の1人であるマグワイア（Joseph Maguire）は退役海軍中将であった。

　バイデン（Joe Biden）大統領（在2021年 –）は、ヘインズ（Avril Haines）を国家情報長官に指名した。同人は、オバマ政権時代にCIA副長官及び国家安全保障担当の

副大統領補佐官を務めた。同人はまた、初の女性の国家情報長官である。

　国家情報長官が直面する問題の１つは、同長官がインテリジェンス・コミュニティに関して担う責任と各組織に対して有する権限との間に乖離が存在していることである。こうした問題は（旧制度である）中央情報長官の下でも存在し、そのまま継続している。初代の国家情報長官であったネグロポンテ（John Negroponte）大使（在 2005–2007 年）は、長官としての権限の行使を試みることはほとんどなかった（とりわけ、国防長官に対して権限行使を挑むことはほぼなかった）。（インテリジェンス機構改革の現状に関する詳細な議論に関しては第 14 章を参照。）ネグロポンテはむしろ、インテリジェンス・コミュニティに対して大きな方向性を示すことに多くの時間を割いた。例えば、2005 年 10 月に「国家インテリジェンス戦略（National Intelligence Strategy）」を発表した他、その他に幾つかの戦略的な計画を発表した。こうした動向は、ある程度は理解し得ることであった。なぜならば、ネグロポンテは新しい組織を立ち上げて足場を固めなければならず、しかも、CIA 及び国防省の双方からの敵意にも直面していたからである。対照的に、ブレア国家情報長官は、主にパネッタ（Leon Panetta）CIA 長官（在 2009–2011 年）との間で様々な対立を引き起こした。このことは、オバマ政権内におけるブレア国家情報長官の地位に打撃を与えることとなった。争点の中心は明らかに、CIA の中枢組織である工作局（DO、当時は国家秘密工作局（National Clandestine Service）と呼ばれていた）及び国家情報長官の関係に関するものであった。ブレアは、折に触れ、特定の国における「支局長（COS（Chief of Station））」の指名権限の行使を主張した。COS は当該国における米国のインテリジェンス・コミュニティの上級代表であり、大半の場合は CIA の職員である。ただし建前上、COS は当該国における国家情報長官の代表でもある。こうしたことから、ブレアは、場合によっては自分（国家情報長官）が COS を指名するべきであり、また、COS は CIA 以外の組織から選ばれる場合もあり得る旨を主張した。加えてブレアは、秘密工作活動に対するより強い監督権限を欲した。当該活動はインテリジェンス活動の中でも最も機微なものであり、その監督は通常は CIA の工作局が担っている。この深刻な対立は、最終的には国家安全保障担当大統領補佐官のジョーンズ（James Jones）大将によって収められた。ジョーンズは基本的には CIA の立場を支持した。ただし、国家情報長官には、大統領府（ホワイトハウス）から要請がある場合、個別の秘密工作活動の効果を評価する権限が与えられた。こうした論争は、国家情報長官の責任及び権限に関する問題を浮き彫りにした。2012 年 9 月、クラッパー国家情報長官はインテリジェンス・コミュニティ通達 402 号（ICD 402）「国家情報長官の代表」に署名した。当該通達は、この問題に関する国家情報長官の責任及び権限

を定めると同時に、COS に関する CIA の一定の役割も認めている。

　連邦議会は、インテリジェンス・コミュニティの改革の速度に不満を表明している。ただし、「改革はいかにあるべきか」及び「改革の成果をどのように評価するべきか」等の点に関する議会側の認識もやや曖昧なままである。連邦議会下院のインテリジェンス問題特別委員会が 2006 年 7 月に発表した報告書は、インテリジェンス・コミュニティ改革が迅速性を欠いている旨の不満を表明した。同時に、国家情報長官の権限の拡大に向けた一部の連邦議会議員の努力は、他の組織（特に国防省）の権益の保護を画策する議員の怒りを買っている。更に特筆すべきこととして、ブッシュ政権からオバマ政権の移行期に、国家情報長官室の首席監察官は、国家情報長官が直面している組織管理上の課題に関して非常に批判的な報告書を公表した。

　核心的な問題は、「インテリジェンス・コミュニティの改革が成功しているか否かは、どのようにして判断できるのか」という点である。この問いに対する答えはおそらく、「国家情報長官は、コミュニティ内の様々な組織がより良く協力しより多くの情報を共有するべく、一連の手続的・文化的な改革をコミュニティに対して実施し得る能力を有するか否か」という点であろう。これは評価に値するものではあるが、やや曖昧でもある。このことは、インテリジェンス・コミュニティ改革の速度を評価する作業に内在する問題点を浮き彫りにしている。クラッパー国家情報長官は、自身の目標として、大統領に対する直接のインテリジェンス支援に加えて、「収集及び分析の統合」の改善を掲げた。コーツ国家情報長官は、こうした統合の強調を継続した。クラッパーの理念は、2014 年 9 月に公表された「米国の国家インテリジェンス戦略 2014（*National Intelligence Strategy of the United States of America 2014*）」に明確に示されている。同戦略はまた、インテリジェンス・コミュニティ改編法によって示された概念の根本的な弱点の幾つかも浮き彫りにした。もしも（インテリジェンス改革に関する）かつての各種の調査委員会がより具体的な問題点を特定していたならば、これほど大袈裟な対応は必要無かったであろう。しかし、（各種の委員会の）調査結果は広範かつ漠然としたものにとどまっていた。（しかも、そうした調査結果内容の多くは過去数年間に既に何度も指摘されていたものであった。）この結果、こうした指摘への対応も、重要ではあるもののやや摑みどころのないものとなってしまった。コーツによる 2019 年の「国家インテリジェンス戦略（*National Intelligence Strategy*）」も、コミュニティの目標及び運用原則として、「コミュニティ統合の重要性」を引き続き強調したものであった。

　米国のインテリジェンス・コミュニティは通常、縦割りの指揮命令系統を重視する階層的かつ官僚主義的なものとして認識されている。**図 3.1** は、こうした見方を

示すと共に、各組織を予算区分に応じて分類したものである。予算区分の1つは、国家情報長官が管理する「国家インテリジェンス計画（NIP：National Intelligence Program）」予算である。これは、以前は「国家対外インテリジェンス計画」と呼ばれていた。しかし、同計画には国家安全保障インテリジェンス及び国内インテリジェンスの双方が含まれることを明確にするため、名称が改訂された。もう1つの予算区分は、国防長官が管理する「軍事インテリジェンス計画（MIP：Military Intelligence Program）」予算である。これは、「統合軍事インテリジェンス計画（JMIP）」及び「戦術インテリジェンス及び関連活動（TIARA）」という、かつての2つの軍事関連のインテリジェンス計画の予算が統合されたものである。

　国家安全保障会議は、国家情報長官に対する権限を有する。さらに、国家情報長官はCIAを監督するものの、同局に対する直接の指揮権限は持っていない。国務省の情報調査局（INR）あるいは国防省の国防情報局（DIA）とは異なり、CIAは、組織的な後ろ盾となる閣僚級の幹部を擁していない。CIAは国家情報長官に対して報告を行うものの、国家情報長官は、CIAの具体的な活動に対する指揮権を有していない。このことは、（前述の）「ブレア（国家情報長官）及びパネッタ（CIA長官）」の論争においても明らかにされた。CIAの主要な顧客は引き続き大統領及び国家安全保障会議である。このような組織間の関係には、（CIAにとって）利点及び問題点の双方がある。すなわち、CIAは、最終政策決定者（大統領）へのアクセスを依然として保持している。しかし、従来（2004年の組織改編以前は）中央情報長官が担っていた任務の多くが国家情報長官に取って代わられた。したがって、現在のCIAは自身の長官（CIA長官）による大統領等へのアクセスに多くを期待することはできない。大統領へのアクセスに関し、国家情報長官はCIA長官にとっての競争相手となり得る。こうしたことから、CIAは、他のインテリジェンス組織と比較して、全体として弱い立場となっている可能性がある。CIA以外の組織には閣僚級の後ろ盾がいることによる格差は以前から常に存在していた。しかし、（制度改編以前には）中央情報長官はインテリジェンス・コミュニティ全体に及ぶ権限を有していた。（制度改編に伴い）こうした優位な点が失われたことによって、時としてCIAは相対的に不利な立場に立たされているとみられる。こうした兆候が明確にみられたのは、（2004年の）インテリジェンス・コミュニティ改編法の成立前後の時期であった。この当時、他のインテリジェンス組織が、CIAの権限を侵食して自己の活動領域の拡張を画策する動向がみられた。こうした動きが特に顕著であったのは連邦捜査局（FBI）及び国防省であった。トランプ大統領の下では、ポンペオ（Mike Pompeo）CIA長官（在2017–2018年）は、オバマ政権時の前任者（歴代CIA長官）たちよりも大き

図 3.1　インテリジェンス・コミュニティ：組織図

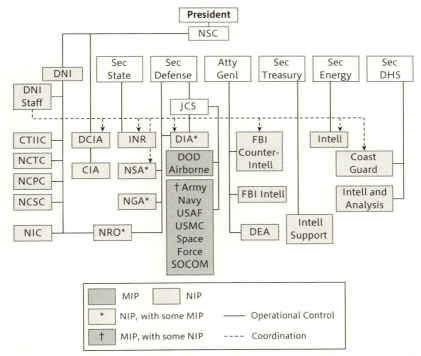

注：この組織図は、階層的な指揮命令系統及び各組織の属する予算プログラムの双方を示している。国防長官は、インテリジェンス・コミュニティの日常の活動の 75–80% を管理しており、これは国家情報長官よりもはるかに大きい。

CIA：中央情報局（Central Intelligence Agency）、CTIIC：サイバー脅威インテリジェンス統合センター（Cyber Threat Intelligence Integration Center）、DCIA：中央情報局長官（Director of the CIA）、DEA：薬物捜査局（Drug Enforcement Administration）、DHS：国土安全保障省（Department of Homeland Security）、DIA：国防情報局（Defense Intelligence Agency）、DNI：国家情報長官（director of national intelligence）、DOD：国防省（Department of Defense）、FBI：連邦捜査局（Federal Bureau of Investigation）、INR：情報調査局（Bureau of Intelligence and Research）、JCS：統合参謀本部（Joint Chiefs of Staff）、MIP：軍事インテリジェンス計画（Military Intelligence Program）、NCPC：国家拡散対策センター（National Counterproliferation Center）、NCSC：国家カウンターインテリジェンス・保安センター（National Counterintelligence and Security Center）、NCTC：国家テロ対策センター（National Counterterrorism Center）、NIC：国家インテリジェンス評議会（National Intelligence Council）、NIP：国家インテリジェンス計画（National Intelligence Program）、NGA：国家地理空間情報局（National Geospatial-Intelligence Agency）、NRO：国家偵察局（National Reconnaissance Office）、NSA：国家安全保障局（National Security Agency）、NSC：国家安全保障会議（National Security Council）、SOCOM：特殊作戦軍（Special Operations Command）、USAF：米国空軍（U.S. Air Force）、USMC：米国海兵隊（U.S. Marine Corps）

第 3 章　米国のインテリジェンス・コミュニティ　63

な役割を担った。トランプ政権は当初、国家情報長官を指名せず、同長官の権限をCIA長官に戻すことを決定していた。しかし、これには立法措置が必要であることが指摘され、実現には至らなかった。

前記のとおり、ゴス（Porter Goss）は最後の中央情報長官（在2004–2005年）を務めると共に（制度改編後の）初代のCIA長官（在2005–2006年）を務めた。ゴスの在任期間は混乱したものであり、ゴスが連邦議会から連れてきたスタッフと（生え抜きの）CIA幹部との間の摩擦が数多く報道された。衝突したCIA幹部（特に工作局幹部）の多くは最終的に辞職に至った。ゴスのCIA長官としての在任期間が短期であったことにより、CIA長官はインテリジェンス・コミュニティ全体に対する権限を失ったにもかかわらず、CIAは引き続き同コミュニティにおける「中心的」な存在であり続けていることが示された。ネグロポンテ国家情報長官は、CIAが内輪揉めに陥っている状況下では、国家情報長官が自身の役割を効果的に果たすことは困難であると考えていた。〔訳者注：当時のネグロポンテ国家情報長官は、情報の収集・分析等の実務面においてCIAに多くを依存していたことから、CIAの混乱を早期に収拾するべくゴスCIA長官の更迭を決定したとみられている。〕

国防長官は、日常的な業務においては、国家情報長官よりもインテリジェンス・コミュニティに対する大きな支配を維持している。国防省の傘下のインテリジェンス組織としては、国家安全保障局（NSA）、国防情報局（DIA）、国家地理空間情報局（NGA、元来は国家画像情報局（NIMA））、航空偵察プログラム、5つの軍事組織〔訳者注：陸軍、海軍、空軍、海兵隊、宇宙軍〕それぞれのインテリジェンス部門、11の統合軍のそれぞれのインテリジェンス部門等がある。これらは、人員数及び予算の面において、CIA及び国家情報長官の傘下の組織を大きく凌いでいる。経験則に照らすと、国防長官は、インテリジェンス・コミュニティの約75–80%を支配していると言い得る。同時に、国防長官は、インテリジェンスに対して、国家情報長官ほどには高い関心は持っていないとみられる。実際のところ、国防省内におけるインテリジェンス関連の権限の大半は、インテリジェンス・保安担当の国防次官（USDI&S: Under Secretary of Defense for Intelligence and Security）に委ねられている。同ポストは、2002年にインテリジェンス担当国防次官として創設された。

インテリジェンス関連予算の管理の在り方は、新たなインテリジェンスの機構をめぐる論争の中で最も議論を呼んだ部分の1つであった。（2004年の改編以前の時期に）インテリジェンス機構の大きな変革に対して慎重な論者は、NIP（国家インテリジェンス計画予算）に関する**予算執行権限**（budget execution authority）（各組織に対する予算配分額に対して、実際の支出額を決定する権限）を当時の中央情報長官に付与する

ことを主張した。これによって中央情報長官の優位性が上昇し、(新たに国家情報長官を創設しなくても) インテリジェンス・コミュニティに対する権限をめぐる問題は解決し得ると主張したのである。しかし、そうした最小限の解決案〔訳者注：国家情報長官の創設等を含まず、コミュニティの改編を最小限度にとどめる案〕は、十分な改革とはみなされず、政治的には受け入れられなかった。これらの案は、国防省及び連邦議会における同省の支援者たちからも反対された。

　国家情報長官の創設をめぐる議論において、国防省及びその支持者たちは、幾つかの国家インテリジェンス部門の予算に対する支配を国防省が維持する必要がある旨を主張し、実際にこれに成功した。こうした部門とは、NSA、NGA及び国家偵察局（NRO）である。こうした状況は、幾つかの偵察の手段に対する軍部の指揮系統及び管理に関し、奇妙かつ的外れな議論にまで発展した。(軍部側の) 懸念の核心は、軍の指揮官たちがインテリジェンスの支援を必要とする際にそうした支援を要求し得るか否かであった。(この結果) 軍の上級司令官の多くが国家のインテリジェンス活動のための各種アセットを自分たち（軍部）の所有物とみなすようになっているなど、この問題に関しては論争が続いている。

　国家情報長官は、各インテリジェンス組織から提出された資料に基づき、国家インテリジェンス計画（NIP）予算を策定し決定する。また、同長官は、これらの各組織に対して予算に関する指示をすることができる。国家情報長官は、個別の各インテリジェンス組織に関し、1億5千万ドル、あるいは国家インテリジェンス計画予算の5%を限度として、予算の移転あるいは予算の再編を実行することができる。ただし、こうした予算の移転には、「より高い優先順位事項の出現」あるいは「緊急の必要性」等の然るべき基準が定められている。また、こうした予算の移転によって、調達計画を停止させることは許されていない。

　図3.1は、各インテリジェンス組織の様々な機能を十分には示しておらず、その意味では不十分なものである。各組織の関係性は、主に各インテリジェンス組織の機能に基づいて規定されるからである。こうしたことから、米国のインテリジェンス・コミュニティが何をしておりどのように機能しているかをより良く理解するためには、同コミュニティを幾つかの異なった視点に基づいて観察することが必要である。

インテリジェンス・コミュニティに対する様々な視点

　インテリジェンス・コミュニティを更に深く検討する前に、その基本的な機能を

理解することは有用である。

　インテリジェンス・コミュニティには、事実上、管理及び執行という2つの大きな機能領域がある。それぞれの機能には多くの更に具体的な業務が含まれる。管理機能には、リクワイアメントの管理、リソース（資源）の管理、（情報の）収集活動の管理、（インテリジェンス・プロダクトの）生産の管理が含まれる。執行機能には、（情報の）収集システムの開発の実行、インテリジェンスの収集・分析・生産の各段階の実行、工作活動の実行、インフラ支援基盤の整備の実行が含まれる。図3.2において、管理機能及び執行機能は水平に引かれた線によって区分されている。ただし、この区分線を跨ぐ機能が1つある。それは評価機能である。評価機能とは、「目標がどの程度達成されたか」を評価するものである。この機能は、インテリジェンス・コミュニティが得意とするものではない。インテリジェンスの手段（予算、人員等のリソース）と目的（分析あるいは工作活動の成果）を結び付けることは難しい作業であり、必ずしも積極的に取り組まれている訳ではない。ただし、クラッパー国家情報長官の下では、（同長官室傘下の）システム・リサーチアナリシス（SRA）室を通じて改善がなされている。これは重要な業務であり、体系的かつ広範に実施されるならば、インテリジェンス組織の管理者に対して大きな利益をもたらすものである。全てのインテリジェンス・コミュニティ組織は、自身の業績を評価するべく努力を行っている。SRA室が創設される以前は、**国家インテリジェンス優先順位計画（NIPF: National Intelligence Priorities Framework）** による評価が、インテリジェンス・コミュニティにおける最も広範な評価活動であった。国家インテリジェンス優先順位計画は、テネット（George J. Tenet）中央情報長官（在1997–2004年）の下で2003年に創設され、現在は国家情報長官の業務の一部になっている。国家インテリジェンス優先順位計画は、インテリジェンス業務の優先順位を設定するにとどまらず、引き続き、業績を評価する手段の1つとなっている。

　図3.2が示すプロセスはあくまで理念的なものであるが、管理面及び執行面それぞれにおける主要な事項の相互の関連状況を示している。このプロセスは循環型であり、無限ループを描くものである。あえてこのプロセスの始点を特定するのであれば、それは（政策部門からインテリジェンス部門に対する）リクワイアメントの付与である。もしもリクワイアメントの付与がないのであれば、その後に続く事柄はほぼ無意味なものである。リクワイアメントは、その本来の役割に鑑み、他の全ての機能の前提となるものである。国家インテリジェンス優先順位計画は、政府の最上級レベルにおけるインテリジェンスの優先順位を定めるものであり、リクワイアメント付与の主要な推進力となっている。国家インテリジェンス優先順位計画は、大

図 3.2 インテリジェンス・コミュニティの別の見方：機能の流れ

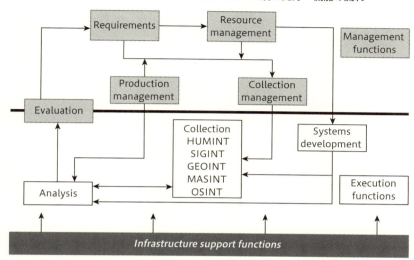

出典：米国連邦下院インテリジェンス問題常設特別委員会、IC21「21世紀のインテリジェンス・コミュニティ」第104回連邦議会、第2セッション、1996年
備考：HUMINT：ヒューマン・インテリジェンス、SIGINT：シグナル・インテリジェンス、GEOINT：ジオスパティカル・インテリジェンス、MASINT：マシント、OSINT：オープンソース・インテリジェンス

統領のインテリジェンス優先順位（PIPs: Presidential Intelligence Priorities）及び国家安全保障会議レベルの政策決定者のインテリジェンス優先順位から構成されている。加えて、クラッパー国家情報長官がインテリジェンス業務の統合を重視したことから、国家インテリジェンス・マネージャー（NIM: National Intelligence Manager）制度が導入された。同マネージャーは、統一インテリジェンス戦略（UIS）の策定の責務を担っている。これらの両制度（NIM及びUIS）に関しては第6章において論じる。

図3.2の多くの部分は、分析機能よりも、様々な収集機能（収集活動そのもの、収集システムの開発）によって占められている。これは、望ましい事態か否かは別として、インテリジェンス・コミュニティの実態を反映している。

様々な異なるインテリジェンス・コミュニティ

米国の巨大なインテリジェンス・コミュニティの中には、さまざまな異なった種類のインテリジェンス・コミュニティが存在している（コラム：「インテリジェンスの

第3章 米国のインテリジェンス・コミュニティ 67

単純化」を参照)。図 3.3 は、各インテリジェンス組織あるいはその下部部局のヒエラルキー(階層)関係を示すと共に、各組織の業務をより理解しやすく示すものである。なお、図の中の縦線は、最上位の組織から下位の各組織あるいは部局への(業務の)流れを示すものである。線の上下に位置する組織あるいは部局の間の従属関係を意味する訳ではない。

> [コラム] インテリジェンスの単純化
>
> 野球映画『さよならゲーム (Bull Durham)』の中で、監督は、やる気の薄い選手たちに対し、「ボールを投げる、ボールを打つ、ボールを捕る」と言って、自分たちがやるべきゲームを単純に説明することを試みている。
> インテリジェンスも同様に、「質問をする、情報を集める、質問に答える」といった単純さを持っている。しかし、こうした単純化は誤解である。
> 野球にせよインテリジェンス・コミュニティにせよ、どちらの場合も、細部に多くの困難が宿っている。

ヒエラルキーの最上位に位置しているのは、インテリジェンス組織の主要な監督者、政策部門における主要なインテリジェンスの顧客(クライアント)、あるいは両方の性格を有する主体である。大統領は、政策部門における主要なインテリジェンスのクライアントであるが、インテリジェンス・コミュニティ組織の監督者ではない。国防長官、国務長官、財務長官、商務長官、エネルギー長官、司法長官も、政策部門における主要なインテリジェンスのクライアントである。このうちの3つの長官(国防長官、国務長官、司法長官)は、インテリジェンス組織の監督者を兼ねている。すなわち、国務省は INR を擁している。国防省は数多くの国防系のインテリジェンス組織を擁しており、これらの組織は幅広いリクワイアメントに対応している。そして、司法長官は FBI 及び薬物捜査局(DEA)を監督している。

国防省傘下のインテリジェンス組織は、国家レベルのインテリジェンス・プロセス及びインテリジェンス・プロダクトの生産に参画している。喫緊の攻撃に関する警報(ウォーニング)(第6章参照)を提供する他、戦域レベル(クライアントは各地域の統合軍)から戦術レベル(クライアントは作戦あるいは戦闘に従事する小規模部隊)まで全てのレベルの軍事行動に対するインテリジェンス支援を提供する。2002年に創設された国土安全保障省には、インテリジェンス・コミュニティの1部である2つの部門がある。1つは沿岸警備隊であり、同隊は独自のインテリジェンス担当部署を擁している。もう1つは同省の情報分析局である。司法長官は FBI を監督して

図 3.3　インテリジェンス・コミュニティの別の見方：機能の観点からの見方

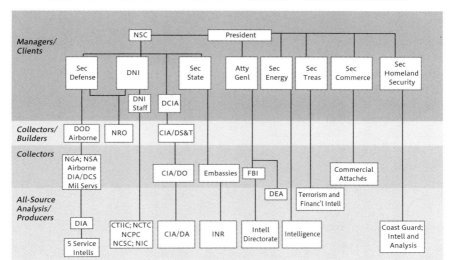

注：本図は、各組織のヒエラルキー及び機能を示しているという点でより情報量が豊富である。ただし、例えば、CIA の工作局（CIA/DO）が CIA の分析局（CIA/DA）を監督しているかのようなヒエラルキー（上下関係）がある訳ではないことに注意する必要がある。本図は、各組織の（業務の流れとしての）縦列関係及びそれぞれが果たす役割を示している。NGA、NSA 及び各軍のインテリジェンス部門は「収集を担当する組織」と位置付けられている。これらの組織は、単一ソースに基づく分析は行うものの、オール・ソースに基づく国家レベルの分析は行っていないからである。「分析を生産する組織」と位置付けられているのは、そうしたオール・ソースに基づく国家レベルの分析を行う組織である。本図が示しているのは、各組織の役割及び機能の問題であり、地位（ステイタス）の問題ではない。最後に、国家情報長官及び国防長官の間に乖離があることにも注視するべきである。

　CIA：中央情報局（Central Intelligence Agency）、CTIIC：サイバー脅威インテリジェンス統合センター（Cyber Threat Intelligence Integration Center）、DA：分析局（Directorate of Analysis）、DCIA：中央情報局長官（director of the CIA）、DCS：国防秘密工作室（Defense Clandestine Service）、DEA：薬物捜査局（Drug Enforcement Administration）、DIA：国防情報局（Defense Intelligence Agency）、DNI：国家情報長官（director of national intelligence）、DO：工作局（Directorate of Operations）、DOD：国防省（Department of Defense）、DS&T：科学技術局（Directorate of Science and Technology）、FBI：連邦捜査局（Federal Bureau of Investigation）、INR：情報調査局（Bureau of Intelligence and Research）、NCPC：国家拡散対抗センター（National Counterproliferation Center）、NCSC：国家カウンターインテリジェンス・保安センター（National Counterintelligence and Security Center）、NCTC：国家テロ対策センター（National Counterterrorism Center）、NGA：国家地理空間情報局（National Geospatial-Intelligence Agency）、NIC：国家インテリジェンス評議会（National Intelligence Council）、NRO：国家偵察局（National Reconnaissance Office）、NSA：国家安全保障局（National Security Agency）、NSC：国家安全保障会議（National Security Council）

いる。また、司法省には国家安全保障担当の局長（次官補：assistant attorney general）が配置されており、インテリジェンス関連の政策、カウンターインテリジェンス、カウンターエスピオナージを担当している。こうした動向は、イギリスの保安部（MI5、第15章参照）のような組織の設置につながる可能性を指摘する見方もある。仮にそうだとすれば、かつては国内及び対外の各インテリジェンスを峻別してきた米国にとっては大きな変化となる。FBI には、国家安全保障局（NSB: National Security Branch）及び同局担当の上級局長（Executive Assistant Director）が設置されている〔訳者注：FBI の NSB と国防省傘下の NSA は別組織であるが、日本語訳としては双方とも国家安全保障局となるので要注意である〕。NSB は、FBI 内のインテリジェンス、カウンターインテリジェンス、テロ対策の各部門を統合していると共に、大量破壊兵器（WMD）を専門とする部署を擁している。エネルギー省も、小規模ながらインテリジェンス担当部署を擁している。同省に特有な関心事項に特化し、多くの国立研究所におけるインテリジェンス活動の調整を担っている。商務省は、各大使館に配置されている商務アタッシェを監督している。同アタッシェは、公然のインテリジェンス機能を担っている。CIA 長官は、CIA を管理している。財務省は、テロ・金融インテリジェンス局を擁している。テロ、犯罪、薬物活動を支援する不正な国際金融取引を阻止する上で、同局の重要性は高まっている。

　2004 年のインテリジェンス・コミュニティ改編法はまた、国家情報長官を支援するものとして、統合インテリジェンス・コミュニティ会議（JICC）を創設した。同会議は現在も半年に1回開催されている。しかし、マコーネル国家情報長官の時代、同会議は、マコーネルが自ら創設した執行委員会（EXCOM: Executive Committee）に取って代わられるようになった。執行委員会は、国家情報長官及び各インテリジェンス組織の長に加えて政策部門の幹部（通常は関係省庁の次官（under secretary）級）で構成されている。同会議の目的は、最上級レベルの政策部門のインテリジェンスの利用者（顧客）及びインテリジェンス部門の幹部を一同に集め、利用者が必要としている支援をインテリジェンス・コミュニティが提供しているか否かを確認することである。興味深いことに、ゲーツ（Robert M. Gates）中央情報長官の在任中（在 1991–1993 年）にも類似の執行委員会が存在した。ゲーツは後にラムズフェルド（Donald Rumsfeld）（在 2001–2006 年）に代わって国防長官となっている。なお、執行委員会の下には副執行委員会（DEXCOM: Deputies Executive Committee）も設置されている。

　インテリジェンス組織の管理者及びインテリジェンスの利用者（顧客）に次ぐレベルに位置付けられるのは、情報収集システムの技術的な担い手である。主要な組織は NRO である。NRO は、情報収集衛星システムの設計、構築（請負業者を介す

る)、打ち上げ(空軍あるいは米国航空宇宙局を介する)を担っている。国防省は、航空偵察の責務も担っており、航空機及び無人航空機(UAV)あるいはドローンを活用している。こうした機材は、戦場における戦術的な情報収集の観点から一層重要性が高まっている。アフガニスタンにおける作戦及びテロとの闘いにおいては航空攻撃にも利用されている。最後に、CIAの科学技術局(DS&T)は、技術的な情報収集プログラムの一部において一定の役割を担っている。

　インテリジェンスの収集(素材情報の加工を含む)は複数の組織がこれを担っている。国防省の傘下の組織としては、NSA、NGA、国防省航空システム、駐在武官制度(公然のヒューミント活動を担当)、DIAの国防秘密工作室(DCS)(非公然のヒューミント活動を担当)がある。このうち、NSAは、信号情報の収集(シギント)、すなわち様々な種類の通信の傍受を行っている。NGAは、いわゆる画像情報(イミント)(現在は地理空間情報(ジオイント))の加工処理を行っている。CIAは、工作局(DO)を通じてヒューミントの収集を担っている。CIAはまた、公開情報センター(OSE: Open Source Enterprise)を傘下に擁している。ただし、公開情報の収集及び分析は多くの組織において個々の分析担当者のレベルで行われている(様々なインテリジェンス収集に関しては第5章で詳しく議論する)。国務省は、大使館及び外交官を通じて、自身あるいは他組織のために情報を収集している。ただし、こうした国務省の収集活動の大半は、いわゆる「タスク・インテリジェンス」(具体的なリクワイアメントに応じた活動)ではない(他の組織の収集活動は通常は「タスク・インテリジェンス」である)。商務省は、商務アタッシェを通じて情報収集を実施している。FBIは同局の国家安全保障局(NSB)を通じてカウンターインテリジェンス関連の情報収集を行っているほか、海外の米国大使館に法務アタッシェを配置している。国家情報長官は、全インテリジェンス組織の収集活動を監督し、任務を付与する権限を有している。

　インテリジェンス・プロダクトの完成品の生産者として最も重要なのは、オール・ソース・アナリシスのプロダクトの生産を担う3つの組織、すなわち、CIAの分析局(DA)、DIAの分析局(DI)、国務省のINRである。このうちCIAの分析局は、オール・ソース・インテリジェンスの最大の生産者である。前述のとおり、現在、CIAの分析局の分析担当者は、工作担当者と共にCIAの各ミッションセンターに配置されている。ただし、こうした取組は必ずしも十分には成功していない。なぜならば、分析局及び工作局は依然としてそれぞれの職員の人事、昇進等を管理しているからである。分析局あるいは工作局の管理が及ばないミッションセンターにおいて各職員が勤務している状況の中で、分析局及び工作局がそれぞれの職員の人事及び昇進の管理を行うことは困難となっている。国防省においては、5軍〔訳者注:

陸軍、海軍、空軍、海兵隊、宇宙軍〕の各インテリジェンス部門がやはりインテリジェンスの完成プロダクトを生産している。2004年の立法によって、FBIにもインテリジェンス部門が創設された。ただし、同部門の創設は、同局の内部で文化的な軋轢を引き起こした。なぜならば、FBIはそれまで、第一義的には（インテリジェンス組織ではなく）法執行組織であると自己認識してきたからである。FBIは、「宣誓を行った捜査官としての役割を持たない分析担当者が自身の分析局に存在する」という状況に順応しなければならなかった。すなわち、FBIの分析部門は、分析担当者のための人事管理制度及び有意義なキャリアパスを創設し、彼らの組織への統合を図ることを迫られた。これらはいずれも困難なことである。国土安全保障省は、インテリジェンス・分析担当の次官（Under Secretary for Intelligence and Analysis）を擁している。エネルギー省にはインテリジェンス及びカウンターインテリジェンス担当の部署がある。国家情報長官は、国家インテリジェンス評議会を監督している。同評議会は国家インテリジェンス分析官（NIO: National Intelligence Officer）によって構成され、国家インテリジェンス評価（NIE: National Intelligence Estimate）の作成及びその他の分析の役割を担っている。また、国家情報長官は、国家テロ対策センター、国家拡散対抗センター及びサイバー脅威インテリジェンス統合センターを所管している。このうち、国家テロ対策センターは、テロ及びテロ対策に関する全ての分析を生産している（純粋に国内的なものは除く）。国家拡散対抗センターは、大量破壊兵器の拡散に関するインテリジェンスのための戦略的計画の調整を行うほか、当該分野における不十分な点の発見及びその解決を担っている。したがって、同センター自体は、インテリジェンスの生産を行うものではない。前記のとおり、国家情報長官は、分析業務を管理し、（関係各組織等に対して）任務を付与する権限を有している。サイバー脅威インテリジェンス統合センターは、2015年にオバマ政権下の大統領府からの要請により創設された。ただし、その際にはインテリジェンス・コミュニティ側からの反対もあった。同センターは、国家安全保障に影響を与える海外からのサイバー上の脅威及びサイバー事案に関するオール・ソースのインテリジェンスの統合を担う組織として構想されている。前記のとおり、今後、対外悪性影響センター（Foreign Malign Influence Center）も創設される予定である。

　（2004年に制定された）インテリジェンス・コミュニティ改編法は、従来の法律に比較して、分析プロセスに対してより大きな重点を置いている。（同法によると）国家情報長官は、分析プロセスに関して3つの具体的な任務を担っている。第1に、国家情報長官は、必要に応じて代替の分析の利用を確保するプロセスを構築しなければならない。第2に、国家情報長官は、分析の信頼性の確保に責任を持つ部署あ

るいは担当者を設置しなければならない。分析の信頼性とは、適時性（時期を失していないこと）、客観性を維持していること、全ての適切な情報源及び分析手法が活用されていること等を含む。第3に、国家情報長官は、分析の客観性及び関連する分析手法の質を監督・報告する担当者を任命しなければならない。2004年の新法に定められたこれらの国家情報長官の任務は、イラクの大量破壊兵器問題の背景に隠されていた諸課題を反映したものである。新法制定の表向きの根拠は9.11テロ事件とされている。しかし、同法に対して実質的な影響を与えたのはむしろ、こうしたイラク問題関連の諸課題である。こうした状況を受けて、2007年、国家情報副長官（分析の信頼性及び基準担当）は、分析の質の評価を行うための一連の基準を発表した（詳細は第6章参照）。

　図3.3はカウンターインテリジェンスあるいはカウンターエスピオナージの機能を明示してはいない。国家情報長官の傘下にある国家カウンターインテリジェンス・保安センターとは別に、各インテリジェンス組織は、それぞれの組織内の保安・保全に一定の責務を担っている。FBIの国家安全保障局（NSB）は、米国国内における対外カウンターインテリジェンス活動の調整の役割を担っている。CIAの工作局は、自前のカウンターインテリジェンス及びカウンターエスピオナージ担当部署を設置している。また、（国防省傘下の）NSAの長官は、国防省の中央保安室（CSS: Central Security Service）の長官を兼ねている。同部署は、米国の通信が傍受されることを防護する任務を担っている。図3.1は、各インテリジェンス組織の基本的な関係、強み、弱みを示している。ただし、図3.3の方が各組織の機能をより識別しやすいものとなっている。

　様々なインテリジェンス組織の構造の下には、各種の「センター」による下部構造が存在している。こうした各センターの機能は、（インテリジェンスをめぐる）とりわけ困難な諸課題に専従的に対処することである。そうした困難な諸課題とは、インテリジェンス・コミュニティ全体に関するもの、複数のインテリジェンス組織にまたがるもの、単独のインテリジェンス組織内部のもの等様々である。国家情報長官の傘下にある国家テロ対策センター、国家拡散対抗センター及びサイバー脅威インテリジェンス統合センターは、組織横断型のセンター組織の典型である。

　CIAには、（同局の内部組織としての）カウンターインテリジェンスセンター（CTC）、薬物対策センター（CNC）及び独自のテロ対策センター（CTC）が設置されていた。前記のとおり、現在はCIAにおける全ての課題は、各ミッションセンターによって対応がなされている。国防省のDIAには、次のような幾つかの課題に特化したセンターが設置されている。すなわち、国家医療インテリジェンスセンター（特に

派遣軍に関連する感染症に特化したもの）、ミサイル・宇宙インテリジェンスセンター、国家メディア調査センター（文書及びその他のメディアから情報を収集するもの）、地下施設分析センター（国家主体及び非国家主体の相手方が利用する地下施設の発見、特徴分析、評価を担うもの）、統合インテリジェンス・タスククフォース（テロ対策）、戦時捕虜・行方不明者分析セルである。さらに、次のような軍事関連のセンターも存在する。海兵隊インテリジェンス活動、国家航空・宇宙インテリジェンスセンター、国家海事インテリジェンスセンター、国家陸上インテリジェンスセンターである。新たに創設された宇宙軍には、国家宇宙インテリジェンスセンターが設置される予定である。このような下部組織は、米国のインテリジェンス機構がある程度の組織的柔軟性を有していることを示している。しかし同時に、組織の細分化あるいは重複、インテリジェンスの共有及び調整に関する課題の増大等の問題を提起している。

　2019年12月に設立された宇宙軍は、インテリジェンス・コミュニティの18番目かつ最も新しい構成組織である。宇宙軍の創設によって生じる問題の1つは、NROとの関係である。NROは、情報衛星の設計及び管理を担当している。特に主要な問題は、戦時における衛星の管理である。（ただし）この問題は宇宙軍が創設される以前から生じていた。NROは国防省傘下の組織である。しかし、NROに対する監督は、国家情報長官及び国防長官が共同で担っている。国防省は長年にわたり、戦時中には同省こそがNROの監督を担うべきだと主張している。これに対し、歴代のNRO長官及びインテリジェンス・コミュニティの幹部は抵抗している。NRO及びインテリジェンス・コミュニティ側は、NROの宇宙軍への統合にも反対した。なお、宇宙軍の発足にあたり、「NROは、戦時中は宇宙軍司令官の『指示を受け』、必要な国防上の作戦を実行する」旨の合意がなされた。こうした統合的な指示は、コロラドスプリングスに所在する国家宇宙防衛センターから発せられる。

インテリジェンス・コミュニティにおける重要な「関係性」

　官僚機構は組織図、いわゆる「配線図」が大好きである。ただし、あらゆる配線図は、どんなに洗練されたものであっても、欺瞞的である。すなわち、確かに組織図は、各組織あるいは部局の配置関係を示している。しかし、組織図は、各組織がどのように相互に作用し合っているのか、どのような関係性が重要でありそれはなぜか等の点は描写できていない。加えて、（関係者の）個性も重要である。多くの人々は、政府を「法令及び制度のシステム」として考えがちである。しかし、重要なポストを占める人物の個性及び相互の人間関係は、実際の各組織の業務関係に大

きな影響を与える。

国家情報長官の関係性

　国家情報長官と大統領との関係は、インテリジェンス・コミュニティの組織的な安定のために極めて重要である。国家情報長官はインテリジェンス・コミュニティを代表する象徴であり、大統領は政策部門における究極のインテリジェンスの利用者である。ヘルムズ（Richard Helms）中央情報長官（在 1966–1973 年）はこうした状況を「中央情報長官の権威の直接の源泉は『大統領にアクセスできる』と（周囲から）認識されることだ」との表現で端的に表現している。現在の国家情報長官も同様な状況にある。ただし、国家情報長官は、（2004 年の制度改編前の）かつての中央情報長官よりも多くの競争相手に直面している。仮に、インテリジェンス・コミュニティが貢献すべき会議等に国家情報長官がアクセスを持たず、あるいは参加しないとすれば、（同長官の権威に対して）深刻な影響が生じるであろう。これは、国家情報長官にとっては個人的かつ職業的な問題である。そして、インテリジェンス・コミュニティにとっては、「（政策決定の）プロセスから取り残されてしまう」という問題が生じる。こうした状況が他者に知られてしまえば、そうした人々の認識の中では、国家情報長官の役割は低下してしまう。（こうした問題に関しては）過去の中央情報長官の事例が参考となる。マコーン（John McCone）中央情報長官（在 1961–1965 年）は、ケネディ大統領への良好なアクセスを維持し、ジョンソン大統領に対しても当初はそうであった。しかし、ジョンソン大統領がベトナム戦争への関与を深めて行くことにマコーンは賛成しなかったことから、次第にジョンソンはマコーンを排除するようになった。不満が募った結果、程なくマコーンは辞任した。ウルジー（R. James Woolsey）中央情報長官（在 1993–1995 年）も同様に、クリントン（Bill Clinton）大統領（在 1993–2001 年）に対するアクセスをほとんど有さず、辞任後にはそうした事実を隠そうとしなかった。ブッシュ（George W. Bush）及びオバマ（Barack Obama）の両大統領の下での国家安全保障会議の写真には、国家情報長官及び CIA 長官が揃って同会議に出席している旨が示されている。国家情報長官はインテリジェンスのトップである。一方、CIA 長官は、コミュニティの中でも最大のオール・ソース・アナリシス部門及び工作局を監督している。したがって、国家情報長官の創設後は、国家安全保障会議の会合にはインテリジェンス・コミュニティから 2 名の最高幹部が出席している。

　トランプ政権下では当初、国家情報長官及び統合参謀本部議長の国家安全保障会議への出席の仕組みは、「それぞれの責任及び専門性に関連する問題が議論される」

場合にのみ出席するとされていた。これは、ブッシュ政権下での当初の在り方に戻ったものであった。他方、大統領の首席戦略官であったバノン（Stephen Bannon）が国家安全保障会議への常時出席者とされたことから、国家情報長官の同会議へのアクセス権が「格下げ」されたとの見方も多かった。また、「国家安全保障会議における議論に際してインテリジェンスの観点が無関係であるような問題があるとは考えにくい」との見方もあった。後にこうした仕組みは変更され、国家情報長官及び統合参謀本部議長は国家安全保障会議の常時出席者となった。なお、バノンは2017年8月に職を解かれた。

トランプの国家情報長官との関係及びインテリジェンス・コミュニティとの関係は、対立的で混乱したものであった。コーツは2年間にわたり国家情報長官を務めた後、2019年に職を解かれた。その主たる原因は、同年の「世界脅威評価（Worldwide Threat Assessment）」報告に関する同人の議会証言であったとみられる。同議会証言において、コーツは、「北朝鮮は核兵器を断念しないであろう」旨を指摘したほか、米国はイランとの核合意を離脱したにもかかわらず、「イランは『核兵器を製造しない』との合意の条件を概ね遵守している」旨を指摘した。（コーツの辞任後）トランプは、コーツの下で副長官を務めていたゴードン（Sue Gordon）を長官あるいは長官代行に指名することを拒否し、同人も辞職をした（ゴードンは、CIAにおいて30年の経歴を持つベテランであった）。トランプは各インテリジェンス組織が「暴走している」と述べ、これらの組織を統制できる人物を欲していると述べた。トランプは、連邦下院議員のラトクリフ（John Ratcliffe）（テキサス州選出共和党）を次の国家情報長官として指名した。しかし、ラトクリフは、「国家安全保障に関する広範な経験」（これは同長官の設置根拠法によって要求されている国家情報長官の要件である）の欠如及び経歴の誇張等が懸念され、候補から外れることとなった。

トランプは、当時国家テロ対策センター長官であったマグワイア海軍中将を国家情報長官代行に選択した。しかし、同人も半年後に職を解かれた。原因は、「ロシアはトランプを支持するべく2020年の大統領選挙に干渉する策を講じている」旨の対連邦議会用のブリーフィングの実施をマグワイアが許可したことであった。

（その後）駐ドイツ大使のグレネル（Richard Grenell）が国家情報長官代行に就任した。グレネルはインテリジェンス分野の経験がなく、駐ドイツ大使としての在任期間も2年たらずであった。同人の3ヵ月間の国家情報長官代行としての在任期間は物議を醸すものであった。グレネルは、何人かの「生え抜き」の幹部職員を辞職に追い込んだほか、国家テロ対策センターを再編成した。また、選挙の安全に関して連邦議会で証言することを拒否したほか、フリン（Michael Flynn）退役陸軍中将の訴訟に

関する文書の秘密指定を解除した。フリンは、トランプ大統領の初代の国家安全保障担当の大統領補佐官を短期間務め、在職22日間で職を解かれた。原因は、ロシア大使のキスリャク（Sergey Kislyak）との会話に関してペンス（Mike Pence）副大統領に虚偽の報告を行ったことであった。その後、フリンは、FBIに対する虚偽供述の罪で起訴され、罪を認めた。

その後トランプは再度ラトクリフを国家情報長官に指名した。共和党の方針に沿った投票の結果、同人の指名は承認された。ラトクリフは、8ヵ月間の在任期間中にトランプを利するべくインテリジェンスの政治化をもたらしたとして、国家情報長官傘下のオンブズマン組織及び評論家等から非難を受けた〔訳者注：2025年、ラトクリフは、第2次トランプ政権のCIA長官に指名され、上院での承認を経て同長官に就任した。〕。

国家情報長官及び大統領との関係はどの程度緊密であるべきなのだろうか。インテリジェンスが政策決定過程を支援するためには、その客観性が維持されることが必要である。しかし、大統領及び国家情報長官の関係が過度に親密な場合、国家情報長官が提供するインテリジェンスの客観性が失われてしまうことを懸念する見方もある。その意味では、政策決定者が国家情報長官のプロフェッショナリズムを信頼し得るような距離感の維持が必要である。ただし、仮にインテリジェンス・コミュニティが（疎遠か緊密かの）両極端な選択を迫られた場合、疎遠な関係よりは緊密な関係の方が好まれる可能性がある。テネット中央情報長官及びブッシュ大統領の関係は、インテリジェンスのトップ及び大統領の関係としては最も緊密なものの1つであったが、同時に物議を醸すものでもあった。2003年のイラク戦争開戦直前に提供された大量破壊兵器の存否に関するインテリジェンスに関しては、「インテリジェンスの客観性が失われたことの証左である」との見方もある。ただし、連邦上院のインテリジェンス関係委員会が発表した報告書は、イラクの大量破壊兵器問題に関するインテリジェンス分析を強く批判する一方で、本件に関する「インテリジェンスの政治化」の証拠は発見されなかった旨を結論付けた。

「専門性（に基づく意見）」と「（特定の政策の）擁護」あるいは「党派的とみなされる行動」の境界は常に曖昧である。国家情報長官は、他の政府高官と同様に、大統領の意向を受けて職務を行う。2004年のインテリジェンス・コミュニティ改編法は、「国家情報長官は国家安全保障に関する豊富な経験を持つ」との曖昧な要件以外には、国家情報長官の候補者に関する専門的な資格要件等を何ら規定していない。

歴代の中央情報長官の中で、インテリジェンス業務の専門家出身だった者は極めて少数である。そうした専門家出身者は、例えば、ヘルムズ、コルビー（William

Colby）及びゲーツである。他に、（インテリジェンス専門家とは言い難いものの）中央情報長官の就任前に何らかのインテリジェンス業務の経験を有する者も数名いた。例えば、ダレス（Allen Dulles）及びケーシー（William J. Casey）である。（2004年の制度改編後の）歴代の8人のCIA長官及び同長官代行のうち4名は、インテリジェンス業務の経験が豊富であった。ヘイデン、モレル（Michael Morrell）（モレルは、2度にわたり長官代行を長期間務めた）、ブレナン（John Brennan）及びハスペル（Gina Haspel）である。歴代の中央情報長官（及び現在のCIA長官）は全員、様々な政治的な要因に基づいて選ばれている。国家情報長官に関しても同様のことが言い得る。すなわち、（理屈の上では）国家情報長官は、政権の立場あるいは政権の推奨する方針に不満があればいつでも辞任することが可能である。しかし実際には、国家情報長官が政権から完全に独立して活動することは困難である。コーツ国家情報長官は、前述の2019年の世界脅威評価に関する連邦議会証言の件に加え、2018年7月には、「2016年の大統領選挙にロシアが介入した」との過去のインテリジェンス評価を肯定し、トランプ大統領の考え方とは著しく異なる立場を貫いた。ちなみに、コーツが政権の立場に同意をしなかったのは、情勢評価における幾つかの前提条件に関してである。政権の政策そのものに反対した訳ではない（もしもそれをやってしまえば、同長官としての権限の逸脱になってしまう）。しかし、そのことによって、コーツは、国家情報長官の職を追われることとなった。歴代の中央情報長官の例を見ても、時の政権の方針と厳しく対立した者は、政権から無視をされてしまっていた。なお、国家情報長官がある特定の案件に関して強い関心を持つ場合、同長官は、当該問題に関して単に「良し悪し」を述べる以上の行動を採ることもあり得る。すなわち、場合によっては、国家情報長官は、特定の案件に関して賛成あるいは反対の（政治的・政策的な）立場を強く主張する場合もあり得る。実際、予算等の特定の分野においては既にこうした事態は発生している。すなわち、予算に関しては、国家情報長官は単に「予算案を議会に提出すればそれで終わり」という訳ではない。同長官は、インテリジェンス予算の総額に関する意見を表明したり、特定のインテリジェンス・プログラムに対する賛否を議論したりすることはあり得る〔訳者注：国家情報長官は、収集及び分析を始めとするインテリジェンス活動の統括に加え、インテリジェンスの組織、権限及び活動の在り方等に関する政策（インテリジェンス政策）の双方を所掌している。一般に前者に関しては、客観性の維持の観点から「政策とインテリジェンスの峻別」が要求される。他方、後者に関しては、国家情報長官は、然るべき政治的・政策的スタンスを採り得ると考えられる。〕。また、他方で、国家情報長官が直接監督している分析部門はごく少数である（基本的に、国家インテリジェンス評議会及び国家テロ対策センターのみである）。こ

うしたことから、国家情報長官及びそのスタッフは、（同長官室自身を除く）17 のインテリジェンス組織全体の分析活動を掌握するため、多くの時間を費やす必要に迫られている。こうした状況は、国家情報長官の組織的な基盤がやや脆弱である旨を示している。インテリジェンス・コミュニティの中の幾つかの組織のトップは、国家情報長官にとって競争相手ともなっている。なぜならば、場合によっては、彼らの方が、政策決定者が関心を持っている事項に関して、国家情報長官よりも深い洞察及び強い影響力を有しているからである。こうした問題は、秘密工作活動をめぐり、ブレア国家情報長官及び CIA との間で顕在化した。このように、国家情報長官はやや微妙な立場に置かれているのが実態である。国家情報長官は、大統領に対するインテリジェンス・アドバイザーとしてトップの地位にあるにもかかわらず、自らは比較的少数の分析担当者しか擁しておらず、他の組織、特に CIA が管理・作成する分析プロダクトに依存している。

　インテリジェンス組織の幹部の人事を専門性に基づくものとすると同時に非政治性を確保することを目的として、FBI 長官と同様に、CIA 長官を固定任期制とする（すなわち、在任期間の上限を設ける）案も過去には取り沙汰された。（FBI 長官の任期は 10 年間である。ただし、2011 年、オバマ大統領はモラー（Robert Mueller）FBI 長官の任期を 2 年延長するよう連邦議会に要請した例もある。）なお、FBI 長官は（制度上は）固定任期制であるものの、実質的には大統領の意向を受けて職務に当たっており、（その意向によって）職を追われることもあり得る。2017 年、コーミー（James Comey）は、FBI 長官を 4 年間務めた時点で、トランプ大統領によって（実質上）解任された。インテリジェンス組織の幹部人事の「政治化」の問題は、従前からその可能性は取り沙汰されていた。しかし、この問題が初めて現実となった事例は、1977 年にカーター（Jimmy Carter）次期大統領がブッシュ（George H. W. Bush）中央情報長官（在 1976–1977 年）の留任を拒否したことである。大統領府を支配する政権党の交代に伴って中央情報長官が退任したのは、このブッシュの例が最初であった。それ以前は、たとえ大統領の地位を占める政権党が交代したとしても、政権交代と共に中央情報長官が辞任を求められることはなかった。当該事例以降は、大統領府を支配する政権党の交代に伴って中央情報長官も党派的に交代することが実務上の慣例となった。（例外として、2001 年、ブッシュ大統領は、クリントン前大統領によって任命されたテネット中央情報長官に留任を要請した。）2009 年のオバマ政権発足時には、（前のブッシュ政権時に任命された）マコーネル国家情報長官は辞任し、後任にブレア退役海軍大将が就任した（ただし、同人の在任期間は 16 ヵ月間にとどまった）。オバマ政権の終了時には、（同政権によって任命された）クラッパー国家情報長官及びブレナン CIA 長官も辞任

第 3 章　米国のインテリジェンス・コミュニティ　　79

した。バイデン大統領も、政権発足に当たり、(トランプ前大統領によって任命された)ラトクリフ国家情報長官及びハスペルCIA長官を、それぞれヘインズ及びバーンズ（William Burns）大使に交代させた。

　国家情報長官の固定任期制を支持するもう1つの議論として、同長官が自身の任命者ではない大統領の下においても職務を遂行できるようになり、職務の客観性の可能性が高まるということが指摘されている。これに対する反対意見として、国家情報長官と大統領との個人的な関係の重要性が指摘されている。これは、幾人かの元中央情報長官経験者が主張している見解でもある。すなわち、国家情報長官の固定任期が大統領選挙の周期とは異なる場合、大統領は自身が選んだのではなく個人的に親密でもない国家情報長官を引き継ぐことになる。この結果、国家情報長官の大統領へのアクセスが希薄になる可能性が高まることが懸念される。加えて、国家情報長官は必ずしもFBI長官とは同格の立場にはない。すなわち、FBI長官は1つの行政部門（司法省）の中の1つの傘下組織を運営しているのに過ぎない。これに対し、国家情報長官はインテリジェンス・コミュニティ全体の運営の責務を担っている。クリントン政権の後半、フリー（Louis J. Freeh）FBI長官は、リノ（Janet Reno）司法長官及びクリントン大統領の双方と緊張関係にあった。こうした事態は、固定任期制度が孕む問題点を如実に表している。トランプ大統領によるコミーFBI長官（在2013-2017年）の解任も同様である。2004年のインテリジェンス・コミュニティ改編法は、国家情報長官に関して固定任期制度は採用しなかった。したがって、同長官は、大統領の意向に応じて職務を継続することとなっている。また、初代の国家情報長官には、ネグロポンテ大使が選ばれた。このことから、「国家情報長官は必ずしもインテリジェンス業務の専門家である必要はない」との先例が確立された。前記のとおり、こうした状況は、（2004年の制度改編以前の）中央情報長官に関しても同様であった。

　国家情報長官及びCIAの関係は、引き続き非常に重要なものである。（2004年の制度改編に伴う）国家情報長官の創設に伴い、CIAはインテリジェンス・コミュニティの中での地位を喪失したとみられた。しかし、CIAは、引き続き幾つかの重要な任務を維持している。例えば、オール・ソース・アナリシス、ヒューミント、秘密工作活動、リエゾン（他国のインテリジェンス組織との連携を意味する）等である。（制度改編に当たり）元中央情報長官のウェブスター（William H. Webster）（在1987-1991年）及びテネットは、（CIAではなく）国家情報長官がこうした業務を管轄しない限り国家情報長官ポストは効果的に機能しない可能性がある旨を主張した。他方、新法（2004年のインテリジェンス・コミュニティ改編法）を支持する見方の多くは、国家

情報長官を他の組織から分離することにむしろ拘った。こうした緊張関係は、ブレア国家情報長官及びパネッタ CIA 長官の間において明らかになった。ブレアは、政権内において自身の味方がほとんど居ないことが明らかになり、辞職に至った。また、オバマ政権時のブレア及びクラッパーの両国家情報長官にとっては、大統領のテロ対策担当補佐官であったブレナンも潜在的な競争相手であった。なぜなら、ブレナンは元 CIA 幹部であり、常に大統領へのアクセスが国家情報長官よりも良かった。ブレナンは 2013 年に同補佐官ポストから CIA 長官に就任した（同人は、2009 年には CIA 長官候補として有力視されていたにもかかわらず、指名に至ることができなかった）。この結果、大統領府内部におけるインテリジェンス関連の勢力争いは解消された。しかし同時に、大統領と極めて密接な関係を確立している CIA 長官が誕生することとなった。こうした出来事は、国家情報長官にとって CIA 長官との良好な関係が重要である旨を改めて浮き彫りにした。

　毎日の大統領定例インテリジェンス報告（PDB: President's Daily Briefing）の管理・運用に関しては、これまで多くの関心が向けられてきた。むしろ関心が高過ぎるとも言い得る。ブッシュ（子）政権以前は、PDB は幹部級の分析担当者によって実施されていた。ブッシュ大統領の時代にも、定例の PDB 自体はインテリジェンス・コミュニティ組織の幹部職員によって実施された。ただし、ブッシュは、テネット中央情報長官及びその後任の中央情報長官、あるいは（国家情報長官ポストの創設の後は）国家情報長官が PDB の場に同席することを要求した。中央情報長官制度の時代（すなわち、国家情報長官が創設される以前）は、PDB の資料は CIA によって作成されており、これを通じて、CIA は大統領との間で特別の関係を構築していた。現在、PDB の資料は国家情報長官によって作成されている。しかし、その内容の約 75％ は引き続き CIA が提供している。オバマ大統領は、日曜日を除く毎日、日々の業務の開始時に PDB 資料を受け取っていた。オバマは、まず自分で PDB 資料に眼を通した後に国家情報長官及び国家安全保障担当の幹部チームとの間でミーティングを行った。こうしたミーティングの中で、PDB の内容及びその影響、国家情報長官が提起したその他のインテリジェンス・コミュニティ関連の諸課題に関して議論が行われた。オバマ大統領のスタイルは、会議の前に自分で PDB の資料に眼を通していたという点において、ブッシュ大統領時代のスタイルとは大きく異なっていた。ブッシュ時代には、これらが全て 1 つの会議の中で実施されていた。トランプ大統領は当初、PDB の必要性を疑問視していた。やがて PDB はほぼ定期的に実施されるようになったものの、実施頻度はやや低く、形態としては全て口頭で実施されていた模様である。報道によれば、2020 年、トランプは一時期 PDB を停止した

時期があった模様である。ブリーフィングの席には、国家情報長官が同席することもあれば、CIA長官が同席することもあった。バイデン大統領は、PDBを従来からの方式に戻した。このように、PDBそのものの内容や実施方式は、各大統領の嗜好やニーズに応じて変化し得る。

　同様に、国家安全保障会議の**長官級（閣僚級）委員会**（PC: Principals Committee）及び**副長官級委員会**（DC: Deputies Committee）に対して、CIAの上級幹部がインテリジェンスの提供を行っている。長官級（閣僚級）委員会は国家安全保障会議の機構の中における上級の政策調整機関である。構成員は、国家安全保障問題担当大統領補佐官、時には副大統領、国務・国防両長官、国家情報長官、統合参謀本部議長であり、これに通常はCIA長官も加わる。必要に応じて、他の閣僚が出席することもある。例えば、司法長官、国土安全保障長官、エネルギー長官等である。副長官級委員会は長官級委員会の構成員の代理（副長官級）で構成され、長官級委員会とほぼ同様の機能を有する。通常は、長官級委員会で検討される前の諸課題を取り扱う。こうした場におけるインテリジェンスの機能は、「政策を支援する」というインテリジェンスの本来の役割として重要である。加えて、インテリジェンス部門としても検討中の諸政策の方向性に関して示唆を得られるという点で重要である。政策に対して支援を与えるに当たっては、（インテリジェンス部門としても）議論に付されている諸課題に関する深い知識が必要である。インテリジェンス・コミュニティを代表して長官級委員会に出席しているのは国家情報長官である。ただし、前述のとおり、CIA長官も同委員会に出席している。現在、国家情報長官に対する分析業務の支援は、（同長官室傘下の国家インテリジェンス評議会に所属する）国家インテリジェンス分析官が主に担っている。こうした業務の多くは、インテリジェンス資料の内容の調整及びブリーフィング資料の作成・編集に関するものである。これは重要な作業ではあるが、本来は国家インテリジェンス評議会が担うべきことではない。国家インテリジェンス評議会の本来の任務は、重要な諸課題に関してハイレベルの分析的な専門知識を提供することである。（制度改編前の）中央情報長官の時代には、CIAの支援スタッフがこうした役割（インテリジェンス資料の内容の調整及びブリーフィング資料の作成・編集）を担っていた。なお、国家情報長官がCIAの分析部門への依存を深めるに伴い「CIAの分析局を国家情報長官へ移管すべき」との圧力がいずれ生じるのではないかとの見方もあった。もしもこれが実現すれば極めて大きな組織改編となり、米国のインテリジェンス組織は、イギリスの組織に類似した構造になることとなる。ただし、最近のCIAの再編及び工作局・分析局共同のミッションセンターの設立等の状況に鑑みると、分析局のCIAから国家情報長官への

移管の可能性は相当低下したとみられる。

　（国家情報長官の在り方は）国家情報長官自身が自らの役割をどのように定義するか次第にも掛かっている。ポズナー（Richard Posner）判事が著書《Preventing Surprise Attacks: Intelligence Reform in the Wake of 9/11, 2005》の中で指摘したように、国家情報長官は、インテリジェンス・コミュニティの最高経営責任者（CEO）として機能することも可能であるし、最高執行責任者（COO）として機能することも可能である。国家情報長官の機能をCEOと考えれば、同長官の役割はコミュニティの比較的高いレベルにとどまることになる。これに対し、国家情報長官の機能をCOOと考えるならば、同長官はより些末な業務にも関与することとなる。実際には、国家情報長官は、PDB（大統領定例インテリジェンス報告）、長官級委員会及び副長官級委員会への出席等の日常業務をこなしている。また、政策部門及び連邦議会がインテリジェンス関連の事項を扱う際には、国家情報長官がインテリジェンス・コミュニティの代表として出席・関与することが期待されている。こうした状況に鑑みると、国家情報長官は、COO的な機能を担うことを余儀なくされているように見える。こうした状況は、国家情報長官の担う責任と実際に有している権限との間に乖離があることを改めて浮き彫りにしている。クラッパー国家情報長官は、（COOではなく）CEO的な役割を担うことを志向していた。しかし、たとえ自らがどのような役割を選んだとしても、国家情報長官は常に米国のインテリジェンス機構全体のパフォーマンスに対して責任を負うことに変わりはない。

　国家情報長官及び（その傘下にある）国家テロ対策センター長官の関係も重要である。国家テロ対策センター長官は「半独立的」な立場にある。同長官は、連邦上院の承認を経て大統領によって任命され、テロ及びテロ対策に関する分析並びに工作活動に関して国家情報長官に対する首席アドバイザーの役割を担っている。テロが国家安全保障上の重要な問題であることもあり、国家テロ対策センター長官は大統領を含む政府高官に対して一定のアクセスを保持しているとみられる。こうした状況は、国家テロ対策センター長官及び国家情報長官の間に競争関係を生む火種となる可能性がある。

　国務長官は、（大統領を別として）外交政策の最高責任者である。他方、国家情報長官が「仕切る」インテリジェンス活動は、外交政策の一翼を担うと考えられる。国務長官及び国家情報長官の関係においては、少なくとも2つの課題が重要である。第1は、インテリジェンス活動及び外交政策の目標の調整である。第2は、海外で活動する秘匿のインテリジェンス組織員の「カバー」（偽造身分）のために国務省（すなわち外交活動）が利用されていることである。こうしたことから、国家情報長

官及び国務長官のそれぞれの配下の官僚組織の間に緊張が生じるのは必然的とも考えられる。特に、国務省を偽装身分のために利用することは、国務長官及び中央情報長官（及び制度改編後のCIA長官）との間の懸念材料となる可能性を孕んでいる。国務長官及び中央情報長官が良好な関係であった例は少ない。例外は、ダレス中央情報長官（在1953–1961年）及びその兄のジョン・フォスター・ダレス（John Foster Dulles）国務長官（在1953–1959年）の関係である。通常の両長官の関係は、良くても「ややギクシャク」、最悪であれば「明らかに敵対的」である。

　国外においては、伝統的に、米国大使及びインテリジェンス担当の責任者（通常は「支局長（COS）」と呼ばれ、CIAの職員である）の間に緊張関係が存在する。大使は、任国における「米国政府チーム」全体、すなわち、派遣元の組織に関係なく大使館に配属されている全ての米国政府職員を統括する。（大規模なチームの場合、国務省、CIA、国防省、司法省、財務省、商務省、農務省等の各省庁の代表者が含まれる場合もある）。しかし、COSは、自らのインテリジェンス活動を常に大使に報告している訳ではない。それは、大使が国務省の生え抜き職員であろうと政治任用職であろうと無関係である。当該問題に対処するべく繰り返し様々な取組の努力がなされているが、依然として問題は継続している。この他にも幾つかの問題がある。第1に、「COSは誰の代理人なのか」という問題である。理論的には、現在の制度の下での各COSは国家情報長官の代理人である。しかし、CIA長官は引き続き、海外におけるヒューミント活動、秘密工作活動及びインテリジェンス関連のリエゾン（対外連絡）の責務を担っている。したがって明らかに、各COSはCIA長官の活動の重要な構成要素となっている。さらに、各COSは通常、自身の昇進、業績評価、人事異動等に関してはCIA長官の顔色を窺っている。こうしたことから、各COSは、（在外においても）CIAを自身の「家（出身元）」と認識している。国家情報長官及びCIA長官の間には、ヒューミント及び秘密工作活動の監督をめぐる対立がある。この結果、各COSは大使との情報共有を一層渋ることとなっている。こうした行為（大使への報告のサボタージュ）は、国家情報長官への報告のサボタージュにも連動しているからである。こうした問題は特にブレア国家情報長官及びパネッタCIA長官の間で顕在化し、国家安全保障会議はCIA側を支持する判断を下した。前述のとおり、インテリジェンス・コミュニティ通達402号（ICD 402）は、「CIA出身のCOSは国家情報長官の代理人として活動する」、「国家情報長官は、COSが十分に機能を果たしていない場合、その旨をCIA長官に対して提起することができる」旨を定めている。また、国家情報長官はCOSの解任を勧告することができる。しかし、CIA長官は引き続き支局長を監督する立場にある。

日常業務においては、国家情報長官よりも国防長官の方が、インテリジェンス・コミュニティのより多くの部分を支配している。すなわち、国家情報長官が統括している傘下組織は国家インテリジェンス評議会、国家テロ対策センター、国家拡散対抗センター、国家カウンターインテリジェンス・保安センター及びサイバー脅威情報統合センターである。これに対し、国防長官は、NSA、DIA、NGA及び各軍のインテリジェンス部門を統括している。また、国防長官は、インテリジェンスの利用者としても重要な地位を占めている。なぜならば、国防に関するインテリジェンスへのリクワイアメントは広範にわたるからである。加えて、インテリジェンス関連予算の多くは国防予算を「隠れ蓑」としてその中に組み込まれており、様々な意味において国防予算に対して従属的になっている。(2010年にはゲーツ国防長官及びクラッパー国家情報長官が前年度の国家インテリジェンス計画及び軍事インテリジェンス計画の予算額の秘密指定解除を決定し、現在では各年度の予算要求額も公開されている。しかし、こうした措置の後も、官僚主義的な「隠れ蓑」は主に連邦議会側の意向に基づいて継続している。) こうしたことから、国防長官及び国家情報長官の関係は極めて重要である。ただし、両者の関係はたとえ表面的には協調的・友好的に見えたとしても、決して対等ではない。2004年のインテリジェンス・コミュニティ改編法立法時における予算の取扱いをめぐる議論においては、連邦議会における国防長官の政治的影響力の強さが浮き彫りになった。国防長官との関係において、国家情報長官の力は、(2004年の制度改編前の) かつての中央情報長官の力にも及ばない可能性がある。一方で、国家情報長官は組織的な後ろ盾を欠いている (中央情報長官は、CIAに依存することが可能であった)。他方で、国家情報長官は大規模なスタッフ及び一定の法的な権限を有している。かかる権限が適切に行使されれば、国家情報長官は国防長官との間でより対等な関係を構築できるかもしれない。初代の国家情報長官のネグロポンテは、敵対的な国防長官 (ラムズフェルド) 及び国防次官 (カンボン (Stephen Cambone)) に相対した。両名による国防省のインテリジェンス施策の多くは、国防省の下に独立したインテリジェンス機能を構築することを目的としていたとみられる。(2006年にラムズフェルドの後任として) ゲーツが国防長官に就任したことは、こうした状況に大きな変化をもたらした。なぜならば、ゲーツ自身が中央情報長官として、チェイニー (Richard Cheney) という手ごわい国防長官 (在1989–1993年) に相対した経験があったからである。ゲーツは国防長官に就任した直後から、前任のラムズフェルドらによるインテリジェンス活動への取組を縮小することを示唆した。(2010年に) ブレアの国家情報長官の辞任を受けて後任の国家情報長官として当時国防次官 (インテリジェンス担当) を務めていたクラッパーが抜擢された際にも、(当

該人事の実現に）ゲーツが中心的な役割を果たしたとみられる。しかし、（国家情報長官及び国防長官の関係性には）依然として根本的な制度上の問題点が残っている。

　国防長官のインテリジェンスに対する権限の多くは、通常、インテリジェンス・保安担当の国防次官（USDI&S）に委ねられている。同次官は、実質上、国防関連のインテリジェンスに関する最高執行責任者となっている。国防省は伝統的にインテリジェンス・コミュニティを警戒する傾向がある。すなわち、「インテリジェンス・コミュニティの幹部が、国防省のニーズに配慮せず、国防関連のインテリジェンス機能に対して過剰な権力を行使しているのではないか」との懸念を有している。両者の関係のカギを握るのは、国家情報長官及び同室のスタッフと国防長官室の間の信頼関係である。すなわち、国家情報長官室側は、国防関連のインテリジェンスの機能及びそのニーズ並びに国防予算プロセスに関する実務的な知見を十分に持つ必要がある。実際のところ、国家情報長官及び国防長官室はアンバランスな関係にあり、後者の方が強い力を持っている。もしも、国家情報長官が国防省のニーズ及び権益に十分な注意を払っていないと国防長官室のスタッフが認識すれば、国防省側は国家情報長官の業務の多くを妨害することが可能である。

　国土安全保障省及びインテリジェンス・コミュニティの関係も重要である。国防機能及びインテリジェンス機能の間の不均衡を批判する人々は、国防省を「800ポンドのゴリラ」と揶揄する。国土安全保障省が発足した際、当初は同省が更にもう1頭の「800ポンドのゴリラ」になるとの見方も有った。しかし、現時点ではそうした事態には至っていない。なぜならば、同省が余りにも大きく、十分に機能することが困難な組織だからである。（テロ対策等に関して）国家情報長官及び（その傘下にある）国家テロ対策センター長官と国土安全保障省長官の関係は重要である。しかし、国土安全保障省は、組織の規模、複雑さ、多様性がゆえに管理を行うことが困難な組織である。2002年の国土安全保障省の発足に当たり、少なくとも22の独立の組織あるいは別個の組織の主要部門が同省に統合された。国土安全保障省のインテリジェンス関連予算の構成は、そうした状況を示す1つの例となっている。前記のとおり、国土安全保障省の2部門、すなわち沿岸警備隊及び情報分析局はインテリジェンス・コミュニティの構成組織でもあり、国家情報長官の下にあるNIP（国家インテリジェンス計画）から予算を得ている。しかし、国土安全保障省の他の多くの部門は、実質的にインテリジェンスに関連する機能や責務を担ってはいるものの、インテリジェンス・コミュニティの構成組織ではなく、NIPの予算にも含まれていない。そうした部門としては、シークレット・サービス、税関・国境警備局（CBP）、移民・税関捜査局（ICE）、運輸保安局（TSA）等がある。

加えて、国土安全保障省は、テロ関連の情報に関して、米国国内のあらゆるレベルの政府組織間における共有及び調整の責務を担っている。米国は連邦共和制を採用していることから、各州独自のテロ対策制度がある。国土安全保障省はこれらを調整し、あるいはこれらに参画をしている。同省の情報分析局の役割については課題が多い。同局は、テロに関する警報（ウォーニング）情報を連邦政府から各州及び各地方自治体政府等の関係機関に伝達している。しかし、特段の付加価値のある分析は提供できていないとの批判もある。こうした制度には、連邦政府及び約200の都市で活動している「合同テロ対策タスク・フォース（JTTF）」に加え、80の州及び地方自治体等のインテリジェンス組織が参画している「フュージョン・センター」も参画している。国土安全保障省は、こうした複雑な制度構造の中におけるインテリジェンス共有を統括しているが、これに関して批判を浴びている。そもそも、JTTF及びフュージョン・センターの制度構造そのものが、規模が大き過ぎる、重複が多過ぎる、必要以上に数が多過ぎる等の批判を受けている（第12章参照）。2014年に国土安全保障省のインテリジェンス・分析担当の次官に就任したテイラー（Francis X. Taylor）も、同省が行っているインテリジェンス・コミュニティと各州及び地方の法執行組織の間のインテリジェンス共有には問題がある旨を認めている。

　最後に、行政府の中において、国家情報長官及び安全保障担当の大統領補佐官の関係は非常に重要である。同補佐官は、国家安全保障会議のスタッフ及び同会議における政策形成プロセスを統括している。同補佐官の職は、連邦上院の承認を必要とするものではない。しかし、日常業務においては、同補佐官は（国家情報長官等よりも）大統領へのアクセスが多い。大統領の黙認あるいは明示的な許可を後ろ盾として、大統領執務室に届けられる書類及びブリーフィングの流れを管理することも可能である。実際にこうした状況が発生したのは、ニクソン（Richard M. Nixon）大統領及びフォード（Gerald Ford）大統領の下でのキッシンジャー（Henry Kissinger）補佐官（在1969–1975年）の時代並びにカーター大統領の下でのブレジンスキー（Zbigniew Brzezinski）補佐官（在1977–1981年）の時代である。同人らはいずれも自らが大統領定例報告（PDB）を実施するなど、他者の大統領へのアクセスに制限を掛けていた。国家情報長官は、大統領へのアクセス無しには機能し得ない。もしも大統領補佐官が国家情報長官の大統領へのアクセスを制限したり妨害しようとすれば、同長官は深刻な問題に直面することになる。

　国家情報長官及び連邦議会の関係には、3つの重要な要素がある。第1は、財政的な権限である。連邦議会は、インテリジェンス・コミュニティ（及びその他の行政

府機構全体）に対して単に予算を提供するのみならず、そうした財政的な決定を通じてインテリジェンス活動に影響を与えることが可能である。一般に連邦議会は大統領からの予算要求を減額すると考えられている。しかし実際には、連邦議会側が、行政府側の反対にもかかわらず、特定の施策を支持して積極的に予算を提供する例も少なくない。

　第2は個人的な人間関係である。歴代の中央情報長官の中には監督者〔訳者注：連邦議会のインテリジェンス問題の担当委員会を意味する〕と折り合いが合わず、同ポストとインテリジェンス・コミュニティに対して甚大な損害をもたらした者もいる。ケーシー中央情報長官（在 1981–1987 年）は、（連邦議会等による）監督プロセスを軽視し、その代償として自身の政治的な支援者からも支持を失ってしまった。ウルジー中央情報長官（在 1993–1995 年）は、連邦上院のインテリジェンス問題担当委員会のデコンシーニ（Dennis DeConcini）委員長（民主党、アリゾナ州選出）との間で常に公然と論争を展開していた。ドイチェ（John M. Deutch）中央情報長官（在 1995–1997 年）は、連邦下院のインテリジェンス問題担当インテリジェンス委員会と難しい関係にあった。こうした対立の事例においては、実際の「事の善悪」（どちらが正しいか）は重要な問題ではない。端的に言えば、（「事の善悪」にかかわらず）中央情報長官あるいは国家情報長官には勝ち目はない。加えて、（中央情報長官制度の時代における）様々な問題の指摘を踏まえ、そうした諸問題を解決することを目的として国家情報長官の制度が創設された経緯もある。こうしたことから、連邦議会は、国家情報長官が（制度創設の）期待に応えられているか否かを注視している。

　第3は、インテリジェンスに対する国民の認識及び支持である。インテリジェンス活動は秘匿性を伴うものであることから、国民がその実態を垣間見ることができるのは、主に連邦議会による監督活動を通じてである。たとえ国民が連邦議会の公聴会の詳細は承知していないとしても、連邦議会の担当委員会がインテリジェンス関連の問題を調査しているという事実は、インテリジェンスに関するメディア及び国民の認識に影響を与える。なぜならば、もしもインテリジェンス・コミュニティが適切に業務を遂行しているならば、連邦議会が公聴会あるいは調査を実施する必要はないと考えられるからである。加えて、一般的には、悪いニュースは良いニュースよりも頻繁に報道される傾向がある。代表民主制の下では、議員は国民全体の代理者と考えられる。こうした考え方は、インテリジェンスの分野にも当てはまる。しかし実際には、連邦議会が十分に情報を得られていない〔訳者注：インテリジェンス組織側が連邦議会側に十分な報告を行っていないという意味〕との批判を受けるような問題事例も生じている。例えば、2013 年に明らかになった NSA によるメタ

データ収集活動等である。NSA及びCIAの双方の長官を歴任したヘイデンが指摘しているように、米国のインテリジェンス・コミュニティは連邦議会の承認の下に機能している。インテリジェンス・コミュニティが連邦議会からの承認を維持するには、上院議員及び下院議員からの支持が必要である。さらに、そうした支持は、当該連邦議員を選出している有権者にも依存している。インテリジェンス・コミュニティに対する国民の支持を継続するためには、インテリジェンス活動に関する一定の透明性を確保することが不可欠である。

　2016年の大統領選挙に対するロシアの介入問題に関する調査に際しては、様々な局面において、主に共和党の連邦議会議員が、インテリジェンス組織及び司法省の資料へのアクセスを、前例のない程に詳細に要求した。これらの活動は主に、当該問題に対する調査の必要性に疑問を呈するための手段として実施された。こうしたことから、第115期連邦議会においては、共和党が連邦上下両院を支配していたにもかかわらず、両院の関係は悪化した。

インテリジェンス・保安担当の国防次官（USDI&S）及び国防省傘下のインテリジェンス組織の関係性　　2002年、ラムズフェルド国防長官の意向を受けて、連邦議会は、国防省にインテリジェンス担当の国防次官（USDI: Under Secretary of Defense for Intelligence）職を創設した。ラムズフェルド長官は、様々な類型の国防インテリジェンスに関して長官に報告を行う人員が多過ぎると考え、インテリジェンス業務を1つの部署に集約すべきと考えていた。（これは、トルーマン大統領が「全ての国家インテリジェンスに関して、1人の担当者（中央情報長官）が大統領に対する責任を担う」のが望ましいとしたのに類似している。）2014年10月、国防省は新たな指示を発出し、国防インテリジェンス担当次官の所掌事務を拡大した。従来からの領域（大量破壊兵器、テロ等）に加え、新たな事項（サイバーセキュリティ、組織内部の保安・保全、秘密の不正開示、バイオメトリクス等）が加えられた。追加された事項はいずれも、より新しい安全保障上の課題を反映したものである。同次官の職名も、インテリジェンス・保安担当の国防次官（USDI&S: Under Secretary of Defense for Intelligence and Security）に改称された。同次官が所管する組織には、国防カウンターインテリジェンス・保安局（Defense Counterintelligence and Security Agency）が加えられた。法令の定めにより、インテリジェンス・保安担当の国防次官のスタッフは少人数に限定されている。また、同次官は、インテリジェンス活動の現場担当者（収集、工作、分析等の担当者）に対する直接の指揮命令権はなく、その職務は専ら管理・監督機能に限定されている。とは言うものの、同次官は、国防インテリジェンスに関連する政策、リクワイアメ

ント、予算に対して非常に強い影響力を持つ地位である。

　インテリジェンス・保安担当の国防次官と NSA 及び NGA の両長官の間には緊張関係がある。NSA 及び NGA の両長官は、（国防長官のみならず）国家情報長官（以前は中央情報長官）に対しても責任を担っている。これらの組織は戦闘支援組織であり、その予算も国防省から来るものである。しかし、NSA 及び NGA の両長官は、行政府内の 2 つの主人（国防長官及び国家情報長官）の間で板挟みになっている。2004 年のインテリジェンス・コミュニティ改編法の審議に関する公聴会において、当時の NSA 及び NGA の両長官（ヘイデン及びクラッパー）はいずれも、自分たちは新設の国家情報長官に仕えることになるであろうと証言した。こうした証言は、国防省関係者には不評であった。しかし現実には、国家情報長官及びインテリジェンス・保安担当国防次官の双方とも、相手側との微妙な関係を無視して、NSA 及び NGA に対して勝手な指示あるいは命令を行うことはできない。

　インテリジェンス・保安担当の国防次官及び国防関連インテリジェンスの担当組織の関係性は、マコーネル国家情報長官の下で執行委員会（EXCOM）が創設されたことによって再度注目を浴びることとなった。国防関連インテリジェンスを担う組織は全て EXCOM の構成員とされる。こうした組織間の上下関係を明確化するため、インテリジェンス・保安担当の国防次官は国家情報長官傘下の「国防インテリジェンス長官（Director of Defense Intelligence）」を兼任することとなった。この結果、全ての国防関連インテリジェンスの担当組織（NSA 長官、NGA 長官等）が執行委員会に同席している中で、インテリジェンス・保安担当の国防次官はこれらの組織よりも上位の地位を確保し続けることが明示された。また、インテリジェンス・保安担当の国防次官は、国防インテリジェンス長官としては国家情報長官の指揮下に置かれることとなった。このことにより、国家情報長官及び国防省が以前よりも緊密な協力関係にあることが示された。ただし、この国家情報長官傘下の国防インテリジェンス長官という役職は、法令上の根拠に基づくものではない。したがって、今後の国家情報長官あるいは国防長官の意向次第では停止あるいは廃止される可能性もある。

　国防組織の内部においては、統合軍（CCMD: combatant commands（以前は COCOM と呼ばれていた））及び国家レベルのインテリジェンス組織の関係性も重要である。対立が最も生じやすいのは、情報収集の資産（アセット）の管理をめぐる、地域担当の統合軍及び国家レベルのインテリジェンス組織の関係である（統合軍には、地域担当のものとは別に、機能別のものもある）。統合軍は、必然的に、自身の管轄地域における危機対応により高い関心を持っている。しかし、そうした地域的な諸課題は、

ワシントンからは必ずしも深刻には見えない場合もある。こうしたことから、統合軍は、国家レベルのインテリジェンス組織あるいはワシントンの政策担当部門が必要としないようなインテリジェンスの収集を要求することがある。

統合軍におけるインテリジェンス機能のあり方にも変化が生じている。現在、各統合軍には「統合インテリジェンス作戦センター（JIOC: Joint Intelligence Operations Center（ジョーイックと発音））」が設置されている。同センターの概念は、作戦及びインテリジェンスの連携を従来よりも緊密化させるとの認識に基づいている。すなわち、戦闘における米軍の優位性は優れたインテリジェンス支援（または戦場認識）に依存している面があるとの考え方である。2003年のバグダッドに対する米軍のサンダーラン作戦は、こうした類型の作戦の典型であった。計画、インテリジェンス、作戦がより緊密に統合されることは間違いなく良い考え方であろう。ただし、そのことがインテリジェンス組織及び統合軍の関係の改善につながるか否かは不透明である。

インテリジェンス・保安担当の国防次官（USDI&S）及び連邦議会の関係

インテリジェンス・保安担当の国防次官は、国防インテリジェンス関連の問題が連邦議会に伝達される2つの主要なパイプの1つである（もう1つのパイプはDIAである）。軍部に対する文民統制の原則を踏まえると、DIAよりもインテリジェンス・保安担当の国防次官の方が強力かつ重要と言い得る。同次官は、国防インテリジェンスに関するリクワイアメント、様々な国防インテリジェンス組織（NSA、DIA、NGA等）に対する監督、国防インテリジェンスに関する情報収集プログラム（いわゆるエアブリーザー）を管轄している。連邦議会との関係においては、インテリジェンス・保安担当の国防次官は、上下両院の軍事委員会への対応の責務を担っている。さらに、同次官のスタッフは、国防インテリジェンスに関する国防長官の権限を守る役割を果たしている。例えば、国家情報長官等からの権限侵害の可能性に注意を払っている。

国務省情報分析局（INR）及び国務長官

国務省のINRは、オール・ソース・アナリシスを担う3つのインテリジェンス組織の中では最も組織規模が小さいものである（他の2つはCIA及び国防省のDIA）。したがって、INRはしばしば、能力的にも最も劣っていると考えられがちである。INRが国務省内及びインテリジェンス・コミュニティの中で上手く機能するか否かは、国務長官及び同省の数名の最高幹部（彼らの執務室は国務省の7階に位置するので、

しばしば「7階」と称される）とINRの関係性に大きく左右される。こうした国務省内の関係性は、国家情報長官及び大統領の関係性に類似している。INRは、「7階」への十分なアクセスを有していればより大きな機能を果たし、必要な際には官僚組織の中でも強い支援を受けることができる。しかし、こうした関係性は、国務長官及び数名の最高幹部の個人的な嗜好に左右される不安定なものである。例えば、シュルツ（George P. Shultz）国務長官（在1982–1989年）は全ての局長（次官補）と定期的に面会していた。これに対し、ベーカー（James A. Baker III）国務長官（在1989–1992年）は少数の上級幹部とのみ面会し、これらの上級幹部が長官に代わって省内の各部署に対応していた。したがって、シュルツ長官の時代にはINRは国務長官にアクセスする機会が多かったのに対し、ベーカー長官の時代には「7階」へのアクセスは少なく、INRの顧客（カスタマー）の大半は省内の他部署であった。

INRは、様々な措置を講じ、国務省内における自身の認知度を高めると共に、省内の各部署がインテリジェンスのリクワイアメント設定に対してより積極的に関与するように促している。こうした活動の目的は、インテリジェンスの役割及びINRの存在に関する省内の各部署の認識を向上させることであり、あわせて、各部署のINRに対する有形無形の支援を獲得することである。

新たな競争関係

2004年のインテリジェンス・コミュニティ改編法の成立の前後から、各組織間の対立は明らかに激化している。少なくとも2つの理由から、対テロ戦争がこのような対立を引き起こす主要な原動力となっている。第1に、テロとの闘いの結果、従来は少なくとも米国の慣行上は峻別されていた様々な活動の区分が曖昧になった。最も顕著な例は、対外インテリジェンス及び国内インテリジェンスの区分、インテリジェンス及び軍事活動の区分である。2001年に明らかになったように、テロリストは合法的に米国国内に滞在し、攻撃を計画・実行することが可能である。こうした状況は、対外インテリジェンス及び国内インテリジェンスの両方に関わっている。また、アフガニスタン等におけるテロとの闘いにおいては、インテリジェンス及び軍事の協力の強化が必要となった。この結果、両者の活動分野の区別が曖昧になった。例えば、タリバンと対決する北部同盟に対する連絡及び支援は、当初はCIAを通じて実施された。対タリバン作戦には、通常作戦及び非通常作戦（例えば特殊作戦部隊の活用）の双方の側面があり、加えて、大規模なインテリジェンス活動も含まれていた。こうした状況は、2011年5月のオサマ・ビンラディン（Osama bin Laden）掃討作戦においても顕著にみられた。競合が激化した第2の理由は、特に危

機あるいは戦時における一般的な傾向として、多くの組織の活動が活発化することである。

　FBI 及び CIA の対立は従来から問題視されている。FBI は、2001 年よりも以前から、米国国内及び海外の双方においてその役割を高めようと画策して来た。1990年代中盤、FBI は、各国の米国大使館を拠点に活動する法務アタッシェの役割を積極的に拡大し、諸外国の法執行組織との協力関係の強化に努めた。FBI が CIA に連絡をせずに海外での活動を行うこともあったとの報道もある。米国国内においては、同国内に滞在する外国人に対するヒューミント（獲得）作業をめぐる対立が激化した（これらの外国人は、獲得後、情報収集のために米国国外に送られることが想定されている）。CIA は、米国国内におけるインテリジェンス活動、あるいは米国市民に対するインテリジェンス活動を行うことはできないとされている。ただし、獲得活動の対象が外国人であり、かつ当該外国人による情報収集が米国国外で行われる場合には、CIA にも米国国内におけるヒューミント活動が許容されている。FBI は、こうした活動を CIA から奪い、更にはこれらの活動から得られたインテリジェンスの米国国内における配布の任務も担うことを画策したとみられる。その論拠として、FBI は、こうした外国人に対するヒューミント（獲得）作業は米国国内で行われることから、これは国内インテリジェンス活動である旨を主張した。CIA はこうした FBI の画策に抵抗した。識者からは、FBI はインテリジェンス収集の経験が浅く、インテリジェンス分析作業も 2003 年に開始されたばかりであり、したがってインテリジェンスの取りまとめ・配布の役割を担うには時期尚早であるとの指摘もみられた。また、両組織が対外インテリジェンスの収集活動を共同して担う場合、相互に相手方の活動を承知していなければ、重複あるいは行き違いが生じる懸念も指摘された。2012 年、クラッパー国家情報長官は、FBI の役割を拡大し、FBI に国内インテリジェンスの調整役の任を担わせることとした（連邦、州、地方それぞれのレベルを含む）。特定の都市の FBI 支局長（SAC: Special Agents in Charge）は、国家情報長官の代理に指名された。この結果、米国国内の FBI 支局長は、海外における CIA 支局長（COS）と同様の役割を担うこととなった。

　国防省及び CIA の間にも競合関係がある。両者の関係は常に困難なものであった。なぜなら、（2004 年の国家情報長官の創設以前の時代においては）インテリジェンス・コミュニティに対する中央情報長官の責務と、同コミュニティの日常的な活動の 75–80％の活動に対して国防長官が行使する権限の間には不均衡が存在したからである。（2004 年に国家情報長官が創設された以降）CIA 長官が責任を持つ組織は CIA のみとなった。それでもなお両者の間に競合する領域は残っている。原因の１つは、テロ

第 3 章　米国のインテリジェンス・コミュニティ　　93

との闘いにおいて、インテリジェンス及び軍事の役割の区別が曖昧となったことである。テロとの闘いにおいては、公然及び非公然双方の軍事活動が関与している。CIAはこのうち非公然の領域に関してのみ利害を主張し得る。例えば、2001年、CIAは、アフガニスタンにおいてタリバンに対抗する北部同盟に協力した。しかし、軍は、公然及び非公然双方の領域において責任を担うと主張することが可能であり、特に非公然の領域での活動を拡大することを画策している（準軍事（パラミリタリー）活動に関しては第8章を参照）。

　CIA及び国防省の競合関係の原因の2つ目として、国防省は、軍事的な任務に関連する全てのインテリジェンスをより詳細に管理することを画策していた。（アフガニスタン戦争の際）ブッシュ大統領がアフガニスタンのアルカイダの拠点を攻撃することを決定したことを受けて、テネット中央情報長官は迅速に対応し、北部同盟と連携するためのCIA職員を直ちに現地に派遣した。一部の識者によると、ラムズフェルド国防長官は、こうしたCIAの（軍部に比較して）迅速な対応に苛立ったとみられる。国防省がアフガニスタンへの戦闘部隊の派遣を計画・実行するためにはより長い時間が必要だった。ラムズフェルドはまた、ヒューミントによるインテリジェンスに関して軍がCIAに大きく依存しなければならないことにも不満を抱いていた。

　報道によると、2004年後半から2005年初めにかけて、国防省は、インテリジェンス分野における活動を一方的に拡大することを画策した。2005会計年度の国防予算法案には、外国の正規軍、非正規軍、団体、個人等を支援するべく、特殊作戦軍（SOCOM: Special Operations Command）に2千500万ドルの予算を拠出する条項が盛り込まれていた。こうした活動はまさに、アフガニスタンにおけるCIAの活動と重複すると見られた。また、所要の法的手続（例えば、大統領による承認及び議会に対する報告等）を経ずに国防省が秘密工作活動を行うことへの懸念も生じた（詳細は第8章参照）。加えて、こうした業務の重複の結果、外国人の情報提供者が国防省及びCIAの両方から報酬を受け取る可能性が高まる旨も指摘された。（こうした問題に関して）イラク大量破壊兵器問題調査委員会は、国防省に対してより広い秘密工作活動の権限を与える旨を勧告していた。しかし、2005年6月の報道によると、ブッシュ政権はこうした提案を却下した。（こうした経緯を経て）CIAの工作局の中には、（複数のインテリジェンス組織の間での）国外における非公然のヒューミント活動の調整を担当する長官補（assistant director）（局長代理）のポストが設置されている。

　こうした問題は、2012年にも再燃した。すなわち、国防省は、イエメン及びケニア等テロ対策活動が盛んな地域の国内治安組織に対して特殊作戦軍が訓練及び装

備を提供し得るとする新たな権限を要求した。安全保障関連の対外支援活動を管轄する国務省、更には連邦議会の関係委員会が反対したことから、こうした構想は却下された。2014年、オバマ政権は、無人航空機の運用プログラムの管轄をCIAから国防省に移管することを試みた。しかし、連邦議会はこうした取組を否決した。報道によると、否決の理由の1つは、国防省の特殊作戦軍がこのような任務（準軍事的活動）を担当することに対する連邦議会側の懸念であった。

　DIAが自己のヒューミント能力を強化するべく戦略的支援部門を創設したとの報道も議論を呼んだ。このような動向も、国防省がヒューミントに関するCIAへの依存を可能な限り縮小しようとする取組の一貫とみられる。一部の識者によると、国防省には軍事作戦に特有なヒューミント上のリクワイアメントがある。そうした案件が他の案件と競合する場合、CIAは必ずしも国防省側のリクワイアメントを充足できない場合があり得る。しかし、このような国防省の動向は、連邦議会による監視の在り方（こうした新しい部署の創設が議会に報告されていたか否かを含む）、CIAの役割との重複の程度、十分な調整メカニズムの整備の有無等に関して疑問を生じさせるものであった。

　（2006年の）ゲーツ国防長官の就任に伴い、ヒューミントの領域等に関する国防省のこれらの構想の一部は縮小されることとなった。これによって、従来からの問題の多くは解消された。2012年、クラッパー国家情報長官及びパネッタ国防長官は、国防省のヒューミント・インテリジェンス活動を拡充するため、国防秘密工作室（DCS: Defense Clandestine Service）の創設を発表した。一部には、こうした動向はCIAに対抗するための国防省の新たな機能強化であるとの見方もあった。しかし、報道によると、CIAも当該計画を支持したとのことである。なぜならば、こうした国防省との協力によって、CIAは、自身が重点を置いている領域を越えて（とりわけ軍事活動関連の領域に対しても）ヒューミントによる情報収集を拡大し得るからである。国防秘密工作室はCIAの工作局の施設においてCIAと共同で訓練を実施することとなった。しかし、国防秘密工作室の構想は連邦議会の審議において問題に直面することとなった。2012年12月、連邦上院の軍事委員会は、国防秘密工作室が要求していた人員の拡充案を否決した。2013年5月、連邦下院の軍事委員会も、国防秘密工作室の機能がCIAと重複しない独自のものである旨を国防省が十分に説明するまで、同室の予算の半分を差し止めることを決定した。

　最後に、第2章でも述べたように、米国国内の過激派〔訳者注：主にいわゆる極右暴力主義等のことを指す〕に重点を置く新たなインテリジェンス活動は、複数のインテリジェンス組織の所管を跨ぐものとなっている。すなわち、国内インテリジェン

スはFBIが主導権を握っている。他方、当該問題に関する海外との連携はCIA及びNSAが担う。国防省は、軍内部における過激派の有無を調査するという特異な任務を担う。

連邦議会との関係

前記に加えて重要なのは、連邦上下両院それぞれのインテリジェンス関連の委員会の相互の関係、更には協力が必要な他の委員会との関係である。上下両院それぞれのインテリジェンス問題担当委員会の監督権限は同一ではない。したがって、それぞれの委員会と他者との関係も異なったものとなっている（詳細は第10章参照）。上院のインテリジェンス問題担当委員会が単独で所管している監督対象は、DNI、CIA、国家インテリジェンス評議会の3組織のみである。他方、上院の軍事問題委員会は、国防インテリジェンス全般に関する監督権限を堅持している。こうしたことから、上院のインテリジェンス問題担当委員会及び軍事問題委員会の関係は、良い時であっても緊張状態、悪い時は敵対的ですらある。上院のインテリジェンス問題担当委員会の権限は、限定的なものとされている。一般的には、同委員会が自己の権限の範囲の逸脱を試みるのに対し、軍事問題委員会が反応を示すことによって両者の対立が生じる（ただし、そうしたインテリジェンス問題担当委員会の「画策」は、現実のものである場合もあれば、（軍事問題委員会側の）妄想に過ぎない場合もある）。こうした場合、軍事問題委員会は通常、インテリジェンス問題担当委員会に対して、程度の差こそあれ、懲罰的な措置を採っている。例えば、年次のインテリジェンス関連予算法案の審議延期等である。

また、上下両院のインテリジェンス問題担当委員会の監督権限は、上院の政府活動委員会（SGAC: Senate Governmental Affairs Committee）によって干渉を受ける可能性がある。両院のインテリジェンス問題担当委員会は、こうした干渉を阻止する努力を熱心に継続しており、おおむねこれに成功している。とは言うものの、上院の政府活動委員会は政府の組織体制を管轄していることから、（2004年の）インテリジェンス・コミュニティの再編成に関する法案は同委員会の審議に付された。こうした動向は、上院のインテリジェンス問題担当委員会のロバーツ（Pat Roberts）委員長（共和党、カンザス州）が、2004年の早い時期にインテリジェンス組織の改編に関してより急進的な提案を行ったことに対する牽制ともみられた。

下院のインテリジェンス問題担当委員会は、国家インテリジェンス計画（NIP）の全体（個別の組織の枠をまたぐ予算及び国防関係以外の予算）を独占的に管轄している。加えて、同委員会は、国防関連のインテリジェンス予算に関しても下院軍事委員会

と管轄権を共有している。こうした仕組みの結果、下院のインテリジェンス及び軍事の両委員会の協力関係は、上院の両委員会の関係よりも良好に育まれている。下院の各委員会間の全体的な関係は（軋轢が皆無とは言えないものの）上院におけるような険悪な関係には至っていない。ただし、2004年のインテリジェンス改編法案及び翌2005年のインテリジェンス予算授権法案をめぐる議論においては、下院の軍事委員会は国防省の権益の最強の擁護者であった。

　インテリジェンス関連予算の授権及び歳出の齟齬を回避するためには、上下両院における各インテリジェンス委員会及び国防歳出小委員会との良好な関係が肝要である。一般的に、予算の歳出権限者は予算授権者に対して反発する（場合によっては無視したいと考える）傾向がある。繰り返しになるが、上院よりも下院の方が、インテリジェンス関係予算の授権者及び歳出権限者の関係は円滑な傾向にある。2005年から2010年の間、上下両院のインテリジェンス問題担当委員会は予算授権法案を通過させることに失敗し、予算策定プロセスにおける自己の全般的な役割を弱体化させてしまった。

　上下両院の外交委員会はそれぞれ、国務省の活動を監督している。両院において、インテリジェンス問題担当委員会及び同予算の歳出権限を持つ委員会の関係が険悪であることに比較すると、外交委員会及びインテリジェンス問題担当委員会の関係は左程には険悪ではない。最後に、FBIに対する監督を担っているのは、上下両院とも司法委員会である。

　上下両院の2つのインテリジェンス問題担当委員会の相互の関係も重要である。下院のインテリジェンス問題担当委員会の管轄権限は、上院の委員会よりも広範である。しかし、上院のインテリジェンス問題担当委員会は、国家情報長官、同首席副長官を含む同長官室の上級幹部、更にはCIA長官の指名承認に関する独占的かつ重要な権限を有している。上下両院の各インテリジェンス問題担当委員会は、連邦議会の会期中、インテリジェンス関連予算の授権法案の審議を除けば、それぞれが異なった課題に取り組む場合が少なくない。それぞれのスタイル及び重点の違いはあるものの、従来は、見解の相違に伴って敵対関係にまで至るような事態は稀であった。しかし、概ね2005年頃から両委員会の関係は険悪になっている。その結果、前記のとおり、インテリジェンス予算の授権法案が通過しない事態が生じた。2010年会計年度のインテリジェンス関連予算の授権法案が可決され、オバマ大統領がこれに署名したのは2011年会計年度が始まった後であった（詳細は第10章を参照）。2016年の大統領選挙におけるロシアによる干渉の問題の調査に関して、上下両院のインテリジェンス問題担当委員会のそれぞれの対応は全く異なったもので

あった。上院の委員会においては、バー（Richard Burr）委員長（共和党、ノースカロライナ州）及びワーナー（Mark Warner）副委員長（民主党、バージニア州）が協力関係を維持し、両党派が必ずしも敵対的でない調査を実施した。同委員会は、ロシアが選挙に介入したというインテリジェンス・コミュニティの評価を支持した。これに対して、下院の委員会は、この問題に端を発する過激な党派性のために、委員会の一体性を維持して機能することが実質的に不可能となった。共和党の議員は、調査に反対するトランプを強く支持し、さまざまな方法で調査の停滞を図った。これに対して、民主党の議員は調査を支持した。2019年に下院の多数党が民主党に移行したことにより、下院のインテリジェンス問題担当委員会は当該問題をより重視するようになった。その後も分裂的な党派的対立は継続し、そうした状況は2020年の選挙以後も継続している。

インテリジェンス予算のプロセス

　金銭に対する執着は諸悪の根源であるだけではない。予算は全ての政府の活動の根源でもある。「誰が幾ら使うことができるか」、「誰がそれを裁断する権限を持つか」は権力の源泉である。インテリジェンス関連の予算は、（以前に比較すれば）簡素化されたとはいうものの、依然として複雑である。インテリジェンス関連の予算は、国家インテリジェンス計画（NIP）及び軍事インテリジェンス計画（MIP）の2つから構成される。後者は、従前の統合軍事インテリジェンス計画（JMIP）と戦術インテリジェンス及び関連活動（TIARA）が統合されたものである。

　国家インテリジェンス計画は、省庁の枠を越えた予算及び非国防的な予算から構成される。国家インテリジェンス計画の責任者は国家情報長官である。他方、軍事インテリジェンス計画は国防省のインテリジェンス関連予算及びその他の軍事活動を支援するインテリジェンス関連予算から構成される。軍事インテリジェンス計画の責任者は国防長官である。長年の大まかな経験則によれば、国家インテリジェンス計画の規模は軍事インテリジェンス計画の約2倍である。近年は、軍事インテリジェンス計画の削減率は国家インテリジェンス計画の削減率を大きく上回っている。したがって、両者の規模の比較で言えば、国家インテリジェンス計画にとって有利な方向に向かっている。インテリジェンス関連予算は、2010年度に801億ドル（国家インテリジェンス計画が531億ドル、軍事インテリジェンス計画が270億ドル）のピークに達した後に緩やかに減少し、2015年度には668億ドルとなった。しかし、その後再び増加し、2020年度の要求額は総額857.5億ドル（国家インテリジェンス計画が

628億ドル、軍事インテリジェンス計画が229.5億ドル）となった。2021年度にはやや減少し、850億ドル（国家インテリジェンス計画が619億ドル、軍事インテリジェンス計画が231億ドル）であった（2007年から2020年の国家インテリジェンス計画及び軍事インテリジェンス計画の支出の詳細は第10章を参照）。一見すると、国家情報長官は国家インテリジェンス計画に対して大きな権限を持つようにもみえる。しかし、国家情報長官は、国家インテリジェンス計画に関係する各組織に対する予算の執行権限（予算をどこでどのように執行するかを各組織に対して指示する権限）を有していない。こうしたことから、国家情報長官の権限は限定的なものにとどまっている。

　国家インテリジェンス計画の予算を構成するのは以下の各プログラムである。

- 非軍事系のプログラム
    CIAのプログラム（CIAP）
    CIA退職及び障碍システム（CIARDS）
    FBIのカウンターインテリジェンスプログラム
    国土安全保障省のプログラム
    国防省のINRのプログラム
    国家テロ対策のプログラム
    財務省のインテリジェンス支援のプログラム
- 国防系のプログラム
    統合暗号解読プログラム（CCP）
    国防インテリジェンスプログラム（GDIP）
    国家地理空間情報プログラム（NGP）
    国家偵察プログラム（NRP）
- コミュニティ全体に関連するプログラム
    国家情報長官室のコミュニティ管理アカウント・プログラム（CMP）

　軍事インテリジェンス計画は、以下の、国防省のインテリジェンス関連予算及びその他の軍事活動を支援するインテリジェンス関連予算（特定の軍組織に限定されたものではないもの）から構成されている。幾つかの軍事インテリジェンス計画に関連する予算の標題が示しているように、軍事インテリジェンス計画に関連する予算の多くは、国家インテリジェンス計画の構成予算とパラレルの関係にある。

- 空軍のインテリジェンス
- 陸軍のインテリジェンス
- 国防空挺偵察プログラム（DARP）
- 国防暗号プログラム（DCP）
- 国防総合インテリジェンス応用プログラム（DGIAP）
- 国防地理空間インテリジェンスプログラム
- 国防インテリジェンス・薬物対策プログラム（DICP）
- 国防インテリジェンス特殊技術プログラム（DISTP）
- 国防インテリジェンス戦術プログラム（DITP）
- 国防宇宙偵察プログラム（DSRP）
- 海兵隊のインテリジェンス
- 海軍のインテリジェンス
- 宇宙軍のインテリジェンス
- 特殊作戦軍（SOCOM）

　図3.4は、インテリジェンス・コミュニティの構成組織を予算の部門別に整理したものである。同じ予算部門に含まれる全ての組織が同じ上部組織に管理されているとは限らない。図表上の実線は直接の監督関係を表している。他方、二重縦線は、国家インテリジェンス計画及び軍事インテリジェンス計画の各領域の境界を示している。両計画の間には重複があり、両方に属するインテリジェンス組織もある。DIAは、国家インテリジェンス計画及び軍事インテリジェンス計画の双方の予算を有しており、双方の境界線（二重縦線）を跨いでいる。NGA、NRO、NSAの中にも、国家インテリジェンス計画が財源となっているプログラム及び職員が含まれている。さらに、**図3.4**は、インテリジェンス・コミュニティの予算の大半を支配しているのは国防長官であることを示している。

　国家インテリジェンス計画及び軍事インテリジェンス計画のそれぞれの予算運営は、組織内部的にも他の予算分野との関係においても大きく異なる。国家インテリジェンス計画に属する予算は他の予算とは分離されている。すなわち、国家インテリジェンス計画に属する予算は、国家インテリジェンス計画予算の中における転用は可能ではあるものの、（国家インテリジェンス計画に属する組織であっても）組織内の非インテリジェンス業務のために転用することはできない。他方、軍事インテリジェンス計画に属する予算は、各組織内、更には（より重要なこととして）軍部内での転用が可能である。したがって、軍事インテリジェンス計画に属する予算は、必

図 3.4 インテリジェンス・コミュニティの別の見方：予算に関する見方

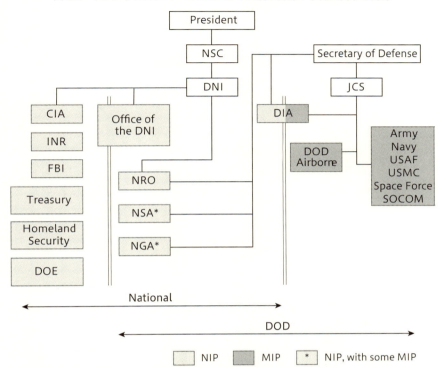

注：日常的な活動に関しては、国家情報長官よりも国防長官の方がインテリジェンス・コミュニティのより多くの部分を支配している。

CIA：中央情報局（Central Intelligence Agency）、DIA：国防情報局（Defense Intelligence Agency）、DNI：国家情報長官（director of national intelligence）、DOD：国防省（Department of Defense）、DOE：エネルギー省（Department of Energy）、FBI：連邦捜査局（Federal Bureau of Investigation）、INR：情報調査局（Bureau of Intelligence and Research）、JCS：統合参謀本部（Joint Chiefs of Staff）、MIP：軍事インテリジェンス計画（Military Intelligence Program）、NGA：国家地理空間情報局（National Geospatial-Intelligence Agency）、NIP：国家インテリジェンス計画（National Intelligence Program）、NRO：国家偵察局（National Reconnaissance Office）、NSA：国家安全保障局（National Security Agency）、NSC：国家安全保障会議（National Security Council）、SOCOM：特殊作戦軍（Special Operations Command）、USAF：米国空軍（U.S. Air Force）、USMC：米国海兵隊（U.S. Marine Corps）

要とされれば、インテリジェンス以外の業務にも使用されることが可能である。国家インテリジェンス計画に属する予算の大半はインテリジェンス組織に割り当てられている。これに対して、軍事インテリジェンス計画に属する予算の大半は、組織としては軍事インテリジェンス計画には属していない非インテリジェンス系の国防省関係の組織に割り当てられている（例えば、陸・海・空・海兵・宇宙の5軍及び特殊

図 3.5　インテリジェンス予算：3 年間の 4 段階

インテリジェンス予算の策定から支出までの期間は約 3 年間（毎年 3 月から 2 年半後の 9 月まで）を要する。以下は、各段階における活動の内容及びその実施時期を示している。

1 年目	3 月～9 月	10 月 ──────▶		
2 年目		8 月	8 月 ──────▶	
3 年目			9 月	10 月 ──────▶
4 年目				9 月
活動	企　画 指　示	計　画 要求及び審査	予算策定 策定及び提出	執　行 確定及び支出
	プログラムの企画・計画・予算策定に関する指針の大枠（大綱）を策定する。	当該プログラムに必要なリソースの予測を行う。これは、当該プログラムが将来的に必要とする財政的・人的リソースに関する複数年に跨る要求である。	プログラムに必要な資器材・サービスの購入、人員雇用のため予算及び権限（1年または 2 年分）を決定する。	承認されたプログラムの予算を確定し、支出する。

作戦軍）。このように、国家インテリジェンス計画予算における転用の問題は、異なったインテリジェンス業務間の予算転用の問題に過ぎない。これに対して、軍事インテリジェンス計画予算においては、本来はインテリジェンス業務のための予算が、より高い価値を持つとみられるインテリジェンスとは無関係の業務（武器関連の費用、人件費等）に転用される可能性がある。したがって、インテリジェンス側としては、これに対する防御が必要となる。

　インテリジェンス予算は、長期間にわたる複雑なプロセスによって編成される（図 3.5 参照）。行政府内の予算編成のプロセスには 1 年以上を要する。こうしたプロセスは通常、毎年の 11 月頃、国家情報長官が各インテリジェンス・プログラムの責任者に対して指針を与えることによって開始される。行政府内における予算編成プロセスの「山場」は、国家情報長官及び国防省との間の**対話**（**クロスウォーク：crosswalk**）、すなわち各プログラム間の調整を行い、困難な選択を行う努力である。クロスウォークは、各予算プログラムのレベルあるいはそれ以下のレベルで実施される。ただし、国家情報長官及び国防長官の間で実施される場合もある。行政府における予算編成プロセスは、翌年の 12 月（プロセスの開始から 13 ヵ月後）、国家情報長官が完成したインテリジェンス予算案を大統領に送り、大統領から最終的な承認を得て終了する。

インテリジェンス予算の策定から支出までの期間は約3年間（毎年3月から2年半後の9月まで）を要する。図3.5は、各段階における活動の内容及びその実施時期を示している。

（行政府における予算案が策定された後の）翌年2月、大統領の予算案は連邦議会に提出される。そこから8ヵ月間の新たなプロセスが開始される。こうしたプロセスを構成するのは、予算授権担当及び歳出担当の各予算委員会における公聴会、委員会における法案のマークアップ、議場における審議、上下両院間の相違点の調整（両院は同一の法案を可決しなければならないため）、最終的な法案の可決である。その後、可決された法案は署名のために大統領に提出される。この時までに、行政府側は既に次の予算の編成を開始している。大統領の予算及び議会の予算は大きく異なることに留意する必要がある。大統領の予算は本格的で詳細なものだが、あくまでも「提言」に過ぎない。これに対して、議会の予算は、支出される予算の配分を「裁断」するものである。すなわち、古い格言の言うように「大統領は提案し、議会が裁断する（The president proposes and Congress disposes.）」のである。補正予算法案は、こうした正式なプロセスを超越するものである。すなわち、同法案は、通常の予算プロセスにおいて連邦議会が承認した金額以上の予算の歳出を計上するものである。行政組織側は、補正予算を好まない傾向がある。なぜならば、補正予算は、翌年度以降は継続できない単年度の予算に過ぎない場合が多いからである（詳細は第10章を参照）。他方、連邦議会にとって、**補正予算**（supplementals）は、長期的な財政支出の確約を回避しつつ一時的に必要な措置を講じるための方便である。補正予算は、他の全ての歳出予算案と同様、連邦議会の承認を必要とする。長年にわたり、イラク及びアフガニスタンにおける軍事活動の資金の大半は海外作戦経費（OCO: Overseas Contingency Operations）によって調達されてきた。これは戦時中の補正予算と考えることができる。実戦的な戦闘の減少に伴い、海外作戦経費は通常の予算に戻るのではなく消滅することとなる。こうした海外作戦経費の消滅によって、統合軍（CCMD）におけるインテリジェンス活動は特に大きな打撃を受けることとなる（もっとも、実際には当該予算は簡単になくなるものではない）。

こうした永遠に継続するように見えるプロセスは、インテリジェンス予算のもう1つの重要な特徴を示している。1年間を通じて常に、8つの会計年度（10月1日〜9月30日）の予算が何らかの形で使用あるいは編成されている（コラム：「8つの同時進行予算」を参照）。過去の2つの会計年度の予算、すなわち、過去の会計年度に承認され未使用なまま残っている予算が引き続き使用されている。給与等の資金は単年度で支出されるのに対し、非常に複雑な技術的情報収集システムを構築するため

の予算等の支出は数年間に及ぶ。現在の年度の予算も執行中である。

> [コラム] 8つの同時進行予算
>
> 　1つの会計年度（10月1日～9月30日）の間に、8つの年度の予算が何らかの形態で同時進行の状態にある。以下は、2022年度における2020年度から2027年度までの予算の状況を示している。
> - 2020・2021年度予算：過去の会計年度の予算の一部を依然執行中。
> - 2022年度予算：現会計年度（2022年10月1日～2023年9月30日）の予算の執行中。
> - 2023年度予算：行政府及び連邦議会は次年度の予算を策定中。
> - 2024年度予算：行政府においては、インテリジェンス・プログラムの策定が最終段階。
> - 2025年度予算：行政府においては、予算策定の早期段階。
> - 2026・2027年度予算：行政府においては、長期予算の策定中。

　（現在からみて）次年度の予算は政治のプロセスの最中にある。次年度以降の予算は、行政府及び連邦議会における策定の最中にある。そして、更に2つの将来の予算が様々な形態で策定途上にある。政府及び議会の関係者は、予算編成のプロセス及びその詳細を熟知することにより、大きな影響力を持つことが可能となる。

主要な用語

予算執行権限（budget execution authority）
対話（クロスウォーク：crosswalk）
副長官級委員会（Deputies Committee）
国家インテリジェンス優先順位計画（NIPF：National Intelligence Priorities Framework）
長官級（閣僚級）委員会（Principals Committee）
補正予算（supplementals）

参考文献

　以下の文献は、現在の米国インテリジェンス・コミュニティの組織及び構造の背景に関するものである。当該リストには、インテリジェンス・コミュニティの改革案（コミュニティが将来直面する可能性がある諸課題に対してより効果的に対処できるようにするための改革案）に関する研究も含まれている。

Commission on the Intelligence Capabilities of the United States Regarding Weapons of Mass Destruction. Report to the president, March 31, 2005. (Available at http://www.gpo.gov/fdsys/ search/pagedetails.action?granuleId=&packageId=GPO-WMD&fromBrowse=true.)
Elkins, Dan. *Managing Intelligence Resources*. 4th ed. Dewey, Ariz.: DWE Press, June 2014.
George, Roger Z., and Harvey Rishikof, eds. *The National Security Enterprise: Negotiating the Labyrinth*. Washington, D.C.: Georgetown University Press, 2011.
Johnson, Loch K. *Secret Agencies: U.S. Intelligence in a Hostile World*. New Haven, Conn.: Yale University Press, 1996.
Lowenthal, Mark M. *U.S. Intelligence: Evolution and Anatomy*. 2d ed. Westport, Conn.: Praeger, 1992.
McConnell, Mike. "Overhauling Intelligence." *Foreign Affairs* (July/August 2007). (Available at www.foreignaffairs.org/20070701faessay86404/mike-mcconnell/overhauling-intelligence.html.)
National Commission on Terrorist Attacks Upon the United States [9/11 Commission]. *Final Report*. New York: W. W. Norton, 2004.
Office of the Director of National Intelligence. *National Intelligence: A Consumer's Guide*. Washington, D.C.: Office of the Director of National Intelligence, 2009. (Available at www.odni.gov.)
―――. *The National Intelligence Strategy of the United States of America 2019*. Washington D.C.: Office of the Director of National Intelligence, 2019. (Available at www.odni.gov.)
―――. United States Intelligence Community (IC) 100 Day Plan for INTEGRATION and COLLABORATION. Washington, D.C., April 11, 2007. (Available at www.odni.gov.)
―――. U.S. National Intelligence: An Overview, 2013. 2013. (Available at www.odni.gov.)
Office of the Inspector General. *Critical Intelligence Community Management Challenges*. Washington, D.C., November 12, 2008. (Available at www.fas.org.)
Posner, Richard. "The 9/11 Report: A Dissent." *The New York Times Book Review*, August 29, 2004, 1.
Richelson, Jeffrey T. *The U.S. Intelligence Community*. 4th ed. Boulder, Colo.: Westview Press, 1999.
Treverton, Gregory F. *Reorganizing U.S. Domestic Intelligence: Assessing the Options*. Santa Monica, Calif.: RAND Corporation, 2008.
U.S. Commission on the Roles and Responsibilities of the United States Intelligence Community. *Preparing for the 21st Century: An Appraisal of U.S. Intelligence*. Washington, D.C.: U.S. Government Printing Office, 1996.
U.S. House Permanent Select Committee on Intelligence. *IC21: The Intelligence Community in the 21st Century*. Staff study, 104th Cong., 2d sess., 1996.

第4章
インテリジェンス・プロセス—マクロの視点
―― 誰が誰のために何をするのか？

　インテリジェンス・プロセス（intelligence process）とは、「政策決定者がインテリジェンスへの必要性を認識してから、インテリジェンス・コミュニティが分析プロダクトを政策決定者に伝達するまでの、インテリジェンスの一連の複数の段階」のことを言う。本章では、インテリジェンス・プロセスの全体像を概観し、各段階における重要な論点を幾つか紹介する。その後に続く各章では、プロセスの主要な段階に関してより詳細な説明を行う。米国で実践されているインテリジェンス業務は、一般に5つの段階から構成されていると考えられる。本書ではそれに対して更に2つの段階を加えている。すなわちインテリジェンス・プロセスの7つの段階とは次のとおりである。①リクワイアメントの決定、②素材情報の収集、③素材情報の加工処理、④分析及び生産、⑤報告の伝達、⑥消費、⑦フィードバック、である。
　リクワイアメント（requirement）を特定することは、インテリジェンスが貢献することが期待される政策課題あるいは分野を明確化することである。また、こうした諸課題のうちどれが他の課題よりも優先されるかを決定することでもある。リクワイアメントの決定は、特定の種類のインテリジェンスの収集を意味する場合もある。直感的には「全ての政策分野において、インテリジェンスに対するリクワイアメントが存在する」と言い得る（おそらくそうした直感は正しい）。しかしインテリジェンスの収集及び分析の能力には常に限界があることから、政策課題の中で優先順位を付ける必要がある。ある政策課題はより注目される一方、別の課題に対する注目は相対的に低くなる。さらに、政策課題の中には、ほとんど（あるいは全く）注目されなくなるものもある。こうした政策の優先順位を決定する際の重要な課題は次のとおりである。第1は、誰がこうしたリクワイアメント及びその優先順位を設定し、それをインテリジェンス・コミュニティに伝達するのかである。第2は、

政策決定者が自らこうしたリクワイアメントの設定に失敗した場合、何が起こるのか（あるいは、起こるべきなのか）である。

　ひとたびインテリジェンスに対するリクワイアメント及びその優先順位が確立されたならば、次に、必要なインテリジェンスが収集されなければならない。リクワイアメントによっては、特定の形態の情報収集活動によって上手く収集が実行され得る場合がある。他方で、複数の形態の情報収集活動が必要とされる場合もあり得る。限られた収集能力の下では、こうした決断を行うことは非常に重要である。また、それぞれのリクワイアメントを充足するためにどの程度の収集活動を行い得るか（あるいは、行うべきか）という課題に対して決断を行うことも同様に重要である。

　収集（Collection）はインテリジェンスを生み出す。しかしそれは完成品としてのインテリジェンスではない。収集されたインテリジェンスは、分析担当者に渡される前に**加工処理**（processing and exploitation）（通常 P&E と呼ばれる）を経る必要がある。米国においては、収集段階及び加工処理段階の間でリソース（資源）の配分をめぐって常に対立がある。ただし、必然的に収集段階が常に勝者となっている。その結果、加工処理が可能な量よりもはるかに多量のインテリジェンスが収集されることとなっている。

　インテリジェンスが分析担当者に渡されなければ、リクワイアメントの特定、収集の実施、加工処理は全て無意味となってしまう。分析担当者は、それぞれの担当分野の専門家であり、政策決定者のニーズに基づいて、インテリジェンスの素材から報告用のプロダクトを作成する。この段階における主な課題としては次のようなものがある。インテリジェンス・プロダクトの形態の選択、**分析及び生産**（analysis and production）の質、短期のインテリジェンス・プロダクトか中長期のインテリジェンス・プロダクトかの選択（これは永続的な対立である）等である。

　インテリジェンスを伝達するために利用可能な手段は多様である。したがって、「どのようにして分析結果を政策決定者に届けるか」という問題が生じる。インテリジェンスの**伝達**（dissemination）の段階においては、実際には、次の事項に関する決断が必要となる。どの範囲に配布するか、（政策決定者の注意を引くために）どの程度迅速に配布するか等である。

　インテリジェンス・プロセスは、政策決定者がインテリジェンスに対するリクワイアメントを設定することによって開始される。そして、インテリジェンス・プロセスに関する議論は多くの場合、インテリジェンスが当該政策決定者に到達した時点で終了する。しかし、まだ2つの重要な段階が残っている。**消費及びフィードバック**（consumption and feedback）である。

政策決定者は、（伝達されたインテリジェンスをそのまま受け入れる）「真空人間」ではないし、インテリジェンスによって行動を強制される「機械仕掛け人形」でもない。（伝達の形態が報告書であれ口頭でのブリーフィングであれ）政策決定者がどのようにインテリジェンスを消費し、彼らがインテリジェンスをどの程度利用したのか、という点は非常に重要である。

　実際には、インテリジェンス・コミュニティ側が希望するほど頻繁にフィードバックが実行されている訳ではない。しかし、インテリジェンスの消費者がこれを受領した後に、消費者及び生産者の間の対話が実施されるべきである。こうした活動を通じて、政策決定者は、自身のリクワイアメントがどの程度達成されているかに関する見解をインテリジェンス・コミュニティ側に伝達するべきである。加えて、インテリジェンス・プロセスのどの部分に調整を行う必要があるかに関しても協議を行うべきである。扱われた課題あるいはテーマに依然として改善及び調整の余地がある間に、こうしたフィードバックが実施されることが理想的である。それが不可能な場合であっても、何らかの事後検証を行うことは非常に有効である。

　なお、インテリジェンス・プロセスに関する議論は、主に分析に重点が置かれていることに注意する必要がある。他方、（インテリジェンス・プロセスに関する議論において）カウンター・インテリジェンス活動（これはリクワイアメントに含まれる場合もあり得る）あるいは秘密工作活動等が扱われることはほとんどない。

リクワイアメント

　それぞれの国家は、国家安全保障及び外交政策に関して広範な利害を有している。中には、他国よりも多くの利害を有している国もある。こうした様々な利害のうち、大規模かつ既知の脅威に関するものは優先順位が高いとされる。例えば、隣国あるいは近接国（特に、潜在的に敵対的な国）に関する事項、より深刻な課題あるいは状況に関する事項等である。しかし、国際社会は活発かつ流動的である。したがって、自明とされていた利害事項に関しても、その優先順位は適宜修正される場合があり得る。例えば、1946年から1991年の間、米国のインテリジェンスにとっての最優先の課題はソ連であった。しかしその後、我々が知っていたソ連は消滅した。旧ソ連を継承した15ヵ国それぞれが抱える課題は大きく異なるものであった。したがって、米国としてもそれぞれの国に対して異なったインテリジェンス戦略が必要となった。21世紀初頭、ロシアは、主に石油及び天然ガス等の天然資源に基づき国力を復活させた。その後、同国は、近隣諸国及び中東地域において積極的な外交

政策を展開している。テロは1970年代から米国の国家安全保障政策の関心事であった。しかし、テロ問題の性質は2001年を境に大きく変化した。このように、長期間にわたり国家安全保障上の問題となっている諸課題に関しても、その優先順位、各課題の本質的な重要性、各課題間の相互の力学等には変化が生じ得る。このことは、健康問題にも該当する。健康問題は従前より常にインテリジェンス・リクワイアメントの一部に含まれていた。しかし、コロナ禍を受けて、その重要性は以前よりも高まっている。

　インテリジェンスは政策を補助するものであって、インテリジェンス組織それ自体は政策決定者ではない。したがって、インテリジェンス組織における優先順位は、政策部門の優先順位を反映したものとなる必要がある。政策決定者は、自らの優先事項に関して十分な検討に基づく確固たる見解を持ち、それをインテリジェンス組織に対して明確に伝える必要がある。リクワイアメントの中には、自明なもの、あるいは長年にわたって議論が不要とされているものもある。冷戦期における「ソ連への関心の集中」は、そうした「自明な優先課題」の一例である。

　しかし、政策決定者が優先順位に関する決断を行わない場合、政策決定者が自分では決断できないと自覚している場合、あるいは、政策決定者が優先順位に関する考えをインテリジェンス・コミュニティに伝達しない場合もあり得る。こうした場合には、一体何が生じるのであろうか。こうした場合、インテリジェンスの優先順位は誰が決定するのであろうか。こうした疑問は決して単なる「仮定の話」ではない。政策部門の幹部はしばしば「インテリジェンス組織側は自分たち（政策部門）のニーズを了解しているはずだ」あるいは「課題は明確である」と思い込んでいる。ある元国防長官は、「インテリジェンス担当者に対して自分のニーズをより正確に伝えるべきだと考えたことがあるか」との質問に対して、「考えたことはない。彼らは私が何をしているか知っているはずだ」と答えた。こうした状況は決して特別や例外ではないとみられる。

　政策決定者がリクワイアメントを付与する作業を放置した場合、そのギャップを補う方法の1つは、インテリジェンス・コミュニティ側が自らこの役割を担う（リクワイアメントを決定する）ことである。しかし、米国のように政策及びインテリジェンスが厳格に峻別されている制度の下では、こうした解決策は困難であると考えられる。すなわち、インテリジェンスの担当者は、（政策及びインテリジェンスの峻別に基づき）自身の役割には限界があることを認識していることから、（リクワイアメントに関する）決断はできないと考える可能性がある。他方、もしもインテリジェンス担当者が積極的にリクワイアメントの不足を補おうと試みるならば、政策決定

者は、こうしたインテリジェンス担当者を政策部門の機能に対する脅威とみなし、敵対的な反応を示す可能性がある。特に、自らの政策課題が（インテリジェンス側が考える優先順位の中で）上位に位置付けられていない場合にはそうした事態が生じる可能性が高いとみられる。

　こうした場合、インテリジェンス・コミュニティは、いずれも「筋悪」な２つの選択肢に直面する。第１は、（政策決定者からの）リクワイアメントの不足を自ら補うことである。この場合、インテリジェンス部門は、（リクワイアメントに関する）判断を誤ったり、政策領域への介入を糾弾されるリスクを負うこととなる。第２は、（政策決定者からの）明確なリクワイアメントが存在しない状態をそのまま放置することである。その上で、過去に政策決定者から示された優先順位及びインテリジェンス部門自身の直感に基づいて、収集を始めとするインテリジェンス・プロセスを継続する。この場合も、インテリジェンス・コミュニティは、判断の誤りあるいは時代遅れの課題への取組を非難されるリスクを十分承知した上での対応を余儀なくされる。

　インテリジェンス担当者の中には、こうした考え方に対する異論があるかもしれない。すなわち、「インテリジェンスの機能の１つは将来予測であり、現時点では優先順位が低いが将来的には高くなる課題を発見することである」との見方である。こうした見方はある程度は正しいかもしれない。しかし、こうした予見機能が重要であるにせよ、はるか将来の課題あるいはあくまで可能性に過ぎない課題に対して政策決定者の眼を向けさせることは実際には非常に困難である。なぜならば、政策決定者は、早急な対応が必要な喫緊の課題に取り組むだけでも精一杯である。インテリジェンス担当者の中には、こうした（インテリジェンス側が指摘する）将来の課題に関心を持ちその優先順位を高めてくれるような（後ろ盾となる）政策決定者を積極的に探し出そうとする者もいるかもしれない。しかし、こうした活動は、インテリジェンス及び政策の峻別を侵害する危険性が高い。このように、リクワイアメントをめぐる課題の解決は決して容易ではない。

　（各課題間の）優先順位をめぐる対立あるいは競争も大きな問題である。幾つかの課題に関しては、一定の「秩序感」が比較的容易に定まりやすい。他方、その他の諸課題に関しては、それぞれの優先順位をめぐる争いが生じる可能性がある。こうした点に関しても、政策決定者は難しい決断を行う必要がある。現実には、多くの国の政府は巨大であり、各省庁間あるいは各省庁の内部において利害が競合する様々な集団が存在する。こうしたことからも、インテリジェンス・コミュニティは独断専行に陥る可能性を孕んでいる。すなわち、米国のインテリジェンス・コミュ

第４章　インテリジェンス・プロセス―マクロの視点

ニティの一部においては、（業務上の優先順位の決定に際して）自身と関係の深い（特定の）政策決定者の意向を反映する傾向がある。また、優先順位が決定されない場合、インテリジェンス・コミュニティが自助努力を余儀なくされる場合もある。米国の制度においては、国家安全保障会議（NSC）が政策及びインテリジェンスの優先順位を決定することとされている。そして、インテリジェンス・コミュニティの中においては、国家情報長官が（優先順位に関する）最終的な決断を行うこととされている。しかし実際には、国家情報長官がインテリジェンスの日常的な業務の全般に関して（特に国防関連のインテリジェンス業務に関して）優先順位を決定し得るか否かには疑問が残る。優先順位をめぐり余りに多くの課題が競合する結果、全ての課題が軽視されてしまう（十分な関心を集められない）という結末に陥ってしまう傾向もある。

　リクワイアメントを評価する手法の1つは、ある事象の「可能性（likelihood）」及び国家安全保障上の懸念に対する相対的な「重要性（importance）」を検討することである〔訳者注：ここで言う「可能性」とは、「当該事象が実際に発生する可能性」という趣旨に近いと考えられる〕。可能性及び重要性の双方とも高い事象は、（リクワイアメントとしての）関心が高い事項となる。重要性は可能性よりも評価が容易である。なぜならば、重要性の評価は国益に基づくものである。そして、国益は通常は既知であるか、あるいは明確に表明されている。他方、可能性の評価は、それ自体がインテリジェンスによる判断や評価の対象となる。なお、ここで言う「可能性」とは「予測（prediction）」ではなく「評価（estimate）」である（第6章における議論を参照）。例えば、冷戦時代、「ソ連による核攻撃」は「重要度は高いが可能性は低い」事象と判断されていた。他方、「イタリア政府の不安定化」は「重要度は低いが可能性は高い」事象と判断されていた。この2つの課題のうち、（政策課題としての）優先順位及びインテリジェンス上の懸念としては、ソ連の問題の方が上位に位置付けられていた。なぜならば、1回の核攻撃のもたらす潜在的な影響は、（たとえそれが発生する可能性は極めて低いとしても）イタリア政府の数十回の崩壊よりも深刻だからである。

　図4.1のパネルA及びパネルBの双方において、位置付けが右上により近い課題であるほど、当該課題に関するインテリジェンス・リクワイアメントはより高いものになる。ただし、各事象が発生する「可能性」は不明確である場合が少なくない。また、各課題の相対的な「重要性」に関しても、賛否両論が存在する場合がある。

　優先順位の決定に影響を与える隠れた要因は、リソースである。（インテリジェンスのリソースが有限であることに鑑みると）全ての課題に対応することは不可能である。例えば、米国は長い間、世界の全ての地域に対して関心を払ってきた。ただし、そ

図4.1 インテリジェンスのリクワイアメント：「重要性」対「可能性」

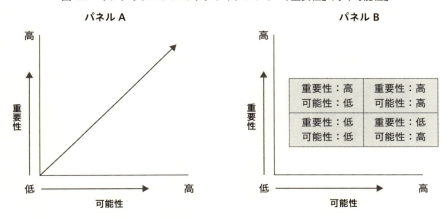

の中には他の地域よりも重要性及び影響力が高いものもあれば低いものもある。何十年もの間、米国のインテリジェンス・コミュニティは様々なプロセスを用いて（業務上の）優先順位を決定してきた。現在の優先順位の決定のシステムは、2003年2月にブッシュ（George W. Bush）大統領の下で施行された国家インテリジェンス優先順位計画（NIPF: National Intelligence Priorities Framework）に準拠している。

　国家インテリジェンス優先順位計画の目的は、インテリジェンス・コミュニティが、国家安全保障会議、すなわち政府の最高レベルの組織からリクワイアメントを得ることである。国家安全保障会議は毎年、国家インテリジェンス優先順位計画の見直しを行う。さらに、国家情報長官及びインテリジェンス・コミュニティは、4半期ごとに国家インテリジェンス優先順位計画の定期的な見直しを行うほか、新たな事象あるいはリクワイアメントの発生に応じて適宜同計画の変更を行うことができる。国家インテリジェンス優先順位計画は、テネット（George J. Tenet）の中央情報長官の在任期間中（在1997–2004年）に開発された制度である。テネット自身は、この制度のことを「インテリジェンスの優先順位を示す制度として、従来のどの制度よりも柔軟かつ正確なものだ」と評価している。国家インテリジェンス優先順位計画は（インテリジェンス・プロセスの中の）分析及び収集のリソースをめぐる問題に深く関係している。この制度を通じて、最も喫緊なインテリジェンス・ニーズへの対応に加え、（ニーズ及びリソース配分の）ギャップの迅速な発見等が可能となる。また、国家インテリジェンス優先順位計画は、5年間に及ぶ予算サイクルにおける計画の立案にも活用されている。関係者の議会証言によると、国家インテリジェンス

優先順位計画の中では、テーマごとに責任者（インテリジェンス・トピック・マネージャー）が定められており、彼らが収集レベルにおけるリクワイアメントの決定の一翼を担っていた。こうしたインテリジェンス・トピック・マネージャーの役割は、現在は、国家インテリジェンス・マネージャー（NIM: National Intelligence Manager）が担うのが一般的である。同マネージャー職は、クラッパー（James Clapper）国家情報長官（在 2010–2017 年）の下で創設された。このように、国家インテリジェンス優先順位計画は、インテリジェンス・コミュニティ全体をカバーする仕組みとして広く普及しており、過去のいずれの制度よりも柔軟な制度となっていると考えられる。（この結果）同制度は、オバマ、トランプ、バイデンの各政権を跨いで存続している。長年にわたり国家安全保障の政策プロセスを観察してきた者にとっては、こうした「制度の政権跨ぎ」は興味深い現象である。なぜならば、それぞれの政権は、発足に当たって国家安全保障会議を（旧政権から）引き継ぐ際に、様々な委員会及び文書の名称変更等を通じて各制度の「ブランド変更」を行うことが多い。こうした作業の目的は主に、新たな制度を構築して「主人が代わった」ことを内外に示すことである。国家インテリジェンス優先順位計画が直面している問題の 1 つとして、インテリジェンスの諸課題は一般に「地理的な課題」及び「機能的な課題」のいずれかに分類されているという実態がある。実際、ほぼ全てのインテリジェンス組織は、このような 2 分法に基づいて業務の優先順位及び分析結果を配列している。しかし、こうした 2 分法に基づくやり方は必ずしも上手く機能していない。この問題を克服するため、国家インテリジェンス優先順位計画においては、各課題が、それぞれに深く関係している特定の国家（あるいは非国家主体）と関連付けて示されている。逆に、各国家（あるいは非国家主体）も、それぞれに深く関連している個別の課題と関連付けて示されている。なぜならば、全ての課題が全ての国家（あるいは非国家主体）に深く関連しているとは限らないからである。このように、国家（あるいは非国家主体）及び各課題を関連付けることによって、従来の単純な地理的分類・機能的分類によって生じていた弊害を克服し、より適切に（優先順位の）焦点を合わせることが可能となっている。言い換えると、こうした方法により、ある課題及びそれに関連している（特定の）国家（あるいは非国家主体）の双方を同時に認識することが可能となっている。かつて、クラッパー国家情報長官は、「インテリジェンスとは単なる『事象』に関するものでもなく、単なる『地理的な場所』に関するものでもない」、「インテリジェンスとは、『ある場所で生じているある事象』に関するものだ」と指摘している。

　他方、各軍のインテリジェンス部門からは、国家インテリジェンス優先順位計画

は各軍のインテリジェンスのニーズ（特に現場の軍指揮官の意向）を十分に反映していないとの懸念が示されている。実際、米国のように大規模かつ多様な側面を持つ政府においては、どのようなインテリジェンス優先順位システムを採ったとしても、全ての政策決定者の意向を完全かつ適切に反映させることは不可能である。（こうした制約はあるにせよ）国家インテリジェンス優先順位計画は、政府の最上位の政策決定者からインテリジェンスの優先順位に関する包括的かつ継続的な指針を得ることに成功している。これこそが、当該制度の本来の目的でもある。

　あらゆる優先順位決定システムは、**優先順位の変動**（Priority Creep）という課題に対処する必要がある。優先順位決定システムの中では、様々な課題の重要性の上昇あるいは下降が実際に起こり得る。そのこと自体は好ましいことである。なぜならば、こうした現象は、当該システムが柔軟に国際情勢の変化に対応していることを示すものだからである。問題は、通常、多くの課題は、高い優先順位のレベルに上昇するまでは特段注目をされないということである。この結果、こうした新規の課題は、高い優先順位のレベルに到達して初めて、既存の高優先順位の課題との間で競合関係となる。こうした中で、分析担当者あるいは政策決定者が特定の課題に対する高い優先順位を主張する場合、優先順位の変動の問題が生じ得る。

　ある課題の緊急性が低下した場合でも、実際にそれらの課題の優先順位を下げることは容易ではない。この結果、優先順位の変動をめぐる問題はより困難なものとなっている。すなわち、（緊急性が低下した）当該課題を担当しているインテリジェンス分析担当者はもとより、それを支援している政策決定者も、当該課題がもはや重要ではないことを認めることに対しては消極的である。結局のところ、それらは彼らにとっての「自分の課題」なのである。こうした状況は、あらゆるインテリジェンス・リクワイアメント制度に起こり得る問題点を浮き彫りにしている。インテリジェンス・リクワイアメントの制度は、見直しあるいは更新の狭間の時期には、当然のことながら「固定的」とならざるを得ない。国家インテリジェンス優先順位計画の4半期ごとの見直しのように、たとえ定期的にリクワイアメントの見直しを実施したとしても、結局それは、そうした見直しの時点における政策決定者の関心事項の「スナップショット」に過ぎない。政策決定者あるいはインテリジェンス担当者は、そのようにして定められた優先順位に適合するようにリクワイアメント及びリソース配分を決定しなければならない。しかし、国際関係の特性として、ほとんど（あるいは全く）予兆がない中で不測の事態が発生することは避けられない。こうした状況は、**アドホック**（ad hocs）と称されることもある。アドホックの課題が発生した場合、政策決定者及びインテリジェンス担当者の中には、こうしたアド

第4章　インテリジェンス・プロセス―マクロの視点

ホックの課題に対して（他の課題に劣ることのないような）高い優先順位を付与するよう圧力を掛けてくる者もいる。（逆に、それによってインテリジェンスのリソースへのアクセスが脅かされる側からの抵抗もあり得る。）インテリジェンスの分析担当者の中には、こうした事態を**アドホックの横暴**（tyranny of ad hocs）という者もいる。しかし実際には、全てのアドホックの課題が常に高い優先順位を与えられるとは限らない。そもそも、あらゆるアドホックの課題に対して常に（前向き・柔軟に）対応するようなシステムは、課題間の優先順位付けを制御できず、結局のところ破綻してしまう。したがって、「多少の柔軟性」あるいは「若干の余力」を備えたシステムこそが、インテリジェンス・リクワイアメントの現実の状況に最も適切に対応し得る。

　政策決定者は、インテリジェンスの優先順位を定期的に見直す時間的余裕あるいは意欲をほとんど有していない場合が少なくない。たとえ（見直しを実施するのが）年1回程度の頻度であっても、そうである。その結果、インテリジェンス・コミュニティにとっては、陳腐化して固定化されてしまったリクワイアメントへの対処が問題となり得る。こうした問題は、クリントン（Bill Clinton）大統領の時代に採用された優先順位の制度において顕著であった。当該制度は、クリントン大統領の任期の中盤に導入された。しかし、その後、クリントン大統領は、リクワイアメントの順位付けを再検討することにほとんど興味を示さなくなってしまった。当該制度の下では、優先順位の決定には大統領の承認が必要とされていた。しかし、大統領からの指示がないことから、インテリジェンスの優先順位の変更は不可能であった。その結果、インテリジェンスの優先順位は、国際社会の実態から乖離した課題及び政策部門あるいはインテリジェンスの一部の幹部によって無理矢理に押し込まれた課題で一杯となってしまった。

　現状の情報収集のシステムではリクワイアメントが充足できない場合、新たな情報収集システムが必要となる。ただし、技術的手法によるものであれ人的ソースによるものであれ、新たな情報収集システムの開発には相当の時間を要する。このように、リクワイアメントの不透明性は、情報収集能力の開発にも影響を与える。

　重要な点として、インテリジェンスの優先順位付けの制度の適切な在り方とは、「今後、どのような課題が主要な問題になるのか」を（インテリジェンス側が）予測することではない。優先順位付けの制度とは、政策決定者が最重要だと考える課題を反映させたものであり、そうした（政策決定者にとっての）高い優先順位の課題に対してインテリジェンス側がより注力するように方向付けを行うものである。（こうした考え方に基づくとしても）インテリジェンスの担当者は、（問題となっている）課題あるいは国家をめぐる状況の変化等に応じて、優先順位の変更の必要性に関して

（政策決定者に対して）自由に提言をなし得るべきである。いずれにせよ、従前の政策順位の議論の際にはなかった想定外の課題が浮上した場合、政策決定者は（インテリジェンス・コミュニティ側に対して）不満を募らせる可能性はある〔訳者注：本来、優先順位の決定は政策決定者側の責務である。しかし、実際には、優先順位の決定システムが十分に機能しない場合、政策決定者がインテリジェンス側を非難する場合があり得る〕。

（米国政府の策定する）「国家インテリジェンス戦略（National Intelligence Stratgy）」は、米国のインテリジェンス活動に対して主要な指針を示すものであり、インテリジェンスの優先順位決定プロセスを補強するものと言い得る。2015年度のインテリジェンス予算の承認プロセスにおいて、連邦議会は、国家情報長官に対して、2017年以降4年ごとに「包括的な国家インテリジェンス戦略を策定する」ことを義務付けた。「国家インテリジェンス戦略」は、よりマクロなレベルでの政策文書である。これに対し、インテリジェンスの優先順位制度は、より直近の関心事を反映したものとなっている。

収　集

収集は、（インテリジェンス・プロセスの中において）リクワイアメントの直後に位置する。（リクワイアメントの付与を受けた）全ての課題に関して、同じ種類の収集活動が通用し得る訳ではない。各リクワイアメントに対応する収集の手法は、それぞれの課題の性質及び実際に利用可能な収集手法の種類に依存している。例えば、サイバー攻撃による脅威の可能性が懸念事項である場合、画像情報（イミント）から有益なインテリジェンスを得ることはほぼ不可能である。なぜならば、こうした脅威の所在は画像で捕捉することはできないからである。こうした場合は、むしろ信号情報（シギント）に基づく方がはるかに有用なインテリジェンスを得られる可能性が高い。なぜならば、信号情報は、対象の能力あるいは意図を明らかにすることができるからである。また、インテリジェンス・プロセスの中において、収集の段階は、予算及びリソースをめぐる問題がより具体的に発生する最初の（かつ、最も重要な）局面である。（対照的に、リクワイアメントの段階における優先順位の問題に関しては、より包括的な議論がなされる。）例えば、技術的な情報収集（テキント）は極めて多額の予算を必要とすると共に、システムごとに異なった利点及び能力を有する。こうしたことから、政権及び連邦議会は、予算上の困難な選択を迫られる。加えて、関係する各組織のニーズも多様であることから、こうした選択は更に複雑となる。

どの程度多くの情報を収集すべきなのであろうか。換言すると、「収集される情

報が多ければ多いほど、より良いインテリジェンスが得られる」と言い得るのであろうか。この質問に対する回答は明確ではない。一方で、収集された情報が多ければ、その中に必要なインテリジェンスが含まれている可能性はより高くなる。しかし他方で、収集された情報の全てが等しい価値を有する訳ではない。収集段階における分析担当者は、**単一ソースを利用する分析担当者**（single-source analysts）と呼ばれることもある。（これに対比されるのは**オール・ソースを利用する分析担当者**（all-source analysts）である。）こうした収集段階における担当者は、収集された素材情報を掻き分けて加工処理を行い、その中から本当に必要なインテリジェンスを発見しなければならない。このような状況はしばしば、「麦とモミ殻」の問題と呼ばれる。換言すると、素材情報の収集量が増加すると、その中から本当に重要なインテリジェンスを発見する作業も増加する。そして、（「干し草の山の中から針を発見する」の例えで言うと）干し草の量が増えたとしても、その中からより多くの針が発見できるとは限らない。

　興味深い現象として、少なくとも米国のインテリジェンス・コミュニティにおいては、それぞれの分析グループごとに、インテリジェンスの収集手法に対する嗜好が異なる。例えば、中央情報局（CIA）は、非公然のヒューマン・インテリジェンスをより重視する傾向がある。おそらく、ヒューミントはCIA自身の活動の成果だからであろう。これに対し、CIA以外のオール・ソース分析の担当者はむしろ、信号情報（シギント）をより重視する傾向がある。

加工処理

　技術的な手法によって収集されたインテリジェンス（画像、信号、テストデータ等）は、これをそのまま直ちに活用することはできない。（これを活用するには）複雑なデジタル信号等からの加工処理が必要である。例えば、画像であれば所要の解析、信号であれば暗号解読及び翻訳等である。このように、加工処理は、技術的に収集された素材情報をインテリジェンスに変換するための重要な段階である。

　米国においては、情報収集の量が、加工処理の量をはるかに上回っている。すなわち、加工処理が可能な量をはるかに上回る量の素材情報が収集されている。加えて、行政府及び連邦議会は、加工処理に必要なシステム及び人員よりも、技術的な収集（テキント）のシステムを好む傾向がある。こうした状況の理由の1つは、（論理的ではなく）情緒的なものである。例えば、国防予算の形成過程においても類似の状況がみられる。アスペン（Les Aspen）は、連邦下院軍事委員会の委員長（在

1985–1993 年）を務めると共に、後に国防長官（在 1993–1994 年）を務めた。同人は、連邦議会及び行政府の双方とも、運用及び保守（購入済のシステムの機能を維持すること）よりも調達（新しい兵器の購入）に関心がある旨を指摘した。新たな兵器の購入は、行政府及び連邦議会の双方の政策決定者にとって魅力的である。更に重要なこととして、これらは、国防関連の私企業にとっても魅力的である。他方、運用及び保守は、（本来は）重要な事項ではあるものの、政策決定者にとっては（新規の兵器の調達等に比較して）刺激的ではなく華やかでもない。インテリジェンス収集の作業は、兵器の調達に似ており、加工処理に比較してはるかに魅力的である。

　収集の推進を擁護する人々は「収集活動はインテリジェンスの根幹である」、「収集がなければ、全てのインテリジェンス活動は無意味となる」旨を主張する。（そして、そうした主張はたいてい支持を得ることに成功する。）また、収集活動は、技術的な収集のシステムの構築及びその後継システムのロビー活動に携わる私企業（元請け業者及び多数の下請け業者）からも支持を受けている。他方、加工処理は、インテリジェンス・コミュニティの内部の活動に過ぎない。言うまでもなく、実際には、収集段階に続くこうした**下流活動**（downstream activities）も技術に依存している。しかし、請負業者の利益の観点からは、収集システムの比ではない。

　このように、収集及び加工処理の（量的な処理能力の）格差は膨大である。しかも、こうした格差は現在もなお拡大を継続している。その結果、収集された大量の素材情報は活用されずに放置されている。比喩的に言えば「（未編集のままの映像あるいは音声の素材データが）編集室の床に捨てられている」ようなものである。こうしたことから、加工処理の推進を擁護する人々は、「加工処理されない画像あるいは信号は、収集されていないも同然であり、無意味である」旨を主張している。

　「収集及び加工処理の適切な比率」といったものは特段存在しない。1 つには、そうした比率は、各課題の性質、利用可能なリソース、政策決定者のリクワイアメント等に応じて決定されるものである。とは言うものの、米国のインテリジェンス・コミュニティを熟知している人の多くは、この 2 つの段階の関係が極めて不均衡である旨を認識している。連邦議会のインテリジェンス問題の担当委員会は、こうした不均衡に対して懸念を表明し、加工処理段階により多くの予算を投入するようインテリジェンス・コミュニティ側に促している。これはしばしば「TPEDs（「ティーペッズ」と発音する）」問題と呼ばれる。「TPEDs」とは、「タスキング、加工処理、伝達（tasking, processing, exploitation, and dissemination）」を意味する。タスキングとは、収集担当部門に特定の任務を付与することである。「TPEDs」の各段階の中で、タスキング及び伝達は、インテリジェンス・コミュニティあるいは連邦議会にとっ

ては最も問題の少ない部分である。これに対して、連邦議会が最も懸念しているのは、加工処理（P&E）をめぐるギャップである。

　加工処理に関する実際の選択は、課題自体の相対的な優先順位、利用可能なリソースの状況、加工処理の能力等にも依存する。例えば、信号情報の加工処理の能力は、暗号強度のレベル及び言語の種類等に左右される。

　加工処理の問題は、技術的な情報収集（テキント）の形態に関連して議論されることが最も多い。しかし、重要な点として、（技術的な手法に限らず、ヒューミント、オシント等を含め）いかなる手法に基づいて収集されたものであるにせよ、収集された情報は、何らかの加工処理を必要とする（第5章において詳述する）。

分析及び生産

　短期（カレント）インテリジェンス及び長期インテリジェンスの間には、しばしば日常的に大きな緊張関係が存在する。短期インテリジェンスは、政策決定者にとっての最優先の課題であると共に彼らの関心を直接得るような課題を扱っている。他方、長期的インテリジェンスが扱うのは、現在の喫緊の問題ではないものの重要な課題及びトレンドである。これらは、現状において特段の注目を浴びていないとしても、いずれ喫緊の問題となり得る。この2種類のインテリジェンスを作成するための技法は必ずしも同様ではない。また、政策決定者に伝達するためのインテリジェンス・プロダクトも異なる。ただし、短期インテリジェンス及び長期インテリジェンスの間には、一定の関係性も存在する。「収集及び加工処理」の関係と同様に、両者の間で適切なバランスを保つことが必要である（ただし、それは、必ずしも半々である必要はない）。

　米国においては、競争的分析（Competitive Analysis）の仕組みが採用されている。これは、複数の異なる分析グループが同じ課題の分析を担当することである。ただし、こうした制度は、分析上の問題も伴う。すなわち、こうした制度の本来の目的は、ある課題の分析に当たり、複数の異なった視点からの意見を採り入れることである。しかし、こうした仕組みの下で作成されたインテリジェンス・プロダクトは、いわゆるグループシンク（Groupthink）に陥り、知的妥協の結果として（異なった分析評価の）最低限度の共通項を示すに過ぎない（無難な）表現に収まってしまう危険性がある。あるいは、インテリジェンス組織は、際限のない（そして、少なくとも政策部門側の利用者にとっては無意味な）**脚注戦争**（Footnote Wars）に明け暮れる可能性もある。9.11テロ事件及びイラクの大量破壊兵器問題に関するインテリジェンスの在り

方への批判を受けて、インテリジェンス・コミュニティは、相互の協力を重視するようになっている。こうした「協力」とは通常、分析担当者の間で情報源及び分析の両方の共有を推進することを意味する。しかし、こうした新たな取組は、幾つかの別の懸念を生じさせることにもなっている。中でも最も明確な懸念は、グループシンクが強まってしまう可能性である（より詳細な議論は第6章を参照）。

　収集における優先順位の決定を支援するに当たっては、分析の担当者も重要な役割を果たすべきと考えられる。分析担当者は収集のシステムに依存している。米国においては、分析担当者とこうした分析システムの関係の改善を図ることを目的として、様々な部署及びプログラムが設けられている。しかし、両者の関係には特段の改善はみられていない。国家インテリジェンス優先順位計画の目標の1つは、こうした両者の関係を改善することである。これは、クラッパー国家情報長官が掲げていた目標の1つでもあった。理想は、**分析が主導する収集**（analytically driven collection）が実行されることである。すなわち、収集担当者が、独善的あるいは機会主義的に活動するのではなく、分析側のニーズに応えて活動する状況である。これこそが「インテリジェンスの統合」の核心部分である。すなわち、収集及び分析（更にはカウンターインテリジェンス）が戦略的なレベルにおいて統合され、そうした状況がインテリジェンス・コミュニティ全体に浸透することである。これは、ブレナン（John Brennan）CIA長官が、「ミッションセンター」を創設して分析並びに収集及び秘密工作活動のそれぞれの担当者を同センターに配置した動機の1つでもあった。同様に、2016年2月、NSAのロジャー（Mike Rogers）長官は、組織改編計画「NSA21」を発表し、シギント部門及び情報保全部門（前者がオフェンス担当であり、後者がディフェンス担当であるとも言い得る）を統合して作戦部門とした。

　分析担当者の訓練及びマインドセット（思考の在り方）は重要な問題である。分析担当者はしばしば、自身の内心はもとより専門家としての信念及び自身の過去の業務に照らして「矛盾した」インテリジェンスを扱わなければならない。こうした矛盾を抱える諸課題に対して分析担当者が適切に対処し得るか否かは、分析担当者に対する訓練及び検証（レビュー）制度を含む広義の分析制度の質（在り方）に依存している。

　最後に、分析担当者は単なる「人畜無害な知識人」では決してない。実際には、分析担当者は野心を持ち、自分が担当している課題が高いレベルにおいて注目されることを期待している場合も少なくない。これは、分析担当者が注目を集めるために知的に不誠実な手段を採る可能性が高いと主張するものではない。しかし、政策決定者及びインテリジェンス組織の幹部は、そうした可能性を常に念頭に置く必要

がある。

伝達及び消費

　伝達のプロセス、すなわち、インテリジェンスの生産者から消費者への連絡の方法は、概ね標準化されている。インテリジェンス・コミュニティは、自らが対処しなければならない多様な報告及び顧客をカバーするために、様々なプロダクトを提供している。こうしたインテリジェンス・プロダクトは、重要な出来事に関する速報から、完成までに1年以上を要する研究まで多岐にわたる。

大統領定例報告

　毎日の大統領定例インテリジェンス報告（PDB: President's Daily Brief）は、理論的には毎朝、大統領及びその最上級の側近に届けられる。しかし実際には大統領のスケジュールに左右され、中には必ずしも毎日は報告を受けない大統領もいる。PDBの実施は、以前はCIAが担っていたが、現在は国家情報長官の監督下にある。PDB用のプロダクトは、長さ、表示方法、詳細さ、図表・写真の使用等に関し、各大統領の嗜好に合わせて作成される。CIA、国防情報局（DIA）、国務省情報調査局（INR）、NSA、国家地理空間情報局（NGA）及び国家インテリジェンス評議会（NIC）の各組織は、PDB用のプロダクトに掲載される内容の確認に参加する。その目的は、PDBの「コミュニティ性」〔訳者注：単一の組織ではなくコミュニティ全体のプロダクトであること〕を強調することである。

ワールドワイド・インテリジェンス・レビュー

　ワールドワイド・インテリジェンス・レビュー（WIRe: Worldwide Intelligence Review）は、電子的に配信される分析プロダクトである。同レビューは、CIAが以前に作成していた「Senior Executive Intelligence Brief」及び「National Intelligence Daily」の後継プロダクトとなっている（両者は、「インテリジェンスの朝刊紙」とも呼ばれていた）。同レビューの各記事の長さ及び詳細さは様々である。読者がより詳細な情報を得られるよう、記事にはリンク及び図表も含まれている。

DIA/J2 エグゼクティブ・ハイライト

　DIA/J2 エグゼクティブ・ハイライト（DIA/J2 Executive Highlights）は、DIAが作成している。主に国防省の政策部門向けのプロダクトではあるが、行政府内の他の部門

にも配布されている。エグゼクティブ・ハイライトは、上記のワールドワイド・インテリジェンス・レビューとは異なる論点及び異なる分析を提供するという意味で、同レビューと対になっているとも言い得る。日によっては、双方のインテリジェンス・プロダクトが、主要な読者にとって特に関心の高い同じ課題を扱うこともある。政府内の政策部門の上級幹部は両方にアクセスが可能である。なお、国務省の INR は、長期間にわたり、類似のモーニングレポートであるセクレタリーズ・モーニング・サマリー（SMS: Sexretary's Morning Summary）を独自に作成していた。しかし、2001 年、INR は同サマリーを廃止し、他の方法に基づいて主要な政策カスタマーとのコミュニケーションを維持している。

国家インテリジェンス評価

　国家インテリジェンス評価（NIE: National Intelligence Estimate）の作成は、国家インテリジェンス分析官（NIO: National Intelligence Officer）が担当している。国家インテリジェンス分析官は、現在は国家情報長官の傘下の国家インテリジェンス評議会の構成員である。（2004 年の組織改編前、国家インテリジェンス評議会は中央情報長官に直属する組織であったが、CIA とは別組織とされていた）。国家インテリジェンス評価は、インテリジェンス・コミュニティ全体の意見の集約である。完成後には国家情報長官が署名し、大統領及び行政府の高官並びに連邦議会に提出される。国家インテリジェンス評価の作成には、数ヵ月から 1 年以上を要する場合もある。ただし、特別版の国家インテリジェンス評価（SNIEs（スニーズと発音））は、より緊急性の高い課題に関して、短期間で作成される。

　PDB、ワールドワイド・インテリジェンス・レビュー及び DIA/J2 エグゼクティブ・ハイライトはいずれも短期（カレント）インテリジェンスに関するプロダクトである。せいぜい過去 1–2 日間の事象及び現在対処中の課題（あるいは今後数日内に対処される可能性のある課題）に焦点を当てている。これに対し、国家インテリジェンス評価は長期インテリジェンスに関するプロダクトであり、ある課題の将来の方向性に関する評価（estimate）を試みるものである（予測（predict）ではない）。理想的には、国家インテリジェンス評価は先見的（anticipatory）であるべきである。すなわち、第 1 章で引用したブレイクスピア（Alan Breakspear）によるインテリジェンスの定義が示すように、近い将来に重要となる可能性が高い課題であり、しかも、コミュニティ全体で判断を行うのに十分な時間的余裕がある課題に焦点を当てるべきである。しかし実際には、こうした理想を常に充足することは不可能である。国家インテリジェンス評価の中には、既に政策部門の課題となっている事項に関して作

成されるものもある。なお、国家インテリジェンス評価が取り扱っている課題に関して短期（カレント）の分析が必要な場合、そうした分析はSNIEあるいはその他の分析の手段を通じて配布される。

こうしたインテリジェンス分析以外にも、インテリジェンス・コミュニティ全体では、日常的に様々なメモ、報告書、ブリーフィング資料等が作成されている。これらは、しばしば広範囲に配布されている。

以下は、インテリジェンス・プロダクトの伝達に当たり、インテリジェンス・コミュニティが検討しなければならない課題である。

- 毎日のように収集及び分析される大量のインテリジェンスの中で、報告に値する重要なインテリジェンスは何か？
- どの政策決定者に対して報告するべきか。すなわち、最上級の幹部に限定するか、下位の担当者も含むか。少数に限定するか、多数にも共有するのか？
- どの程度迅速に報告するべきか？　すなわち、至急の伝達を必要とする程に緊急なのか、翌朝に幹部に届けられる書類の束に入れれば足りるのか？
- 様々なインテリジェンス・カスタマーに対してどの程度詳細に報告するべきか？　報告はどの程度の長さであるべきなのか？
- 報告のための最善の手段は何か？　すなわち、メモ形式か口頭のブリーフィングか？（同じ報告であっても）報告を受けるカスタマーの嗜好、背景知識レベル等に応じて異なった報告手段を用いるべきなのか？

インテリジェンス・コミュニティは通常、こうした点に関する判断を下すに当たり、多くの要素を考慮に入れる。時には、相反する要素の間でのトレードオフを検討する。理想は「重層的なアプローチ」である。すなわち、インテリジェンス・コミュニティとしては、多様なインテリジェンス・プロダクトを駆使し、同じ内容のインテリジェンスを（異なったフォーマット、異なった詳細さの程度で）幅広い政策決定者のグループに伝達することが理想的である。なお、インテリジェンス・コミュニティ側は、上記の諸課題に関する判断を行うに当たり、政策決定者のニーズ及び嗜好を十分に理解し、それを反映しなければならない。また、そうした判断は、政権交代のたびに調整されるべきである。

インテリジェンス・プロセスに関する議論の多くは、インテリジェンスが完成・伝達された後の「消費」段階を含んでいない。しかしこうした（消費段階を含まない）議論は、インテリジェンス・プロセスの全体を通じて政策部門側が重要な役割を果

たしているという現実を軽視するものである。

フィードバック

　インテリジェンス・プロセス全般における、政策部門及びインテリジェンス・コミュニティの間の意思疎通は、甘めの評価をしても「不完全」である。こうした状況は、インテリジェンスが政策部門に伝達された後の段階において最も顕著である。理想的には、政策決定者はインテリジェンス側に対して、継続的にフィードバックを付与するべきである。すなわち、「何が役に立ち、何が役に立たなかったのか」、「どの分野に対して引き続き（あるいは一層の）注視が必要か」、あるいは「どの分野への注力を削減すべきか」等に関する見解である。PDB 等の毎朝に実施される大統領及び政府高官との意見交換の利点は、こうしたフィードバックの付与にある。すなわち、こうした活動を通じて、大統領及び政府高官がインテリジェンス報告に対してどのように反応しどのような懸念を持っているかを、（インテリジェンス・コミュニティ側として）直接認識することが可能となる。しかし、PDB は通常は短期インテリジェンスに焦点を絞ったものである。したがって、PDB から得られるフィードバックは相当狭い範囲に限定されており、インテリジェンス・コミュニティ全体にとっては必ずしも多くは役立たない可能性もある。加えて、PDB は、「フィードバックのための体系的な制度」としては不十分なものである。

　現実には、インテリジェンス・コミュニティは、満足し得る程に頻繁にはフィードバックを受領することはない。そもそも、フィードバックを受領するための体系的な制度も十分ではない。それには幾つかの理由がある。第 1 に、政策担当者の大半は、（報告を受けたインテリジェンスに関する）自分自身の反応について考え、フィードバックを伝達するための十分な時間がない。すなわち、政策担当者は次から次へと異なった課題に直面しており、次の課題に進む前に「何が正しく、何が誤っていたのか」等を振り返る時間的余裕はほとんどない。また、そもそも、政策決定者の多くは、フィードバックが必要だとは認識していない。政策決定は、受領したインテリジェンスが自分が必要としているものとは異なっている場合であっても、インテリジェンス側に対してその旨を逐一連絡はしないのが一般的である。こうした「フィードバックの付与の欠如」は、政策決定者が自らのリクワイアメントを決定できない（あるいはそれを拒絶する）状況と類似した状況である。

インテリジェンス・プロセスに関する考察

　インテリジェンス・プロセスは、概念としても組織原理としても重要である。したがって、「インテリジェンス・プロセスはどのように機能するのか」及び「インテリジェンス・プロセスをどのように概念化するのが最適か」等の課題を検討することは有用である。

　図4.2は、CIAが『インテリジェンスの消費者のための手引書（*A Consumer's Handbook to Intelligence*）』の中で公表しているものである。同図は、「インテリジェンス・サイクル」（同書における呼称）を円環〔訳者注：円を描くサイクル〕として表している。最初に政策決定者が計画及び指示を行う。これを受けて、インテリジェンス・コミュニティが情報の収集、加工処理、分析・生産を行い、作成したプロダクトを政策決定者に伝達する。

　この円環型の図表は、インテリジェンス・プロセスの概略を簡単に説明するためのものに過ぎないが、広く用いられているものである。すなわち、連邦捜査局（FBI）、DIA、その他の多くの外国のインテリジェンス組織も同様な概念モデルを利用している。しかし、このCIAの提供する概念図においては、インテリジェンス・プロセスの一部が誤って表現されている。また、見落とされている要素も少なくない。第1に、この概念図は明らかに単純に過ぎる。プロセスの始点及び終点をつないで簡潔に完結させているため、プロセスの途中における多くの複雑な点が見過ごされている。「一次元的」な表現であることも適切ではない。実際には、政策決定者は（プロセスの途中で）質問を発し、幾つかの段階を経て質問に対する回答を得る。また、この概念図にはフィードバックの段階が含まれていない。さらに、インテリジェンス・プロセスは必ずしも1つのサイクルでは完了しない可能性がある。この概念図は、そうした状況を表現できていない。

　より現実的な概念図にするとすれば、インテリジェンス・プロセスのいずれの段階においても、以前の段階に戻る可能性がある（可能性ではなく必須の場合もある）旨が示されているべきである。例えば、当初の収集が不満足な結果となり、政策決定者側におけるリクワイアメントの変更につながる場合がある。加工処理あるいは分析の段階においてギャップが明らかになり、新たな収集のリクワイアメントが生じる場合もある。政策決定者側がニーズを変更し、あるいは更なるインテリジェンスを要求する場合もある。そして、場合によっては、インテリジェンス担当者が何らかのフィードバックを受領する場合もある。

　図4.3は、こうした「不完全なプロセス」の表現を試みたものである。この図は

図4.2　インテリジェンス・プロセス：CIAの見解

出典：Central Intelligence Agency, A Consumer's Handbook to Intelligence (Langley, Va.: Central Intelligence Agency, 1993).

CIAの図（図4.2）よりは優れている。しかし、「一次元的」なものにとどまっている点ではCIAの図と同様である。更に良い概念図を作成するとすれば、インテリジェンス・プロセスの途中においてプロセスの初期段階に戻る必要性が頻繁に生じ得る旨を表現する必要がある。こうした「逆行」は、リクワイアメントが充足されない場合、リクワイアメントに変更が生じた場合、追加の情報収集のニーズに応じる必要が生じた場合等に生じ得る。

　図4.4は、インテリジェンス・プロセスの途中の各段階において新たな課題が発生し、その結果として第2の（場合によっては第3の）インテリジェンス・プロセスが開始される可能性を示している。途中で生じる新たな課題とは、更なる情報収集の必要性、加工処理の不確実性、分析の（不十分な）結論、リクワイアメントの変更等である。このように「インテリジェンス・プロセスが幾重にも重層的に繰り返される」状況を示すことによって、「インテリジェンス・プロセスの中の様々な段階において継続的に変更が発生している」旨が表現し得る。さらに、「政策上の諸課題が1回の完璧な円環（サイクル）で解決されることはほとんどない」旨の現実も表現し得る。この図はやや複雑ではあるが、インテリジェンス・プロセスの現実をより良く理解し得る。すなわち、インテリジェンス・プロセスの現実は、直線的であるのと同時に循環的でもあり、しかも「定まった正解のないもの」である。

　過去70年以上にわたって慣れ親しまれてきたインテリジェンス・プロセスの概

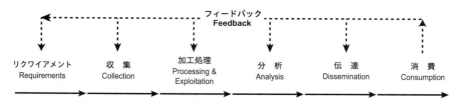

図4.3　インテリジェンス・プロセス：概要

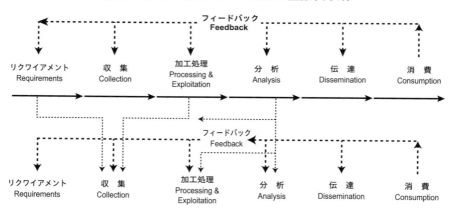

図4.4　インテリジェンス・プロセス：重層的な表現

念に関しては、もはやこれを放棄するべき（あるいは見直すべき）時期に来ているとの見解がある。こうした論者は、インテリジェンス・プロセスの概念はもはや時代遅れであり、まるで「コンピュータの時代に残っている産業化時代の遺物」のモデルだと評している。この問題に対する回答は、インテリジェン・プロセスをどのように見るかに大きく依存する。もしもインテリジェンス・プロセスを「完全かつ秩序立って遂行されるべき厳格な手順」と捉えるならば、当該プロセスの見直しは不可欠であろう。しかし、当該プロセスを「業務の遂行に関する一般的な指針（ガイドライン）」であると捉え、しかも、短所及び不規則性を受容し得る柔軟性を持つ指針と捉えることも可能である。こうした見方に立てば、インテリジェンス・プロセスは、既に慣れ親しまれた現在の概念のままでも引き続き、優れた包括的な指針であり続けると考えられる。本書で紹介しているのは、このうちの後者の見方である。ただし、既存のインテリジェンス・プロセスの概念の中のいずれかの段階が省略さ

れてしまうと、当該プロセスの（業務遂行のための指針としての）整合性の維持は困難となる。なお、インテリジェンス・プロセスの中の一部は、次第に自動化されつつある。特に、収集、加工処理の段階において、そうした傾向がみられる。また、分析段階において情報技術（IT）をより積極的に活用する努力も続けられている（第6章参照）。しかしいずれにせよ、インテリジェンス・プロセスとは、政策決定者によるリクワイアメント付与によって開始されてインテリジェンスの完成（そして可能であればフィードバック）へと進行する秩序だった過程である。こうした認識は、従来から長期間をかけて定着したものである。

主要な用語

アドホック（ad hocs）
オール・ソースを利用する分析担当者（all-source analysts）
分析及び生産（analysis and production）
分析が主導する収集（analytically driven collection）
収集（Collection）
消費（consumption）
伝達（dissemination）
下流活動（downstream activities）
フィードバック（feedback）
脚注戦争（Footnote Wars）
優先順位の変動（Priority Creep）
加工処理（processing and exploitation）
リクワイアメント（requirement）
単一ソースを利用する分析担当者（single-source analysts）
アドホックの横暴（tyranny of ad hocs）

参考文献

　米国におけるインテリジェンス・プロセスは、その基本的な手順及び形式が極めて「日常業務化」されている。こうしたことから、同プロセスを（各段階別ではなく）「有機的な全体像」として分析的に取り扱った文献等は多くはない。以下の文献は、数少ないながらも、インテリジェンス・プロセスをやや広い視点から検討しようと試みているものである。

Central Intelligence Agency. *A Consumer's Handbook to Intelligence*. Langley, Va.: CIA, 1993.
Davies, Philip H. J., Kristian C. Gustafson, and Ian Rigden. "The Intelligence Cycle Is Dead, Long Live the Intelligence Cycle: Rethinking Intelligence Fundamentals for a New Intelligence Doctrine." In *Understanding the Intelligence Cycle*. Ed. Mark Phythian. London: Routledge, 2013.
Hulnick, Arthur S. "The Intelligence Cycle." In *Intelligence: The Secret World of Spies*. Eds. Loch K. Johnson and James J. Wirtz. New York: Oxford University Press, 2015.
Johnson, Loch. "Decision Costs in the Intelligence Cycle." In *Intelligence: Policy and Process*. Eds. Alfred C. Maurer, Marion D. Tunstall, and James M. Keagle. Boulder, Colo.: Westview Press, 1985.
———. "Making the Intelligence 'Cycle' Work." *International Journal of Intelligence and Counterintelligence* 1 (winter 1986–1987): 1–23.
Kringen, John A. "Rethinking the Concept of Global Coverage in the U.S. Intelligence Community." *Studies in Intelligence* 59 (September 2015): 3–32.
Krizan, Lisa. *Intelligence Essentials for Everyone*. Joint Military Intelligence College, Occasional Paper No. 6. Washington, D.C.: Government Printing Office, 1999.
Office of the Director of National Intelligence. Intelligence Community Directive 204 (ICD 204): National Intelligence Priorities Framework. January 7, 2021. (Available at https://www.dni.gov/files/documents/ICD/ICD_204_National_Intelligence_Priorities_Framework_U_FINAL-SIGNED.pdf.)
Omand, David. "The Intelligence Cycle." In *Routledge Companion to Intelligence Studies*. Eds. Robert Dover, Michael S. Goodman, and Claudia Hillebrand. New York: Routledge, 2014.
Phythian, Mark, ed. *Understanding the Intelligence Cycle*. New York: Routledge, 2013.

第 5 章
収集及び収集の手法

　情報収集はインテリジェンスの基本である。聖書の民数記第 13 章及び第 14 章並びにヨシュア記にスパイに関する記述が登場して以来、情報収集に関しては多くの記述がなされている。情報収集がなければ、インテリジェンスは単なる「当て推量（guesswork）」でしかない。やや知的な推量かもしれないが、所詮は当て推量であることに変わりはない。米国を始め幾つかの国は、必要な情報を収集するために複数の手法を用いている。収集の手法は、収集対象となるインテリジェンスの性質、収集の能力の 2 つの要因によって決定される。米国では、情報収集の手法は、**収集のディシプリン（collection disciplines）** あるいはイント（INT）と呼ばれる。本章では、全ての収集の手法に関わる包括的な問題について論じる。その次に各手段（イント）の性質並びに長所及び短所について論じる。

　主に軍事組織においては、収集は「ISR（インテリジェンス、監視、偵察）」として議論される場合がある。ISR という用語は、3 つの異なる種類の活動を網羅している。

- **インテリジェンス（intelligence）**：情報収集活動の総称。
- **監視（surveillance）**：対象となる地域あるいはグループを、通常長期間にわたり、体系的に観察すること。
- **偵察（reconnaissance）**：目標に関する情報を得るための任務で、1 度限りの場合もある。

全体に関連する課題

　情報収集に関しては、全ての手法に共通する課題が存在する。これらの諸課題は、インテリジェンス収集に関わる様々な議論及び判断を喚起するものである。すなわち、これらの諸課題からは、「情報収集の問題」とは単に「何が収集可能か」、「それを収集すべきか」等の論点だけにはとどまらない旨がうかがわれる。収集は極めて複雑な政府活動である。したがって、多くの深刻な論点を抱え、その都度に多くの判断を必要とする作用である。

予算

　技術的な収集システムは、多くの場合は衛星を利用しており、非常に高額である〔訳者注：「技術的な情報収集」とは、後述のシギント、ジオイント等を含むいわゆるテキントのことを指す〕。衛星のシステム及びプログラムは、米国のインテリジェンス予算の中でも主要な支出項目である。したがって、複数の収集システムを同時に運用することは常に、コスト面から制約を受ける。また、異なる種類の衛星は、それぞれが異なった形態の収集活動に使用される（例えば、画像あるいは信号）。加えて、衛星には複数のセンサーが搭載されることもある。したがって、政策決定者及び収集活動の管理者は、こうしたトレードオフ（取捨選択）に関して困難な決断をしなければならない。さらに、衛星の打ち上げには多大な費用を要する。衛星に搭載されるセンサーの性質、電力供給及びデータ送信に必要な設備、システムの寿命等に応じて衛星のサイズが大きくなれば、衛星を軌道に乗せるために必要なロケットのサイズも大きくなる。最後に、収集された情報は、**加工処理**（P&E: processing and exploitation）がなされなければ無意味なものである。したがって、こうした加工処理の費用も、収集のための費用の中に加えて考慮されなければならない。しかし、収集システムの開発担当者はしばしば、打ち上げ及び加工処理のための費用を無視して、収集費用の積算を行う。これはあたかも、自動車の購入費用の検討に当たり、（購入後の）燃料、メンテナンス、保険等の費用を考慮に入れないようなものである。

　冷戦時代には、技術的な情報収集に関する費用の問題が顕在化することはほとんどなかった。この当時は、技術的な収集システムに要する高い支出が容認されていた。この背景には、（ソ連に対する）脅威の認識に加え、ソ連に関する情報収集に関して有効な代替手段が他に見当たらなかったという事情があった。加えて、政策決定者側は、収集システムそのものを重視しており、収集された情報に要する加工処理には余り注意を払っていなかった。しかし、冷戦終結の後は（ソ連のように）大

規模かつ潜在的に強力な脅威が存在しなくなったことから、インテリジェンス収集の費用の問題が政治問題化する機会が以前よりも多くなった。また、2001年のテロ事件により、こうした大規模な衛星監視システムの有用性に関しては更なる疑問が呈せられることとなった。なぜなら、テロリストを情報収集の標的とする場合、こうした大規模な技術的収集の手法は、無人航空機（UAV、ドローン等）に比較すると効果が低く、むしろ人的情報収集（ヒューミント）の活用の方がより重要とみられたからである。なお、最近では、中国、ロシア、イラン、北朝鮮等の国家主体を情報収集の標的とする問題が再燃しており、（衛星監視システムの有効性を疑問視するような）従前の傾向はやや変化しつつあるとみられる。

　技術的な情報収集の費用の維持は以前に比較して困難になっている。こうした状況は、2005年以降に行われた様々な決定に明確に示されている。2005年6月、連邦下院のインテリジェンス問題担当委員会のフクストラ（Peter Hoekstra）委員長（共和党、ミシガン州）は、情報衛星に過剰な資金が消費されている一方で、ヒューミントの担当者及び十分な語学能力を備えた分析担当者が不足している旨を主張した。こうした主張には賛否両論があったが、いずれにせよ、こうした主張は冷戦時代にはほとんどみられなかったものであった。2005年9月、ネグロポンテ（John Negroponte）国家情報長官（在2005-2007年）は、ボーイング社に対して、未来画像アーキテクチャー（FIA: Future Imagery Architecture）と呼ばれるシステムの作業の中止を命じた。同システムは、次世代の衛星画像システムであると広く認識されていた。ただし、当初の予定よりも開発は大幅に遅延し、費用も大きく超過していた（報道によると、開発費用は50億ドルの入札額から180億ドル以上に膨れ、更に20-30億ドル不足していた）。こうした動向はまた、従来から国防省が独占してきた衛星関連の決定に対して、国家情報長官が影響力を拡大しようとする試みともみられた。更に2年後の2007年8月、国家偵察局（NRO）のカー（Donald Karr）長官は、国家情報長官室の首席副長官に指名された際の連邦議会の公聴会において、他の2つの情報収集衛星の計画に関し、当該計画を成功裡に完成させることは不可能であるとの判断に基づき、（NRO長官として）中止を勧告した旨を証言した。その後、2009年4月まで、新しい画像収集システムに関する決定はなされなかった。その結果、報道によると、画像ギャップ〔訳者注：インテリジェンス・リクワイアメントを充足するのに必要な画像情報が十分に収集されない事態〕が生じている可能性も指摘されるようになった。一方、ブレア（Dennis Blair）国家情報長官（在2009-2010年）及びゲーツ（Robert M. Gates）国防長官（在2006-2011年）の間では「2+2」と呼ばれる合意がなされた。これは、NROの監督下で製造される2基の情報衛星及び民間の商業衛星企業から提供され

る2基の衛星を組み合わせて活用する計画であった。ただしこの際も、連邦上院のインテリジェンス担当委員会の幹部は、もう1基の大型画像衛星の製造に反対し、代替案として小型の衛星を活用する案を支持した。

衛星の打ち上げ費用は、1回当たり3億ドルから5億ドルを要する。打ち上げ作業の2大プロバイダーは、従来、ボーイング社及びロッキード社であった。しかし、2014年、米空軍が両社に代わるプロバイダーを模索したことを契機に、打ち上げ費用の問題が表面化した。一部の衛星の打ち上げにロシア製のエンジンが使用されていたことから、この問題は一層複雑化することとなった。なぜならば、2014年3月のロシアによるクリミアの占領以降、（米国政府としては）ロシア製ロケットの使用を抑制すべきとされていたからである。しかし実際には、米国の民間商業衛星の打ち上げに際し、ロシア製のロケットは引き続き利用されている。秘密度の高い機材等の打ち上げに際しても、スペース・エックス社（SpaceX）等の民間企業が引き続き利用されている。

米国の場合、情報衛星に要する費用が高額になる主な原因は、衛星のサイズが大きいこと、衛星を軌道に乗せるためのロケットが大きいことの2点である。こうしたことから、衛星の問題は常にトレードオフの関係を孕んでいる。すなわち、より大規模な衛星は、（高額ではあるものの）より多くのセンサー及び燃料が搭載可能であり、多様な任務の遂行が可能である。なお、米国の衛星は耐久性に優れており、計画上の**平均任務期間**（MMD: mean mission duration）（衛星の耐用期間の工学的な見積もり）を上回っている。より小型の衛星に依存する代替案に関しては別途後述する。

1990年代には、国防関連産業の縮小が始まった。この結果、将来の技術的情報収集システムの構築の問題は更に複雑化することとなった。当時、ペリー（William Perry）国防長官（在1994–1997年）は、国防費が減少する一方で競合関係にある国防企業が過多であると認識し、国防関連企業の統合を促した。その後、合併あるいは買収を通じ、国防関連企業の統合が継続的に実施された。その結果、1990年代後半には、技術的な情報収集システムのような専門性の高い分野においては、残存している民間企業はごく少数となった。例えば、前記の未来画像アーキテクチャー（FIA）の実施に際しては、応札した企業は僅か2社であった。また、2012年、米国のアフリカ軍は、通信支援のために中国の商業衛星をリースした。

インテリジェンス予算のもう1つの重要な点として、同予算は、連邦議会がインテリジェンス活動に影響力を行使し、更にはこれを統制するための主要な手段となっている。冷戦時代においては、連邦議会は情報収集のための要望を支援する一方、「収集及び（不人気な）加工処理の格差」への対応には消極的な傾向があった。

しかし、冷戦終結後の 1990 年代中盤になると、連邦議会におけるインテリジェンス予算の審議の重点には変化が現れ始めた。例えば、連邦下院のインテリジェンス問題担当委員会は、より柔軟性を高め、製造及び打ち上げの費用を削減するべく、小型の画像衛星の利用を主張するようになった。同委員会はまた、収集及び加工処理の不均衡を是正するべく、（収集よりもむしろ）「TPEDs（タスキング、加工処理、伝達）」の重要性を強調するようになった。しかし、こうした問題は依然として継続しており、むしろ以前よりも悪化している。なぜならば、新しい情報収集システム（特に、無人航空機）が開発され、これらの情報収集能力が向上しているからである。加工処理される（放置されることのない）インテリジェンスの量の改善（減少）を確実に実現しない限り、新たな情報収集システムに対する連邦議会の支持を得ることはますます困難になっている。

長期にわたるリードタイム

技術的な情報収集のシステムは、全てが極めて複雑である。これらのシステムは、必要なデータの収集及び保存を行い、さらには、加工処理が実行可能な遠隔地までそれらのデータを送信する能力を必要とする。また、これらのシステムは、地球上であれ宇宙であれ、厳しい諸条件に対する耐久性を備えている必要がある（宇宙では地球上以上に厳しい課題に直面する）。たとえ現行の収集の能力が満足の行くものであるとしても、新たなシステムの開発に向けた動機は幾つも存在する。例えば、収集能力の向上、新たな技術の活用、インテリジェンスの優先順位の変化への対応等である。

技術的な課題だけでも非常に困難である。このため、新しい大型の衛星搭載システムの構築及び打ち上げに要する時間は長期間に及ぶ。こうした新たな技術の導入の決定から、大規模な衛星情報収集システムの実際の運用開始までの期間は、10–15 年に及ぶ場合もある。新システム構築の決定に至るまでには、更に多くの時間を要し、これは数年に及ぶ場合もある。なぜなら、インテリジェンス上の必要性の優先順位付け、技術の選択、予算的な制約の中での競合するシステム間のトレードオフ等に関し、インテリジェンス組織及び政策部門のカスタマーの間で議論を行う必要があるからである。さらに、どのシステムに優先的に資金を投入すべきかに関して意見の不一致がある場合、議会承認に数年を要する場合もある。マコーネル（Mike McConnell）国家情報長官（在 2007–2009 年）は、米国及び欧州の双方における情報衛星システムの開発の制度を比較して不満を表明したことがある。欧州においては、開発期間は 5 年間、費用も 10 億ドル未満だからである。ただし、マコーネ

ルも認めるとおり、米国の衛星は欧州のものに比較して、より多様な標的に対する情報収集が可能であり、軌道上の寿命もより長く、より高度なリスク回避の装置が組み込まれている。この中でも、最後の3点目は重要である。情報収集衛星の建設、軌道への打ち上げ、運営・管理の作業は非常に複雑である。適切な軌道への打ち上げは、まさにロケット科学技術の粋そのものである。マコーネル国家情報長官が指摘したように、現在はリスク回避の風潮が高まっている。米国の情報衛星の過去の歴史に鑑みると、こうした状況は興味深いものである。NROによると、1959年から1960年のコロナ（CORONA）衛星の開発に際しての打ち上げ実施回数は、最初の回収に成功するまで12回、宇宙で最初の画像が撮影されるまで13回であった。現在は、予算的にも政治的にもそうした寛容な雰囲気は失われている。

このように長期のリードタイムを要する結果として、新たなシステムの運用がようやく開始される頃には、当該技術は既に陳腐化している可能性がある。また、当該システムが想定していない新たなインテリジェンスの優先事項が発生している可能性もある。例えば、1984年の時点で計画されていた米国の情報衛星は、ソ連を主要な標的としていたはずである。建造の速度が非常に早かったとしても、当該衛星が軌道に乗ったのは1995–96年頃であったはずであり、その頃には既にソ連は消滅していた。しかし、その時点で衛星の再設計を行うとすれば、時間的な遅延は言うまでもなく、莫大なコストを要する。衛星システムの開発においては、能力向上に向けた継続的な努力以外に特別の「近道」はなく、それこそが最善の選択肢である。なお、3Dプリンターの活用及び部品検査の自動化等によって、比較的小型の衛星をより迅速に製造することが可能となっている。衛星の主要な製造者の1つであるボーイング社は、こうした技術をハイエンドの商業衛星及び軍用衛星にも応用することを計画している。また、1機ないし数機の大型衛星では十分に把握できない標的もある（例えば、移動式ミサイル）。このように連続的な捕捉が必要な場合の対処法としては、多数の小型衛星（おそらく36機程度）を並べて利用することも考えられる。

小型の衛星は、費用が低額であることに加えて建造期間もより短期間である。したがって、急速に変化する収集技術への対応も比較的容易である。他方で、こうした小型衛星の個々の性能は（大型衛星に比較して）低い。そうした弱点を補うため、小型衛星は、（単体ではなく）大きな集団として飛行することが一般的である。この結果、コスト削減には一定の限界があるのみならず、運用の管理も複雑である。例えば、スペース・エックス社の運用するスターリンク（Starlink）通信網は、1万2,000個の小型衛星から成るとみられる。こうした大規模な衛星集団は、宇宙空間、

特に低軌道における混雑の一因となっている（後述）。なお、大規模な衛星集団は、対衛星攻撃の影響を受けにくいと考えられる。なぜならば、こうしたシステムは、構成する衛星の数が非常に多いため、攻撃によって一定の損害を被ることはあるとしても、全てが完全に破壊される可能性は低いからである（少数の大型衛星の場合は完全に破壊される可能性がある）。2019 年に創設された宇宙開発庁（SDA: Space Development Agency）は、8 機の上空持続赤外線（OPIR）衛星及び 20 機のデータ送信衛星から成る衛星集団を、2022 年までに低軌道に配置することを計画している。また、同庁は、これらの衛星を 2 年ごとに交換することを予定している。個々の小型衛星の性能は大型衛星に劣るものの、衛星集団とすることによって、莫大な情報（「激流」と表現されることもある）を生産し得る可能性がある。連邦議会は、国家地理空間情報局（NGA）に対し、画像の加工処理の自動化を進めることを要求している。国防省は、ボール・エアロスペース社（Ball Aerospace）及びマイクロソフト社（Microsoft）と契約し、これらのデータをクラウド空間において処理することを検討している。

収集におけるシナジー（相乗効果）

　複数の収集の手法を持つことには大きな利点がある。その 1 つとして、ある 1 つの収集のシステムあるいは手法が、他のシステムによる収集の向上に役立つヒントあるいはきっかけをもたらす可能性がある。重要なリクワイアメントに関しては、複数の種類の収集の手法が活用される。すなわち、（システムが正しく機能する限り）複数の収集の手法が協力的に機能するように設計される。米国のインテリジェンス・コミュニティの究極の目標は、**オール・ソース・インテリジェンス**（all-source intelligence）、すなわち統合されたインテリジェンスを生産することである。オール・ソース・インテリジェンスとは、換言すると、可能な限り多くの情報源に基づくインテリジェンスである。これによって、それぞれの収集手法の欠点を補うと共に、総合力を活用することが可能となる。2004 年に制定されたインテリジェンス・コミュニティ改編法（IRTPA）によると、国家情報長官は「利用可能な全ての情報源に基づいてインテリジェンスを完成させる」旨を保証する責務を担うとされている。当該条項はやや奇妙な規定である。例えば、まるで「国家情報長官は（個々の）収集活動に対する承認の権限を有する」かのような解釈も可能である。また、同条項は（表現が）曖昧でもある。例えば、オール・ソースとは「ある課題に対処するに当たり、利用されるべき全ての情報源」とも解釈可能であるし、「他の優先事項も踏まえた上で、（現実的に）利用が可能な全ての情報源」とも解釈可能である。オール・ソース・インテリジェンスの活用により、（個々の課題に関する）情報収集

第 5 章　収集及び収集の手法　　137

の深みを増すことが可能となる。同時に、多様な情報源を利用することによって、収集の幅を広げることも可能となる。すなわち、たとえ個々の課題に関する掘り下げは浅いものであっても、より多くの課題を取り扱うことが可能となる。

　1962年のキューバ・ミサイル危機は、複数の情報収集の手法の相乗効果を示す好例の1つである。ソ連のフルシチョフ（Nikita Khrushchev）首相は、キューバへの中距離及び準中距離ミサイルの配備というリスクの高い政策を採る意思を持っていた。しかし、米国の分析担当者は、こうしたフルシチョフの意思をなかなか見破ることができなかった。こうした中、インテリジェンス・コミュニティは、事態への対処に当たり、様々な収集の手法を活用した。ミサイルが配備されているという最初の確実な証拠は、島に残存する反カストロ派のキューバ人からもたらされた。キューバ西部の4つの町に囲まれた台形状の地域がU–2偵察機の飛行目標とされた。当該地域に関するデータは人的情報源（ヒューミント）によってもたらされた。U–2偵察機の画像情報は、キューバにおけるミサイル配備の状況及び完成までの推定時間等に関する重要なインテリジェンスをもたらした。同様の情報は、ペンコフスキー（Oleg Penkovsky）ソ連軍大佐（同大佐は、米英によって獲得されていた情報源であった）が米国に提供したソ連の技術マニュアルからも得られた。建設中の基地にミサイルを搬送するソ連軍の艦船の位置情報は、画像及び海軍部隊によってもたらされた。最後に、ペンコフスキー大佐は、ソ連の戦略的軍事力の状況に関する極めて重要かつ確度の高い情報を米国に提供していた。当該情報は、戦略的軍事力の面において、米国はソ連に対して圧倒的に優位な状況にあることを示していた。ただし、当時ソ連が既に戦術核（中距離ではない）をキューバに配備していたこと、米国が攻撃した場合にこれらの戦術核を適宜使用する権限が現地の（ソ連軍の）司令官に与えられていたこと等の点に関しては、米国のインテリジェンス組織は見過ごしていた。これらの点は、1992年になって初めて明らかになった。

　複数の収集手法の相乗効果に関する最近の例としては、2011年5月のオサマ・ビンラディン（Osama bin Laden）掃討作戦がある。まず、人的情報源に基づくインテリジェンス、すなわち、拘束されたテロリストに対する尋問は、ビンラディンに対する連絡役の特定に役立った。当該情報は、図らずも、ビンラディンの居所の特定につながった。また、クラッパー（James Clapper）国家情報長官（在2010–2017年）によると、作戦開始前の準備期間中、当該家屋の監視及び急襲作戦のリハーサルの実施に当たり、人的な監視活動に加えて、信号情報（シギント）及び地理空間情報（ジオイント）も重要な役割を果たした。また、忘れてはならないこととして、政策決定及び作戦を支えたこれらのインテリジェンスは、（単一のソースのものであれ複数の

ソースのものであれ）活用に供される前に加工処理及び分析を経る必要があった。

　近年、**マルチ・イント**（multi-int）あるいはマルチ・イント・フュージョンへの注目が高まっている。マルチ・イントとは、異なった種類の技術的収集、特に画像情報収集及び信号情報収集を融合させることを指す。これらの収集の手法は、融合されることを通じて非常に強力となる。ただし、こうしたマルチ・イントの情報を政策決定者に提供することには問題もある。なぜならば、マルチ・イントの情報はオール・ソース・インテリジェンスの完成品とは異なる場合があり、そのことを政策決定者は認識していない場合がある。言い換えると、マルチ・イントは、単一のイント（単一の収集手法に基づくインテリジェンス）よりは優れているが、オール・ソース・インテリジェンスよりは劣るものである。加えて、マルチ・イントには分析上の課題もある（第6章参照）。

掃除機問題

　米国の技術的な収集システムに熟知した関係者はしばしば、収集システムは顕微鏡よりも掃除機と共通点が多い旨を指摘する。言い換えると、収集担当者は、「この中に必要な情報があるかもしれない」との前提で膨大な量の情報をかき集めている。こうした問題は、**麦とモミ殻**（wheat versus chaff）の問題と呼ばれることもある。ウォルステッター（Roberta Wohlstetter）は、その古典的研究書である『パールハーバー：警告と決定（*Pearl Harbor: Warning and Decision*）』の中で、こうした問題を、**雑音と信号**（noise versus signals）の問題と呼んでいる。すなわち、人々が知りたいと欲して探し求めている信号（シグナル）は、しばしば周囲の大量の雑音（ノイズ）の中に埋もれている。

　どのような比喩を使うにせよ、問題の本質は同じである。技術的な収集の欠点として、（収集された素材情報そのもの自体は）正確性を欠いたものである。こうしたことから、加工処理が重要となってくる。

　そこで問題となるのは、膨大な情報の中から（必要とされる）目的のインテリジェンスをどうやって抽出するかである。対策の1つは、集められた情報を取り扱う分析担当者の数を増やすことである。しかし、これは予算の増加を必要とする。別の可能な対策は（評判の悪い方法ではあるが）、収集の量を減らすことである。しかし、たとえ収集の量を減らしたとしてもなお、その中から「麦」を必ず発見できる保証はない。2013年、国家安全保障局（NSA）によるメタデータ収集プログラムが発覚した。当時、国家情報長官室の法律顧問であったリット（Robert Litt）は、当該プログラムを評して「干し草の山の中から針を探し出そうとするならば、その前提とし

て、先ずは『干し草の山』が必要だ」と指摘した。

加工処理の不均衡

　前記のとおり、画像あるいは信号の収集量及び加工処理量の間には大きな不均衡が存在する。このことは、ある部分、収集されるインテリジェンスが莫大な量であることの反映である。加えて、インテリジェンス・コミュニティ及び連邦議会が長年にわたり、加工処理の向上よりも新たな収集システムを優先して予算上の選択を行ってきたことを示している。例えば、国防省によると、NSA は毎日 6 億 5 千万件のデータを収集し（メタデータ・プログラムを除く）、これに基づき約 1 万件の報告書を作成している。最も重要なインテリジェンスが確実に加工処理される方法は確立されているものの、それでもやはり、重要な画像あるいは信号が見落とされる可能性は残っている。国防省は、収集された全てのインテリジェンスを単一のデータベースに収蔵した上で、その中から分析担当者が選び出したものを加工処理することを検討したことがある。この方法によると、理論的には、必要なインテリジェンスのみが加工処理及び分析に供されることになる。ただし、分析担当者としては、自分が必要とするインテリジェンスを自分で探さなければならず、負担が増加することとなる。中央情報局（CIA）は、デジタル画像あるいはビデオクリップを自動的に検索し、別の画像ライブラリに保存されている詳細データ（例えば車両）と照合して、必要な情報を抽出する技術の開発を検討している。これらの取組はいずれも問題の核心には迫っていない。すなわち、収集された莫大な素材情報の中から必要なインテリジェンスを探し出し得る確率を向上させるためには、より多くの人材及び資金を加工処理のための技術に投入することが肝要である。こうした状況は近年一層悪化している。この背景には、より長い飛行継続時間及び複数のセンサーを持つ無人航空機への依存が高まっていることがある（後述の議論を参照）。

　加工処理の不均衡の問題は、連邦議会が予算を決定する際に政治問題化している。前記のとおり、新しい収集システムの導入を検討するに当たり、画像及び信号の加工処理の容量が変化しないのであれば、インテリジェンス問題担当委員会としては、新しい収集システムへの予算の投入を躊躇せざるを得ない。連邦議会側はむしろ、より高額なシステムの導入によってインテリジェンスの収集量が増加し、それに伴って、分析担当が利用できるインテリジェンスも増加することを期待している。

　インテリジェンスの幹部は、加工処理を向上させる手段として**人工知能**（AI: artificial intelligence）に注目している。簡単に言えば、AI とはコンピュータ技術の 1 つであり、大量のデータを扱う際に最も有効である（ビッグデータに関しては後述）。

各種文献によると「狭義のAI」とは、特定の課題に対処するアルゴリズムを意味する。他方、「広義のAI」とは、広範なタスクに関して人間と同等の知能を持つシステムを意味する。現在、インテリジェンス組織が注目しているのは「狭域のAI」である。なお、AIに関する著作の多くは、米国、中国及びロシアの間で進行中の「AIによる軍拡競争」に関して述べている。ただし、これ以外の国にとっても、熟練した専門人材及び高性能コンピュータを除けば、この分野への「参入障壁」はほとんどないと言い得る。

収集された情報の加工処理にAIを応用した最近の例としては、現在進行中の「xView Detection Challenge」プロジェクトがある。これは、画像データの中から災害救助及び人道的任務のために有用な対象物を特定し得るような優れたアルゴリズムに対して10万ドルの賞金を与えるものである。目標は、高解像度の画像に正確にタグ付けし、注釈を付けることができるアルゴリズムの開発である。同様に、国防省の「Maven」プロジェクトは、写真及び映像に基づいて対象物を識別することを目指すものである。これは、無人航空機の活用に当たり重要な性能である。ただし、当該プロジェクトは物議を醸している。2018年、グーグル社（Google）は、当該プロジェクトに関連する業務を継続しないことを発表した。これは、同社の社員の多くが、ドローン攻撃の支援に携わることを望まなかったからである。しかし、当該プロジェクトは依然として継続している。

AIの活用には依然として人間の関与を必要とする。まず、誰か人間がアルゴリズムを作成する必要がある。また、人間がAIの結論の正確性を確認し、誤りがあればこれを修正の上でプログラムに対して「教育」を施す必要がある。プログラムそのものは人間のように自己修正を行うことはできない。とは言うものの、AIの開発が成功すれば、加工処理し得るインテリジェンスの量が向上し、分析担当者は他の業務に注力することが可能となる。

収集の優先順位の対立

収集のためのリソース（資源）あるいは情報源（スパイ（spies））の数は限られている。したがって、政策決定者は、競合する収集のリクワイアメントの中から取捨選択を行う必要がある。優先順位を決定するに当たり、政策決定者は様々なシステムを使用する。しかし必然的に、より重要にみえる課題の陰で、幾つかの課題は軽視されるか、あるいは完全に無視される可能性がある。

政策決定者及びそのために働いているインテリジェンス担当者はいずれも、特定の課題に関する収集の強化を要請する。ただし、こうした要請は、技術的にも人的

にも柔軟性に欠けたシステムの枠内で行われる。ある収集の要請が満たされるということは、別の収集の課題や要請が満たされなくなることを意味する。すなわち、ゼロサムゲームである。だからこそ、課題間の優先順位を決定するためのシステムが必要となる。また、収集の手段は、予備的なキャパシティをほとんどあるいは全く欠いている。すなわち、緊急事態に備えた予備の収集手段（航空機、ドローン、艦船を活用した手段）あるいはスパイはほとんど確保されていない。たとえ追加の衛星が既に製造されているとしても、それを打ち上げるには、適切なサイズのロケット、利用可能な発射台、その他のリソースが必要である。（ソ連は、米国とは異なる収集の手法を利用していた。すなわち、ソ連の衛星は米国のものよりも寿命が短いものであった。危機の際、ソ連は、打ち上げ用ロケットが準備された予備の衛星（寿命の短いもの）の投入によって現状の不足を補っていた。）同様に、ヒューミントによる秘密の収集活動は、担当者を選考して新たな任務を与えればそれで済むといった単純なものではない。任務のためのカバーストーリーの創作及び必要な装備品の付与が必要である。然るべき訓練及びその他の準備が必要な場合もあり得る。こうした収集のためのリソースの非柔軟性があることから、収集の優先順位を決定するシステムは非常に困難なものとなっている。最後に、収集のためのドローン及び航空機を別任務から転用し得るとしても、収集活動の標的となる地域は、こうした機材が撃墜されずに飛行できる地域（いわゆる「活動可能空域（permissive airspace）」）でなければならない。新たな状況あるいは緊急事態に際して収集のためのリソースを転用するかしないかの判断は、常に「後知恵の後悔（「あの時にああしておけばよかった」という後悔）」に直面する。例えば、1998年5月、インドの新政権は、選挙活動での公約通りに核実験を再開した。米国のインテリジェンス・コミュニティはこの核実験の準備を察知していなかった。これを受けて、テネット（George J. Tenet）中央情報長官（DCI）（在1997–2004年）は、当該課題（核兵器の拡散防止問題）に関するインテリジェンス・コミュニティの業績の検証作業をジェレマイア（David Jeremiah）退役提督に依頼した。

　ジェレマイアは幾つかの発見を報告し、本件に関して、米国のインテリジェンス活動はもっと上手く対応できたはずであった旨を指摘した。なぜならば、インド政府は核実験の意図を公言しており、その点に関しては特段の秘密の収集活動は不要であったからである。ただし、当時、米国の情報収集のためのリソースは、在韓米軍司令官の要請に基づき、朝鮮半島の非武装地帯に集中的に投入されていた旨も指摘されている（もしもそれらのリソースが他地域においても利用が可能であったならば、インドによる差し迫った核実験の兆候も把握できたかもしれない）。NSA長官が指摘したように、1990年代後半当時、朝鮮半島の非武装地帯は、米国が自身の意図とは無関

係に戦争に巻き込まれる可能性がある唯一の場所であった。確かに、朝鮮半島の非武装地帯は恒常的に懸念事項ではある。しかし、1998年の一時期に限ってみれば、インドの実験活動の方がより優先されるべき事項であったかもしれない。

ボールに群がる子供のサッカー現象

　収集作業の管理に際しての主要な問題の1つは、**ボールに群がる子供のサッカー**（swarm ball）と呼ばれる現象である。これは、全ての収集担当者あるいは収集担当組織が、実際に何らかの有益な貢献が可能か否かにかかわらず、世間において「重要だ」と認識されている課題に関する収集作業に自らも参画しようとする傾向を指す。こうした状況が「swarm ball（ボールに群れる）」と呼ばれるのは、「両チームの選手が各自のポジションに関係なく一斉にボールに群がる」という子供のサッカーの戦術に似ていることに由来する。こうした現象は通常、優先順位の高い課題に対して発生しやすい。例えば、優先度の高い問題が敵対国のサイバー攻撃能力であった場合、画像情報から得られる価値はほとんどないと考えられる。しかし、画像収集の担当幹部は、当該課題の優先度が高いとの事実だけに着目し、自身も当該問題に貢献したいとの欲望に駆られるかもしれない。こうした現象をもたらす要因は明らかである。収集担当者は、こうした活動を通じて「自身も重要課題のために働いている」との姿勢をアピールすることができる。こうしたアピールは、実際の貢献度にかかわらず、次の予算獲得において成功し続けるためには重要なことである。

　こうした現象に対する解決策としては次の2点が肝要である。第1に、個別の課題あるいは優先事項に関する収集活動に対してどの収集の手法（INT）が責任を担うのか（あるいは、責任を担わないのか）、関係者の間で合意を形成する必要がある。こうした合意を形成することは、時間を要するものの、決して困難ではない。なぜなら、大半の課題に関して、その特性（場所、施設、関係者、通信の可能性、必要とされるインテリジェンスの種類等）を明確化し、（各収集手法の持つ）現在の能力との適合性を照合することは可能だからである。第2に、こうした合意は厳格に実行されなければならない。すなわち、各課題の重要性にかかわらず、各インテリジェンス組織は、自身に適さない（責任を担わない）課題に関して収集活動を実施しなかったことに関して非難されるべきではない。他方で、各組織は、自身が必要な情報を収集し得る（責任を担っている）課題に集中したことに対して（正当に）評価されるべきである。国家インテリジェンス優先順位計画（NIPF）は、こうした「子供のサッカー現象」に対処するための手段である。すなわち、同計画は、各課題に対してどの収集の手法が責任を担うのか（あるいは、責任を担わないのか）を明確化するもの

である。クラッパー国家情報長官の下で開始されたインテリジェンス戦略の統合も、こうした取組を支援するものである。

情報源及び収集の手法の保護

いずれの国家においても、情報の収集能力の詳細は（一部の能力に関してはその存在さえも）最も高度な秘密指定を受けた情報の1つとなっている。米国の用語では、秘密指定（classification）とは**情報源及び情報収集の手法**（sources and methods）の保護を意味する。秘密指定は、インテリジェンス・コミュニティ全体にとっての主要な関心事の1つであり、法律に基づき国家情報長官の任務として定められている。

秘密指定には幾つかのレベルがある。これは、インテリジェンス及びインテリジェンスの手法が機微であることを反映したものである（コラム「なぜ秘密指定が必要なのか？」参照）。仮に我が方の情報収集の能力が明らかにされてしまうと、我が方の情報収集活動の標的である国家がこれに対する防御措置を講じ、その結果、我が方の情報収集のシステムが無力化されてしまう可能性がある。秘密指定制度は、こうした懸念に基づくものである。ただし、秘密指定にはコストが掛かる。そうしたコストには金銭的なものも含まれる。物理的なコスト（警備員、格納庫、インテリジェンスのための特別な通信手段等）も高額である。加えて、秘密情報へのアクセスを許可される各個人に対する適性評価（セキュリティ・チェック）にもコストを要する（詳細は第7章を参照）。

［コラム］なぜ秘密指定が必要なのか？

米国の秘密指定制度に関しては、極めて恣意的に利用されており、時として、本当に秘密へのアクセスを必要としている他者への秘密の提供を拒否するための「言い訳」として濫用されているとの批判もある。こうした批判は必ずしも誤りではない。

しかし、秘密指定制度の背景には一定の合理性及び理由がある。秘密指定制度は、情報が暴露された際に生ずる損害に由来するものである。すなわち、情報収集に関する秘密指定制度の背景には、「情報の重要性」及び「情報源の脆弱性」の両方が関係している。特に後者は、暴露されてしまった場合の代替は困難である。

最も一般的な秘密指定の分類（classification）は「シークレット（SECRET）」であり、次は「トップ・シークレット（TOP SECRET）」である。なお、「コンフィデンシャル（CONFIDENTIAL）」は現在ほとんど使用されていない。トップ・シークレットの分類の中には更に、多数のトップ・シークレット／コードワード（TOP SECRET/CODEWORD）の区分（compartment）がある。これは、各情報源に基づくインテリジェンスの種類に基づく区分を意味する。誰がどのようなレベルの秘密の分類及び区分へのアクセスを許可され

るかは、それぞれの個別の情報へのアクセスに関する各個人の然るべき必要性に応じて決定される。

秘密指定の各分類は定義されている。現在の定義は 2009 年 12 月 29 日付の行政命令（Executive Order）第 13526 号によって定められている。
- コンフィデンシャル（CONFIDENTIAL）：不正な開示によって「国家安全保障に対する損害（damage）が生じる可能性」がある情報。
- シークレット（SECRET）：不正な開示によって「国家安全保障に対する深刻な損害（serious damage）が生じる可能性」がある情報。
- トップ・シークレット（TOP SECRET）：不正に開示によって「国家安全保障に対する極めて深刻な損害（exceptionally grave damage）が生じる可能性」がある情報。

同時に、秘密指定の解除の手続を合理化・標準化するため、行政命令第 13526 号に基づき、国立公文書館内に国家秘密指定解除センター（National Declassification Center）が設置されている。

より高い分類レベルの秘密へのアクセス権限は、それを「持つ者」にとっては、（「持たざる者」との対比において）官僚機構における有力な特権となる。

オバマ政権においては、機微ではあるものの秘密指定はされていない情報を扱うために「管理された公開情報（Controlled Unclassified Information）」と呼ばれるカテゴリーが設置され、公開情報の取扱いに関する統一的な基準が設けられた（2010 年 11 月 4 日付行政命令第 13556 号）。

秘密指定制度の運用が不適切、粗雑との批判もある。例えば、本来の必要性以上に高度な秘密度のレベルに指定される例、そもそも秘密指定に値しないものが合理的な理由もなく秘密指定される例等が指摘されている。また、インテリジェンス・コミュニティが自らの誤り、失敗、更には犯罪行為を隠蔽するために秘密指定制度を濫用しているのではないかとの懸念も指摘されている。

秘密指定制度に要するコスト及び制度の濫用の可能性に加え、「情報源及び情報収集の手法を隠す必要性」があることから、インテリジェンスを政策の手段として利用することには一定の制約がある。例えば、1950 年代後半、ソ連共産党のリーダーであったフルシチョフ（Khrushchev）は、核実験のモラトリアムを破り、ソ連の戦略核戦力の増強を盛んに喧伝した。これに対し、アイゼンハワー（Dwight D. Eisenhower）米大統領は、U–2 偵察機によって撮影されたソ連の戦略戦力に関する画像インテリジェンスに基づき、依然として米国は強力な戦略的優位を享受していることを熟知していた。ただし、インテリジェンスの情報源及び情報収集の手法を保護するため、アイゼンハワーはフルシチョフの「揺さぶり（ブラフ）」には反応しなかった。もしも、ソ連側の主張に対抗するために米国が画像インテリジェンスを公

開していたとしたら、どのような影響が出ていたであろうか。画像公開は、ソ連側の兵器開発に一層の拍車を掛けたかもしれないし、逆に、ソ連の外交政策に深刻な打撃を与えたかもしれない。また、米国のインテリジェンス能力にも何らかの影響が生じていた可能性もある（ただし、当時、ソ連側は、米国のU–2偵察機及び情報収集衛星によって上空から監視されていることは既に承知済みであったとみられる）。こうした疑問に直ちに答えることはできない。しかしいずれにせよ、これらの問いは、本件課題に対する一定の洞察を与えるものである。

　冷戦後、米国のインテリジェンス・コミュニティは、自国の同盟国ではない国々との協力を伴う軍事作戦においてどのようにしてインテリジェンスの情報源及び情報収集の手法を保護するかに関し、懸念を抱くようになった。米国は、同盟国の間においても、インテリジェンス共有のレベルに区別を設けている。最も関係が深いのはイギリスであり、これにオーストラリア、カナダ、ニュージーランドが続く。これらの国々は、**ファイブ・アイズ（Five Eyes）**と称されるインテリジェンス共有のグループである。ファイブ・アイズ諸国以外の北大西洋条約機構（NATO）加盟国とのインテリジェンス共有の関係も、「英連邦の従兄弟」〔訳者注：ファイブ・アイズの事を指す〕との関係程ではないものの、緊密である。しかし、例えば1990年代のボスニアにおける活動のように、ロシア及びウクライナ等の「懸念国」との軍事作戦を含む活動もあり得る。こうした場合、「インテリジェンスの情報源及び情報収集の手法を保護する必要性」及び「インテリジェンス共有の必要性」との間でバランスを取る必要がある。こうした配慮は、作戦そのものの成否にとって重要であるのみならず、共同作戦に参加する各国の活動（あるいは不作為）が米軍に危険を及ぼさないようにするためにも重要である。シリアにおけるISILに対する多国籍軍による空爆作戦の際にも、同様の課題が生じた。

　2002年から2003年にかけてのイラク戦争の際にも、インテリジェンス共有をめぐる問題が生じた。米国及びイギリスは、イラクの大量破壊兵器に関するインテリジェンスを国連の査察団に対して提供する旨を述べた。しかしこれは、必ずしも全てのインテリジェンスの提供を意味するものではなかった。テネット中央情報長官は当時、「米国は全面的に協力している」旨を述べた。しかし、CIAは後に、大量破壊兵器の所在地の疑義がある105ヵ所の中で疑惑のより高い84ヵ所に関するインテリジェンスのみを国連査察団に共有していた旨を明らかにした。一部の連邦議会議員は、これは自分たちが理解していたインテリジェンス共有とは異なると主張し、議論を巻き起こした。

　インテリジェンスの保存及び共有のための情報技術システムが普及し、そうした

システムへの依存が高まっている。こうした状況は、インテリジェンスの情報源及び情報収集の手法の保護に関して新たな問題を惹起している。すなわち、インテリジェンスの共有の推進の結果、より多くの担当者がアクセス可能な場所にインテリジェンスが保管されることが多くなっている。非常に大規模な電子情報保管用のリポジトリにインテリジェンスが集約されている場合が少なくない。しかし、こうした手法の普及に伴い、大規模な秘密の漏えい及びそれに伴う「インテリジェンスの情報源及び情報収集手法の保護」への悪影響の可能性も高まっている。まさに、マニング（Bradley Manning）2 等兵が証言したウィキリークス（WikiLeaks）の活動や、NSA のメタデータ・プログラムに関するスノーデン（Edward Snowden）による暴露がこうした可能性を示している。これらの事件においては、なぜマニング及びスノーデンはこれほど多くの情報に簡単にアクセスできたのか、どのようにして彼らは秘密システム及び秘密保護設備付きの事務室からインテリジェンスを持ち出すことができたのか、そもそもなぜこのような人物がインテリジェンス組織に雇用されてセキュリティ・クリアランスを付与されたのか等の多くの点に対して疑問が提起された。

衛星の限界

　第 1 に、全ての衛星の活動は、物理法則による制限を受ける。すなわち、大半の軌道システムにおいて、衛星は、限られた時間内でしか標的の上空に滞在することができない。また、各回の軌道ごとに、衛星は僅かに異なる軌道を通る（衛星は地球の引力の中で活動するため、地球の動きに影響を受けざるを得ない。したがって、衛星の軌道は、毎回西から東に少しずつ移動する）。第 2 に、衛星は予測可能な軌道上を廻っている。したがって、標的とされている側は、衛星の打ち上げ及び初期軌道に関する基礎的な情報に基づき、衛星の軌道を計算することが可能である。加えて、さまざまな理由により、こうした衛星の軌道に関する情報の公表を試みている個人及び組織が存在している。こうしたことから、標的とされている国の側としては、我が方の衛星が頭上に居ない時間帯に秘密の活動に従事することにより、我が方による情報収集活動を回避することが可能となる。

　衛星の任務に応じて、衛星の軌道には幾つかの異なった種類がある。**地球低軌道**（LEO: Low earth orbit）は地上から約 200–1,000 マイル（320–1,600km）付近の範囲である。（こうした範囲は概ねの値であり、厳密な区分ではない。）地球低軌道は、地球をより詳細に観察することが可能であるため、画像衛星に使用されるのが一般的である。**地球中軌道**（MEO: Medium earth orbit）は、地球低軌道より上で、**対地同期軌道**

(GEO: geosynchronous orbits)、すなわち 22,000 マイル（35,400km）よりは下の範囲である。対地同期軌道上の衛星は、地球上の同じ場所の上空に常に滞在することが可能である。例えば、米国は、太平洋及び大西洋における早期警戒衛星に対地同期軌道を使用している。対地同期軌道上の衛星の場合、標的及び収集衛星の間の距離が長いため、収集された情報を地上に伝達する際に課題が生じる。収集された情報の正確性には限界があるため、前記のいわゆる「掃除機の問題」が生じることとなる。

太陽同期軌道（sun-synchronous orbit）に衛星を飛行させることも可能である。この場合、衛星は、地球の自転と共に移動し、常に日照のある軌道上で飛行することとなる。ただしこれは、（敵国等から）追跡されやすい軌道ともなる。こうしたことから、太陽同期軌道は、国の運営する画像衛星よりも商業衛星に適している。

別の興味深い軌道としてはモルニヤ（Molniya）軌道がある。この軌道は、ソ連の通信衛星が最初に使用したことにちなんで名付けられた。モルニヤ軌道は極端な楕円形であり、南半球において地球に近づき（地上約 300 マイル（480km））、北半球において地球から大きく離れる（地上約 25,000 マイル（40,200km））。**長楕円軌道**（HEO: highly elliptical orbit）と呼ばれることもある。長楕円軌道上では、衛星は通常 1 日に 2 回地球を周回する。ちなみに、地球上の陸地は均等に分布しているわけではなく、南半球よりも北半球に多く位置している。モルニヤ軌道の利点として、標的が比較的少ない南半球上を非常に速く通過する一方、北半球を移動する際には低速となることがあげられる。これは、南半球上では地球の引力に強く引かれるのに対し、北半球上では地球の引力から離れているからである。衛星が 1 周に要する 12 時間のうち約 8 時間は北半球上空で費やされる。その結果、陸地がより広い北半球においてより長時間の情報収集の実施を行うことが可能となる。ただし、北半球上空においては衛星と地球の距離は長くなる。したがって、長楕円軌道は、至近距離あるいは特定の場所の情報収集ではなく、広域の情報収集により適している。

ストーブパイプ問題

インテリジェンスの実務家はしばしば、収集における「ストーブパイプ」の問題（The Stovepipe Problem）を指摘している。この用語は、インテリジェンスの収集における 2 つの特徴を表している。第 1 に、全ての技術的な収集の手法（ジオイント、シギント、マシント）及び非技術的なヒューミント（あるいは**エスピオナージ**（espionage））は、収集から報告に至る一貫したプロセスを形成している。（なお、オシントは、同様に一貫したプロセスを構成している場合とそうではない場合の両方がある。）その意味で、インテリジェンス活動は、始点から終点までの一貫したパイプラインを形成してい

ると言い得る。第 2 に、収集の各手法は相互に分離しており、しばしば競合関係にある。各収集の手法（INT）は、（政策決定者から付与された）インテリジェンスに関するリクワイアメントに応じるに当たり、相互に対立する場合がある。こうした対立は、必要なインテリジェンスの収集に実際にどの手法が最適であるのかとは関係なく、予算の継続的な確保の手段として発生する場合も少なくない。前記のいわゆる「ボールに群がる子供のサッカー現象」である。すなわち、同一のインテリジェンス上の課題に対し、異なった収集手法を擁する複数のインテリジェンス組織が、その適性にかかわらず、バラバラに対処しようとすることによって、「サッカーボールへの殺到（子供のサッカー現象）」が発生する。米国のインテリジェンス・システムの中には、各収集手法間の調整を図るべく様々な役職や制度が設置されている。しかし、誰一人として、全ての収集手法を完全にコントロールすることはできない。2004 年にインテリジェンス・コミュニティ改編法（IRTPA 法）の審議が行われた際には、NGA 及び NSA に対する監督をめぐり、中央情報長官及び国防省の間に対立がある旨が明らかになった。NGA 及び NSA は、組織名称に示されているとおり、「国家インテリジェンス」のための組織であり、国家情報長官（※審議当時は中央情報長官）の指揮を受ける。しかし、NGA 及び NSA は同時に国防省の傘下の組織でもあり、戦闘支援のための組織でもある。したがって、国防長官の指揮下にもある。こうした問題に関し、国家情報長官の権限等の根拠法である IRTPA 法には明確な定めはない。このように、ストーブパイプとは、（始点から終点までの）一貫し完結した（インテリジェンス活動の）プロセスを意味すると同時に、個別に分離された縦割りのプロセスを意味する。

　また、「縦割りの中の縦割り」の問題もインテリジェンスの実務担当者によって指摘されている。すなわち、同一の収集手法の中においても、別々のプログラムが相互に独立して機能しており、互いの活動を十分には承知していない場合がある。この結果、（同じ収集手法内での）競争が強まってしまう。秘密保護の観点から各プログラムは相互に分離されていることから、こうした状況は当然の成り行きとも言い得る。しかし、こうした状況は、「縦割り」としてのストーブパイプの問題を更に悪化させ、異なった収集手法の協力（クロス・イント）の戦略をより困難なものにしている。後述のように、技術系の収集手法はそれぞれ、多くの異なった収集活動に組み込まれている。こうした状況によって、「縦割りの中の縦割り」が生み出されている。

インテリジェンスの不透明性

　米国のインテリジェンス・プロセスは、「分析主導の収集（analysis-driven collection）」を志向している。すなわち、収集活動の優先順位は、分析担当者のインテリジェンスのニーズを反映したものであるべきものと認識されている。また、こうした考え方は、「インテリジェンスの優先順位に関する政策決定者側の意向を、分析担当者は理解しているはずだ」との期待にも基づいている。ただし、こうした期待は往々にして的外れでもある。現実には、収集部門及び分析部門の間の意思疎通は、（2003年以降は大きく改善されてはいるものの）一部の論者が期待している程には緊密には機能していない。最も深刻な問題の1つとして、多くの分析担当者にとって、収集システムは「ブラック・ボックス」であり、その内情はほとんど理解されていないことがある。これは、熟練した分析担当者にとっても同様である。分析担当者たちは、「収集段階の任務はどのようにして決定されているのか」、「どのような情報がどのような理由に基づいて収集されているのか」、「収集された情報はどのようにして分析部門に伝達されているのか」等に関して十分には理解できていないと感じている。すなわち、多くの分析担当者にとって、収集プロセスはある種の謎めいたものである。こうした状況は、「他部門同士の相互理解の失敗」と一言で片付けることも可能かもしれない。しかし、こうしたギャップは収集活動の核心にも関係するものでもある。すなわち、こうしたギャップが存在することから、分析担当者はしばしば、自分たちは収集に対して何の影響力も持たず、自分たちが収集部門から受領する情報源は全てランダムかつ偶然の産物に過ぎないと感じてしまう。実際には、インテリジェンス・コミュニティは、分析担当者に対する収集の研修に莫大な時間を費やしている。それにもかかわらず、こうした投資はほとんど効果をあげていない。したがって、事態は深刻である。こうした「収集は不透明である」との認識は、「分析主導の収集」という目標にも悪影響を与えている。分析担当者としては、自分自身が収集のシステムを良く理解していない状況の下で、収集部門に対して適切な任務を付与することは容易ではない。

　クラッパー国家情報長官は、収集及び分析の統合の改善を主要な目標の1つに定め、国家情報長官室の改編を実施した。具体的には、特定の地域あるいは機能的課題を担当する国家インテリジェンス・マネージャー（NIM: National Intelligence Manager）を設けた。各マネージャーは、それぞれの担当課題に関する収集及び分析の調整の責務を担うと共に、それぞれの担当課題に関する「統一インテリジェンス戦略」を作成することとなっている。ブレナンCIA長官（在2013–2017年）によるCIAの再編も同様の課題に対処するためのものとみられる。ただし、その射程は、分析及び

ヒューミント収集の関係の調整に限定されている。両者の乖離は、2002 年のイラクの大量破壊兵器問題の分析に関連して問題となった。

拒否及び欺瞞

　情報収集の標的とされた国は、相手の収集能力に関する知識を利用して、収集を回避することも可能である（こうした活動は、**拒否**（denial）と称される）。また、標的側は、同様の知識を利用して、収集国側に対して意図的に何らかの情報を発信することも可能である。こうした情報発信の内容は、真実あるいは虚偽のいずれの場合もあり得る。後者（虚偽）の場合は**欺瞞**（deception）と称される。例えば、ある国は、相手国からの攻撃を抑止する手段として、意図的に多くの兵器を公開することがある。こうした活動は、実際の能力を喧伝している場合もあれば、実態を取り繕うべく虚像を誇示するための演出である場合もある。典型例として、ソ連は軍事パレードの際、少ない数の戦略爆撃機をモスクワの周辺で周回飛行させていた。こうすることによって、出席していた米国関係者に同じ爆撃機を複数回カウントさせ、ソ連の空軍力を水増しして誇張することを画策した。同様の範疇の活動としては、画像収集活動を欺くためにオトリあるいはダミーを利用すること、シギント活動を欺くために虚偽通信を利用することがある。例えば、第 2 次世界大戦の際の「D デイ作戦」〔訳者注：ノルマンディー上陸作戦〕に先立ち、連合国側は、ノルマンディーではなくカレーへの侵攻に対するドイツ軍の懸念を高めることを画策して、こうした施策を活用した。すなわち、連合国は、パットン（George S. Patton）将軍の指揮の下で、本来は存在しない（カレーへの）侵攻軍の虚像を創作するべく、膨張式のダミーの戦車及び虚偽の無線通信を駆使した。2006 年 8 月、イギリスの地理測量部（同国の全ての公式地図を管理し、その歴史は 1791 年までさかのぼる）は、80 年間に及ぶ偽装地図プログラムの終了を発表した。第 2 次世界大戦中、ドイツ軍の爆撃目標を攪乱するべく、重要施設等はイギリスの公式地図上から削除されていた。商業ベースで入手可能な高解像度の衛星画像及びインターネット上で入手可能な情報の出現を踏まえ、イギリス政府は、こうした欺瞞政策は既に時代遅れのものになった旨を指摘した。

　インテリジェンス・コミュニティは、こうした拒否及び欺瞞（D&D）の問題への対処に多くのリソースを割り当てている。インテリジェンス当局は、どの国が D&D 活動を実践しているかを察知し、当該国が D&D 活動を実施するためのインテリジェンスをどのようにして入手していたのかを解明し、こうした他国の D&D 活動を阻止するための対抗策の立案を試みている。米国のインテリジェンスの情報

源及び手法に関する公開情報が増加するに伴って、他国によるD&D活動は、米国のインテリジェンス収集にとって一層深刻な制約となっている。

ただし、インテリジェンス分析において、D&Dは極めて複雑な課題であり、慎重な取扱いが必要である。例えば、従来からD&D活動を実践している潜在的な敵対国が、新しい兵器システム開発している可能性があると仮定する。こうした場合、収集部門は当該国によるこうした兵器開発動向を発見する責務を担う。しかし、実際にはそれは極めて困難である。もしも、そうした兆候がD&D活動の一貫だとすれば、そもそも実際には兵器開発活動など存在しないからである。他方、情報収集の失敗の原因は全て相手側のD&D活動だと単純に結論付けるのも適切ではない。「当方から見て全く疑いの余地がない国（すなわち、信頼し得る国）」及び「D&D能力が極めて優れた国」は第3者から見ると区別が付きにくく、分析担当者にとってはほぼ同一に見えてしまう。こうしたことから、D&D活動の分析には「自己欺瞞」という潜在的な落とし穴が内在している（こうした状況を、あるインテリジェンス関係者は「成功した欺瞞活動を見破ることはできない。」と表現している）。

例えば、北朝鮮の核兵器開発計画の現状及び将来に関し、金正恩及びトランプ（Donald Trump）が数次にわたり会談を重ねているにもかかわらず（あるいは、そうした動向があるからこそ）、実際には北朝鮮は核開発計画を隠蔽しようと画策している旨の報道も散見される（第11章、12章参照）。

画像インテリジェンスの分析担当者によると、AIの活用により、画像を改ざんし、実在しない物体や景色をコンピュータに誤認識させるような活動を行う国が出現することが懸念される。こうした技術は、軍事作戦の計画立案の際に重要な意味を持つ。同時に、施設あるいは活動を隠蔽するために、より広範に活用される可能性もある。なお、偽物の衛星画像の識別にAIを活用する試みも実施されている。AIに関するこうした取組の見通しは有望であるが、最終的な評価を行うには時期尚早である。

冷戦後の世界における偵察活動

米国のインテリジェンス収集システムは、主にソ連を標的として情報収集を実施することを念頭に置いて構築されたものであった。ソ連は、広大な国土及び悪天候という特徴を持ち、秘密主義及び欺瞞の長い伝統を持つ閉鎖的な国家であった。同時に、米国側のインテリジェンス活動の主要な関心対象はソ連の軍事能力であった。実際には、ソ連軍の駐在する基地は大規模なインフラ設備を備えた巨大かつ明確な存在であった。加えて、ソ連軍は非常に規則正しい活動を行っていた。したがって、

米国側の情報収集の困難性はある程度は緩和されていた。

　冷戦の終結の結果、こうした従来のインテリジェンス収集システムの有用性には疑問が呈せられることとなった。一方で、（ソ連の崩壊によって）米国に対する戦略的な脅威は減少した。他方、米国のインテリジェンスの対象事項は以前の「ソ連の軍事能力一辺倒」から多様化し、地理的にも拡散したものとなった。加えて、ソ連及びその他の伝統的な政治的・軍事上の課題に対処するために構築された従来の技術的インテリジェンス収集の能力では、新たなインテリジェンス上の主要な課題（薬物、テロ、犯罪等のいわゆる「国境を越える課題」）に十分に対応することは困難となった。これらの新しい収集上の標的の多くは非国家主体（non-state actor）である。また、地理的な位置も固定されておらず、情報収集の標的として好都合な広大なインフラ設備等も具備してないない。したがって、こうした「国境を越える課題」に関する情報収集に当たっては、米国が得意としない地域において、より高度なヒューミント活動を実施することが必要とみられた。ただし、近年、政策及びインテリジェンスの関心は再び国家主体の課題に集中し始めている。その結果、伝統的なインテリジェンス上の課題及び収集手法が改めて見直されつつある。こうしたことから、旧来のインテリジェンス収集の手法を完全に放棄することは得策ではないし、財政的にも非現実的である。いずれにせよ、（伝統的な手法及び新たな手法を融合した）よりハイブリッドなアプローチが必要とみられる。そのことはやはり、財政コストの問題を生じさせるものとなっている。

　先述の「2+2」画像計画でも明らかなように、政府のインテリジェンスのシステムを補強するためには、民間商業用の画像収集能力を利用することが可能である。イコノス（IKONOS）、ランドサット（LANDSAT）、スポット（SPOT）等の民間商業システムの登場によって、米露の政府による画像インテリジェンスの独占には終止符が打たれた。いずれの国も（あるいは多国籍のグループであっても）民間商業事業者に画像を注文することが可能となっている。発注元は、身元を隠蔽するために、隠れ蓑となるフロント組織を利用して、民間商業事業者に画像を発注することもあり得る。こうした民間商業用の画像の供給が開始された結果、政府としては、秘密性の高い政府の画像取集システムを真に困難なターゲットに集中することが可能となったとも言い得る。例えば、2010年、NGAは、「2+2」画像計画における電子光学画像の分野において、政府所有の画像収集システムを補完するため、民間商業事業者に対してレーダー画像の契約を発注した。当該分野においては、米国政府による制限もあり、米国企業が存在しない。こうしたことから、受注企業側は、外国の商用レーダーから取得したデータをNGAに対して販売している。2018年、NGAは新

たな商用のジオイント戦略を公表した。この結果、NGA は、任務の一環として、商用の技術をより積極的に活用できることとなった。

2007 年、米空軍のインテリジェンス部門の幹部であるデプトゥラ（David Deptula）中将は、市販の画像及びオンライン地図ソフトを駆使すれば、誰でも潜在的な標的に関する詳細な情報を得ることができる旨を指摘した。加えて同中将は、もはや（政府側が）こうした能力を制御したり、逆戻りさせたりすることはできない旨を認めた。こうした民間商業ベースで入手可能な機能の威力は、2007 年 9 月に米国の民間企業であるデジタルグローブ社（DigitalGlobe）が打ち上げた「WorldView-1」衛星からも見て取ることができる。当該衛星は、同一の場所を 1.7 日ごとに再訪し、1 日に最大 29 万平方マイル（75 万平方キロメートル）の画像を、0.5 メートル（約 20 インチ）の解像度で撮影することが可能である。興味深いことに、当該衛星は、NGA の協力の下で開発されたものである。その目的は、（NGA が）高品質の民間商業用の画像への継続的なアクセスを確保することであった。**シャッターコントロール（Shutter control）**（衛星が何を撮影するか、それを誰が制御するか）の問題は、既に米国政府及び衛星所有者との間で顕在化している。米国政府は、イスラエルに対する撮影を制限しようとしている。アフガニスタン作戦（2001–2021 年）の期間を通じて、米国政府による民間商業用の画像の利用には劇的な変化が生じた。この結果、シャッターコントロールの問題を含め様々な課題に影響が生じている。今後、インテリジェンス・コミュニティ及び民間商業事業者のプロバイダーとの関係が刷新される可能性もあり得る。

ただし、民間商業用の画像の市場は、その積極推進派が期待していたほどには発展していないことも明らかになっている。2012 年、米国の大手 2 社であるジオアイ社（GeoEye）及びデジタルグローブ社は、連邦政府との契約の縮小を受け、双方の合併を発表した。翌年、米国政府は、衛星輸出の規制を緩和した（中国、北朝鮮、イラン、キューバ、シリア、スーダン向けを除く）。2017 年、デジタルグローブ社は、カナダ企業（現在のマクサー・テクノロジーズ社（Maxar Technologies））に買収された。2021 年、NGA は、民間商業分野における非伝統的なパートナーとの協力関係の強化を図るべく、ムーンショット・ラボ（Moonshot Lab）と称する公開の研究所を開設した。

最後に、公開情報の量は急速に増加している。（冷戦終了に伴い）ソ連に支配されていた閉鎖的な社会の多くが崩壊したことから、いわゆる**ディナイド・ターゲット（denied targets）**、すなわちアクセスが不可能な標的は激減した。前記のように、冷戦時代においては、米国が必要とする情報のうち秘密情報及び公開情報の比率は概

ね 80–20% であった。しかし、こうしたパラダイムは、冷戦後の世界ではほぼ逆転したと言い得る。理論的には、公開情報に基づくインテリジェンスが以前よりも利用しやすくなったことにより、インテリジェンス・コミュニティの業務も容易になるはずである。しかし、米国のインテリジェンス・コミュニティは元来、秘密を収集するために創設されたものであり、公開情報の収集には必ずしも対応していない。こうしたことから、インテリジェンス・コミュニティは、公開情報を収集の業務の中に同期させる（上手く位置付ける）ことに苦慮している。加えて、インテリジェンス・コミュニティは、その組織文化として、公開情報に対する偏見を抱えている。なぜならば、公開情報はインテリジェンス・コミュニティの創設の目的に馴染まないように見えるからである。ただし、コロナ禍期に在宅勤務を経験した分析担当者は、当該期間中、公開情報に依存していた。こうした経験に基づき、彼らは、これらの偏見をある程度変えることができるのかもしれない（後述）。

衛星の脆弱性

情報収集衛星は、国家安全保障上の重要なアセット（資産）であると同時に、脆弱性の原因ともなっている。冷戦時代中、米ソ両国は共に**対衛星兵器**（ASATs: anti-satellite weapons）の配備を検討し、それぞれがこうした兵器の実験を行っていた。対衛星兵器に関する具体的な軍備管理条約の交渉の試みもなされたが、結実はしなかった。ただし、戦略核兵器を制限または削減する一連の条約（ABM 条約、SALT Ⅰ及びⅡ条約、戦略兵器削減条約（START）等）において、両国は、互いの「国家の技術的な情報収集手段（NTM: national technical means of collection）」〔訳者注：衛星を意味する婉曲表現〕を妨害しないことに合意した。こうした合意の背景として、「危機の中で闇雲に行動するよりも、相手国が何をしているかを知ることによって戦略的安定が得られる」という点に関して両国とも同様の認識を共有していたとみられる。

報道によると、ソ連崩壊後にロシアは明らかに困窮し、多く見積もっても僅か数基の画像衛星しか運用していなかったとみられる。一時期、「ロシアは『盲目』になった」旨の報道すらもみられた。こうした状況は危機に際しての誤解を招きかねず、ロシアのみならず他国にとっても危険であった。

米国は、インテリジェンスの収集、通信、更にはその他の様々な民間商業の用途において、衛星に大きく依存している。米国の軍事力の優位性の多くは、正確かつ適時のインテリジェンスが継続的に米軍に供給されていることに依存している。米軍の国家航空宇宙情報センター（NASIC）が 2019 年に発行した報告書によると、米国は、インテリジェンス、監視、偵察、及びリモートセンシング用の衛星 353 基を

軌道上に保有していたとされる（中国は122基、ロシアは23基）。また、米国は、測位システム用の衛星31基及び科学観測用の衛星94基を軌道上に保有している。今後当分の間は軍事的に米国に対抗できる国家はないであろう。しかし、衛星システムに対する攻撃は、米軍にとっての足枷となる可能性がある。中国は2007年に対衛星兵器の実験を開始している。このことは、米国及びその同盟国にとって懸念となっている。また、現在、中国はミサイル防衛の実験も実施しており、こちらもやはり懸念材料となっている。なぜならば、一部で指摘されているとおり、当該システムは衛星に対する攻撃に使用される可能性もあるからである。報道によると、2007年、米国のインテリジェンス組織は、中国による対衛星兵器の実験準備の兆候を事前に発見していた。しかし、ブッシュ（George W. Bush）政権は、当該実験の終了後まで特段の声をあげなかった。（なお、仮に米国が事前介入していたとしても、中国が当該実験を中止したか否かは不透明である。）また、別の報道によると、中国は、自国の上空を通過する米国の衛星を無力化することを目的としてレーザーを発射している可能性もある。国防情報局（DIA）は、中国は2020年にはレーザーによって地球低軌道上の衛星を攻撃することを可能とするような対衛星兵器を配備する可能性がある旨を指摘していた。これが実現したかどうかは明らかになっていない

　米国の国務省は、ロシアが「宇宙における装置の検査用だ」と主張している衛星に対して懸念を示している。これらの衛星の行動は「検査用」という任務に矛盾しているからである。また、ロシアは対衛星兵器の開発にも取り組んでおり、衛星を無力化し得るような航空機搭載型のレーザーを開発済みである旨を主張している。ロシアは対衛星ミサイルの実験も行っている。報道によると、ロシアのMiG–31ジェット戦闘機に搭載可能な小型ミサイルは、小型衛星を軌道に乗せるためのものであるが、対衛星兵器としても使用可能とみられる。こうした性能は、衛星が標的となる戦闘において有用となるとみられる。ロシアは2019年及び2020年に動的な対衛星兵器の実験にも成功した旨が報道されている。ロシアの宇宙機関であるロスコスモス（Roscosmos）は、ソーラーパネルの配置の変更によって形状変更が可能な宇宙船の特許を取得している。こうした技術は衛星の視認性を低下させることが可能であり、レーダーによる衛星監視に対しても身を隠すことが可能となる。2019年3月にはインドも対衛星兵器の実験に成功した。この結果、対衛星兵器の軍拡競争はもとより、インドの実験によって生じた宇宙ゴミ（デブリ）に対する懸念が高まった。

　米国はまた、衛星部品のサプライチェーンに他国が侵入し、欠陥品または不適格である部品が自国の衛星に混入する事態を懸念している。この問題は、サイバーの

問題とも密接に関連している。（第 12 章参照）。

　コーツ（Dan Coast）国家情報長官（在 2017–2019 年）は、2019 年の「世界脅威評価（Worldwide Threat Assessment）」報告書において、ロシア及び中国は、米国及びその同盟国の軍事能力の有効性を低下させることを目的として、対衛星兵器の開発を継続している旨を指摘した。その上で、両国は今後数年内に運用可能な対衛星兵器のシステムを保有する可能性が高い旨を指摘した。さらに、センサーの無力化を可能にするような高度の指向性エネルギー兵器の開発に関しても言及した。こうした懸念に加えて、同年の DIA の報告書も、イラン及び北朝鮮による対衛星兵器（特に、衛星に対する電磁波妨害（ジャミング））に言及した。一部の論者は、いわゆる「近接オペレーション（proximity operations）」に対する懸念を示している。近接オペレーションにおいては、潜在的な標的とされた衛星の近くの軌道に平時から「ストーキング衛星（妨害用の衛星）」が配置される。そして、危機発生時あるいは先制攻撃時には、こうしたストーキング衛星が兵器として作動する。

　米国においては、対衛星兵器の脅威の拡大あるいは（実際の）攻撃への対処に関して、誰が衛星運用に責任を担うのかという問題もある。2019 年 12 月、米軍の第 5 の軍として宇宙軍が設立された。このことは、宇宙の問題への関心が高まっていることを示唆している。宇宙軍は、宇宙における米国の作戦の自由を維持する責務を担っている。これには、防衛、抑止及び宇宙における作戦（紛争中における敵側の衛星に対する妨害等）が含まれる。こうした場合には、動的な攻撃よりも電磁波妨害の方が望ましいと考えられる。なぜならば、電磁波妨害による作戦は宇宙ゴミを排出しないからである。宇宙ゴミは全ての衛星にとって脅威である。また、電磁波妨害による攻撃の場合、攻撃を受けた衛星の運用者にとっては、攻撃を受けたのかあるいは単なる故障の発生なのかは不明である。したがって、当方にとっては有利である。国防省が発表した 2020 年宇宙戦略においては、宇宙における米軍の優位性を維持することが要求されている。しかし、競争の激化に伴って、こうした目標の追求はますます厳しいものとなる可能性が高い。前記のとおり、戦争時には、NRO は宇宙軍の指揮下で活動する。宇宙軍は、インテリジェンス、監視、偵察の専従部門を備えている（宇宙軍の用語で「スペース・フォース・デルタ 7（Space Force Delta 7）」）。報道記事によると、宇宙軍は、昼間に対地同期軌道までの宇宙空間の物体を監視するため、コロラド、オーストラリア、スペインに配備される地上望遠鏡のネットワークを使用する予定である。これにより、米国以外の衛星による敵対的な行動に対するウォーニングタイム（警報発出時間）を長くすることが可能となる。また、国防省は、対地同期軌道及び月の軌道の間の高度に監視衛星を配置し、他の

衛星、特に軌道を変更する衛星の動きを追跡することを検討している。宇宙上のこの部分に衛星を配置すれば、極超音速兵器の追跡にも利用できる可能性がある。なお、宇宙軍司令官は、戦術的な画像を統合軍に提供する可能性に関しても議論を行っている。ただし、当該任務のために新たな衛星を建造する必要があるかどうかは不明である。

　敵対的な対衛星兵器に対する有効な対応策はほとんどない。そもそも、衛星が果たす役割には代替手段がない。また、衛星の攻撃耐性を強化することは容易ではない。なぜならば、衛星の重量が重くなり、収集能力あるいは燃料消費量とのトレードオフを検討する必要が生じるからである。予備用の衛星を増設し、既存の衛星が使用不能になった場合にこれらを打ち上げることは可能である。しかしそのためには多額の追加投資が必要である（しかも、それらの予備機は使用されないかもしれない）。仮に、追加の予備衛星が発射準備万全である（すなわち、ロケットに搭載されて発射台に設置されている）としても、天候あるいは技術的な問題によって打ち上げが遅れた場合、一定期間、喪失能力は補填されない。（そもそも、こうした予備衛星に関しても、維持管理及び性能の信頼性の問題が残る。）

　米空軍は、衛星あるいは宇宙船の損傷の点検のために、自律航行する小型衛星の実現可能性を検討している。こうしたプログラムは、対衛星兵器による攻撃あるいはそうした攻撃と推定されるものが発生した場合に有用なものとなり得る。当該プログラムに対する批判として、こうした検査用小型衛星は、敵対する衛星を無力化するためにも利用される可能性がある。2013年5月、国防省は、対衛星兵器の脅威をより良く理解すると共に、必要な場合には衛星に依存しないでも米国が活動し得る方法を検討するための取組を発表した。2014年、国防省の宇宙政策担当者は、より小型で耐用性の高い衛星の使用を検討している旨を述べた。これは、「分解（disaggregation）」政策と呼ばれる。2025年には、こうした「分解」型の最初の衛星が打ち上げられる可能性が指摘されている。宇宙システムの防衛のための予算も増加している。米空軍は、「ホステッドペイロード（hosted payload）」と呼ばれる構想も検討している。これは、米国のセンサーを同盟国の宇宙船に搭載することによって、より多くのセンサーを拡散させる方策である。これによって、対衛星兵器による攻撃が発生した場合の耐性を高め、ひいては対衛星兵器による攻撃を抑止することが可能となる。

　米国は必ずしも専ら守勢にのみ立たされている訳ではない。国防省は、軌道上において中性子ビーム（neutral particle beam）の実験を行うための予算を要求している。2021年に米国のシンクタンクである戦略国際問題研究所（CSIS: Center for Strategic and

International Studies) が発表した研究は、敵対的あるいは脅威のある衛星を別の衛星によって物理的に拿捕し、別の軌道に移動させるか、あるいは「廃棄」してしまう可能性について論じている。ただし、こうした拿捕活動を行う衛星は大量の燃料を搭載する必要がある。このことは、当該衛星の運用にとって大きな足枷となる。対衛星兵器による攻撃を戦争行為とみなすべきとの議論もある。ただし、仮に対衛星兵器による攻撃の実行者を特定できたとしても、当該攻撃自体によって、我が方による軍事的報復の指揮、統制、目標設定能力は制限されてしまうこととなる。

2007年に中国が実施した対衛星兵器の実験もまた、衛星に関する別の課題を明らかにした。当該実験において破壊された標的（気象衛星）は、1インチ以下から数インチ大の**宇宙ゴミ（デブリ）（debris field）**約3,400個となった。こうした宇宙ゴミは、宇宙空間にある他の物体と同じ速度（地球低軌道では秒速約4-5マイルあるいは時速14,400–18,000マイル）で周回し、他の衛星にとっての障害物となる。2009年2月、破棄されたロシアのインテリジェンス衛星が米国の商業通信衛星と衝突した。ある研究者によると、その結果発生した宇宙ゴミの規模は前記の中国による対衛星兵器の実験の約3倍に上り、すなわち地球低軌道上に1万個のデブリが発生したと推定される。なお、軌道上には、活動中の衛星約1,000基に加え、活動していないが軌道にとどまっている衛星が存在する。米国は、宇宙に設置された各種のシステムに依存していることもあり、宇宙監視システムの配備を開始した。当該システムは、宇宙監視衛星（SBSS: space-based surveillance satellite）にも部分的に依存している。2013年1月、ロシアの実験衛星が、2007年の中国による対衛星兵器の実験から生じた宇宙ゴミと衝突し、機能不全となった。こうした事例は、本件をめぐるリスクを更に際立たせるものである。報道によると、米空軍は、2万2000個以上の宇宙ゴミを追跡把握しているとみられる。2014年、米国は、対地同期軌道・宇宙状況把握計画（Geosynchronous Space Situational Awareness Program）の中で、2基の衛星を打ち上げる計画を発表した。これは、対地同期軌道（地上約23,000マイル）上にある衛星を追跡把握するべく、地上に設置された宇宙ゴミ追跡センサーを補完することを目的としたものである。国家航空宇宙局（NASA）は、国及び企業が小型衛星群の打ち上げを検討する際には、打ち上げによって引き起こされる宇宙空間の軌道上の混雑についても考慮する必要があり、加えて、任務が終了した衛星の軌道離脱の計画に関しても考慮する必要がある旨を指摘している。宇宙ゴミの捕獲あるいは削減の手段の構築を目的として、幾つかの国内及び国際的な取組がなされている。しかし、これまでのところ、実用化されたものは存在しない。その一方で、複数の企業が、5G（第5世代）通信ネットワークのために数千の衛星を配備する計画を持っている。こ

うしたことから、宇宙軌道は一層混雑するとみられる。

　2018年、トランプ大統領は、軌道上の衛星の把握・追跡及び衝突の可能性の警報（ウォーニング）発出の任務を国防省から商務省宇宙商務局に移管するよう命じた。これは、国防省の負担を軽減し、本来の国家安全保障の業務への集中を促すことを目的としたものである。しかし、2021年現在、この移管は実行されていない模様である。衛星あるいは宇宙ゴミが他の衛星から1km以内を通過する事案は、毎月4千件以上発生している。

　対衛星兵器による攻撃に加え、軌道上（特に地球低軌道及び対地同期軌道）に多数の衛星が存在すること自体が潜在的な危険をもたらしている。これらの軌道は非常に混雑していることから、衛星同士の衝突あるいは衛星及び宇宙ゴミの衝突に対する懸念が高まっている。こうした衝突によって宇宙ゴミが増加し、衝突の可能性が更に高まるという連鎖反応、あるいは「カスケード効果」が生じる可能性がある。こうした状況は**ケスラー・シンドローム**（Kessler syndrome）と称される。1978年にこうした危険性を提唱したNASAの科学者であるケスラー（Donald J. Kessler）にちなんで名付けられたものである。国際的な合意に基づき、衛星、宇宙船、ロケット上段は、（発射から）25年後に地球低軌道から除去されるべきとされている。欧州宇宙機関（ESA: European Space Agency）によると、現時点では、打ち上げられた宇宙船の40–70％は除去されているのに対し、衛星は5–15％しか除去されていない。2020年3月、米国の宇宙軍は、スペース・フェンス（Space Fence）の運用開始を発表した。これは、宇宙空間にある10センチメートル以下の物体を追跡できるレーダー技術である。また、米国の空軍は、宇宙ゴミあるいは攻撃から衛星を保護する方法の1つとして、軌道上での機動が可能な衛星に注目している。中国及び欧州宇宙機関は、スカベンジャー衛星（scavenger satellite）の実験を行っている。スカベンジャー衛星は、機能停止した衛星に取り付けられ、当該衛星を別軌道に誘導する。こうして、それらの「死んだ衛星」が大気圏で燃え尽きるように誘導するものである。こうした技術は、機能中の衛星に取り付けて、当該衛星をより危険の少ない軌道に移動させることにも応用が可能と考えられる。加えて、地球低軌道にある衛星の数の増加によって天体観測にも支障が生じている。例えば、夜間の空が乱れ、眩しくなる現象である。

　対衛星兵器及びサイバーの問題は関連している。衛星が物理的に攻撃されるのではなく、衛星の運用あるいはデータ送信等に不可欠なコンピュータ・インフラが攻撃されることもあり得る。後述のとおり（第12章参照）、こうした場合、更に複雑な問題が発生する。すなわち、そもそも何が原因で問題が発生したのかを特定する

必要がある。その上で、仮にサイバー攻撃が原因であると判断された場合には、さらに、そのアトリビューション（攻撃者の特定等）及び適切な対応策を検討する必要がある。廃棄された古い衛星の中には、燃料が残存したまま軌道上にとどまっているものもある。こうした衛星がハッキングされ、インテリジェンス収集衛星との衝突に利用される可能性を指摘する見方もある。こうした攻撃は偶発的な事故に見える可能性もあり、アトリビューションの特定も困難である。NSAは、こうした衛星の「乗っ取り」の兆候を示す衛星の挙動の察知にAIを活用することを検討している。

　米国の国防省高等研究計画局（DARPA: Defense Advanced Research Projects Agency）は、対地同期軌道上の衛星を修理したり、衛星の寿命延長のための燃料供給が可能なロボット衛星の開発を支援している。こうした能力が構築されれば、故障した衛星の修理も可能になるとみられる。2021年2月、ノースロップ・グラマン社（Northrop Grumman）は、ミッション延長用宇宙船（Mission Extension Vehicle）の1号機と商業通信衛星とのドッキングに成功した旨を発表した。これは、軌道上において2基の民間商業衛星のドッキングが成功した初の事例である。

　ドローンもまた、（敵方からの）妨害あるいは攻撃に対して脆弱である。報道によると、2019年、米国はホルムズ海峡においてイランのドローンを撃墜した。本件においては、海洋防空統合システム（MADIS: Marine Air Defense Integrated System）に基づき、ドローンの通信システムに対する妨害が実施されたとみられる。

国内インテリジェンスの収集

　国家情報長官の創設の目的の1つは対外インテリジェンス及び国内インテリジェンスの間のギャップを埋めることであった。しかし、その後も、国内インテリジェンスの収集の在り方に関しては引き続き課題が残っている。特に中心的な課題は、人権及び安全保障のバランスである。

　国内インテリジェンスの情報収集に関して第1義的な責任を担っているのは連邦捜査局（FBI）である。FBIは法執行機関であると同時にインテリジェンス組織でもある。その意味では、2つの異なる権能を持つ特異な組織である。議論の焦点の1つとなったのは、テロ防止を目的としたFBIによるイスラム系米国国民に対する監視活動である。司法省の規則では、人種に基づくプロファイリングは禁止されている。しかし、FBIは、情報提供者の獲得等のために地域住民の調査等を行うに当たり、国籍に関する情報を利用することが認められている。人権活動家はこうした状況に反対している。

第5章　収集及び収集の手法　　161

FBIはまた、ビデオ及び監視装置を搭載した小型飛行機を、刑事事件捜査及び国家安全保障目的に活用している。報道によると、監視装置の利用には裁判所の許可が必要であるが、ビデオの利用にはそうした許可は不要とされている。

　テロリストは、メッセージアプリを始めコンピュータ上の様々な手段を活用している。こうしたことへの懸念から、FBIはネット監視のためのより広範な権限を求めている。

　司法省の首席監察官が作成した2012年の報告書によると、FBIは、2009年以降、NSAが収集した「保護されていない」通信（裁判所の許可なく収集可能な通信）データのコピーをNSAから受領している。さらに、2012年、FBIは、収集の標的とするべき具体的な電子メール及び電話番号の情報のNSAへの提供を開始した。2015年、司法省は刑事訴訟手続に関する規則を変更した。この結果、連邦判事は、自身の裁判官としての地理的管轄を越えて、遠隔地に所在するコンピュータに対する捜索令状を発付することが可能となった。この点に関しても、人権団体は反対を表明している。

　2015年4月、国土安全保障省（DHS）は、自身のヒューミント能力を50％増加させる計画を発表した。同省は、公然のヒューミントによる情報収集活動に携わっている。また、同省の「拡張サイバーセキュリティ・サービス」（ECS: Enhanced Cybersecurity Services）プログラムは、ネットワーク上のマルウェアの活動を特定・分析し、インターネット接続事業者に対して警報を発することを目的として策定された。当該プログラムに対しても、人権団体からは懸念が表明されている。国土安全保障省によると、同省は、接続事業者に対してメタデータを含む匿名化データを提供し、接続事業者はそのデータを顧客記録と照合している。2014年、米国の郵政公社は、米国国民5万人の郵便物を捜査利用目的で監視することを法執行機関から要請され、これを受諾する旨を発表した。

　最後に、国防省の首席監察官が発表した2016年の報告書によると、米国国内における捜索救助、自然災害、州兵の演習等の支援目的で、国防省のドローンが使用された事例が紹介されている。こうした国内でのドローンの使用は常に国防長官の承認の下で実施されている。

　今後、米国国内における過激勢力の脅威に対して政府が取締りを強化する際、こうした諸課題は改めて注目を浴びることになるとみられる。

長所及び短所

　各収集手法には長所及び短所の両方がある。それらを評価する際（特に弱点を評価する際）、「インテリジェンス活動の目標は、可能な限り多くの異なった種類の収集手法を主要な課題に集中させることである」旨を頭の隅に置いておくことが肝要である。収集においては、こうした意識に基づき、異なった手法同士の相互補完を通じてより多くのメリットを得ることが可能となる。

地理空間インテリジェンス（ジオイント（GEOINT: Geospatial Intelligence））

　ジオイントは、かつては画像インテリジェンスあるいはイミント（IMINT）と呼ばれていた収集手法である。イミントは、写真インテリジェンスとも言い得る。ジオイントの直接の起源は、1794年にフランス軍がフルーリュスにおいて兵士を気球で上空に送り込んだ短時間の活動である。第1次世界大戦（1914–1918年）及び第2次世界大戦（1939–1945年）では、敵味方の双方とも飛行機を利用して写真の入手を図った。現在も飛行機は依然として利用されている。しかし、現在では複数の国が画像衛星を利用している。NGAは、2003年まではNIMA（National Imagery and Mapping Agency）と称されていた。NGAは、加工処理を含め、ジオイントの全般に関する責務を担っている。一部の画像は、無人航空機あるいはドローン等の国防省の航空システムを通じても提供される。手持ちカメラによる撮影も画像収集の一種と考えられる。

　NGAはジオイントを「自然物あるいは人造物を問わず、地球上において観測可能な物体に関する情報で、国家安全保障に関するもの」と定義している。例えば、都市の画像には自然物（河川、湖沼等）と人造物（建物、道路、橋等）が含まれる。こうした画像に、公益サービス網〔訳者注：送電線、水道網等〕及び交通網等を重ねることができる。さらに、地形データあるいは測地データ〔訳者注：標高、緯度・経度等〕を加えることも可能である。こうすることによって、より完全な全体像を描くことができ、インテリジェンスとしての価値を高めることが可能となる。

　「画像（imagery）」という用語はやや誤解を招きやすい。なぜならば、画像とは一般に、カメラのような光学システム（optical system）によって生成される写真と考えられるからである。確かに、画像の中には、「電子光学（EO: electro-optical）」システムと呼ばれる光学システムによって生成されるものもある。初期の人工衛星にはフィルムが搭載されていた。これらのフィルムは、カプセルで放出された後に直ちに回収され、現像されていた。現代の衛星は、画像情報を信号あるいはデジタル・

第5章　収集及び収集の手法

▶ここに示された衛星写真（カリフォルニア州サンディエゴ市）は、解像度の違いを示している。（解像度の数字は、識別可能な最小の物体の大きさを示す。）また、商業衛星画像の最近の進歩状況も示されている。
1番目の写真の解像度は25メートル（75フィート）である。中央の下部には、主要な地形（丘陵及びミッション・ベイ）が確認できる。より大きな人造物（橋脚、高速道路、米海軍ノースアイランド航空基地の滑走路）が、右側の半島の上に見ることができる。

▶ 5メートル（15フィート）の解像度の画像では、鮮明度が格段に向上する。ノースアイランド及びサンディエゴ国際空港を見ることができる。また、港にはボートの列、湾内にはボートの航跡が見える。中央の上部には、サンディエゴのダウンタウンの高層ビルが見える。写真内の影は、この画像が午前中に撮影されたことを示している。

▶ 4メートル（12フィート）の解像度の画像では、個々の建物及び道路、マリーナの各ボートを見分けることができる。写真の下部には、ターミナルに停泊するクルーズ船が見える。桟橋の上の駐車場の個々の自動車を見分けることができる。

▶ 1メートル（39インチ）の解像度の画像では、個々の建物がより鮮明に見える。駐車場及び道路上では、個々の自動車を見分けることができる。右上の対角線上には鉄道の線路が見える。右上のマリーナの下にあるエンバカデロ・マリーナ公園の中には、小道及び小さな木々も見える。

画像提供：スペースイメージング社（Space Imaging, Inc.）

第5章　収集及び収集の手法　165

データ・ストリームの形式で送信する。それらが受信されて、画像として再構成される。また、レーダー画像は、電波のパルスを発射することによって生成される。発射された電波のパルスは、対象物によって反射され、センサーに戻ってくる。この際、パルスは、反射されたエネルギーの量に応じて様々な明るさとなっている。このように、レーダーは光に依存しない。したがって、悪天候あるいは夜間でも使用可能である。米国のカペラ・スペース社（Capella Space）は、非常に高い解像度（各ピクセルが 20 × 20 インチまたは 50 × 50cm）の合成開口レーダー（synthetic aperture radar）を打ち上げている。

赤外線画像（IR: Infrared imagery）は、記録対象物の表面から反射される熱量に基づいて画像を生成する。赤外線画像は、温度の高い物体（例えば、戦車内のエンジンあるいは格納庫内の飛行機）を検出する能力を備えている。また、マルチスペクトル画像（MSI: multispectral imagery）あるいはハイパースペクトル画像（HSI: hyperspectral imagery）と呼ばれるシステムの中には、スペクトルの分析から画像を生成するものもある。こうした画像は、写真そのものではなく、光のスペクトルの中の幾つかの帯域からの反射（可視のもの及び不可視のもの双方を含む）から生成されるものである。通常、これらはマシント（MASINT）と呼ばれ、高度地理空間情報（AGI: advanced geospatial intelligence）とも呼ばれる。

報道によると、マサチューセッツ工科大学（MIT）の科学者は、光量子（光の粒子）の反射に基づいて3次元画像を再構成できるカメラを開発したと言われている。これは、ほぼ完全な暗闇の中でも画像を撮影できることを意味する。

画像が映し出すことが可能な詳細さの程度を**解像度**（resolution）という。解像度とは、画像の中で見分けることが可能な最小の物体のサイズを表す。画像システムの設計に際しては、撮影が可能な画像の大きさ及び解像度の間にトレードオフがある。つまり、解像度が優れているほど、撮影可能な画像のサイズは小さくなる。分析担当者が要求する解像度の程度は、標的の性質及び求められるインテリジェンスの種類に応じて異なる。例えば、解像度1メートルの場合、人造物あるいは微細な地形の変化をかなり詳細に分析することが可能である。解像度10メートルの場合、細部は損なわれるものの、建物の種類の識別、大規模な施設及び関連する活動の監視が可能である。解像度20–30メートルの場合、より広い範囲をカバーすると共に、空港、工場、基地等の大規模な複合施設を見分けることが可能である。このように、解像度の程度は分析担当者のニーズに見合ったものでなければならない。高解像度が適切な選択である場合もあれば、そうではない場合もある。

冷戦時代には、解像度の性能の優秀性を述べる際に、「クレムリンの駐車場の車

両のナンバープレートを読み取ることができる」という比喩がしばしば語られていた。しかし、これは的外れな比喩である。収集のニーズが異なれば、必要な解像度も異なる。例えば、大規模な軍隊の展開を追跡するためには、軍事兵器の輸送の追跡の場合に比較して、さほど詳細な細部は必要とはされない。米国のインテリジェンス・コミュニティは、「クレイトロジー（crateology）（木箱学）」なる分析技法を開発した。これは、ソ連圏の貨物船から積み下ろしされる木箱の大きさ及び形状に基づき、ソ連の武器輸送を追跡するものである。（ただし、この分析手法は欺瞞工作に掛かる可能性があった。例えば、積荷の特徴を隠すべく、誤解を招くようなサイズの木箱が意図的に使用されることもあった。）

　複数の報道によると、現在の米国の衛星の解像度は10インチである。民間商業画像としては、10–12インチ（25–31cm）の解像度のものが入手可能となっている。これによって、10–12インチのサイズの物体を画像内で見分けることが可能である。なお、以前は、米国の民間商業事業者は、32インチ（0.82メートル）よりも優れた解像度の画像を公開する際には、米国政府との合意に基づき、収集時から24時間のタイムラグを設けることとされていた。2014年、クラッパー国家情報長官は、民間商業事業者が解像度25–31cmの画像を販売することをインテリジェンス・コミュニティが承認し、他の機関からの同意を待っている旨を発表した。

　米国では、国家画像判読性判断指標（NIIRS: National Imagery Interpretability Ratings Scale）が開発されている。これは、個別の画像からどの程度の詳細が判読可能なのかを表示する指標である。1から9までの数字で示され、9番が最も詳細なレベルを意味する。これによって、画像の評価に一貫性を維持することが可能となった。

　ジオイントは他の収集の手法に比較して多くの長所がある。第1に、ジオイントは視覚的であることから、説得力がある。政策決定者に対して示された際、解釈が容易な画像は「百聞は一見にしかず」の諺が示す効果を持つ。第2に、画像は政策決定者にとって理解しやすい。本格的な画像分析の訓練を受けている人は決して多くない。それでも、大半の人々は、日常的に何らかの画像を見て、それらを解釈することには慣れている。政策決定者は、一般の人々と同様に、1日のうちの相当の時間を費やして、家族の写真から新聞、雑誌、ニュース放送等何らかの画像を見て、それらの解釈を行っている。また、政策決定者にとって、画像は利用しやすい場合が多い。なぜならば、当該画像の入手方法の解釈がほとんど（あるいは全く）不要だからである。もちろん、画像が宇宙で撮影され、地球に送信され、処理される過程は、デジタルカメラを使用するよりは複雑である。しかし、政策決定者はそうした事項に関してはおおむね承知しており、それらの技術を信頼することができる

〔訳者注：対照的に、例えばヒューミントの場合は、利用に当たり、情報源の信頼性の検討を始め、情報の入手方法等に関する一定の解釈が必要となる場合がある〕。

　画像のもう1つの長所は、標的の多くが**自己顕示的**（self-reveal）〔訳者注：外観からその本質が理解しやすいという意味〕であるか、あるいは捕捉が容易なものである。大半の国において、軍事演習は、一定の周期で、予測が容易な基地及び演習場において実施される。したがって、ジオイントによる収集に非常に適している。最後に、ある場所の画像からは、1つの特定の活動だけでなく、それに付随する別の活動に関する情報も得られる場合がある。ただし、こうした軍事に関する画像収集の標的（インテリジェンス・コミュニティにとってはより馴染みがある）と、テロに関する画像収集の標的には違いがある。後者は、より小さなサイズのものである。テロ関連の画像収集に際しても、訓練キャンプが設置されている場合はある（例えば、アフガニスタンにおけるアルカイダの場合）。しかし、テロリストのセルあるいはネットワークは、従来の政治的・軍事的標的に比較してはるかに小規模かつ不明瞭である。目に見えるようなインフラ施設等もほとんど存在しない場合が少なくない。

　画像は、長所のみならず、同時に多くの課題も抱えている。第1に、画像の長所たる性質は同時に短所にもなり得る。すなわち、画像は過度に説得力があることから、早急に過ぎる判断あるいは誤った判断につながる可能性もある。画像とは矛盾する内容のより繊細なインテリジェンスを排除してしまう可能性もある。また、画像上のインテリジェンスは必ずしも単純明快ではなく、然るべき訓練を受けた画像解読担当者による解読（interpretation）を必要とする場合がある。こうした分析担当者は、一般人には認識できない事物を識別することができる。場合によっては、政策決定者としては、こうした分析担当者が正しいと信じるしかない。（コラム「画像の解読担当者の必要性」参照）。前記のとおり、現在では、AIによって画像が操作され、情報が改ざんされる懸念もある。こうしたことから、米国は、地理空間画像の「注目点（points of interest）」を検索するAIプログラムに対して輸出規制を課している。

［コラム］画像の解読担当者の必要性

　次の2つの事例は、さほど微妙でない画像でさえも解読が容易ではない旨を示している。1962年、ソ連は、キューバへのミサイル配備を計画していた。こうした計画を示唆する有力な兆候は、「ダビデの星」と呼ばれる特徴的な道路の模様の画像だった（形状が宗教的シンボルに似ていたことから、このように呼ばれた）。これは、素人には単なる奇妙な道路のインターチェンジにしか見えなかった。しかし、然るべき訓練を受けた米国の画像解読担当者は、これを、以前にソ連のミサイル発射場で見たことがある模様と同じものである旨

> を認識した。こうした説明がなければ、あるいは（比較の基となった）ソ連のミサイル発射場の画像が無ければ、政策決定者は解読担当者を信用しなかったであろう。
> 　1970 年代後半から 1980 年代前半、キューバは、アフリカ諸国に遠征軍を派遣していた。その際、新しい野球場の建設は、こうした派遣軍の到着を示唆していた。政策決定者は、こうした野球場の重要性を理解するため、キューバ軍がレクリエーションのために野球をすることを理解する必要があった。解読担当者は、政策決定者から否定されるのを避けるため、裏付けとなる分析資料（キューバ人が野球にいかに真剣に取り組んでいるかを説明するメモ等）を提供する必要があった。新しいグラウンドの建設は、大規模なキューバ軍の部隊の集中的な配置を示唆している可能性があった。

　衛星画像及び一部の空中画像の持つもう 1 つの欠点は、スナップショット、すなわち特定の時間における特定の場所の写真に過ぎないことである。これは「いつ、どこで（where and when）」現象とも呼ばれる。すなわち、こうした画像は静的なインテリジェンスである。これらは、当該画像が撮影された場所及び時間において発生した事態を明らかにすることはできる。しかし、その前後の時間において発生した事態あるいはそれらが発生した理由に関しては、何ら明らかにすることはできない。分析担当者は、**反証検証（negation search）** を行い、過去の画像に基づいて、当該活動が開始された時期の特定を行う。こうした作業は、コンピュータによって画像を比較することによって実施される。これは、**自動変化抽出（automatic change extraction）** と呼ばれるプロセスである。同じ場所を改めて撮影し、さらなる活動を監視することもできる。しかしいずれにせよ、1 枚の画像によって全てを解明することはできない。後述するように、無人航空機ではビデオを収集することが可能である。こうした取組は「いつ、どこで」問題を部分的に解消することが可能である。しかし同時に、そうした作業自体が更に別の課題を抱えている。

　米国の画像能力がより詳細に知られるようになったことから、他国としては、カモフラージュあるいはダミーの使用によって、米国による収集を欺くことが可能となっている。また、監視外の時間帯あるいは監視されにくい時間帯に特定の活動を実施したり、地下施設の活用により、情報を収集されることを回避することもあり得る。こうしたことは、特に大量破壊兵器拡散問題において一般的とみられる。

　対テロ戦争を通じて、画像の利用には 4 つの大きな進展がもたらされた。第 1 は、政府による民間商業画像の利用が大幅に拡大したことである。2001 年 10 月、NGA（当時は NIMA）は、スペースイメージング社が運営するイコノス（IKONOS）衛星が撮影するアフガニスタンの全画像に関する独占的かつ永続的な権利を購入した。当該衛星の解像度は 0.8 メートル（約 31.5 インチ）であった。こうした措置により、米

国の収集能力全般が拡張されることとなった。すなわち、NGA は政府の高度な画像能力を最重要地域に投入することが可能となる一方で、イコノスがその他の収集業務を担うこととなった。前記のとおり、米国は、こうした民間商業画像を使用することによって、自身の秘密の能力を明らかにすることなく他国と画像を共有したり、画像を一般に公開することが更に容易になった。同時に、米国と敵対する可能性のある外国政府や、アフガニスタン作戦を通じて米国の軍事力を測定することを画策していた外国政府は、画像へのアクセスが拒否されることとなった。また、報道機関は、戦争の遂行の状況及びその成否の評価を報道する際に、画像の利用を希望する場合もある。しかし、こうした米国政府による独占的な画像の購入の結果、報道機関がこれらの民間商用画像にアクセスすることはできなくなった。

> [コラム] ジオイントは画像である必要はあるのか？
>
> 　ジオイントと言った場合、一般的には画像あるいは写真が連想される。しかし、ジオイントの利用法は他にもある。すなわち、ジオイントを「位置に関連するインテリジェンス」と捉えるならば、これを表示する方法は画像以外にもあり得る。例えば、ツイッターの投稿パターンを図示することにより、活発なツイッター利用者の集中している場所を特定することが可能である。更に、ある特定の問題に対して最も強い関心を持っている人々や、当該問題に関する論争あるいは抗議行動に最も積極的な人々に関して、その経済状況あるいは属性に関する情報を得ることが可能となり得る。こうした作業は、ある特定の活動が最も活発あるいは不活発な場所を表示するものであり、ジオイントの一種である。しかし、画像ではない。別の例として、NGA は、シリアからの避難民の居場所を追跡するためにソーシャルメディアを利用している。NGA はまた、民間商業画像、AI、機械学習等を活用し、経済活動及び貿易の動向を追跡する手法を検討している。こうした場合も、最終的な成果物は画像そのものではなく、経済活動に関する何らかの地理的な表示になるとみられる。

　NGA（当時は NIMA）による民間商業用画像の独占的な購入に伴う付随的な影響として、シャッターコントロールの問題が回避されることとなった。米国は、国家安全保障上の理由に基づき、米国企業が運用する民間商業衛星に対してシャッターコントロールを課すことができる。当初は人権団体あるいは報道機関が政府によるシャッターコントロールに対して法的な異議を提起することが懸念され、その見通しは不透明であった。しかし、NIMA は、単純に画像を（独占的に）購入することによって、本件に関する全ての問題を回避することが可能となった。（なお、フランス国防省は、同国の民間商業衛星であるスポット（SPOT）（解像度 10 メートル）によるアフ

ガニスタンの紛争地域に関する画像の販売を規制した。）民間商業画像の利用を増加することによってインテリジェンス活動を支援することは、米国政府の正式な政策となった。2002年6月のテネット中央情報長官による指示により、民間商業画像は「政府による地図作成のための主要なデータソースである」と位置付けられた。同時に、地図作成目的に政府の衛星が使用されるのは「例外的な状況」に限定されることとなった。テネットの指示は2つの目的があった。第1は、解像度が高い政府の衛星を、地図作成よりも難易度の高い収集業務のために確保することであった。第2は、米国の民間商業衛星の能力を持続するための基盤を提供することであった。こうした方針は、2003年4月にブッシュ大統領が署名した命令により更に拡大された。すなわち、米国は、軍事、インテリジェンス、外交政策、国土安全保障、民生利用を含む広範なリクワイアメントに応えるべく「実用的な範囲で最大限に」民間商業衛星に依存することとなった。こうした施策においても、米国政府の衛星システムは、より高度な収集業務に充てられることとされた。（ただし、前記のとおり、近年、米国連邦政府による民間商業画像への支出は減少している。）こうした方針の更なる進展として、2015年、NGAは、画像及び画像分析の一般公開を更に推進することとなった。NGAは、民間商業画像を活用し、西アフリカで発生したエボラ出血熱に関連するインテリジェンスを公開した。人権団体もまた、ナイジェリアにおけるボコ・ハラム（Boko Haram）の略奪行為に関し、ナイジェリア政府の公式発表とは異なるより正確な情報を得るために、民間商業画像を活用した。2020年、NASAは新型コロナウイルスの流行の状況を記録するに当たり、日本及び欧州の宇宙計画と協力を行った。

　NGAはジオイント・パスファインダー（GEOINT Pathfinder）と称するプロジェクトを立ち上げた。これは、秘密ではない情報源のみに依存して重要なインテリジェンス上の課題に応えようとするプロジェクトである。その成果の1つがNGAティアライン（Tearline）である。これは、NGAが「民間の専門家グループとの提携の下で、詳細あるいは長文の報告では見落とされがちな様々な戦略、経済、人道面のインテリジェンスのトピックに関して、公開かつ権威あるオープンソースインテリジェンスを作成する」と言うものである。

　前記のとおり、2018年4月、NGAは、民間商業ジオイントに関する最新の戦略を発表した。これは基本的に、NGAの能力の強化を図るべく、画像、加工処理、分析を含むあらゆる種類の様々な民間商業画像の事業者とNGAとの関係を深め、その活用を推進するものであった。特に重要な点は、「ジオイントの確保」のために、多様な民間商業事業者をパートナーとして活用することであった。従来の戦略

と同様、こうした方針の背景には、「永続的な」画像能力及び画像ニーズへの対応の迅速化に関し、政策決定者からの要求が高まったことがある。加えて、多くのサプライヤーから提供される地理空間データのユビキタス化が進展していることもある。2018年、NGA及びNROは、民間商業画像関連の企業との間での将来のニーズに関する協議を進展させるべく、「民間商業ジョイント活動（Commercial GEOINT Activity）」プログラムを創設した。

民間商業衛星に関わる企業の一部は、衛星からの画像をほぼリアルタイムで提供することを開始した。このため、地上局からクラウド上への画像の移動は、従来よりも迅速に行われるようになった。これにより、消防士あるいはその他のファースト・レスポンダー等画像を必要とする人々に対し、より迅速に画像を提供することが可能になる。こうした取組は、緊急のニーズには利点があると考えられる。ただし、本来は利用者に画像を提供する前に分析担当者が画像を点検する必要がある場合であっても、そうした過程が省略されてしまうこともあり得る。

米国政府は、シャッターコントロールに加え、民間商業画像の収集及び配布に制限を加える権利を保持している。（米国の民間商業画像産業は、商務長官による規制及び許可制の下にある。また、国務長官及び国防長官は、国家安全保障及び外交政策上の懸念の観点から、同産業に関する政策を決定する。）米国の政策では、外国の民間商業画像の使用も認められている。NGAは、民間商業画像関連の企業との契約において、解像度0.5メートル（19.7インチ）の実用化を2006年までに達成することを要求していた。（これに対し）ある米国企業は、解像度0.25メートル（10インチ未満）の衛星の配備の許可を商務省に申請した。現在、米国以外の企業数社が、解像度1–1.5メートル（40–60インチ）の画像を提供している。

画像利用の進展に関する第2の重要な点は、無人航空機である。無人ドローンを活用した画像撮影は決して目新しいものではない。しかし、その役割及び能力は著しく拡大している。無人航空機は、衛星及び有人航空機に比較して、2つの明確な長所がある。第1に、無人航空機は、高い高度の軌道上を運行するのではなく、（利用者が）高い関心を持つ特定地域の付近を飛行し、その上空において待機することが可能である。航空機でも同様のことは可能であるが、衛星ではできない。長所の2点目として、無人航空機は、操縦士を生命の危険（特に、地対空ミサイル（SAM）からの危険）に晒すことはない。これは、有人航空機とは異なる点である。無人航空機は無人であるが、衛星を通じて操縦士とつながっている。操縦士自身は、作戦地域から遠く離れた（場合によっては数千マイル離れた）安全な場所に配置されている。無人航空機の第3の長所は、リアルタイムの画像を生成できることである。無人航

空機は、高解像度のテレビカメラ及び赤外線カメラを搭載している。したがって、ビデオ画像を加工処理を介することなく、直ちに使用に供することが可能である。こうした無人航空機の機能は、「スナップショット」の問題の解決につながる。2006年、連邦議会上院のインテリジェンス問題担当委員会は、現場の戦闘部隊に対する戦術的画像インテリジェンスの支援を強化することを目的として、「NGA は、現場の部隊に対し、PC を通じてビデオ及び画像を提供すべきだ」と指摘した。

ドローンには脆弱性もある。他の固定翼機と同様に、ドローンも天候の影響を受ける。低空を飛行するドローンは、地対空ミサイルの危険にも晒されている。また、無人航空機はハッキングを受けやすい。ビデオ通信が傍受されたり、ハッカーによってオペレーション自体が妨害される可能性がある。報道によると、テロリスト集団である「イスラム聖戦（Islamic Jihad）」は、イスラエルのドローンをハッキングしているとみられる。また、イラクの武装勢力は、米国のドローンからの映像通信を傍受している旨の報道もある。さらに、薬物密売組織は、米国及びメキシコの国境において米国の税関・国境取締局（CBP）のドローンをハッキングし、電波妨害あるいは位置情報の窃取を行っている。こうしたことから、米国の無人航空機のハッキングに対する耐性を高めることを目標として、無人航空機のソフトウェアを改良し保護するための取組が行われている。

GPS、無線周波数及びその他の技術を活用し、特定の地域内でのドローンの飛行を阻止するための仮想的な障壁（いわゆる**ジオフェンス（geofence）**）を構築することが可能となっている。報道によると、中国企業の DJI 社（大疆創新科技有限公司）はシリア及びイラクの一部にジオフェンスを構築し、イスラム過激派がこうした紛争地域内で自社のドローンを利用することを阻止したとされる。

米国は、グローバルホーク社（Global Hawk）、リーパー社（Reaper）、センチネル社（Sentinel）等複数の企業の無人航空機を活用している。（2018年3月、国防省はプレデター（Predator）ドローンを退役させた。しかし、プレデターは、国境警備においては引き続き利用されている。）無人航空機は、特定の目標地域を長期間にわたり監視することが可能であり、ヘルファイア（Hellfire）ミサイル（レーザーによって目標に誘導される）で武装することが可能である。したがって、標的の位置が特定されていれば、自力で攻撃を実施することが可能であり、（他者への）空爆要請によって（攻撃開始までの）時間の無駄が生じることもない。

米国政府は従来、無人航空機による攻撃に関してコメントあるいは確認はしない方針であった。しかし、オバマ大統領は、イエメンにおけるアウラキ（Anwar al-Awlaki）の死亡及びパキスタンにおける攻撃に無人航空機を利用している旨を公に

第 5 章　収集及び収集の手法　　173

認めた。2016年7月、国家情報長官室は、イラク、アフガニスタン、シリア等の紛争地域以外における無人航空機による攻撃の状況に関する報告書を発表した。同報告書によると、2009年1月20日から2015年12月31日までの間に無人航空機による攻撃は473回実施された。敵の戦闘員の殺害は2,372–2,581人の間、非戦闘員の死亡は64–116人の間であった。また、2011年2月、オバマ政権は、薬物撲滅活動を支援するべく、米国及びメキシコの国境地域において無人航空機を活用する方針を明らかにした。加えて、2011年4月、リビアにおけるNATOの作戦を支援するため、無人航空機2機を使用した。

　グローバルホーク社の無人航空機は、最高高度6万5千フィート（19.8km）を、最高時速400マイル（時速644km）で飛行する。標的である地域から3,000マイル（4,800km）離れた場所を拠点とし、標的の上空で24時間活動することが可能である。グローバルホーク社の無人航空機は、広範囲の地域のカバー及び特定のスポットの継続的なカバーの双方に対応できるよう設計されている。リーパー社の無人航空機は、高度2万5,000フィートを飛行する。5万フィート（約15.2km）まで上昇することも可能である。飛行時間は、搭載物にもよるが、最大40時間である。リーパー社の無人航空機は、ヘルファイアミサイル14発、あるいはヘルファイアミサイル4発及び500ポンドのレーザー誘導爆弾2発を搭載可能である。リーパー社の無人航空機は、複数のビデオストリームを収集し、送信することが可能である。航空宇宙産業の某社が設計した無人航空機は、高度6万5千フィートを飛行し、バッテリー充電に太陽光発電を使用することによって最大5年間上空に滞在することが可能である。センチネル社の無人航空機は高度5万フィートが限界とみられる。

　無人航空機の配備数及び飛行回数は、システムの有用性及び利用頻度（OPTEMPO）を反映するものであり、重要な問題となっている。空軍の無人航空機の操縦士の負担及び疲労の増加が広く報告されている。その結果、操縦士の疲労回復を図る時間を確保するため、無人航空機の運用が削減された。また、無人航空機の操縦士の採用数よりも退役数が上回っているとの報告もある。対策の1つとして、勤続特別手当が支給されている。

　無人航空機の利用が増加すると共にその収集能力が向上したことによって、幾つかの新たな概念が誕生している。**フルモーションビデオ**（FMV: Full motion video）とは、無人航空機によって収集可能な長時間かつ至近距離のビデオを意味する。あるいは、こうしたビデオから可能な限り多くのインテリジェンスを取得できるように設計された機能を意味する場合もある。**アクティブ・ベースド・インテリジェンス**（ABI: Activity-based intelligence）（**生活パターン**（pattern of life）と呼ばれることもある）と

は、ある場所において（当方が関心を持っている）特定の活動が行われている可能性を示す行動を察知することを通じて、インテリジェンス収集を行うものである。アクティブ・ベースド・インテリジェンスは、ある特定の場所において、通常とは異なる活動を察知するもの、あるいは、ある特定の活動パターン（例えば、IED（簡易爆発装置）を設置する活動）を察知するものである。したがって、アクティブ・ベースド・インテリジェンスを実施するためにはまず、大量の収集データに基づいて、「通常の行動パターン」あるいは「敵対的とみなされる特異な行動パターン」を定型化する必要がある。その意味で、アクティブ・ベースド・インテリジェンス及びフルモーションビデオは明らかに緊密に関連したものである。2021年8月29日、アフガニスタンにおける最後の無人航空機による攻撃は、現地の民間人10人を殺害してしまった。こうした事例は、これらの分析手法の欠陥を露呈するものでもある。

　国防省高等研究計画局は、様々なリアルタイムの監視カメラの映像に基づいて特定の人物の将来の行動を予測するAIシステムの開発の可能性を検討している。テロ対策におけるアクティブ・ベースド・インテリジェンス及びフルモーションビデオの活用も顕著になっている。そうした手法が、伝統的な国家に関わる課題（nation-state issue）に対してどの程度有効なのかは不透明である。これらの課題に対しては、無人航空機は余り使用されていないとみられる。インテリジェンス高等研究計画局（IARPA: Intelligence Advanced Research Projects Agency）は、国家情報長官の傘下にある技術研究開発の組織である。同局は、対象から数百ヤード（メートル）以上離れても機能する生体認証システムの構築方法の研究を行っている。空軍の研究組織は、カモフラージュを見破ることができる能力を持つと共にドローンあるいは衛星に搭載可能な超小型のカメラの開発研究に対して資金援助を行っている。

　ドローン開発における方向性の1つは、航続距離及び飛行時間の延長である。もう1つの方向性は、小型化、軽量化、高速化である。国防省高等研究計画局は、複数のセンサーを搭載しながら時速45マイルで飛行が可能なドローン（FLA: fast lightweight autonomy）のテスト飛行に成功した旨を発表した。最終目標は、GPSに依存せずに自律的に飛行し得るドローンである。複数の国及び企業は、数インチ（2.5〜10cm）四方の超小型ドローンの開発を行っている。こうした超小型ドローンは、グループとして運用し得る可能性がある。米国陸軍も、必要な時に必要な場所において3Dプリンターで作成可能な小型ドローンの開発を検討している。前記のとおり、こうした技術は国家組織の手中にとどまらず、様々な方法を通じてテロリスト、薬物密売人等にも利用可能となる可能性がある。2021年、大型の実験用ドローンか

らの小型ドローンの発射が成功した。これは、より大型のドローン（今回の場合はクレイトス XQ–58A バルキリー（Kratos XQ-58A Valkyrie））から、比較的低額の小型ドローンが多数発射されるものである。これによって、より大型で高額なドローンの温存が可能になるとみられる。

無人航空機の運用には多くの課題がある。

- **加工処理**：無人航空機は、1 回の飛行で最長 1 日間作動し、映像を撮影する。その結果、大量の画像が生成される。こうした映像は加工処理を経なければ何ら役に立たない。しかし、こうした大量の映像（『プレダポーン（Preda-porn）』と呼ばれることもある）の加工処理は、数百枚の単一画像の処理よりもはるかに困難な作業である。2009 年、20 万時間分の映像が無人航空機によって収集された。これは今後も増加し続けるとみられる。これらの収集物は、加工処理を経なければほとんど役に立たない。興味深い類似業務として、プロの野球及びフットボールのチームが毎試合の映像をどのように保存、分類しているかという点があげられる。こうしたスポーツにおける映像の量はインテリジェンスにおけるものよりも遥かに少ない。しかし、加工処理に必要とされる技術は類似しているかもしれない。無人航空機の担当者は、データ量の過多及び作業疲労を訴えている。
- **無人航空機の兵器発射機能**：無人航空機は情報収集のための装置であるのみならず、兵器を発射するための装置としての機能を有する。オバマ政権下ではドローンによる攻撃の頻度は急速に上昇し、（前の政権である）ブッシュ政権下に比較して 4 倍となった。軍人ではなくインテリジェンス担当者がこうした空爆を実施することの妥当性に関しても疑義が生じている。米国政府関係者のみならず、2010 年の国連の調査においても同様の問題が指摘されている。関連する問題として、ドローンによる米国国民の殺害の問題もある（第 8 章参照）。バイデン政権は、発足の初日に、アフガニスタン等の従来の紛争地域以外におけるドローン攻撃にはホワイトハウスの承認を必要とする旨の命令を発出した。それ以前の政権下においては、CIA 及び国防省に対してはこうした活動の権限が付与されていた。報道によると、2021 年 5 月、イスラエルは、ガザ上空において無人航空機群を利用した。これは、単なる「複数の無人航空機」にとどまらず、複数の無人航空機が戦闘中に相互に通信・協力するものであった。
- **無人航空機の脆弱性**：無人航空機は遠隔操作で操縦されることから、コンピュータのインフラに依存している。したがって、こうしたインフラがサイバー攻撃及びハッキングに晒されることが懸念される。例えば、報道によると、2009 年、イランの支援を受けたイラクの武装勢力が（米軍の）無人航空機にハッキングして映像を窃取していたとみられる。

- **一方的優位性、許容度のある環境**：米国は、「許容度のある環境（permissive environment）」（すなわち無人航空機が攻撃されにくい空域）において無人航空機を運用することにより、無人航空機の「一方的な優位性（unilateral advantage）」を保持してきた。しかし、米国にとって（インテリジェンス上の）重要性が増している国（ロシア、中国、イラン、北朝鮮）の大半においては、無人航空機の使用が許可されていない地域があり、無人航空機の利用には適していない。したがって、米国としては、これらの標的に対しては、無人航空機よりも衛星による収集に重点を置く必要がある。例えば、2014年のロシアのウクライナ侵攻の際にもそうした状況がみられた。米国は、ロシア軍の活動を示すデジタルグローブ社による画像を公開した。また、他国による独自の無人航空機の製造に伴い、米国の無人航空機の一方的な優位性は確実に失われているとみられる。中国、イラン、イスラエル、パキスタン等の多くの国家は既にドローンを保有している。加えて、ヒズボラ等のテロ集団及び犯罪集団等の非国家主体も同様である。ある押収文書によると、テロリスト集団であるISIS（あるいはISIL）は、支配地域の大半を喪失する以前から既に強力な無人航空機の能力を有していたとみられる。他方、米国、イスラエル等の国々は、ドローンに対抗するための様々な技術（レーザー、レーダー等）の開発に取り組んでいる。こうした状況は、好機であると共に脅威でもある。
- **米国国内における無人航空機の運用**：2013年6月、FBIは米国国内においてドローンを運用している旨を明らかにした。ただし、詳細は明らかにしなかった。国境警備隊はプレデター10機を保有しており、他の国内法執行機関も無人航空機を利用することが可能である。また、報道によると、国境警備隊は、「非致死性の武器」（人間の行動を妨げることを目的としたもの）をドローンに搭載することへの許可を申請するべく検討を行っている。米国国内においては、他に、州及び地方自治体の法執行機関もドローンを使用している。民間組織及び個人による利用の数も増えている。最近の状況として、国境警備隊は、手動発射式の小型ドローンの使用を検討している。2012年連邦航空局（FAA）改編法（2013年成立）に基づき、連邦航空局は、ドローン及び無人航空機の問題を「領空の問題」として位置付けるべく検討を開始することが求められている。2013年7月、連邦航空局は、民間商業用のドローンとして2機を認定した。こうした民間商業用ドローンの初期の利用者には、エネルギー探査会社及び環境問題の緊急対応チームが含まれるとみられる。

米国は海外における無人航空機の使用を拡大している。2013年、マリにおけるフランス軍によるイスラム過激派武装勢力への対処の支援にドローンが使用された。また、トルコのクルド人地域、イラク、シリア、サブ・サハラ地域等の潜在的な紛

争地域の動向把握にもドローンが使用されているとみられる。2012年の在ベンガジ米国公館襲撃事案を契機として、国務省は、潜在的に危険な地域における大使館の警備及び外交使節団の移動ルートの監視等においても無人航空機の使用を認めている。

米国の無人航空機作戦は、海外に構築されている広範な拠点機構によって支えられている。報道によると、中東、東アフリカ、アフリカのサヘル地域には、(米国の)無人航空機の拠点が言わば「ベルト状」に存在しているとみられる。こうした拠点は、現地政府の支援を受けている。2013年5月、米海軍は、実験用ドローンであるXB–47無人戦闘航空システム (UCAS: unmanned combat air system) の空母からの離発着を行った。また、2015年4月、XB–47の空中給油に成功した。こうした能力の本格的な発展に伴い、米国の無人航空機の運用は、柔軟性が高まり、地理的なアウトリーチも拡大するとみられる。2019年10月、空軍は、ロボット宇宙機X–37B (別名はOrbital Test Vehicle-2) を回収した。同機は、780日間という記録的な長期間にわたり軌道上で運用されていた。この飛行は5回目のミッションであったが、その全容は高度な秘密事項とされている。国防省高等研究計画局は、スリーパー (sleeper) ドローンの研究を行っている。これは、「上方落下ペイロード (UFP: upward falling payloads)」プログラムと呼ばれ、海底に配備されて必要に応じて起動されるものである。

個人でも携行及び発進が可能な超小型の無人航空機の数が増加している。中には、重量2キログラム (4.5ポンド) 程度のものもある。これらは、戦術用無人航空機 (TUAV: Tactical UAV) と呼ばれる場合もある。動作範囲が狭く、飛行時間も短い。しかし、戦術的な情報の収集には有用である。無人航空機を擁護する論者の間では、ステルス無人航空機への関心も高まっている。これらは、敵の至近距離においても察知されることなく(あるいは攻撃を受ける前に)情報を収集することが可能である。他方、これに懐疑的な論者は、こうした活動は国際法違反たる領空侵犯に該当し禁止されている旨を指摘し、したがってステルス無人航空機は不要である旨を主張している。米軍は飛行船の利用を検討している。ただし、こうしたプログラムの先行きは不透明である。縮小されるものもあれば、実験が継続されているものもある。

ドローンを製造しているのは米国だけではない。報道によると、中国は自国のドローン能力の開発に非常に積極的である。中国のドローンの一部は米国のリーパー社のものに酷似している。サイバー・スパイ活動によって同社の仕様がコピーされた可能性も懸念されている。中国が模索している分野としては、小型ドローン群の活用や、いわゆる「ニア・スペース」と呼ばれる低空で活動することが可能なド

ローンの活用がある。（ニア・スペースとは、約 18–25km（6 万–8 万 2 千フィート）の低空を意味する。）これは、グローバルホーク社及びリーパー社の無人航空機と同様の性能である。ミサイル技術管理レジーム（MTCR: Missile Technology Control Regime）は、ミサイルの拡散を防止するために 1987 年に設置された多国間の輸出管理体制である。同レジームの一環として、米国は自国の無人航空機の売却を制限してきた。中国は、こうした米国の政策を逆手に取って上手く利用している。中国はミサイル技術管理レジームには加盟しておらず、（したがって、同レジームの規制を受けることなく）複数の中東諸国に対してドローンを売却している。2018 年、トランプ政権は、2016 年に定められたオバマ政権時代の方針を変更する旨を発表した。これにより、米国の企業はドローンの商用販売事業に直接関与することが可能となった。

　無人航空機の開発に関連した動向として、国家情報長官の傘下にあるインテリジェンス高等研究計画局は、海上交通の状況及び国際的な海上交通の要衝を監視する手段の改良・開発に関心を持っている旨を発表した。こうした施策の可能性の 1 つとして、無人水中航行機（UUV: unmanned underwater vehicles）のネットワークの構築がある。これは実質的に、無人航空機のように運用される「無人潜水艦の飛行隊」と言い得る。

　画像利用の進展に関する第 3 の重要な点は、超小型衛星の有用性である。これらは時として、マイクロ衛星と呼ばれる。その大きさは、高さ約 20 インチ、直径約 41 インチである。ナノ（nano）衛星と呼ばれる場合もあり、これらは 10cm（4 インチ）四方の立方体で重さ 1.3kg である。例えば、キューブサット（CubeSat）はこうした範疇に含まれる。更に小型でピコ（Pico）衛星と呼ばれるものもある。これらの小型衛星は、収集に対する需要の増加に合わせて打ち上げることが可能である。これらの小型衛星は、従来の大型衛星と比較すると、寿命は短い。すなわち、数年間に及ぶような軌道寿命はない。また、大型のセンサーを搭載することもできない。しかし、より柔軟な収集能力を提供することが可能である。対衛星兵器によって通常の衛星が損失した場合にも役立つ可能性がある。超小型衛星は、サイズが小さいため、一度に十数機の集団として打ち上げることが可能である。グーグル社は、小型衛星企業であるスカイボックス社（Skybox）を買収した。24 基の衛星を軌道に上げ、地球上の全ての場所を 2016 年までに 1 日に 2 回、2018 年までに 1 日 3 回、撮影可能とすることを計画していた。2017 年、グーグル社はこの機能をプラネット社（Planet）に売却したが、新しい所有者からデータを購入することにも合意した。こうした措置により、グーグル社は、自分自身で衛星群を運用することなく、必要なデータを入手することが可能となった。プラネット社は、衛星の「群（flock）」

第 5 章　収集及び収集の手法　　179

を幾つも打ち上げている。「群」とは、複数の衛星の集合体を意味する。この中には、2017年にインドのロケットによって打ち上げられた88基の衛星群も含まれる。NGAは、プラネット社より、地上の陸地の大半をカバーする画像の提供を受けており、これは15日ごとに更新される。国防省高等研究計画局によるフェニックス（Phoenix）プログラムは、古い軌道衛星を回収して部品を集め、それを利用して新しい衛星を製造するものである。国防省高等研究計画局はまた、軽量の光学装置の研究を行っている。この装置は、柔らかい膜で製造されており、宇宙空間において大型望遠鏡として機能する。米国陸軍は、前記のキューブサットを利用して、潜在的な脅威及び標的に関するインテリジェンスを提供することを検討している。この計画では、衛星画像はAIを利用して処理され、20秒以内にデータが兵器システムに送付される。

　フィンランドの企業は、欧州宇宙機関と共同で、外殻が合板で製造された人工衛星を地球低軌道上で飛行させる計画の実験を行っている。この衛星は一辺が10センチ（4インチ）程度で、従来の衛星よりも軽量である。軌道を離れると大気圏で燃焼することから、宇宙ゴミの問題を回避し得る。

　極小型ドローン（マイクロドローン）の製造の可能性に関する報道もある。これらは、翼を広げても15センチ程度の小型サイズで、トンボに例えられることもある。マイクロドローンは、飛行制御用の動力が供給され、小型カメラの搭載が可能である。マイクロドローンは依然として実験段階であり、米国のいずれの組織もこうしたプログラムを公式には認めていない。こうした装置は比較的低額であり、無人航空機では対応ができない場所にもアクセスが可能という利点がある。

　こうした様々な新しい（あるいは実験的な）システムは2つの目標を有している。第1は、ジオイントによる収集システムの全般的な柔軟性を高めることである。特に、これまではリソースが投入されていなかった地域においてジオイントに対する突発的なニーズが発生した場合（しかも、新たに別の衛星を打ち上げるには局地的に過ぎるような案件である場合）への対応能力を高めることである。第2は、いわゆる「持続的監視」、すなわち可能な限り24時間体制に近い収集の実現に向けた動きである。こうした動向は、明らかに、収集段階への更なる大規模な投資を意味する。それは同時に、加工処理段階に更なる負担及び緊張を強いることをも意味する。NGAの策定している「2035年のジオイントの運用構想（2035 GEOINT CONOPS）」によると、将来的には「ジオイントのデータがセンサーからエンドユーザーに直接伝達される」ことが目標とされている。ただし、こうした構想に対しては、「画像の分析は誰がどのように行うのか」という疑問も生じる。

前記のとおり、テロとの闘いにおいては、治安対策の一貫として、米国国内における潜在的なテロリストの標的に対してNGAの画像能力が利用された。例えば、2002年のユタ州における五輪、4年に1度の政党の党大会、その他の大勢の観衆が集まる公的行事、標的となり得る施設（原子力発電所等）等である。NGAは、CIAあるいはNSAとは異なり米国国内において活動することが可能である。ただし、NGAは国防省の組織であり、法執行を支援するために活動することはできない。これに対し、2007年8月、ブッシュ政権は、州及び地方自治体の当局による画像へのアクセスの拡大を認める旨を発表した。政府関係者は、国土安全保障の向上（港湾及び国境の安全保障等）並びに災害対策上の計画及び救援への支援のために、こうした措置が必要である旨を主張している。また、政府関係者は、こうした画像の利用は、法執行目的でのインテリジェンスの利用の制限には違反しない旨を主張している。これに対し、政府による人権侵害的な活動に懸念を持つ諸団体は、国内における画像収集活動に対して疑問を呈している。一部の連邦議会議員もこれに同調している。国内における衛星画像に関連する事項は、商務省の民事運用室の所管である。国土安全保障省は、同室を商務省から国土安全保障省に移管させることを画策していた。しかし、連邦議会の反対により、オバマ政権はこの計画を断念した。2011年3月、薬物関連のインテリジェンスの収集のため、米国はメキシコの「奥深く」まで無人航空機を飛ばしている旨が報じられた。国土安全保障省の傘下にある税関・国境警備局も、南部の国境地域において、米国への不法入国を監視するためにドローンを利用している。こうし取組の効果は不明である。

　最後に、宇宙を利用した画像処理の能力は（多くの国々に）普及しつつある。この分野は、以前は米国及びソ連が独占していたが、現在は急速に拡大している。既にフランス、日本、イスラエルは独自の画像衛星を保有している。インドはイスラエル製のレーダー画像衛星に依存している。2018年現在、中国は高解像度の画像衛星を4機保有している。また、小型衛星を設計するための国立の工学研究センターを創設中であり、将来的には年間6–8機の衛星の製造を目的としている旨を発表している。中国は、2020年までに100機以上の衛星を打ち上げ、中国国内の多様な監視業務（経済、生態系保持等の目的）に利用することを計画している。ドイツも、独自の衛星能力を構築する旨を決定している。さらに、既存の画像衛星「大国」及び将来の「大国」化を目指す国々の間の協力関係も強化されている。報道によると、イスラエルは、インド、台湾、トルコとの間で、画像に関する協力関係にあるとみられる。ブラジル及び中国は衛星に関して協力関係にあり、韓国及びドイツは衛星に関する協力事業を検討している。ロシアは現金を必要としており、イス

ラエル、日本、イランを含む複数の国の衛星打ち上げを支援している。2020年4月、イランは初の軍事インテリジェンス衛星の打ち上げに成功した。更に重要な点として、フランスは、ベルギー、イタリア、スペイン等の欧州の複数のパートナーと協力し、次世代の画像衛星の開発に取り組んでいる。このようにNATO諸国が独自の画像能力を有することは、米国にとっては面倒な事態を招く可能性がある。なぜならば、同盟国が自前の画像を保有し、同じ出来事に関して米国とは異なる解釈を下す可能性が生じるからである。実際に、こうした事態は1996年に発生している。この時、米国によるイラクに対する巡航ミサイル攻撃に際し、フランスは米国への支援を拒否した。なぜならば、フランスは、イラク軍によるクルド人地域への大規模な侵攻の事実は（フランス自身の）自前の画像からは確認できない旨を主張したからである。フランス、ドイツ、イスラエルは自前の無人航空機能力を保有している。2004年、イランは、テロリスト集団のヒズボラに無人航空機8機を提供し、そのうちの1機がイスラエルの領空を侵犯した旨を認めた。2017年、ドイツのインテリジェンス組織は、自前の高解像度衛星のための予算を獲得した。これは、同国のインテリジェンス組織が管理する初の衛星となった。

　画像の拡散には商業的な側面もある。イギリスのサリー・サテライト・テクノロジー社（Surrey Satellite Technology）（現在はエアバス社（Airbus）が所有し、米国にも子会社がある）は、ナノ衛星及び極小のマイクロ衛星（重量僅か6.5キログラム（14ポンド強））を含め、様々な種類の画像衛星ビジネスの草分け的な存在である。これらの衛星の解像度は、最高レベルの国家システムのものには及ばないものの、多くの国のニーズには十分なレベルである。同社の顧客には、アルジェリア、イギリス、中国、ナイジェリア、タイ等が含まれる。これらの衛星は、他の衛星に接近してこれを撮影する能力も有している。したがって、対衛星兵器として利用される可能性があり、米国にとっては懸念事項となり得る。オーストラリア、マレーシア、韓国はサリー社の顧客である。これらの国々を含む幾つかのサリー社の顧客である国々は、小型衛星に関する実験の実施を検討している。最近では、米国の2つの企業が、重量10–100キログラム（22–220ポンド）のマイクロ衛星の開発を開始した。マイクロ衛星は打ち上げが容易であり、小型でもあることから、他のロケットの発射の際に「便乗」させることも可能である。小型であることから、搭載し得るセンサーの大きさ及び数には限界がある。そうしたことから、群あるいは**集団**（constellation）と言われる集合体として発射される。

　このように画像処理能力が世界中に普及することにより、軍事作戦における安全保障上の課題も生じる。なぜならば、軍事活動を秘匿することは、準備段階におい

てさえ、一層困難になるからである。軍にとってのもう 1 つの課題は、現場の指揮官及び更に小規模な部隊に対してより多くの画像を適時かつ直接に送信したいとの要望である。ただし、こうした要望をそのまま実行すると、必要以上の画像が送付され、エンドユーザーに過剰負担を掛けるリスクがあることに注意が必要である。これは、国家レベルのインテリジェンスにおける加工処理をめぐる問題と同様である。

　画像能力の拡散は、宇宙空間で作動する画像衛星にアクセスできる国家が米国との間で敵対関係となった場合、米国にとって問題となり得る。そのため、国防省は対抗策を検討している。その 1 つは、監視・偵察対抗システム（CSRS: Counter Surveillance Reconnaissance System）である。同システムは、指向性エネルギーによって相手の画像衛星を無力化し、妨害するものである。ただし、連邦議会は同システムの予算を承認していない。

信号インテリジェンス（シギント（SIGINT: Signals Intelligence））

　シギントは基本的には 20 世紀の現象である。（米国の南北戦争中にも、双方による電信通話の傍受が行われた。しかし、極めて小規模なものだったとみられる。）第 1 次世界大戦中、イギリスのインテリジェンス組織がこの分野に先鞭をつけた。イギリスは、海底ケーブルに対するタッピングによって、ドイツの通信の傍受に成功した。こうした活動による最も有名な成果は、いわゆるツィンメルマン電報の傍受である〔訳者注：ツィンメルマンは当時のドイツの外相〕。1917 年、ドイツは、ツィンメルマン電報によってメキシコに対して反米同盟の結成を申し入れた。イギリスは、自国内を通過する米国所有のケーブルを通じて、ツィンメルマン電報の内容を入手していた。こうした作業を通じて、イギリスは、ツィンメルマン電報の内容を米国に提供する一方、その入手経路に関しては米国に対して明らかにしなかった。無線通信の出現により、ケーブルに対するタッピング及び空中の信号を傍受する能力が組み合わされることとなった。米国の開発した信号傍受の手法は、第 1 次世界大戦の期間を通じて有効性を維持し、成功を収めた。第 2 次世界大戦前、米国は日本のパープル（Purple）暗号の解読に成功した。また、イギリスは、ウルトラ（ULTRA）と称する暗号解読プログラムを通じてドイツの暗号の解読に成功した。

　今日では、信号インテリジェンスは、様々な地上の収集手段（船、飛行機、地上サイト）あるいは衛星によって収集される。NSA は、米国の信号インテリジェンス活動の遂行及び敵対的なシギントに対する米国の防衛の双方の責務を担っている。無人航空機は、当初はもっぱらジオイントの道具であったが、現在はシギントにも利

用されている。グローバルホーク社の無人航空機は、電子インテリジェンス（エリント（ELINT））及び通信インテリジェンス（コミント（COMINT））用の設備を搭載することが可能である。これによって、無人航空機の実用性は向上する。なぜならば、1つの装置の上で、ジオイント及びシギントの収集上のシナジー（相互作用）が発揮され、飛行中に情報収集の標的の設定あるいは変更の実施が可能となるからである。ジオイント及びシギントの協力を強化するため、NSA及びNGAは、ジオセル（Geocell）と称する部署を設置した。これは、共同で運用される有人の部署であり、双方のイント間での迅速な情報交換を可能とするものである。こうした相互協力が特に重要となるのは、例えば、テロ活動の疑いのあるような高速で移動する標的を追跡する場合である。

　ジオイントの場合と同様に、米国は、敵のシギントの能力を無力化する方策を模索している。ジオイントに対する監視・偵察対抗システム（CSRS）の予算は認められていないが、国防省は、通信に対抗するシステムの運用を明言している。同システムは、高周波によって通信衛星を一時的に妨害するものである。

　シギントにおいて行われる「傍受（intercept）」には様々な種類がある。シギントと言う際、多くの場合は、2者間の通信（communication）の傍受、すなわちコミント（COMINT）を指す。また、兵器の試験中に発信されるデータの傍受を指す場合もある。これは、テレメトリーインテリジェンス（telemetry intelligence）あるいはテリント（TELINT）と称される場合もある。さらに、最新の兵器及び監視システム（軍用、民生を問わず）から発射される電磁波の探知を指す場合もある。こうした作業は、標的となるシステムの能力（作動範囲、利用周波数等）を測定するために有効な手段である。これは、電子インテリジェンス（electronic intelligence）あるいはエリント（ELINT）と呼ばれることもあるが、より一般的には外国機器信号インテリジェンス（foreign instrumentation signals intelligence）あるいはフィシント（FISINT）と呼ばれる。

　通信傍受の能力は非常に重要である。なぜならば、それによって、（相手方において）何が話され、何が計画され、何が検討されているかを把握することが可能となる。それはあたかも、遠距離から相手の心中を読むことに近いものである。これは、画像では不可能なことである。メッセージを解読してその意味内容を分析することは、**内容分析**（content analysis）と呼ばれる。また、通信の追跡を通じて、意義のある**兆候**（indication）**及び警報**（warning）を得ることが可能である。画像インテリジェンスの場合と同様、コミントは、収集の標的側の行動の規則性に相当程度依存している。例えば、軍部隊の活動の規則性である。すなわち、標的が発するメッセージは通常、既知の周波数を使用し、定時あるいは定間隔で送信される。こうし

た規則的なパターンが変化した場合（通信量の増減、周波数の切替等）、標的側の活動の大きな変化が示唆されている可能性がある。こうした通信状況の変化の監視は、**トラフィック分析**（traffic analysis）と呼ばれる。これは、通信の内容よりも、通信の量及びパターンに対して着目したものである（コラム「シギントとイミントの比較」参照）。トラフィック解析は、地理空間メタデータ解析（geospatial metadata analysis）と呼ばれる場合もある。このような呼称の背景には、（対象である）信号の位置を正確に特定することの重要性がある。地理空間メタデータ解析に基づいて、必要があれば当該通信の送信者あるいは受信者を攻撃することが可能となる。コミントの更なる重要な点は、コンテンツ（会話の内容）及びいわゆるテクスチャーの双方を提供し得ることである。テクスチャー（texture）とは、話者の口調、言葉の選択、アクセント等である。これらは、例えば、フランス語話者、スペイン語話者、アラビア語話者の違いの識別に役立つ。すなわち、テクスチャーとは、実際に話者の口調を聞いたり表情を見ることに近いものである。これらは、言葉の内容と同程度の、あるいは時としてそれ以上の情報となり得る。

［コラム］シギントとイミントの比較

あるNSA長官はかつて、イミント（現在はジオイント）とシギントの違いを次のように指摘した。「イミントは既に発生したことを伝える。シギントは今後発生し得ることを伝える。」

この発言は、戯言として発言されたものであり、誇張もあるものの、2つの収集手法の主要な違いを上手く捉えている。

コミントには幾つかの弱点がある。何よりもまず、コミントの成否は、傍受可能な通信の存在に依存している。標的である対象が通信を行わない場合には、コミントは無力になってしまう。無線あるいは傍受可能な有線回線ではなく、保全措置が施された安全な固定電話回線によって通信が行われる場合も同様である。固定電話回線を傍受することは可能ではある。しかし、そうした作業は、陸上施設あるいは衛星を利用して遠隔地から（無線通信に対する）傍受を実施することに比較すると、より困難である。次に、（傍受の）標的である対象は、自身の通信を**暗号化**（encrypt）することが可能である。シギントをめぐる攻防は、「**暗号装置**と**暗号解読者**（cryptographers）の戦い」という側面がある。暗号解読者は、「作成された暗号は必ず解読可能である」旨を自負している。しかし、現代の状況は、単純な暗号しか存在しなかったエリザベス朝時代の状況とは大きく異なっている。コンピュータの活

用により、複雑かつワンタイム（一回限定使用）の暗号を構築する能力は飛躍的に向上している。同時に、コンピュータを活用してこうした暗号の解読に挑むことも可能となっている。量子コンピュータが大規模に使用される可能性もある。ただし、この点は依然不透明である。このことは、暗号解読をめぐる状況を更に複雑化している。最後に、標的側は、偽の通信の利用によって、通信のパターンをよりリスクの低いものとすることが可能である。例えば、通信の中のノイズ（無意味な内容）の割合を増やした上で、重要な通信を「ノイズの洪水」の中に隠匿することがあり得る。

　コンピュータの使用はまた、**ステガノグラフィー**（steganography）の利用を促進した。ステガノグラフィーとは、文章の存在そのものを秘匿化する技術を意味し、数世紀も前から存在する技術である。暗号化及びステガノグラフィーの大きな違いは次のとおりである。暗号では、メッセージ自体の存在は分かるが、メッセージが判読できない形式になっている。ステガノグラフィーでは、メッセージ自体が秘匿されており、メッセージの存在自体が不明確である。情報技術の発達により、例えば、メッセージをウェブページあるいは他のデータパッケージの中に隠匿することが可能となっている。

　もう1つの問題は、利用可能な通信（全ての種類の電話、ファックス、電子メール等）の量が膨大となっていることである。2021年現在、全世界の電話（携帯電話及び固定電話の合計）は約160億台である。これは世界の総人口を上回っており、1日当たりの通話量は約124億回に上っている。新しい形態の通信の手段も増加している。2021年当時、全世界における1日当たりのこうした通信の量は、テキストメッセージ600万件、ワッツアップ（WhatsApp）メッセージ650億件、ツイート5億件であった。通信が光ファイバーに移行すると、利用可能な通信量は更に増加する。加えて、ボイスオーバーIP（VoIP: Voice-over-Internet Protocol）技術を利用したインターネット電話の通話量も増加している。

　収集計画の中で標的の焦点が絞られていたとしても、加工処理が不可能となる程の大量のコミントが収集されてしまう場合もある。対処方法の1つは、**キーワード検索**（key-word search）である。これは、収集されたデータがコンピュータに集積され、コンピュータに登録された特定のキーワードに基づいて検索に掛けられるというものである。これらの検索用のキーワードは、傍受に値する価値があるデータか否かを示す指標となる。こうしたシステムは完璧ではないものの、インテリジェンスの洪水に対処するために必要なフィルターとなり得る。テリント及びエリント（フィシント）は、兵器能力に関する価値の高い情報をもたらす。これらの情報は、

そうした収集の方法が無ければ入手不可能か、あるいは、入手のためにより危険なヒューミント活動を必要とするものである。しかし、米国は、（東西冷戦時代に）ソ連の兵器を監視する過程を通じて次のことを思い知った。それは、兵器の性能テストを実施する側は、秘密保持のために様々な対抗措置を講じることが可能だということである。例えば、通信の場合と同様、兵器テストのデータも暗号化が可能である。また、データを密封することも可能である。この場合、テストデータはまず、テスト中の兵器自体の内部に記録される。その後、密封型カプセルに収蔵されて放出され、回収される。したがって、兵器のテストデータは、信号として発信されることはなく、傍受されることもない。また、テストデータが通信として送信される場合でも、兵器テストの期間中常に送信され続けるのではなく、1回の送信のみで済まされる場合もある。この場合、データの傍受の難易度は大幅に上昇する。さらに、スペクトラム拡散を利用してデータが送信される場合もある。この場合、データ通信用の周波数が変化することから、データは不規則な間隔で移動する。兵器テストを実施している国のデータ受信担当者は、こうした周波数の変化を予め承知した上で対応することが可能である。しかし、傍受する側（情報を収集する側）としては、こうした（周波数が変化する）データストリームの全体を傍受することは極めて困難となる。

シギント、特にコミントにおいて生じる問題の1つに、**リスクと効果の比較衡量（risk versus take）** の問題がある。すなわち、収集されるインテリジェンスの価値（効果）と（情報収集活動が）察知されることに伴うリスクの比較衡量である。リスクには、政治的なものもあれば、当方の収集技術が他国に暴露される可能性もある。

テロリストとの闘いを通じて、シギントに関する問題点は一層浮き彫りとなった。他の収集手法と同様、シギントもソ連始め東側諸国等に関するインテリジェンスの収集を目的として開発されてきた。しかし、テロリストのグループは、（国家に比較すると）極めて小規模な信号しか発信しない。これらは、遠隔に位置するシギントのセンサーでは傍受が困難である。従って、将来のシギント活動は、人間によって標的の周辺に物理的に配置されたセンサーに依存しなければならない可能性もある。すなわち事実上、シギントがヒューミントに依存するということである。また、テロリストのグループは、米国のシギント能力に関する知識を深めており、シギントによる探知を回避するために、様々な手段を講じていることも明らかになっている。例えば、同じ携帯電話を一度しか使用しない、携帯電話を含めて全ての通信手段を全く利用しない等である。オサマ・ビンラディンは、携帯電話等を利用せず、クー

リエ（人的なメッセンジャー）を利用していた。米国のインテリジェンス組織は、既知のクーリエを追跡することによって、ビンラディンの隠匿場所を発見することができた。

　シギントのもう1つの弱点は、コミントにおける外国語能力の問題である。冷戦時代、米国は、政府が支援する研修プログラムの中で、ロシア語話者の必要性を強調していた。今日では、様々な言語が必要となっている。テロ対策のために必要とされるのは、アラビア語（多くの方言を含む）、ペルシャ語、パシュトゥー語、ダリー語、ヒンディー語、ウルドゥー語、その他の中東及び南アジアにおいて一般的に話されている言語である。加えて、アフリカの様々な言語及びそれらの方言もある。米国においては、これらの言語に対する学術的な支援は少ない。加えて、これらの言語の多くは、ローマ字表記のものではないことも難点となっている。（ロシア語、中国語、その他約6,000の言語にも同様の問題がある。）国家に関わる喫緊の課題への対処には、ロシア語、中国語、韓国語、そしてやはりペルシャ語が必要である。これらの言語も全てローマ字以外のアルファベットを利用している。ローマ字以外のアルファベットに依存するこれらの言語の能力を必要なレベルに達するまで訓練するには、フルタイムの研修で約3年間を要する。米国は語学力の問題に直面している。その背景に、大学における語学必修科目の減少がある。現代言語協会（Modern Language Association）によると、語学必修科目を設けている学校は、1950年代から1970年代初頭には87％であったのに対し、現在では僅か8％となっている。米国は移民国家であるため、大半の言語に関して、それを話す国民がいる。しかし、そうした人材を活用するには、採用し、身元調査をし、訓練を施す必要がある。マコーネル国家情報長官は、セキュリティ・クリアランスの仕組みの改善に取り組んだ。その主たる動機は、こうした移民の「通訳候補者」に対するクリアランスの問題であった。これらの移民は、母国語の能力は非常に高い一方で、英語への翻訳能力（これは必須の素養である）には乏しい場合もある。当分の間、こうした言語能力の問題は、コミントを含め全てのインテリジェンス活動にとって大きな課題になるとみられる。

　米国のインテリジェンス組織のシギント収集にとっての更に根本的な課題として、NSA及びFBIは技術革新の速度に追い付いて行けるだけの能力を持っているのかという問題がある。重要な点として、NSAは（シギントに関する）攻撃及び防御の双方の役割を担っていることに留意する必要がある。すなわち、NSAは、外国の通信を傍受すると共に、米国の通信が傍受されることを防止する役割も担っている。両方の役割は極めて密接に関連しており、事実上、1枚の硬貨の裏表のようなもの

である。こうしたことから、NSA長官であったロジャーズ（Michael Rogers）提督（当時）は、「NSA21」計画の中で、NSAの攻撃及び防御の機能（信号傍受及び情報保全）を統合し、単一の作戦本部に担わせる決定を下した。2017年に中国が通信衛星「墨子（Micius）」の実験を実施したことは大きな転機となった。同衛星は、電波ではなく光（光子）によってメッセージを送信する。こうした**量子暗号**（quantum cryptography）の傍受は極めて困難である。量子暗号による通信方式の場合、送信者は、自分のメッセージが傍受された場合にはそれを察知することが可能である。また、メッセージ自体が、傍受活動を察知すると自己破壊されるため、ハッキングされることもない。他方、量子暗号による通信方式の課題は、量子メッセージの送信が可能な距離をめぐる問題である。なぜならば、塵及び大気の干渉によって光子が減衰してしまうからである。2020年、中国は、量子鍵を1,120km（696マイル）送信できる能力を披露した。他方、専門家の大半は、大規模な量子コンピューティングの実現に対しては懐疑的である。

全世界的に通信の量が爆発的に増加を続けていることから、NSAが担う攻撃的な役割はより困難化している。繰り返しになるが、NSAはこれらの通信の全てを追跡する必要はない。しかし、これらの膨大な通信の「干し草の山」の中から、傍受が必要なものを発見する必要がある。FBIは米国の国内において電子的な監視活動を行っており、同様の課題に直面している。2009年、FBIは、FBI首席監察官の報告書に対する回答の中で、録音記録の未処理分（バックログ）は200日分以上である旨を明らかにした。（この点に関し、首席監察官の報告書では、実際のバックログはその10倍以上の量に上ると指摘されている）。さらに、カウンターインテリジェンスに関連する録音記録のうちで内容を確認できたものは全体の25％に過ぎない旨を明らかにした。他の局面における加工処理の問題と同様、必ずしも全ての録音記録を聴く必要はない。とは言うものの、重要な部分のみを処理するだけでも非常に困難であることに変わりはない。

暗号化は、以前は国家の特権であった。しかし現在は情報技術に不可欠な要素となっている。インテリジェンス及び法執行の関係者は、通信が「闇となる（doing dark）」ことへの懸念を表明している。暗号化技術のもたらす肯定的な側面としては、通信のプライバシー保護、商取引・金融取引の安全性等がある。他方、問題は、テロリストあるいは犯罪者も同様の暗号化装置を利用して通信を行うことが可能となっていることである。こうした問題は、2015年のサンバーナーディーノ銃乱射事件の際に表面化した。FBIは、他の関係者の関与の有無及びテロ組織との関連の有無を確認するため、当該銃乱射事件を敢行した夫妻が使用していた携帯電話の

ロックの解除を試みた。その際、FBI はアップル社に協力を要請したところ、アップル社側は難色を示した（同社は、それ以前の事件においては政府に協力していた）。アップル社は、自社のブランド及び他の米国の科学技術に与える影響、特に海外における影響への懸念を表明した。アップル社側の主張の中には不可解であった点もある。その1つは、「もしもアップル社が FBI の要請に応じれば、『当局によるアップル社の携帯電話端末へのアクセスが許容される場合がある』、『海外の当局も、米国における法的な許諾を得れば同様のアクセスが可能となる』旨の誤ったメッセージを諸外国に対して発信することになってしまう」との主張であった。FBI は、携帯電話へのアクセスを求めてアップル社に対する訴訟を提起したが、最終的な司法判断の前に自力でアクセス方法の解明に成功した。皮肉なことに、その後アップル社は、自社の携帯電話端末の安全性の改善を名目として、FBI に対してアクセス方法の説明を求めた。この問題は 2015 年以降、アップル社、メタ社（旧フェイスブック）、ワッツアップ社をめぐり幾度も繰り返されている。暗号化の問題に関し、テクノロジー企業及び人権擁護推進論者並びに法執行及びインテリジェンス関係者の間の対立の構図は基本的には変化していない。

　同様に、NSA が担う防御的な役割も困難化している。背景には、政府のコンピュータに対する侵入の試みが増加していることがある。加えて、（こうした事態に対処すべき）NSA が運用するインフラの更新のための複数の新たな調達プログラムはコスト超過になっており、必要な改善が実施されていない。2017 年には、シャドウ・ブローカーズ（Shadow Brokers）と称される集団が NSA のコンピュータに侵入したとの報道が多数みられた。これらの報道によると、同グループは、NSA のハッキング・ツールを窃取し、それらを犯罪に利用したとみられる。本件の震源地はロシアであり、複数の国が米国に対して懸念を伝えた旨を主張している。当該事案は、スノーデンによるリーク事件の余波の中で、NSA の保安・保全体制に対する明らかな疑問を呈するものとなった。2018 年 7 月、NSA の首席監察官は、NSA 職員による「コンピュータネットワーク、システム及びその他のデータ」の保護に関連する諸規則の遵守状況に関して、「深刻」な問題がある旨を指摘した（第 7 章参照）。また、NSA の電力需要は膨大であり、NSA の所在地であるメリーランド州の電力供給量を近い将来に上回ってしまう可能性も懸念されている。

　米国政府のコンピュータに対する攻撃数の急増に伴い、こうした攻撃に対する防御の役割への関心も高まっている。米国の暗号及び通信の保護のみならず、米国が依存している膨大な数のコンピュータそのものの保護が必要となっている。2008 年 1 月、ブッシュ大統領は、外部からの攻撃を探知し防御することを目的として、

連邦政府の全コンピュータのネットワークを監視する権限をインテリジェンス・コミュニティ（特に NSA）に付与する命令に署名した。

米国のテロ対策において、シギント活動は法律上の問題を抱えている。これも重要な点である。2001 年より前の規制においては、シギントの標的が米国国内にある場合、NSA ではなく FBI がそうした活動の責務を担っていた。FBI は、米国国内において通信傍受を行うためには、裁判所の命令を得なければならない。対外インテリジェンスに関する通信傍受は（一般の刑事事件における通信傍受とは異なり）対外インテリジェンス監視裁判所（FISC: Foreign Intelligence Surveillance Court）の管轄下にある。同裁判所は、対外インテリジェンス監視法（FISA: Foreign Intelligence Surveillance Act）に基づき 1978 年に設置された（FISA は「ファイザ」と発音される）。対外インテリジェンス監視裁判所は、創設以降、約 3 万 4 千件の請求を承認し、数百件に対して修正を加えた。しかし、請求を却下した例はほとんどないと言われている。したがって、以前は、この制度に特段の法的な問題があるとは認識されていなかった。しかし、2018 年以降、対外インテリジェンス監視裁判所は、FBI の監視活動に対する批判を強め、FBI に対する監督を強化することとなった。司法省の監察官は、FBI による対外インテリジェンス監視裁判所に対する令状請求手続の在り方に重大な欠陥がある旨を発見した。対外インテリジェンス監視裁判所も、FBI 及び NSA の双方の取組に違反事項を発見した。2019 年、プライバシー・人権監視委員会（PCLOB: Privacy and Civil Liberties Oversight Board）の委員の 1 人が、エックスキースコア（XKEYSCORE）と称される NSA のプログラムに関して問題を提起した。更には、当該プログラムに関する同委員会の報告書に関しても問題を提起した（詳細に関しては第 10 章を参照）。

2001 年の 9.11 テロ事件を契機として、効果的なシギントの提供及び市民の人権の保護の双方の実現に向けて継続的な取組が行われるようになった。その結果、当該問題に関して世論及び連邦議会において議論がなされ、複数の法律の制定にもつながった。1978 年以来、こうした活動は、対外インテリジェンス監視法の下で実施されている。2001 年には、いわゆる米国愛国者法（USA PATRIOT Act）の第 215 条に基づき、通話に関係する電話番号、通話の日時、通話の長さに関する収集が許可されることとなった。こうした収集活動は、対外インテリジェンス監視裁判所の命令に基づき運用される。電話事業者側は、要請されたメタデータの提供を義務付けられることとなった。

対外インテリジェンス監視法は、一定の条件下における令状無しでの通信傍受を認めている（ただし、要件として、期間は 1 年以内、標的は外国勢力のみとされ、加えて、司法長官を通じて大統領による許可を得ることとされている）。2005 年 12 月の報道記事に

よると、2002年以降、こうした令状無しでの通信傍受がより広範に実施されるようになっている。2001年の9.11テロ事件の後、令状無しでの通信傍受の新たな形態がブッシュ大統領によって許可された。これは、米国国内の人物及び国外のテロ容疑者の間の通話を対象とするものである。ブッシュ政権は、こうした形態の新しい収集プログラムの必要性を主張した。なぜならば、通信傍受は迅速に実施される必要がある一方、対外インテリジェンス監視裁判所まで担当者が（令状請求のために）足を運ぶ時間的余裕がないためである。しかし、1995年から2002年まで対外インテリジェンス監視裁判所の長官を務めたランバース（Royce C. Lamberth）判事は、こうした政府側の主張に反論している。その理由として、2001年に同裁判所の手続は合理化されており、より迅速な対応が可能となっている旨を指摘している。対外インテリジェンス監視裁判所は、米国の国土を通過する通信であって当該通信に関与する両当事者が共に国外に所在している場合、（当該通信を傍受するためには）裁判所の発する令状が必要である旨の判決を下した、これを受けて、2007年8月、マコーネル国家情報長官は、関係法令の改正が必要である旨を指摘した。こうした動向は、通信傍受作業にとっては痛手であった。なぜならば、米国が提供するインターネット通信の回線容量は膨大であることから、世界のインターネット通信の大半は、たとえ米国以外の外国間のものであっても米国を通過している。報道によると、インテリジェンス組織関係者は、こうした対外インテリジェンス監視裁判所の決定の結果、通信の傍受量は25％ほど減少した旨を指摘したという。マコーネル長官はまた、米国国内において100人弱の個人が（通信傍受による）監視の下に置かれている旨を明らかにした。マコーネル長官は更に、一部の通信事業者が令状無しでの監視プログラムに協力している旨も認めた。

　約1年間に及ぶ党派的かつ激しい論争を経て、2008年7月、連邦議会は新たな法律を可決した。この結末は、概ねブッシュ政権側の勝利とみられている。新法に基づき、重要なインテリジェンスの喪失を阻止する必要性がありかつ対象がテロに関連していると信じるに足る相当な理由がある場合、米国国民を対象とした1週間の令状無しでの緊急の通信傍受が認められることとなった。外国人の標的に関しても同様に「1週間ルール」が定められた。この新法の下では、国外の通信に対する傍受に関し、（個別の対象ごとの令状ではなく）広範囲な対象をカバーする包括的な令状の利用が認められることとなった。また、新法制定前に問題とされた「令状無しの通信傍受」に協力していた通信事業者に対して、法律に基づく免責が認められることとなった。通信傍受プログラムのこれ程の大幅な見直しは、法律に基づいてのみ可能であり、大統領の命令のみに基づいて実施することは不可能であった。また、

新法には、対外インテリジェンス監視裁判所及び（各インテリジェンス組織の）監察官による様々な監督制度に関する規定も盛り込まれた。

　スノーデンによってリークされた文書によって、対外インテリジェンス監視法第215条に基づくプログラムのみならず、別の信号収集プログラム及びその他の多くのより秘匿性の高い（必ずしも通信傍受活動とは関係のない）インテリジェンスが暴露された。こうした状況に加え、米国愛国者法の幾つかの条項が期限切れを迎えるに当たり、更に激しい立法論議が巻き起こった。その結果、2015年米国自由法（2015 USA FREEDOM Act）が成立した。同法により、政府による大量データの一括収集（バルク収集）は禁止されることとなった。しかし同時に、政府は、特定の通話記録の詳細データへのアクセスを請求することが可能となった。また、各種手続の最小化及び簡素化、対外インテリジェンスに無関係な通話の詳細記録の速やかな破棄の義務等が定められた。また、同法では、ペン・レジスター装置（pen register device）（特定の電話から発信された番号を記録する装置）及びトラップ・アンド・トレース装置（trap and trace device）（特定の電話への着信を記録する装置）の利用に関しても、（一括あるいは包括的ではなく）個別具体の請求が必要である旨が定められた。FBIの発出する国家安全保障書簡（National Security Letter）に関しても、一括収集ではなく、個別具体の収集ごとの発出が必要とされている。（データ提供の請求を受ける）民間事業者の側としては、対外インテリジェンス監視法による命令を受領した場合、当該命令の公表に関して、以前よりも幅広い裁量が認められることとなった。一部の大手の情報技術・通信事業者は「解読不能な暗号」を導入しており、これらがNSAによる収集活動に対する障害となる場合もあった。こうしたことから、対外インテリジェンス監視法による命令を受領した民間事業者側がこれを公表することの可否は大きな問題となっていた。同法に基づき、国家情報長官及び司法長官は、（国家安全保障書簡の）秘密指定解除の可能性を念頭に置きつつ、対外インテリジェンス監視裁判所によって示された重要な法的解釈に関して検討を行うこととされている。最後に、対外インテリジェンス監視法に基づき、同裁判所は、新たな（あるいは重要な）法的問題を扱う事案においては、公共の利益を代表する委員会（いわゆる「friends of the court panel」）を指定することが義務付けられている（第10章参照）。なお、興味深いことに、同法は、シギント収集活動そのものには具体的には言及せず、「有形物（tangible）」という婉曲表現を使用している。（当該新法の成立を受けて）2015年7月、クラッパー国家情報長官は、NSAの分析担当者は今後、5年間分の米国国内の通話記録を保持するデータベースを検索することができなくなる旨を述べた。

　2017年、連邦議会は、対外インテリジェンス監視法第702条の見直しの検討を

開始した。同条項の効力は同年末に期限切れを迎えることとなっていた。この議論は複雑化の様相を極めた。背景として、スノーデンによるリーク事案に加えて、トランプ氏が自身の大統領選挙運動に対する監視のために同法が利用された旨の誤った主張を展開したことがある。同法案をめぐる連邦議会の審議が 2018 年 1 月の最終局面に近づくにしたがい、トランプ大統領は同法案に対する賛否に関して矛盾したシグナルを発信した。最終的にトランプ大統領が署名した法律は、同条に基づくプログラムを改めて 6 年間にわたり承認するものであった。主な条項の内容は以下の通りである。

- 司法長官及び国家情報長官は、米国国民の通信を取得する目的で対外インテリジェンス監視法第 702 条に基づいて収集されたインテリジェンスの利用を請求するに当たり、「憲法修正第 4 条に則した」手続を導入しなければならない。対外インテリジェンス監視裁判所は、当該手続を審査しなければならない。
- 対外インテリジェンス監視法第 702 条に基づいて入手された米国国民の個人情報を刑事司法手続に利用することには制限が課される。
- 対外インテリジェンス監視法第 103 条は、いわゆる「アバウト」収集("about" collection)に関するものである。「アバウト」収集とは、インターネットから収集されたメッセージのうち、特定の標的宛あるいは特定の標的から発信されたものではないものの、本文内に然るべき検索用語が含まれているものを意味する。こうした手法は、アップストリーム収集（upstream collection）とも呼ばれる。NSA は 2017 年に「アバウト」収集を中止していた。（対外インテリジェンス監視法第 103 条に基づき）司法長官及び国家情報長官は「アバウト」収集プログラムを再開することが可能である。ただし、その際には、連邦議会が同プログラムの検討を行うために 30 日間の猶予期間を確保しなければならない。また、対外インテリジェンス監視裁判所による承認を得なければならない。
- NSA 及び FBI は、プライバシー及び人権問題の担当者を任命しなければならない。
- 司法長官及び国家情報長官は「（対外インテリジェンス監視法に基づき）許可されている米国の対外インテリジェンス監視活動の有効性に関する現在及び将来の課題」に加えて、改善の提言（特に技術的発展に関連する改善点）に関して連邦議会に報告しなければならない。
- 公益通報者に対する保護制度は、インテリジェンス・コミュニティ及び FBI の契約職員にも拡大される。

米国のインテリジェンス組織関係者は、これらの収集プログラムは世界中におい

て 50 以上のテロ計画の阻止に貢献した旨を指摘している。ただし、連邦上院議員の一部は、これに対して異論を唱えている。また、その後のリークにより、NSA の収集活動は他国の通信に対しても実施されていたことが明らかになった。そうした国には、フランス、ドイツ、日本、トルコ等の米国の同盟国も含まれていた。自国が標的となっていることを知った国の大半はこれに対して抗議を行った。欧州連合も同様であった。加えて、こうした米国の収集活動は国連に対しても実施されているとの報道もある。条約に基づき、国連はインテリジェンス収集の標的としてはならないとされている。しかし、多くの国はこれを無視している。実際には、多くの国は、国連を「格好の標的が豊富に存在する収集活動の主戦場」と認識している。

スノーデンによるリーク事案がもたらしたもう 1 つの顛末として、オバマ大統領は、特定の信号収集活動の制限を命じた。こうした制限は、2021 年 7 月にラトクリフ（John Ratcliffe）国家情報長官（在 2020–2021 年）によって解除されるまで継続した。

監視される通話の数は膨大なため、必然的に幾つかの不適切事例も発生している。NSA の内部監査によると、対外インテリジェンス監視法第 215 条に基づく NSA の収集プログラムにおいて、2,800 件弱の不適正事例が発生している（このうち、1,900 件では米国国民は含まれていなかった）。これらの収集プログラムを擁護する立場からの主張は、違反の大半は単なる不注意に過ぎず、傍受対象の数が膨大であることに鑑みれば違反は些細な量に過ぎないと考えられるというものである。これに対し、これらの収集プログラムに対して批判的な立場は、報告された違反件数は十分に多い数であり、プログラムが意図的に悪用される潜在的な可能性を明白に示していると考えられる旨を主張している。監視の規模に対する違反の件数の割合をどのように評価するかに関しては、依然として議論の余地がある。例えば、国家情報長官の統計透明性報告書（Statistical Transparency Report）によると、2017 年に NSA が収集した電話及びテキストメッセージの記録は 5 億 3,400 万件に上る。この量は 2016 年に収集された量の 3 倍以上であるが、かつて一括収集プログラムが実施されていた当時に比較すれば少ないものである。2018 年 6 月、NSA は、2015 年以降に通信事業者から入手した 6 億 8,500 万件の通話記録を削除した旨を発表した。理由は、「技術的な不備」によって、本来は収集の権限が与えられていないデータを入手していたと判断されたことがある。こうした状況は、NSA が直面している収集の範囲（量）の膨大さの問題を示すと同時に、法的要件を遵守することの困難さの問題も示している。2018 年 7 月、NSA の首席監察官は、米国国民から収集されたデータの保護に関して「多くのコンプライアンス違反の問題」が存在する旨を指摘した。しかし同時に、これらは重大あるいは故意的な違反ではない旨も指摘した。NSA には現在、

人権及びプライバシー問題の担当者が設置されている。同ポストは、一般からの苦情への対応に加えて、年2回の活動報告の発表を担っている。

FBIは、米国愛国者法の定める権限に基づき、個別具体のウェブページの閲覧者を特定するためにログのデータを収集していた。また、DIAは、スマートフォンの位置を示す市販のデータベースを購入していた。DIAは、これらのデータは商用として入手可能なものであり、購入に当たり令状は不要である旨を主張した。しかし、人権擁護論者は、こうしたFBI及びDIA双方の行動を問題視している。

収集されたデータの使用に関しては、裁判所の命令に基づく制限が確立されている。国家情報長官室の法律顧問を務めていたリット（Robert Litt）によると、電話番号に関する詳細なデータを政府機関が「照会」し得るのは、当該電話番号が「個別具体の外国テロ組織」に関連している旨を示す「合理的な疑い（reasonable suspicion）」が存在する場合に限られる。同人によると、こうした基準に基づき更なる照会が許可された例は、膨大な数の電話番号の中で僅か300件であった。

プリズム（PRISM）と呼ばれる第2のプログラムは、実際にはデータベースであって収集プログラムではない。これは、対外インテリジェンス監視法第702条に基づき、米国国外の外国人によるインターネット上の様々な通信を標的とするものである。こうした活動を行う場合にも、対外インテリジェンス監視裁判所の命令を得る必要がある。

対外インテリジェンス監視法第215条に基づくプログラムは「一括収集（バルク収集）」と呼ばれることもある。ただし、この呼称は誤解を招きかねないものである。確かに、当該プログラムにおいては、電話の記録が一括して収集されていた。そうした一括収集データに基づき、2013年、248名の米国国民（既知の者あるいは推定の者）に対する個別具体の照会が実施された。すなわち、当初は大量のデータが収集されたものの、個別具体の照会に当たっては大幅な絞り込みが行われた訳である。（2018年、最高裁判所は、政府が通信事業者から携帯電話の位置情報を収集するためには原則として令状が必要である旨の判決を下した。）

（スノーデンによる）これら2つの収集プログラムの暴露は様々な問題を提起した。明白な問題は、スノーデンはどのようにしてこれらの資料にアクセスし、それを公表することができたのか、という点である。これに関連して、インテリジェンス・コミュニティにおける契約職員の役割及び彼らに対するクリアランス付与の在り方も課題である（より詳細な議論については第7章を参照）。もう1つの問題は、司法及び連邦議会によるインテリジェンス・コミュニティに対する監視の在り方である。多くの連邦議会議員、特に両院の2つのインテリジェンス問題担当委員会の委員は、

これらの収集プログラムを支持し、当該プログラムに関して自分たちは適切に報告を受けていたとの立場をとった（第10章参照）。これに対し、別の議員たち（多くは、インテリジェンス問題担当委員会に所属しない議員）は、これらの収集プログラムに対する監視は不十分であると考え、当該収集プログラムを終了させる案を採決に持ち込んだ。しかし、同案は僅差で否決された。最後に、人権及び国家安全保障の間の緊張という大きな問題がある（第13章参照）。一方で、これらの収集プログラムは法解釈的にも司法手続的にも認められたものであるとの主張もある。他方で、これらの収集プログラムの合法性を疑問視する意見もある。こうしたNSAの収集プログラムに関しては、様々な連邦判事が相矛盾する判断を下している。

2013年8月、オバマ大統領は「インテリジェンスと通信技術に関する大統領検討グループ（The President's Review Group on Intelligence and Communications Technologies）」を設置した。同検討グループの任務は、国家安全保障及び人権の双方の保護のために、米国としてどのように技術的収集能力を活用し得るかを検討することであった。2013年12月、同検討グループは報告書を提出し、大統領に対して46項目の勧告を行った。2014年1月、オバマ大統領はNSAのプログラムとその実施方法の合法性を弁明した。その上で、オバマ大統領は、NSAのプログラムに関する幾つかの変更を発表した。主な内容は以下のとおりである。

- 収集済の通話のメタデータの検索を行う際には、それぞれ個別に裁判所の命令を必要とする。
- FBIの発出する国家安全保障書簡の秘匿性を緩和する。
- 国家安全保障上のやむを得ない目的がない限り、同盟国及び友好国の指導者に対する監視を差し控える。
- 外国人に対する情報収集に関して、米国国民に対する収集の場合と類似のセーフガードの措置を講じる。
- 対外インテリジェンス監視裁判所が扱う事案に関し、（限定的な要件の下ではあるものの）プライバシー擁護論者から成る審議会を設置するよう連邦議会に要請する。

ただし、スノーデン等による一連のリークを通じて提起された他の課題の多くは、当該提言では取り上げられなかった。あるいは、今後の更なる検討に委ねるとして先送りされた。例えば、「収集されたメタデータの保管の責任を担うのは政府なのか民間部門なのか」といった課題である。

2013年9月、対外インテリジェンス監視裁判所のイーガン（Claire Eagan）判事は、

これら2つの収集プログラムの運用の在り方に関する見解を公表した。これによると、第1に、これらのプログラムは法律の規定に基づくものである。ただし、政府は、同プログラムに基づく監視活動を実施するに当たり、対外インテリジェンス監視裁判所に対して許可を請求しなければならない。第2に、対外インテリジェンス監視裁判所による許可は90日ごとに更新されなければならない。なお、イーガン判事は、メタデータの一括記録の提出を命じた裁判所の命令に対し、通信事業者が法令に基づく異議申し立てを行った事例はこれまでのところ存在しない旨を指摘した。

　スノーデンによる暴露が招いたもう1つの顛末として、アップル社及びグーグル社を含む複数の情報技術・通信事業者が、自社の端末に強力な暗号の搭載を開始した。これらの暗号は鍵あるいはバックドアがない。したがって、当局によるこうした端末への迅速なアクセスあるいは暗号の解読は不可能となる。コミー（James Comey）FBI長官（在2013-2017年）は特に、こうした民間事業者の判断によってもたらされるリスク並びにテロリスト及び犯罪者等が享受する利点に関して強い警鐘を発した。2015年11月のパリにおけるテロ事件の後、コミー長官はブレナンCIA長官と共に、一種のアクセス制御〔訳者注：一定の要件の下に、当局による端末へのアクセスを認める仕組み〕の必要性を再度主張した。しかし、事業者側はこれに同意はしなかった。2015年12月、欧州連合の当局者も米国政府と同様の見解を示した。これは、スノーデンによるリーク事案後の欧州の姿勢に変化が生じたことを示す象徴的な出来事であった。

　興味深い動向として、米国は、イギリスとの間で、犯罪及びテロ捜査に関する合意に向けた交渉を開始した。これは、犯罪及びテロ捜査のために、米国企業に対してライブ傍受の実施及び保存データの提供を命じる権限をイギリス政府に対して認めようとするものである。ただし、米国国民あるいは米国在住者は捜査対象には含まれない。なお、両国は既に捜査共助条約を締結している。この合意には連邦議会の承認も必要である。

　最後に、2017年、監視報告書に名前が記載された米国国民を**匿名解除**（unmasking）するという考え方及びその手続が議論となった。通常、監視報告の中で米国国民が具体的に特定されることはない。「米国国民」（複数の場合は「米国国民1」等）と表示される。すなわち、身元は匿名化されている。ただし、監視報告書上のある人物に関し、報告内容をよりよく理解するため等の特定のインテリジェンス目的のため、然るべき当局者が書面によって当該人物の匿名解除を請求し得る手続がある。議論の発端は、2016年から2017年の政権移行期におけるフリン（Michael Flynn）及びキ

スリャク（Sergei Kislyak）駐米ロシア大使の接触に関する報道だった。フリンは、トランプ政権の大統領補佐官（国家安全保障担当）に指名されていた。しかし、同人は、自身の氏名が記載された報告書がリークされた後に辞任した。フリンが、自身及びキスリャクの接触内容に関して、ペンス（Mike Pence）副大統領に対して虚偽の説明をしていたことは明らかであった。匿名解除を申請していたのは、国家安全保障会議（NSC）におけるフリンの前任者であるライス（Susan Rice）であった。ロシア側と接触した可能性のある他のトランプ陣営関係者の名前に関しても匿名解除の申請がなされていた。こうしたことから、オバマ政権が政治目的でトランプ陣営を監視していたとの主張が共和党陣営の一部にみられるようになった。2018年1月、コーツ国家情報長官は、匿名解除申請の手続及び匿名解除された個人情報の保護に関するガイドラインを発出した。同ガイドラインは、大統領選挙後から大統領就任式の間の期間及び政権移行チーム関係者の取扱いに関する具体的な規則を含むものであった。

マシント（MASINT: Measurement and Signatures Intelligence）

　マシント（MASINT）という収集分野は、一般にほとんど知られていない。マシントの中心は、フィシント及びエリントの両者である。マシントは主に、兵器能力及び産業活動に関する収集に焦点を当てるものである。ただし、必ずしもそれらに限定される訳ではない。前記のマルチスペクトル画像（MSI）及びハイパースペクトル画像（HSI）もマシントに重要な貢献を果たしている。

　マシントの性質に関しては、難解な論争が繰り広げられている。例えば、マシントを独立した収集の手法の1つと考える立場もある。他方で、マシントをシギント及びその他の収集の手法のプロダクト（あるいは副産物）に過ぎないと考える立場もある。いずれにせよ、マシントなるものが存在し、世界規模で大量破壊兵器拡散及び環境問題への関心が高まる中、マシントの重要性が上昇していることは確かである。例えば、マシントは、工場から排出される気体あるいは廃棄物の種類を特定するのに有用である。同様に、化学兵器の特定・識別にも重要である。また、マシントは、兵器システムの様々な特徴（組成、素材等）を識別する際にも有用である。

　マシントの実務家は、「イント」（独立した収集手法）としてのマシントは更に次の6種類に細分化されると考えている。

- 電子光学（Electro-optical（EO））：スペクトルの赤外線から紫外線の部分において放射あるいは反射されるエネルギーの性質。レーザー、様々な種類の光（赤外線、偏光線、

スペクトル光線、紫外線、可視光線）を含む。
- **地球物理学**（Geophysical）：地表または地表付近における様々な物理的な混乱及び異常。例えば、音響の異常、重力の異常、磁気の異常、地震性の異常等。
- **素材物質**：気体、液体、固体（化学物質、生物物質、核関連物質のサンプルを含む）の組成及び識別。
- **核放射線**（Nuclear radiation）：ガンマ線、中性子、X線の性質。
- **レーダー**（Radar）：標的あるいはその他の物体から反射される電波の性質。レーダーには様々な種類があり、例えば、目視線（line of sight）レーダー、見通し外（over the horizon）レーダー、合成開口（synthetic apertures）レーダー等がある。
- **無線周波数**（Radio frequency）：物体から放射される電磁信号。狭帯域のものと広帯域のものがある。

　マシントは、インテリジェンスの幅広い課題に対して有用性がある。例えば、大量破壊兵器の開発及び拡散、軍備管理、環境問題、薬物、兵器開発、宇宙活動、「拒否及び欺瞞」の実行である。マシントの核心は、特定の物理的な「シグネチャー（signature）」を収集し、これを特定・識別することである。シグネチャーは、ある活動あるいはプロセスを示す指標（indicator）となる。すなわち、同様のシグネチャーが再度識別された場合に、何が起こっているかを迅速に理解することが可能となる。例えば、同じ地震波でも、地震によって発生するものと地下核実験によって発生するものは異なる。したがって、それぞれの地震計の上での現れ方も異なる。こうしたシグネチャーに関する知見に基づき、科学者は、（様々な地震波に接した際に）その原因となる事象を判断することが可能となる。2013年、空軍の応用技術センター（AFTAC: the Air Force Technical Applications Center）は、核実験を探知してその特徴を判定するシステムの改善を提案した。これは、大量破壊兵器の拡散に対する懸念の高まりに対応した動向とみられる。また、マシントのセンサーは、真性の装甲車及び欺瞞のためのゴム製の装甲車を区別するために利用することができる。このように、マシントは、カモフラージュを見破ることにも利用し得る。

　アフガニスタンにおいて、米軍は、超小型（手のひらサイズ）の音響センサー及び地震センサーを使用し、様々な動きを探知している。こうした**無人地上センサー**（UGS: unattended ground sensor）は、周囲の環境に紛れ込むように偽装されており、ネットワークに接続することも可能である。報道によると、米軍のアフガニスタンからの撤退後、多くの無人地上センサーが現地に残置されたとみられる。国防省高等研究計画局は、無人地上センサーに加えて水中センサーの調査を実施している。

これらのセンサーは、消費電力が非常に小さいことから、長時間作動し得るとみられる。

　2021年、民間事業者であるICEYEは、合成開口レーダー（SAR）を搭載した同社の衛星群の活用によって、日常的な地上の施設等の変化あるいは海上の船舶の動向を追跡し得る旨を発表した。これはまさにマシントの一種である。同社はこれを「初の試み」と主張している。合成開口レーダーは、雲及び暗闇の中でも運用可能である。こうしたICEYEの能力は、「持続的な監視」能力の向上に資するとみられる。

　マシントは、収集の手法としては多くの課題にも直面している。背景には、マシントそのものが比較的新しい分野であることに加えて、プロダクトの生産に際して他の技術系の収集手法（イント）に依存しなければならないことがある。分析担当者あるいは政策決定者がマシントのプロダクトを見る際にも、それがマシントのプロダクトであるとは認識していない場合も少なくない。マシントは、潜在的には重要なイントではあるものの、依然としてその認知度は低い。また、マシントは（他のイントに比較しても）より複雑であることから、これを十分に活用するためには、より技術的な訓練を受けた分析担当者を必要とする。現時点においては、政策決定者側にとっても、ジオイントあるいはシギントに比較してマシントは馴染みが薄く、使い勝手も良くないとみられる。マシントを所掌するのはDIA及びNGAである。マシントの積極推進論者の中には、マシントが十分な力を発揮して貢献を行うためには、官僚機構の中においてより強い影響力を得る必要があるとの考え方もある。しかし、それ以外の人々は（マシントに対して理解のある人々でさえ）、マシントに専従の組織を設ける等の高い地位を与える必要はないと考えている。

人的インテリジェンス（ヒューミント（HUMINT: Human Intelligence））

　ヒューミント（HUMINT）はエスピオナージ（いわゆるスパイ活動）であり、しばしば世界で2番目に古い職業と呼ばれる。実際、ヒューミントは聖書と同程度に古いものである。モーゼ及びヨシュアは、ユダヤの民を率いてヨルダン川を渡る前に、カナンにスパイを送り込んだ。多くの人々が「インテリジェンス」という語から連想するのはスパイである。それは、ネイサン・ヘイル（Nathan Hale）及びマタ・ハリ（Mata Hari）（両名とも失敗した）のような歴史上有名な人物の場合もあれば、ジェームズ・ボンド（James Bond）のような架空の人物の場合もある。米国では、ヒューミントを所掌するのは主にCIAであり、CIAの中では工作局（DO: Directorate of Operations）がこれを所掌している。また、DIAもヒューミント能力を有しており、

国防秘密工作室（DCS: Defense Clandestine Service）がこれを所掌している。FBI及び薬物取締局（DEA）も海外で活動する職員を有している。（国務省の職員及び商務省の駐在官もヒューミントの収集を行う。ただし、彼らの収集活動は公然のものである。駐在官武官は公式の存在であるが、彼らの収集活動の一部は非公然の場合もある。）CIA工作局には3つの部署がある。各部署は、CIA自体のヒューミント、コミュニティ全体のヒューミント、そして科学技術をそれぞれ担当している。コミュニティ・ヒューミントの担当部署は、ヒューミントを実施する様々な組織の間の調整を担う。これは、組織間の業務の重複あるいは業務目的の矛盾を解消するために必要な業務である。CIA長官は、（コミュニティ全体の）ヒューミントの管理者（HUMINT program manager）とされている。

　前記のとおり（第3章参照）、国防秘密工作室の前身は国防ヒューミント室である。組織改編の背景には、国防秘密工作室の人員増強及びCIA工作局との訓練・調整の緊密化があった。CIA工作局幹部は、こうした動向を歓迎していた。なぜならば、これによって、軍事的ヒューミントは国防秘密工作室によって対応されることになるからである。当該分野への対応はCIAよりも国防秘密工作室の方が適しているのみならず、CIA自身は自分のリソースを他の標的により集中し得るようになる。なお、国防秘密工作室は秘密工作活動（covert action）には従事しないこととされた。ただし、連邦議会の中には、国防秘密工作室及びCIAの業務には重複が多いとの見方もあり、国防秘密工作室の海外駐在ケースオフィサーの数は当初計画の1,000人から500人に削減された。

　ヒューミントの主要な業務は、非公然の業務の担当者を国外に派遣し、外国人をスパイとして獲得することを試みることである。スパイ獲得のプロセスは複数の段階から成る（各段階は独特の用語で呼称される）。こうしたプロセスは、**情報協力者獲得サイクル**（agent acquisition cycle）と呼ばれることもあり、次の5段階から構成される。

1. **対象の選定**（Targeting or Spotting）：米国が必要とする情報にアクセスが可能な人物を選定する。
2. **対象の評価**（Assessing）：対象からの信頼を獲得すると共に、当該対象者の弱点及び獲得の成否の可能性を評価する。こうした評価は、**アセット検証制度**（asset validation system）を通じて実施される。
3. **獲得の実行**（Recruiting）：対象への**働き掛け**（pitch）を実行し、関係の構築を申し出る。対象者がこうした働き掛けを受諾して当方の**情報源**（Source）となる要因は様々で

ある（金銭、自国政府への不満、スリルへの欲求等）。なお、米国の担当者は、（少なくとも自分たちは）こうした獲得作業に当たり恐喝は行わない旨を明言している。
4. **情報源の運用（Handling）**：（情報源となった）アセットの管理を行う。
5. **運用の停止（Termination）**：情報源であるアセットとの関係の終了は様々な要因によって発生する。信頼性の低下、必要な情報へのアクセスの喪失、インテリジェンス上のリクワイアメントの変更等である。

　ヒューミントに関するもう1つの専門用語として、「**発展型（developmental）**」がある。これは、潜在的な情報源の価値（妥当性）及び適格性を評価するために接触及び会話等を繰り返し、働き掛け可能なレベルまで同人を「開発する（育成する）」ことを言う。対象が当方からの働き掛けを受託して情報源となった場合、担当者は、こうした新たな情報源と定期的に接触し、情報を受領し、それを本国に伝達する。そのためには、情報源との間で、捕捉されるリスクが低い場所において会合及び意見交換を実施するか、あるいは、会合を要しない通信方法が設定される。情報源は、情報の提供に当たり、更に自分自身の情報源（「**副情報源（sub-sources）**」と言う）に依存する場合もある。

　ベテランのインテリジェンス関係者の中には、トランプ大統領による特定のイスラム諸国からの移民に対する規制措置はヒューミント活動に支障を来すとの見方もある。移民第1世代を採用して活用することは、潜在的な人的情報源との関係を構築するためには非常に有用である。なぜならば、彼らは、（情報源との間で）非ネイティブの担当者では構築が不可能な親近感及び信頼感を伴う関係性を構築し得るからである。また、人的情報源の獲得に当たっては、米国への定住を可能とするとの保証が有効な場合もある。しかし、トランプ大統領による移民禁止措置は、こうした手法に支障を来すものである。

　外交活動を通じた情報収集もヒューミントの一種である。しかし、こうした情報収集は公然活動によるものであることから、一部ではその信頼性が高くは評価されない傾向がある。なぜなら、各国の政府関係者は、他国の外交官と会話する際、自分の発言が相手方の首都に外交公電によって報告されることを認識しているからである。ただし、この点は、スパイ活動の情報源も同様の考え方をしている可能性はある。そうした点はあるものの、一般的には、外交活動を通じた（公然の）情報収集よりも伝統的な（非公然の）ヒューミントの方が好まれる傾向がある。こうした傾向は、たとえ（非公然の）情報源の信頼性が不確実な場合であっても、変わることはない。ウィキリークス事案において明らかになったことの1つとして、米国の

外交官は、外国のカウンターパートに関する様々な情報を収集するよう（ワシントンから）指示を受けている。こうした外国関係者の経歴に関する情報収集の指示は、外交官にとっては決して珍しいことではない。なぜならば、彼らは、他国の外交官と接触する機会が多いからである（ただし、こうした指示の中には、（外国関係者の）生体情報の収集等の若干常軌を逸した指示も含まれていた）。政策決定者は一般に、外国のカウンターパートと相対応する際に、相手方の人間的な背景事情を知りたがる傾向がある。

　ヒューミントの実施には時間を要する。非公然活動の担当者は、様々な技能を習得する必要がある。例えば、外国語、監視の実施・探知・回避、獲得を始めとするヒューミントに関する様々な技能、様々な種類の通信機器を扱う能力、武器使用訓練等である。他の職業と同様、これらに熟達するには時間を要する。ヒューミント担当者の場合、最長で7年間の時間を要するとの見方もある。2018年、イギリスにおいて発生したノビチョク神経ガス（Novichok nerve gas）事案の後、米英を始め数ヵ国及びロシアの間でインテリジェンス担当者の追放合戦が実施された。前記のとおりヒューミント担当者の養成には長期間を要することから、こうした追放合戦の合理性に疑問を呈するインテリジェンス関係者もいる（第15章参照）。問題は、ヒューミント担当者が相手国から追放されてしまった場合、直ちに交代要員を配置することは困難である。とりわけ、モスクワのような敵対的な場所に関してはそうである。適性、訓練、専門知識等の制約もあり、追放された担当者の欠員を直ちに補充することは容易ではない。その結果、当該対象国における我が方のヒューミント能力が一時的にせよ失われてしまう場合もあり得る。

　インテリジェンス担当者は、活動に必要な技能の修得のみならず、カバーストーリーを維持しなければならない。カバーストーリーとは、当該外国に滞在する「もっともらしい理由」を示す表向きの生活のことを指す〔訳者注：いわゆる偽装身分と言い得るものである〕。こうした場合のカバーには、公的組織の身分及び非公的組織の身分の2種類がある。**公的組織の身分のカバー**（official cover）を持つインテリジェンス担当者は、通常、インテリジェンス組織とは別の政府組織の身分で大使館に配置されている。こうした公的組織の身分のカバーで勤務する場合、インテリジェンス組織における上司等との連絡の維持は容易となる。ただし、（任国の当局等から）インテリジェンス担当者であるとの嫌疑を向けられるリスクは高いものとなる。公的組織の身分のカバーを持つインテリジェンス担当者が危険に晒された場合、外交官としての地位を有していることから、（任国を含めた外国における）刑事訴追を免れ得る。ただし、ペルソナ・ノン・グラータ（PNG: persona non grata）を宣告され、

任国から追放される可能性はある。その一例は、2013年5月のフォーグル（Ryan Fogle）事案である。同人は、在モスクワ米国大使館員であったが、情報提供者との接触の容疑で逮捕され、ロシアからの退去を命じられた。ロシア当局によると、フォーグルは、ロシアのインテリジェンス組織の内部に情報源を獲得することを画策していた。報復措置として、ロシアは、CIAのモスクワ支局長の名前を公表した。

　非公的組織の身分のカバー（nonofficial cover）（NOC、「ノック」と発音）を持つインテリジェンス担当者の場合、（表面的には）自国の政府との間に何ら公式の関係はないものとされる。したがって、（インテリジェンス組織における上司等との）連絡の維持はより困難となる。また、ノックの担当者は、当該外国での駐在の表向きの理由として、何らかの常勤の職業〔訳者注：いわゆる「カバーの身分」〕を必要とする。ノックの担当者は通常、外交官として活動するインテリジェンス担当者に比較して、より幅広くかつ非伝統的な（新しい領域）での人脈を築くことが可能である。ノックの担当者は、上司、同僚等と公然と連絡を取ることはできない。（このため、CIAは官僚組織上の課題を抱えている。すなわち、ノックの担当者は、自分のカバーの職業に相応しい収入を得ているように振舞わなければならない。そうした活動に必要な金額〔訳者注：偽装の給与額〕は、実際に彼らが政府から支給されている給与額よりも高額となる場合がある。そのため、ノックの担当者は、実際の給与レベルよりも高額の納税義務を負担しなければならないという問題が生じる。こうしたことから、連邦議会は、ノックの担当者に対してそのカバーに見合う報酬を支払う権限をCIAに付与している。）米国政府は、ノック活動の内容等を公表していない。しかし、ノックの担当者は外交官としての地位を持たないことは広く知られている。したがって、彼らが何らかの危険に晒された場合には、（公的組織の身分のカバーを持つ担当者に比較して）より大きな危険に晒されることとなる。すなわち、（外交特権等による保護を受けないことから、任国を含めた外国において）逮捕され、投獄される可能性がある。ただし、そうした場合でも、他の拘束者との交換によって解放される可能性はある〔訳者注：いわゆる「スパイ交換」〕。（こうした「交換」手法は、スパイ活動で検挙された一般の自国民には適用されない）。このように、ヒューミントにおいては、指揮統制の容易性、人脈へのアクセス、偽装の度合い、暴露のリスク等がトレードオフの関係にある。

　ノックが利用し得るカバー（偽装）の職業に関し、CIAでは一定の制限が設けられている。例えば、聖職者及び平和部隊のボランティアの身分の利用は禁止されている。報道関係者の身分は、ノックとしては理想的なカバーである。なぜなら、報道関係者であれば、外国に滞在し、政府関係者と接触し、質問をすること等に関して「もっともらしい理由」を装うことができるからである。ただし、本当の報道関

係者は、以前より長期間にわたり、報道の身分がインテリジェンス組織のカバーに利用されることに反対している。なぜならば、報道関係者に偽装したインテリジェンス担当者の1人でもその正体が明らかになれば、全ての報道関係者に対して嫌疑の眼が向けられ、本当の報道関係者が危険に晒される可能性があるからである。他方で、報道も他の職業と同じであり、インテリジェンスのカバーとして利用可能であるとの考え方もある。いずれにせよ、ノックの利用は、公的組織の身分のカバーの利用に比較して複雑である。同時に、ノックの担当者は、「外交官のカクテルパーティーを通じて構築される人脈等」を越えて幅広い活動が可能であり、したがって、情報源の獲得作業においても更に幅広い裾野を持つことが可能と考えられる。なお、報道によると、ノックの担当者を増員する案は様々な障害に直面している。当初期待されていたような「価値の高いヒューミント」の創造には至っていない。

　ノックの使用が露見した場合、想定外の結果が生じる場合もある。CIAは、オサマ・ビンラディンの潜伏場所の探知に当たり、同人が潜伏している可能性のあるパキスタンのアボタバードの家屋の住民のDNAの入手を画策し、現地において（偽の）肝炎ワクチン接種プログラムを実施した。当該プログラムは不成功に終わった。しかし、こうしたCIAの企てが露見したことから、パキスタンのイスラム過激派は、現地の公衆衛生関係者数十人を（CIAによる当該偽装予防接種プログラムとは無関係であったにもかかわらず）処刑するに至った。これを受けて、オバマ政権のテロ対策担当の高官は、米国の各大学の公衆衛生プログラムに対して書簡を発出した。同書簡は、CIAは今後予防接種プログラムを作戦に利用しないこと、加えて、予防接種プログラムを通じて収集されたDNAの入手を図らないことを約束した。

　身元のカバー（偽装）は、全般的に一層困難になっている。非公然の任務に就く担当者の中には、比較的若年の頃からソーシャルネットワーク・サービス（SNS）を利用しており、自身の経歴が既に広く公開されてしまっている者も少なくない。こうした場合、彼らは、身元の偽装に当たり、従来からのソーシャルメディア上の活動を継続せざるを得ない可能性がある（より小規模かつ慎重なやり方にはなろうが）。あるいは、身元の偽装の辻褄を合わせるために、全く別の2つ目のプロフィールをSNS上に作成しなければならない場合もあり得る。例えば、フェイスブックに複数のアカウントを同時に持つことが考えられる。しかし、こうした場合、顔認識ソフトが障害となり得る。また、生体認証機能を持つパスポート等の新しい技術も身元の偽装を一層困難にしている。CCTV（クローズド・サーキット・テレビ）が多くの都市において普及しつつあり、顔認識技術とも組み合わされている。これによって、

路上の人物の追跡及び特定がより容易になる一方、身元の偽装を伴う活動はより困難になるとみられる。2018 年にイギリスで発生したスクリパリ（Sergei Skripal）毒殺未遂事案において、2 人のロシア人が特定されたのは、こうした技術によるものである（第 15 章参照）。他方で、昨今は、SNS 上のアカウントを一切持たないことも不自然とみられ、かえって「この人物はインテリジェンス関係者ではないか」との疑念を招く可能性もある。インテリジェンスの担当者としての成功の秘訣の 1 つは、「目立たずに、溶け込む」能力と言い得る。したがって、重要なことは、SNS の利用を完全に避けることではない。むしろ、身元の偽装と矛盾なく、偽装を強化するような方法で、SNS を上手く活用することと考えられる。

　ヒューミントの担当者は、任地への着任後は直ちに活動を開始する場合もあれば、いわゆる**スリーパー（Sleepers）**となる場合もある。スリーパーは、対象国に送り込まれた後、暫くの間（場合によっては数年間）は活動を開始しない。その間は、自らを現地に溶け込ませることに専念する。彼らは規則正しい生活を維持する。こうすることで、対象国により馴染み、慣れ親しむことが可能となる。加えて、対象国によるカウンターインテリジェンス活動の注意を引くことを避けることが可能となる。2010 年、米国はロシアのスリーパー 10 名を検挙した。彼らは、米国東部の様々な場所に居住し、働いていた。これらのスリーパーは全員外交官の身分は持っていなかった。彼らは、（ロシアにおいて）米国のためのスパイ活動の容疑で有罪判決を受けた 4 人のロシア人と交換された。

　ヒューミントの情報源の中には自発的に志願してくる者もいる。こうした者は**ウォークイン（walk-ins）**と呼ばれる。ソ連のペンコフスキー（Oleg Penkovsky）、CIA のエイムズ（Aldrich Ames）、FBI のハンセン（Robert Hanssen）はいずれもウォークインであった。ウォークインには多くの問題がある。すなわち、自発的に志願する理由は何なのか、本当に価値のある情報へのアクセスがあるのか、真摯な志願者なのかあるいは潜入の目的を持った者なのか（後者は**ダングル（dangles）**と呼ばれる）等の点である。〔訳注：ダングルは、日本語では「撒き餌」あるいは「毒饅頭」のイメージに近いと考えられる。〕ダングルによる潜入は様々な目的で実施される。例えば、敵側のインテリジェンス関係者の特定、敵側のインテリジェンス組織の関心事項あるいは手法に関する情報の入手等である。ウェブスター（William Webster）元 FBI 長官（在 1978–1987 年）兼中央情報長官（在：1987–1991 年）はかつて、ダングルに関する調査を主宰した。当該調査に関する報道記事によると、ソ連側はハンセンを米国側が仕掛けたダングルではないかと疑い、米国に対して警告を伝えたという。米国はそうした事実を否定した。ただし、ソ連がハンセンをダングルと考えた理由は明らかに

されていない。

　ヒューミント担当者は、外国人を情報源として獲得するのみならず、より直接的な情報収集（文書の盗難、センサーの設置等）を行う場合もある。対象の活動を自ら直接監視して情報を入手する場合もある。したがって、ヒューミントは、いわゆるスパイ活動にとどまらず、複数の異なるイント（情報収集の手法）の組み合わせである場合もある。

　同盟国あるいは友好国のインテリジェンス組織によるヒューミント活動は、自国のヒューミント能力を補完するものとして重要である。（組織によっては、ある特定の場所に位置しているという理由だけで有意義な場合もある。）こうした他国の組織との協力関係は**対外リエゾン**（foreign liaison）関係と呼ばれ、幾つかの多くの重要な利点がある。第1に、外国のインテリジェンス組織は、（米国のインテリジェンス組織よりも）当該国の周辺地域の状況に精通している。第2に、外国政府の中には、幾つかの国との間で、米国とは異なる関係を有している場合がある。情報収集の標的である国との間で米国よりも友好な関係を構築している国もある。また、そもそも米国が正式な外交関係を有していない国との間で外交関係を有している国もある。こうした「ヒューミント対ヒューミント」のリエゾン関係は、その性質上公式的なものであり、しばしば相互依存的なものである。また、こうしたリエゾン関係にはリスクも伴う。なぜならば、当方は、リエゾンの相手国の保安・保全手続等に関して完全に承知することはできないからである。例えば、ロシアによるシリア内戦への介入を受けて、2015年、イラクはロシアとの間でインテリジェンスを共有する協定を締結した。米国当局者は、自国が以前イラクに提供したインテリジェンスがイラクを通じてロシアに共有される可能性を懸念した。こうしたことから、リエゾン関係には異なる様々なレベルがあり、それぞれの関係のレベルは複数の要素に応じて決定される。そうした要素とは、例えば、過去の経験、共通のニーズ、信頼感、共有されるインテリジェンスの価値及び深さ等である。また、リエゾンのパートナーである外国のインテリジェンス組織の中には、作戦上の制限、許容される活動の範囲、その他の各種の基準が当方とは異なる場合もある。例えば、報道によると、リビアのカダフィ（Muammar Qaddafi）が2003年に大量破壊兵器を破棄した後も、米英のインテリジェンス組織は、同人に関するインテリジェンスを共有していた。また、米英のインテリジェンス組織は、シリアの反政府勢力と協力していたとの報道もある。さらに、別の報道によると、米国は、ナイジェリア軍との間で過激派組織ボコ・ハラムに関するインテリジェンスを共有することには消極的であった。なぜならば、ナイジェリア軍は、（米国にとって）重要な作戦に貢献することに消極的で

あったからとみられる。これらの懸念は克服された模様である。しかしいずれにせよ、こうした事例は、対外リエゾンに関する様々な問題を示唆している。このように、「リエゾンを通じて得られるインテリジェンスの価値」及び「当該パートナー組織との関係そのものの妥当性」、すなわち、当座の利害及びより大局的な利害の間にはトレードオフの関係があるとも言い得る。そうした課題はあるものの、利用可能なヒューミントの幅及び深さを広げる上で、対外リエゾンは重要な手段である。

　米国及びそのリエゾン・パートナーは、いわゆる**サード・パーティ・ルール**(third party rule) の慣行を実践している。これは、外国のリエゾン・パートナーから受領したインテリジェンスを、提供国の許可なく第3者とは共有しないことを意味する。2017年5月、トランプ大統領は、ロシアのラブロフ（Sergei Lavrov）外相に機微なインテリジェンスを提供した。当該インテリジェンスは米国がイスラエルから提供を受けたものとみられた。米国のインテリジェンス関係者は、（こうしたトランプ大統領の行為は）サード・パーティ・ルール違反である旨の懸念を表明した。公式には、イスラエルは米国とのインテリジェンス協力関係への継続的な信頼を表明した。しかし、報道によると、幾つかの米国のインテリジェンス・パートナーは、米国と共有するインテリジェンスの安全性に関して非公式に懸念を表明したとみられる。報道によると、トランプ大統領によるロシア側へのリークの結果、米国当局者はクレムリン内のロシア人情報源の「撤収」を決定したとみられる。当該ロシア人は、長年にわたり米国の情報源として働き、2016年の米国大統領選挙等におけるロシアの活動に関する情報を米国側に提供していた。一方、トランプは、「スパイ」という発想そのものに違和感を表明していた。なぜならば、こうした情報源は自分自身の祖国に対する「裏切者」だからである。トランプ大統領はまた、自分が外国の指導者との間で良好な個人的関係を構築するに当たり、インテリジェンス活動は障害になるとも考えていた。

　リエゾンは、ヒューミントのみの特権という訳ではない。ジオイント及びシギントにおいてもリエゾン関係があり、それぞれ担当組織がリエゾンを実施している。インテリジェンスの対外リエゾンは、「インテリジェンス・コミュニティ全体として」と言うよりは、各組織同士の関係に基づいて実施される。CIA、DIA、NGA、NSAはそれぞれ自前のリエゾン関係を構築し実行している。こうした各組織による活動の重複を避けるべく、より良い調整を実施することが課題となっている。2015年10月、DIAは、英連邦統合担当副長官（DDCI: Deputy Director for Commonwealth Integration）の創設を発表した。当該ポストは、ファイブ・アイズ（米、英、豪、加、ニュージーランド）における国防及びインテリジェンスの問題に関して、DIA長官に

対する上級のアドバイザーの役割を担う。英連邦統合担当副長官は、5ヶ国の将校による交代制の職となる。初代は、イギリスの空軍少将、2代目はニュージーランドの少将、3代目はオーストラリアの少将（女性）である。

このように、ストープパイプ（組織の縦割り）の問題は、対外リエゾンにも影響を与えている。こうした問題は、国家情報長官にとっての課題でもある。国家情報長官は、インテリジェンス・コミュニティの各組織の対外リエゾン関係の調整の監督を所掌している。また、国家情報長官は自身が独自の対外リエゾンを担う場合もある。ただし、国家情報長官は、他の組織の独自の対外リエゾン関係に対する指揮権は有しない。報道によると、ブレア国家情報長官は、フランスのインテリジェンス組織との関係を改善するべく独自の努力を行った。このことは、オバマ政権内におけるブレアの立場を悪化させる一因となったとみられる。

テロとの闘いにおいては、幾つかの国が米国に対してインテリジェンスの支援を行っている。この中には、場合によっては米国にとって敵対的となる可能性がある国も含まれる。こうした形態のリエゾン関係においては、インテリジェンス共有において特に注意が必要である。また、先方から受領するインテリジェンスの深さあるいは詳細さに関して疑義が生じる場合もあり得る。ただし、有益なインテリジェンスの交換は、各国が相互信頼を構築するには良い方法である。例えば、報道によると、ロシアのインテリジェンス組織関係者は、米国の要請に基づき、北朝鮮による核開発の可能性を探るべく、同地に核探査装置を設置した。対照的に、米国及びパキスタンのインテリジェンス関係は困難な状況にある。報道によれば、米国政府関係者は、パキスタンによる同国内での過激主義対策が不十分であることや、アフガニスタンのタリバン勢力及びパキスタンの継続的な関係に不満を抱いている。同時に、パキスタン側も、テロリストの疑いのある同国内の標的に対する米国の無人航空機の使用に反対し、米国側に対してこうした活動の透明性の向上を要求している。2011年5月、米国によるオサマ・ビンラディン掃討作戦は、パキスタンの国内において実施された。しかし、パキスタンに対する事前通報はなく、双方の緊張関係を悪化させることとなった。パキスタンは、米国による主権侵害に対して激しく反発した。他方、米国政府高官は、ビンラディンがパキスタン西部の部族地域から離れた場所に長年にわたり居住していたにもかかわらず、同国政府の中で誰も彼の存在を察知していなかったはずはない旨を指摘した。パキスタン側も様々な事実に困惑していた。第1は、当該作戦に関して米国から事前通報がなかったことである。第2は、米国の作戦を察知できなかったことである。第3は、ビンラディンが同国内の重要な軍事施設付近の比較的賑やかな場所に数年間にわたり居住していた

ことである。報道によると、在パキスタンの CIA 支局長は 2 代にわたり、パキスタン当局者によって身元を暴露され、米国への帰国を余儀なくされた。こうした動向等により、双方の信頼関係は大きく損なわれた。ただし、その後の報道によると、双方のインテリジェンス関係は再び改善されたとみられる。

　2020 年、グレネル（Richard Grenell）国家情報長官代行は、同性愛を犯罪化している国とのインテリジェンス共有を削減することを提案した。グレネル自身は同性愛者である。こうした方針は、人権擁護の観点からは好ましいことかもしれない。しかし、インテリジェンスの観点からはコストを伴う可能性がある。特に、中東、アフリカ、東南アジアにおいてはそうである。インテリジェンスのリエゾン関係は、単なる「好き嫌い」に基づいて構築されるものではない。リエゾン関係は、自身に必要なインテリジェンス及び支援を得るために有用な手段である。その意味で、インテリジェンスのリエゾン関係は、相手側の「総合的な好ましさ」等に基づくものではない。なお、グレネルによる提案が実際に実行されたのか否かは不明である。

　いわゆるスパイ活動がもたらすインテリジェンスは、収集されるインテリジェンスの全体の中の小さな一部分でしかない。ジオイント及びシギントの方がより大量のインテリジェンスを生産する。ただし、ヒューミントは、シギントと同様に、非常に大きな利点がある。それは、相手方の発言、計画、思考にアクセスし得るということである。また、他国政府内の人物に対する秘密裡の接触を通じて虚偽あるいは欺瞞的な情報を提供する等、相手方の政府に対して影響を及ぼす機会を持つことも可能となる。テロリズム、薬物、国際犯罪等は、技術的なインテリジェンスが必ずしも効果的ではない標的である。なぜならば、こうした標的は、（国家主体に比較して）活動が小規模だからである。こうした標的に対しては、ヒューミントが唯一の利用可能な情報源となる可能性もある。

　ヒューミントには短所もある。第 1 に、ヒューミントは、技術的な収集手法とは異なり、遠隔操作で実施することはできない。ただし、最近は、ネット空間上で情報提供者の獲得を図ることも可能である。例えば、元米空軍の特別捜査官であるウィット（Monica Witt）は、ネット空間上での接触を通じてイラン側に獲得された。様々な外国のインテリジェンス組織は、リンクトイン（LinkedIn）（ビジネス用の SNS）上に偽装の個人アカウントを開設し、情報源となり得る人物と接触する手段として活用し始めているとみられる。リンクトインは、ヒューミントの潜在的な標的の経歴を調査する場合にも有用である。2019 年、CIA は、匿名性ウェブ閲覧ブラウザー（Tor "Onion Service"）の独自版を開発した旨を発表した。当該ブラウザーを使用することによって、インテリジェンス関係者は、自身の匿名性を維持しつつ様々なウェ

ブの閲覧あるいはこれらへの接続が可能となる。また、部外者が、匿名性を維持しつつ、CIA のサイトを閲覧したり CIA に対して情報を通報することも可能となる。

　ヒューミントの実施には（対象たる人物への）接近及びアクセスを伴う。したがって、相手側のカウンターインテリジェンス能力との戦いとなる。例えば、報道によると、2010 年以降、中国における米国のインテリジェンス能力は深刻な打撃を受けたとみられる。なぜならば、CIA の通信システムが破られたことにより、（中国内における）CIA の情報源 10 数名が投獄あるいは処刑されたからである。加えて、新型コロナウイルスの流行によって、ヒューミント活動は更に困難化した。世界中各地において自宅待機命令が発令され、通勤等の外出の機会は大幅に減少した。この結果、情報源との連絡、短時間の接触、歩行中の資料の受け渡し等は注意を引きやすくなり、極めて困難となった。

　ヒューミントは、様々な技術的な収集の手法に比較すると、金銭的な費用は非常に低額である。必要な費用は、訓練、特殊な装備品、非公的組織の身分のカバーの担当者が適切なカバーストーリーを構築するための備品等に要するものである。

　ヒューミントは、他の収集の手法と同様に、欺瞞の影響を受けやすい。他の収集の手法と比較して最も脆弱であるとの見方もある。根本的な問題は、人的な情報源の信頼性に関わるものである。場合によっては、この問題は決して完全には解決され得ない。そして、この問題から更に多くの困難な疑問が生じる。第 1 は、情報源たる人物が当方に情報を渡そうとする動機は何かという点である。イデオロギー、金銭欲、復讐心等が考えられる。第 2 に、情報源たる人物は、価値の高い情報への「優れた」アクセスを自分は有している旨を主張する場合がある。しかし、それはどの程度に「優れた」アクセスなのか。また、そのアクセスは永続的なのか、あるいは 1 回のみなのかという点である。第 3 は、得られる情報そのものの価値はどの程度に「優れた」ものなのかという点である。第 4 は、情報源たる人物はダングルではないのか。すなわち、（情報収集の標的である）相手側の意向に沿って、虚偽の情報（あるいは何らかの影響を与えることを企図した情報）を当方に渡そうとしているのではないかという点である。第 5 は、情報源たる人物はいわゆる「二重スパイ」ではないか、すなわち、当方に情報を提供するのと同時に、当方のヒューミントの技術及び能力に関する情報を収集しているのではないかという点である。

　ヒューミントは、人間関係に基づくものであることから、非常に脆弱な収集手法である。技術的な情報収集手法（ジオイント、シギント、マシント）は、こうした人間関係に絡む問題の影響を受けることはない。また、こうした人間関係的な側面があることから、ヒューミントの活用にはより繊細な注意が必要とされる。スノーデン

事案により、CIAが（米国の）同盟国において収集活動を行っている旨が暴露された。報道によると、同事件の後、CIAは、西欧諸国における「単独作戦」（同盟国内で、当該ホスト国に通報することなく、自らの情報源の獲得あるいは情報源との接触を行うこと）の数を減少させたとみられる。また、クラッパー国家情報著官は「ある特定の標的」に対する情報収集を停止した旨を述べた。

　ヒューミントの担当者には、（欺瞞されないよう）慎重な注意が要求される。同時に、過剰に慎重な対応により、有望な情報源が台無しとなってしまう可能性もある。ヒューミントの担当者は、この両者の間で絶妙なバランスを保つことが求められる。例えば、米国は、ペンコフスキー（Oleg Penkovsky）からの協力の申し出を当初は拒否した。こうしたことから、同人はイギリスを頼り、イギリスはペンコフスキーを受け入れた。その後になってようやく、米国はこの貴重な情報源を受け入れることを決定した〔訳者注：ペンコフスキーは、キューバミサイル危機の際に米国に対してソ連に関する貴重なインテリジェンスを提供した情報源〕。欺瞞への対処は特に困難である。なぜならば、人は誰しも、自分が騙されていることを認めるには抵抗がある。他方で、「誰も信用できない」との思考に陥ると、本来は貴重な情報源であったかもしれない対象すらも拒絶してしまう可能性がある。2009年12月、アフガニスタンのコースト（Kohst）において、ヨルダン人による自爆テロが発生し、CIA職員7人が死亡した。この自爆テロ犯人は、CIAの情報源であった。当該事件は、人的な情報源の取扱いに関連する本質的な危険性を浮き彫りにした。（詳細は第7章参照）。

　ヒューミントが扱う情報源及び手法は独特なものである。こうしたことから、ヒューミントは更に別の課題も抱えている。ヒューミントの情報源は非常に脆弱なものと考えられている。なぜならば、良好な人間関係を構築するには長期間を要する。また、ヒューミント作業においては、インテリジェンス組織の担当者、情報源、そして場合によっては情報源の家族を生命の危険に晒す場合もある。こうしたことから、ヒューミントの情報源の詳細に関しては、その報告を受領する分析担当者には伝達されない場合がある。例えば、「当該情報は、XX国外務省の一等書記官からもたらされた」等の具体的な詳細が分析担当者に伝えられることはない。代わりに、分析担当者に届く報告の中には、当該情報源のインテリジェンスへのアクセス、過去の信頼性、その他関連事項等に関する情報が記されている。複数の情報源からの情報が統合されて1つの報告として分析担当者に届けられる場合もある。このように、ヒューミントの情報源をマスキングする（伏せる）ことは、情報源の保護の観点からは好ましいことである。しかし、分析担当者が当該情報源及びその情報の価値を十分に理解できない場合もあり得る。こうした場合には、マスキングを施す

ことによって情報の評価が（不当に）下げられてしまうという想定外の結果を招く可能性もある。こうした課題は、イラクの大量破壊兵器問題の経験を通じて顕在化することとなった。当該事案においては、一部の情報源の信頼性には疑問符が付くことが認識されていた。それにもかかわらず、そうしたヒューミント報告の「質」に関する情報は、分析担当者には適切には伝達されていなかった。また、こうした状況の下では、オール・ソース・アナリシスを担当する分析担当者は、（シギント、ジオイント等の）他の収集手法の情報源にはアスクセスできるにもかかわらず、ヒューミントの情報源に関しては自身で（信頼性等の）評価を行うことができないという問題も生じる。（ヒューミントの報告書には、収集部門の報告担当者による「情報源の評価」を記した注記が付されている。「情報源の評価」とは、例えば、「十分に信頼できる」、「信頼性は未検証である」、「情報へのアクセスは検証済みである」、「情報へのアクセスの実績は不明」等として表記される。）ブレナンCIA長官は、CIAに複数のミッション・センターを創設した。これらのセンターにおいては、分析担当者及び工作局の収集担当者が一緒に勤務をしている。こうした仕組みは、（収集担当者及び分析担当者の間の意思疎通を円滑化することにより）前記のような課題の克服に資する可能性がある。

　また、ヘルムズ（Richard Helms）中央情報長官（在1966–1973年）が看破したように、インテリジェンス組織がヒューミントの情報源を獲得するのは、ある特定の任務あるいはリクワイアメントを遂行するためであり、そのために当方が必要としているインテリジェンスに対して当該情報源がアクセスを有しているからである。他方で、これらの情報源は、他のインテリジェンスへのアクセスを有することはほとんどない。したがって、彼らを別の任務に配置転換することは不可能である。ヘルムズはまた、当方が必要としているインテリジェンスへのアクセスを失った情報源は、「予備役」として留め置くべきではなく、速やかに排除すべきであると考えていた。ヘルムズは、組織運営の優れたCIA支局（海外の活動拠点）では「使用済み（賞味期限切れ）のスパイに固執しない」と述べていた。このように、ヒューミントは、成功した場合には極めて高い価値をもたらすものではあるものの、その焦点は限定的なものである。

　ヒューミントにおいては、担当者は、テロリスト及び薬物密売人等の「好ましくない」人物と接触し、関係を構築する。担当者は、こうした集団に潜入したり彼らと何らかの関係を構築するに当たり、彼に対して金銭あるいは別の形態の支援を提供する場合もあり得る。こうした関係に対しては、道徳的、倫理的に問題であるとの見方もある（第13章参照）。2001年9月のテロ事件の後、ヒューミントの獲得に関するいわゆるドイチェ・ルールが注目を浴びることとなった。1995年、当時の

ドイチェ（John Deuth）中央情報長官（在：1995-1997年）は、全てのヒューミントのアセット（情報源）の調査を指示し、特に、過去に深刻な犯罪活動あるいは人権侵害に関与したことのある人物の特定を命じた。当該調査は、グアテマラにおける不祥事に端を発したものであった。当該事案では、グアテマラにおける以前のCIAの情報源が人権侵害に関与しており、同国に居住する米国人も被害を受けていた旨が明らかになった。この結果、CIAは新たな規則を定め、こうした問題を抱える対象の獲得を行う際には（支局の判断のみならず）CIA本部の承認が必要とされることとなった。しかし、9.11事件の後、当該規則は各方面からの批判を浴びることとなった。当該規則によってCIAのテロ集団への潜入能力が制約を受けていたとの意見が多くみられた。CIAの当局者は、ドイチェ・ルールによって貴重な関係が損なわれた具体的な事例は特に把握されていない旨の反論を行った。これに対し、こうした規則の存在そのものが工作局のヒューミント活動を委縮させてしまったとの反論が多く見られた。すなわち、ヒューミントの担当者は獲得の対象選定に関してより慎重になり、「ドイチェ・ルールに基づいて情報源に対する調査を受け入れる位なら、当該情報源を諦める方が良い」と考えるようになった可能性がある。程なく、「ドイチェ・ルールは無視して構わない」との指示が現場のCIA支局に対して発出された。そして、2001年の末までに、当該規則は作戦への実質的な影響力を失った。その後、2002年7月、当該規則は正式に撤廃された。なお、ドイチェ自身は、9.11事件の後も、自身が定めた規則を擁護していた。すなわち、当該規則の制定によって、工作局の担当者の獲得活動は明確なガイドラインに基づくものとなり、獲得される情報源の質も高まった旨を主張した。

　米国においては、ヒューミント及びその他の収集手法との間に常に緊張関係が存在する。技術的な手法が優位にある中で、「ヒューミントをより重視すべし」との意見が繰り返し提起されている。いわゆる「インテリジェンスの失敗」が発生すると、ヒューミント強化への要求が強まる傾向がある（例えば、1979年のイラン革命、1998年のインドの核実験、2001年のテロ）。こうしたヒューミントの強化への要求が再三浮上することにはやや違和感がある。なぜならば、ヒューミントの成否は、当該業務に割り当てられる人員の数には必ずしも依存していないからである。テロ組織あるいは権威主義体制の中枢部等は、ヒューミントにとって常に潜入が困難な標的である。このような場合、「送り込まれた最初の19人は失敗したが、20人目は成功するだろう」と信じられる合理的な理由はない。ヒューミントの困難な標的に対してあえて大量の人員を投入することはほぼ不可能である。なぜならば、担当者の確保の問題に加え、より重要な点として、リスクが高いからである。加えて、人員

の大量投入は、むしろ相手側の警戒感を高め、ヒューミント活動をより困難にする可能性もある。

　繰り返しになるが、ヒューミント及び他の収集手法の間での（二者択一という意味での）「適切なバランス」はあり得ない。こうした考え方は、オール・ソース・インテリジェンスの概念には反するように聞こえるかもしれない。（オール・ソース・インテリジェンスとは、所与のインテリジェンスのニーズに対し、可能な限り多数の収集手法を利用して対処するというものである。）しかし、実際には、全ての課題に対して、全ての収集手法が同等の貢献をなし得る訳ではない。「ヒューミントかテキントか」という単純な二者択一的な思考に基づいて揺れ動くような収集システムよりも、強靱かつ柔軟性がある（すなわち、その時々のインテリジェンス・リクワイアメントに応じて柔軟な調整が可能である）収集システムの方が優れている。

　ヒューミントの絶対的な価値を判断することは、不可能ではないかもしれないが、極めて困難である。これは、他の全ての収集手法の場合も同様である。ヒューミントは（オシントと共に）、最も民主的な収集手法の1つと言い得る。なぜならば、どのような国家あるいは集団であってもヒューミントを実施することは可能だからである。言うまでもなく、重要な課題に関しては優れたヒューミントのアクセスを確保することが望ましい。しかし、エイムズ事案及びハンセン事案は、ヒューミントのもたらす価値に対して疑問を呈するものである。両名は、スパイとして、ソ連（及びソ連崩壊後のロシア）に対して極めて貴重な情報を提供していた。これらの情報は主にソ連国内における米国のスパイ活動に関する情報であり、特にハンセンは米国の技術的な収集活動及びその能力に関する情報を（ソ連側に）提供していた。この両名の活動に加えてそれ以前のスパイたちによる暴露を考慮すると、ソ連（及びソ連崩壊後のロシア）は、米国の収集能力に関して相当の知識を得ていたと考えられる。「それ以前のスパイたち」とは、CIA職員のカンピレス（William Kampiles）（米国の衛星の詳細に関する情報をソ連に提供）、ウォーカー（John Walker）及びその一味（全員が米海軍に勤務経験があり、米国の暗号データをソ連に提供）、NSA職員のペルトン（Ronald Pelton）（米国の信号収集の詳細に関する情報をソ連に提供）等である。それにもかかわらず、ソ連は冷戦に敗北し、国家としては消滅した。こうしたことから、結局のところ、ソ連が実施していた全てのヒューミント活動は何の価値もない、すなわち、ヒューミントの有用性は疑問であるとの見方も成り立ち得る。他方で、国家の内部に深刻な問題がある場合、いかに価値の高いヒューミントがあるとしても当該国家を救済することはできないとも言い得る。〔訳者注：前者は、「国家を救えない限りインテリジェンスは無意味だ」という見方。後者は、「国家の存続はインテリジェンスのみに依存

する訳ではない」との見方。〕

　ヒューミントに対して批判的な立場からは、過去の米国の人的情報源の中でも最も重要なスパイたち（ペンコフスキー、エイムズ、ハンセン等）は、米国のインテリジェンス組織によって獲得された者ではなく、ウォークインであった旨が指摘されている。こうした状況は、ヒューミントの能力に関して重大な問題を提起している。〔訳者注：「積極的な獲得作業を中心としたヒューミントは意味がない」、「ウォークインを待てば十分だ」との考え方もあり得るとの指摘を指す。〕しかしながら、インテリジェンスの収集は（複数の手法に基づく）相乗効果に依存する活動であるとの考え方に基づけば、たとえ比較的下級の情報源の獲得であっても、我が方の知識の全体の向上に一定の貢献となり得る。また、確かに、最も生産的な情報源はウォークインかもしれない。そうだとしても、そうした情報源に任務を付与し、彼らから情報を引き出し、それらを適切に管理運営するためには然るべき仕組み及び手段が必要である。

　ヒューミントにおける更なる重要な懸念事項の１つは、秘密の情報源が拘束されその正体を暴露されることである。こうした事態は、情報源自身を生命の危険に晒すのみならず、当該情報源の運用担当者を派遣している国にとっても政治的な不利益を招く。たとえ長期間にわたり優れた成果を生み出してきた侵入工作であっても、こうした暴露事案に直面した場合の代償は多大である。象徴的な事例はギョーム（Gunter Guillaume）の事案である。ギョームは東ドイツの情報源であった。西ドイツ政府に潜入し、ブラント首相（Willy Brandt）のオフィスの幹部にまで登り詰めた。1974年、ギョームのスパイ活動の発覚を受けて、ブラントは辞任を余儀なくされた。当該事案に関しては、（東ドイツ側にとって）インテリジェンス活動の成果よりも政治的代償の方が大きいとの見方が多い。なぜならば、ブラントの後を継いだ西ドイツ政府においては、ブラントによるオストポリティーク（東ドイツに好意的な政策）は継承されなかった。これは東ドイツにとって極めて大きな政治的打撃であり、ギョームがもたらしたインテリジェンス上の成果を上回る代償となった。同様の状況はポラード（Jonathan Pollard）事案にもみられる（詳細は第15章参照）。ポラードは、米国のインテリジェンスをイスラエルに提供していた。当該事案は、米・イスラエル関係に水を差す恒常的な火種となった。当該事案がもたらした政治的な代償もやはり、（イスラエル側にとって）ポラードが提供したインテリジェンスの価値を上回るものであった。

　米国のインテリジェンス・コミュニティにおけるヒューミントの状況は引き続き懸念されている。1990年代、インテリジェンス活動は全ての面において予算削減に直面した。ヒューミントもその例外ではなかった。複数の当局者の証言によると、

2001年の9.11テロの前には、全世界中のCIA工作局の人員数よりも、FBIのニューヨーク支局の人員数の方が多かったとみられる。9.11テロを受けて、ブッシュ大統領は、CIA工作局の人員の50％の増員を命じた。ただし、前記のとおり、ヒューミント担当者は、新任から一人前までの教育訓練に7年を要する。ゴス（Porter J. Goss）中央情報長官（組織改編後はCIA長官）の時代（在2004–2006年）には、ゴスのスタッフとの軋轢により、工作局の多くのベテラン職員が職を去った。ヘイデン（Michael Hayden）CIA長官（在2006–2009年）の下で状況は改善された。しかし、報道によると、工作局の離職率は依然として高い。（こうした状況は）特に在職5–10年の幹部において顕著である。

　少なくとも米国においては、ヒューミントを、（多様な手法を念頭に置いた）広範なインテリジェンス収集戦略の全体像の中に（相対的に）位置付けて捉えることが重要である。すなわち、自国の最重要なインテリジェンス・ニーズを充足する唯一の収集手法（イント）としてヒューミントを捉えることは適切ではない。1つの収集手法（イント）に対してそうした期待をしても、失望させられるか、あるいは失敗に終わる可能性が高い。

　対外インテリジェンス及び国内インテリジェンスの線引きは、シギントにおいて大きな問題となっている。ヒューミントにおいても、やや小規模ではあるものの、同様の問題が発生している。CIAは、ニューヨーク市警（NYPD）のインテリジェンス部門と協力するべく、同部門に数名の職員を派遣した。ニューヨーク市警は、イスラム・コミュニティにおいて人種及び民族に基づくプロファイリングを行っているとして非難されていた。当時、ニューヨーク市警のインテリジェンス部門を運営していたのは、2名の元CIA職員（退職者）であった。一方、国家安全保障法は、CIAは「警察、召喚令状、その他の法執行の権限あるいは国内治安維持の機能を有しない」旨を規定している。こうしたことから、CIA及びニューヨーク市警の連携に対して強い疑問を呈する見解もみられた。2011年、CIAの首席監察官は、CIA及びニューヨーク市警の協力関係の検証を実施し、法律あるいは行政命令の違反には該当しない旨の結論に至った。しかし同時に、同プログラムには運営上の問題があり、CIAは国民から誤解を受けるリスクがある旨を指摘した。

　ヒューミントは極めて専門的な技能であり、適切な熟練レベルに達するには数年を要する。ヘルムズ中央情報長官が指摘したように、インテリジェンス組織の活動の中で最も危険な活動の2つのうちの1つはヒューミントである（もう1つは秘密工作活動（第7章参照））。ブレナンCIA長官は、CIAに多くのミッション・センターを創設した。同センターに関する懸念の1つは、工作局（DO）及び分析局（DA）が

共同で活動することである。この結果、それぞれの独自性が失われ、組織文化が相当程度に同質化する可能性がある。もう1つの問題は、CIAのヒューミントの管理の責任の所在である。CIA長官は、国家ヒューミント管理官（National HUMINT Manager）の機能を担っている。従前、CIA長官は工作局を通じてこの機能を果たしていた。しかし、ミッション・センター制度の創設に伴い、工作局は、各種の作戦の直接の指揮命令の責任を担う「ライン」組織ではなくなったように見える。その結果、各ミッション・センターの責任者（局長（Assistant Director）級）がヒューミントの直接の指揮を担い得るのか否かが問題となる。また、各ミッション・センターの責任者の中には、分析局出身者が充てられている場合もある。工作局所属の部下が実施するヒューミント及び秘密工作活動に関して、こうした分析局出身の幹部が責任を担い得るのか否かも問題となる。

最後に、サイバーはヒューミントを実施する手段の1つと捉えることが可能である。例えば、（サイバー空間において）偽装の身分を利用して外国のインテリジェンス組織の職員と接触し、従来のヒューミントと同様の獲得プロセスを実行することも可能である。マニング（Bradley Manning）がウィキリークスに対して何千もの公電資料を提供するに至った過程の一部はこうしたものであったとみられる。サイバーは、ヒューミント活動に新たな利点をもたらすものである。なぜならば、ヒューミントの担当者は、サイバーの活用により、情報源（あるいは潜在的な情報源）と恒常的に連絡を取ると同時に、暴露のリスクを低下させることが可能となる。また、たとえ担当者がオンライン上で「捕捉」されたとしても、真の身元及び滞在場所を隠匿し続けることが可能である。さらに、情報源からは物理的に隔離されているため、実際に身体を拘束されるリスクも低い。前記のとおり、元空軍のカウンターインテリジェンス担当者であるウィット（Monica Witt）は、こうした手法を通じてイランのインテリジェンス組織に獲得されたとみられる。同人は、2013年にイランに亡命し、米国の能力に関するインテリジェンスをイランに提供した。

公開情報に基づくインテリジェンス（オシント（OSINT: Open-Source Intelligence））

オシントという概念に関しては、これを「矛盾したもの」と見る立場もある。「公然と入手可能なインフォメーションをインテリジェンスとみなすことは可能なのか」という疑問である。しかし、こうした疑問は、「インテリジェンスとは必然的に秘密であるべし」との誤解を反映したものである。確かにインテリジェンスの多くは秘密裡に入手されるものである。しかし、だからと言って、公然と入手可能なインフォメーションがインテリジェンスから排除されるべきではない。あるイン

テリジェンス組織幹部によると、冷戦の最盛期においてさえ、ソ連に関するインテリジェンスの少なくとも 20％は公開の情報源から得られたものであったと言う。

オシントには、広範かつ多様なインフォメーション及び情報源が含まれる。

- **報道機関（メディア）**：新聞、雑誌、ラジオ、テレビ、ソーシャルメディアを含むコンピュータに依拠した情報（下記参照）。
- **公式な記録**：政府の報告書、予算及び人口等の公式統計、公聴会、議会討論、記者会見、講演。
- **専門家、学術研究者**：会議、シンポジウム、学会、学術論文、専門家。
- これらの公開の情報源に加え、非公然の情報収集手法もそれぞれ、オシントの要素を含んでいる。最も明確な例は、ジオイントにおける民間商業画像の利用である。また、インターネット上で様々なシギント的な収集活動を行うことも可能である。例えば、トラフィック分析（特定のウェブサイトの閲覧者の数）、ウェブサイトの変化の状況の把握等である。マシントにも公然の要素が含まれている。なぜなら、マシントは、地球上の物理的な事象に関連しているからである。最後に、「公然のヒューミント」と言うべき活動もある。例えば、公然の活動を行っている一般の専門家の知識を利用したり、彼らを情報源として活用することである。これらの事例は網羅的なものではないものの、他の収集手法の中におけるオシントの役割を示唆するものである。（コラム「インテリジェンスのユーモア」参照。）

［コラム］インテリジェンスのユーモア

インテリジェンス関係者は、ジオイント、シギント、ヒューミント、オシント、マシントに加えて、他の収集手法（イント）について冗談を言い合う場合がある。最も有名なものの 1 つは「ピジント（PIZZINT）」、すなわちピザ・インテリジェンスである。ワシントン DC 駐在のソ連（現在はロシア）の当局者は、深夜に多数のピザ配達車両が CIA、国防省、国務省、大統領府に往来することは緊急事態発生の兆候であると考え、その数を監視していたと言われている。ソ連及びロシアの担当者は、こうしたピザ配達車両の動向を確認した場合、急いで大使館に戻り、「何らかの緊急事態発生」の警報をモスクワに打電していると考えられた。インテリジェンス関係者が語るその他の収集手法（イント）は次のとおり。

- ラビント（LAVINT: Lavatory Intelligence）：手洗い所におけるインテリジェンス
- ルーミント（RUMINT: Rumor intelligence）：噂話に基づくインテリジェンス
- レビント（REVINT: Revelation Intelligence）：天啓に基づくインテリジェンス
- ディビント（DIVINT: Divine Intelligence）：予言に基づくインテリジェンス

オシントの利用可能性の向上は、冷戦後の世界の特徴の1つである。閉鎖的な社会及び**アクセスが拒否される地域**（denied areas）の数は大きく減少した。ロシア及び他の旧ソ連諸国を除けば、旧ワルシャワ条約機構の加盟国は現在は全てNATOの同盟国となっている。ただし、こうした状況は、非公然の収集手法がもはや不必要になったことを意味する訳ではない。あくまで、オシントが利用可能な分野の拡大を意味するに過ぎない。

オシントにおいても一定の収集活動は必要である。それでも、オシントの主要な利点は、情報源へのアクセスの容易性である。また、オシントにおいても一定の加工処理作業は必要である。それでも、技術的な収集手法あるいはヒューミントと比較すれば、必要とされる加工処理作業は少ない。例えば、新聞及びその他の報道機関の大半は、それぞれが独自の視点を有している（例えば、Fox News及びMSNBCを思い浮かべてみよう）。あるものは他よりも信頼性が高い。優れたオシント担当者あるいは分析担当者は、こうした点を念頭に置いた上で、ある特定の新聞を情報源として活用したり、他者ともこれを共有する場合がある。オシントは非常に多様であることから、他の収集手法に比較すると、欺瞞目的で広範な情報操作を行うことはより困難と考えられる。分析担当者にとって、多様なオシントの情報源のそれぞれの特徴点を理解することは重要である。加えて昨今は、フェイクニュースの問題にも注意を払う必要がある。フェイクニュースとは、意図的に操作された報道である。操作に当たりAIが利用される場合もある。こうしたフェイクニュースの識別を可能とする別のAIツールの開発も実施されている。そもそも、全く偏向していないニュースの情報源は存在しない。（CIAでは「新聞の中で偏向のない情報は天気予報及びスポーツの結果だけである。その他の内容は、何らかの効果を意図したものだ」との格言がある。）記事内容の操作あるいは改ざんを行う能力及び虚偽の記事を放送する能力の向上によって、問題はより複雑化している。

オシントはまた、秘密の情報をより広い文脈（コンテクスト）の中に位置付ける上で有用である。これは極めて価値の高いことである。ナイ（Joseph Nye）ハーバード大学教授（元国家インテリジェンス評議会（NIC）議長、元国防次官補）によると、オシントは、ジグソーパズルの外縁に例えることができるという。すなわち、外縁は、パズル全体の輪郭及び境界線をある程度示すものである。これに対し、他の非公然の収集の手法（イント）は、パズルのより中心部分を埋めることに利用される。マコーネル国家情報長官は、前任者たちと同様に、オシントは情報収集活動の起点となる旨を指摘している。換言すると、非公然の情報源（技術的なイントあるいはヒューミント）の具体的な任務を決定する前に、まずは、公開の情報源を通じて、必要な

インテリジェンスは何かを見極めるということである。これは一見、当然とも見える方策である。しかし、長年の経験上、これを実践することは決して容易ではないことが判明している。その理由は様々である。例えば、インテリジェンス・コミュニティ内及び政策決定者の間には、非公然の情報源をより好む傾向がある。また、公開の情報源が急激に増加している一方で、インテリジェンス・コミュニティのオシント活動がこうした情報量の増加の速度に追い付いて行くことは困難になっている。

新型コロナウイルスの大流行のもたらした顕著な影響の1つとして、分析担当者は、（全てではないにせよ）オシントへの依存を高めることを余儀なくされた。なぜならば、彼らは在宅勤務が中心となり、秘密のインテリジェンスへのアクセスができなくなったからである。分析担当者の多くは、公開の情報源のみに基づいても多くの業務を処理することができることに驚いたと言われている。コロナ禍後に所属組織における業務が再開された後、どのような状況となるかは興味深い点である。すなわち、分析担当者がオシントを以前よりも重視する傾向はそのまま継続するのであろうか、あるいは、オシント軽視の従来の状況が復活するのであろうか。

オシントの主要な欠点は「情報の分量」である。この問題は、様々な意味において、「麦とモミ殻」問題の中でも最悪の状況を呈している。いわゆる情報革命の結果、オシントの実施は一層困難化している一方で、利用可能な（質の高い）インテリジェンスは必ずしも増加していないとの指摘もある。すなわち、コンピュータの発達により、情報が操作される可能性が増加している。しかし、公開情報から収集される（有用な）インテリジェンスが同様のペースで増加している訳ではない。

オシントをめぐる現象の中に、**反響報道（echo reporting）**あるいは**循環報道（circular reporting）**と言われるものがある。これは、1つの報道内容が別の報道機関にも繰り返し取り上げられることである。その結果、当該報道の「賞味期限」が伸び、その内容も実態以上に重要視されるようになる。換言すると、ある報道に関して、同じ内容の報道が別の媒体によって繰り返し積み重ねられて行く現象である。こうした反響効果への対処は容易ではない。当該報道の最初の出所を認識し、反響による影響を意識的に割り引いて考慮することが必要である。こうした反響報道あるいは循環報道の問題は、他の収集手法（イント）においても発生し得る。

オシントに対しては根強い誤解がある。これは、インテリジェンス・コミュニティの内部においても同様である。まず、オシントは必ずしも無料ではない。例えば、インテリジェンス・コミュニティが印刷されたメディア媒体を購入するには資金が必要である。これは、分析担当者が大量のデータを効率的に管理、分類、選択

するに際して役立つ他の様々なサービスを利用する場合と同様である。別の誤解は、オシントの主たる情報源はインターネット（より正確には、ワールド・ワイド・ウェブ（World Wide Web））だとの認識である。経験豊富なインテリジェンス担当者たちによると、インターネットの利用（すなわち、様々なサイトの検索）から得られる成果は、オシントの成果全体の3–5％に過ぎない旨が明らかになっている。こうしたことから、実務家はいわゆる「ディープ・ウェブ（Deep Web）」により多くの労力を費やしている。ディープ・ウェブとは、ワールド・ワイド・ウェブ上の情報の中で、検索エンジンによってはインデックス化されていない部分（したがって、通常の検索エンジンでは「ヒット」しない部分）である。ある専門家の推定によると、ディープ・ウェブの規模は、簡単にアクセスし得る通常のウェブの約500倍とみられる。

　コンピュータ技術を駆使した公開の情報源の利用に関しては、新たな問題も提起されている。例えば、収集された情報の著作権及びプライバシーの問題である。すなわち、（ウェブ上等に）投稿されている情報であっても、引き続き著作権及びプライバシー上の保護を受けるべきものがあり得る。国家情報長官の傘下の公開情報室（Open-source Office）は、オシント専門家を認定するためのプログラムを作成しており、その中には当該問題に関するガイドラインも含まれている。また、インテリジェンス担当者が政府のアカウントを利用してディープ・ウェブ等の検索を実施する場合には、当方に関する何らかの情報が潜在的な敵対者側に漏えいしてしまう可能性もある。こうしたことから、公開の情報源の利用に際しても、収集担当者にはカバー〔訳者注：身分の偽装等〕が必要となる場合がある。

　オシントは恒常的に利用されている。しかし、インテリジェンス・コミュニティの多くからは依然として過小評価されたままである。こうした風潮の背景には、そもそもインテリジェンス・コミュニティは「秘密の解明」を目的として創設されたという経緯がある。もしもオシントが米国の国家安全保障上のニーズに大きく貢献し得るのであれば、インテリジェンス・コミュニティの状況も大きく変化する可能性がある。インテリジェンスの専門家の中には、「ある情報の入手の難易度」及び「当該情報が分析担当者及び政策決定者にもたらす究極的な価値」を同一視する見方もある。しかし、これは誤った見方である。インテリジェンス・コミュニティの中で、オシントは常に他の収集の手法とは異なる扱いを受けている。前記のような偏見の広がりの背景には、こうした事実も影響している。すなわち、他の全ての収集手法に対しては、それぞれ専従の収集及び加工処理の担当者が存在する。他方で、オシントには、専従の収集あるいは加工処理の担当者は存在しない。（例外として、CIAの傘下の公開情報機構（OSE: Open Source Enterprise）がある。同機構は、以前は国家情報

長官室の傘下の公開情報センター（OSC: Open Source Center）であり、更にそれ以前は、外国放送情報サービス（FBIS: Foreign Broadcast Information Service）であった。）他方で、（オシント以外の収集手法の）分析担当者は、自分自身の担当業務分野に関する「オシントの収集者」としても機能することが期待されている。これは、他の収集手法からみれば奇妙なことである。マコーネル国家情報長官が指摘したように、残念ながら、オシントは、「何らかのインテリジェンスの収集作業を開始する起点として最適なもの」として位置付けられている。すなわち、インテリジェンスの管理者は、最初に公開の情報源に基づいて、どのような情報が収集可能かを検討し、標的を決定する。その上で、非公然の収集リソースを当該標的に集中して運用する。（このように）オシントが適切に活用されれば、インテリジェンス収集のリソースの管理に大いに役立つ可能性がある。

　2015年、国家情報長官室の傘下の公開情報機構はCIAに移管された。更にその後、同部署は、CIAの内部でデジタル・イノベーション局（DID: Digital Innovation Directorate）に編入された。従前、オシント担当組織は、国家情報長官室の下で準独立的な地位を維持していた。しかし、一連の組織改編を通じて、そうした地位は失われ、CIA内部の活動に戻されることになった。こうした動向に関しては懸念も指摘された。すなわち、CIAは、非公然の収集活動及び秘密工作活動により注力し、オール・ソース・アナリシスにおいても、そうした様々な非公然の収集の手法（イント）により多くを依存する〔訳者注：すなわち、オシントは一層軽視される〕のではないかとの懸念である。オシントは従前より「非主流で重要度の低い活動」として扱われる傾向があり、認知の向上に苦労している。オシントの今後の展望は、CIAにおけるデジタル・イノベーション局自体の全体的な任務及び展望に掛かっている。加えて、デジタル・イノベーション局が、広範なサイバー関係の任務と共にオシントに対してどの程度のリソース及び支援を提供するかにも掛かっている。

サイバー・エスピオナージ：それはシギントかヒューミントか、あるいはそれ以外か？

　スパイ活動（エスピオナージ）にサイバー空間が利用されることがある。こうした状況は、5種類の収集手法分野に基づく分類に疑問を生じさせている。すなわち、サイバー空間におけるスパイ活動は、シギントとも考えられる。なぜならば、インテリジェンスへのアクセス及び抽出に際してシギントと同様の技術が活用されるからである。

　他方、幾つかの点において、サイバー空間におけるスパイ活動はヒューミントに

も類似している。例えば、インドのインテリジェンス組織の関係者であるダール（Maloy Krishna Dhar）は、ヒューミント及びサイバー空間におけるスパイ活動の類似点を比較し、次のとおり指摘している。

- サイバー空間における情報収集の対象の選定作業は、必要とされる情報を所蔵しているコンピュータ（あるいはそうした情報にアクセスし得るコンピュータ）を特定する作業である。これは、ヒューミントにおける獲得の対象人物の選定作業に類似している。
- サイバー空間における情報収集の対象の評価作業には、ハニーポット（Honeypots）の可能性の検討が含まれる。ハニーポットとは、無許可のアクセスを探知し追跡する能力を備えたコンピュータである〔訳者注：サイバーにおけるハニーポットは一種の「おとり」であり、ヒューミントにおけるダングルに類似している〕。
- サイバー空間における獲得作業には、偽装の電子メールの利用が含まれる。例えば、いわゆるスピアフィッシング（Spear Phishing）である。
- サイバー空間における身分の偽装（カバー）には、潜入者の身元を隠匿するためにボットネット（Botnet）が利用される場合もある。

　その他の面においては、サイバー空間におけるスパイ活動はヒューミントとは異なっている。サイバー空間におけるスパイ活動の場合、ヒューミントと比較して様々なリスクは明らかに低い。また、サイバー空間におけるスパイ活動の場合、必要があれば、対象であるコンピュータと常時接触の維持が可能である。これに対し、ヒューミントにおける担当者及び情報源の間には物理的に大きな距離があり、接触頻度も限られている。最後に、仮に活動が露呈してしまった場合、サイバー空間におけるスパイ活動の場合は、犯行を否定することは比較的容易である。他方、ヒューミントにおいて担当者あるいは情報源が捕捉されてしまった場合は必ずしもそうは行かない。
　コンピュータへの不正侵入は、不正アクセスを通じたコンピュータの支配、改ざん、その他の効果の創出の試みである場合もある。しかし、こうした不正侵入の中には、ヒューミント以外の手段によるスパイ（秘密の窃取）活動と見なせるものもある（詳細は後述（第12章））。例えば、クラッパー国家情報長官の指摘によると、サイバー空間を通じた米国の人事管理局（OPM: Office of Personnel Management）のデータへの侵入事案は、ヒューミント以外の手段によるものではあるが、本質的には典型的なスパイ（秘密の窃取）活動と考えられる。（当該事案では、中国が自国民の犯行を認めた。ただし、中国側は、実行犯は中国政府の職員ではなく、一般の犯罪者である旨を主張

第5章　収集及び収集の手法

した。）こうした見方は、喪失されたデータに関する懸念を解消するものではない。しかし、サイバー空間におけるこの種の活動に対する何らかの視点を提供するものである。

　本書の見解では、サイバーそれ自体は独立したイント（収集の手法）ではない。サイバーは、様々な形態のインテリジェンス活動において利用される技術の1つである。その意味では、例えば人工衛星と同様である。サイバー空間を通じて入手されるインテリジェンスは、様々な異なるカテゴリーのイントに分類され得る。しかし、サイバー空間における活動自体が、独立のイントであると定義付けられる訳ではない。

ソクミント（SOCMINT: Social Media Intelligence）、データイント（Data-Int: Data Intelligence）とは何か？

　現在の5種類のイント（情報収集の手法）は決して不変なものではない。インテリジェンスの情報源の進化にあわせて、イントの追加の検討が必要となる可能性もある。こうした問題の検討及び判断に当たっては、新たなイント候補の相対的な価値及び他の既存のイントとの相違の程度が考慮されるべきである。

　新しいイントの候補として考えられるのは、**ソーシャルメディア（Social Media）・インテリジェンス（SOCMINT）とデータ・インテリジェンス（data-int）**である。ソーシャルメディアは非公開ではない、また、私有のものでもない（ただし、フェイスブック及びツイッターのように、然るべきネットワークへの登録を要する場合もある）。こうしたことから、ソーシャルメディア・インテリジェンスは、現状ではオシントの一部として扱われている。ソーシャルメディアとは、仮想コミュニティ及びネットワークを通じた情報、意見及びアイデアの共有を指す。イギリスの政府通信本部（GCHQ: Government Communications Headquarters）（米国のNSAの姉妹機関）の元長官であるオマンド卿（Sir David Omand）は、ソーシャルメディアは別途独立したイントであるべき旨を主張し、ソクミント（SOCMINT）という新しい造語を提唱した。

　1999年のコソボにおける空爆の際には、ソーシャルメディアの初期の潮流と考えらえる状況が発生した。当該戦争においては、ミロシェヴィッチ（Slobodan Milosevic）政権に反対するセルビアの民間人等が、米国の民間インテリジェンス企業に電子メールを送付してきた。彼らは、こうしたメールを通じて、NATOによる空爆の相対的な成功度、ベオグラードの雰囲気、その他の関連事項に関して通報を行った。こうした通報の取扱いは非常に困難である。なぜならば、その真偽を確認する確実な手段がないからである。こうした通報の中でも最も信頼し得るのは、既

知の信頼性の高い情報源からもたらされる情報である。そうした信頼性とは、多くの場合、過去の通報の実績に基づいて確立される。戦時において、個人の独立した努力によってこうした状況を達成することはほぼ不可能かもしれない。情報源によっては、信頼性の証明に相当の時間を要する場合もある。また、収集対象たる政権側から何らかの偽情報が流布される可能性に関しても注意が必要である。コソボ戦争の際には、少なくとも幾つかの情報源に関しては、その信頼性が確認された。こうした動向は、オシントの新たな潮流の確立に寄与することとなった。

　ソーシャルネットワークは以前からも利用されていた。しかし、これがインテリジェンスの情報源として初めて大きな注目を浴びたのは、2011年2月のエジプトにおける「アラブの春（Arab Spring）」、すなわち、ムバラク（Hosni Mubarak）大統領に対する反乱の際であった。カイロのタハリール広場の反政府デモ隊は、コミュニケーションの手段として、テキストメッセージ及びツイッターを利用した。デモ隊の指導者等の身元は、ツイッターのフォロワー数によって特定された。この時、ソーシャルメディアは、インテリジェンスの道具としての絶頂期を迎えた。しかしその後、そうした評価は後退することとなる。2013年4月、ボストンマラソン爆破事件の直後、一部のソーシャルメディアは当初、あるパキスタン系米国人が被疑者である旨を発信した、しかし、当該情報は誤報であった。また、CNNは、ツイッター情報と歩調をあわせることを画策し、これらのツイッター情報を頻繁に報道した。しかし、それらが誤報であったことが判明し、CNNの信頼性も損なわれることとなった。

　インテリジェンスの目的でソーシャルメディアに対するマイニング（解析）を実施することは非常に魅力的である。ただし、こうした活動は、プライバシー上の問題も孕んでいる。ソーシャルメディアの利用者層は極めて広範である（例えば、フェイスブックの利用者数は月間28億人、及びツイッターのアクティブな利用者数は月間3億5,300万人）。したがって、ソーシャルメディアに対して何らかの高性能一括検索を活用することは極めて有用と考えられる。同時に、こうした動向は、プライバシーの問題にも直面する。オンライン上に何かを投稿した者はもはや完全なるプライバシーを期待し得ない旨の議論もある。しかしやはり、本件はプライバシーの問題に直面する。2015年12月のサンバーナーディーノ銃乱射事件を受けて、ファインスタイン（Dianne Feinstein）連邦上院議員（民主党、カリフォルニア州）は、ソーシャルメディア運営事業者に対して「テロ活動に関する全ての知見」の報告を義務付ける法案を提出した。2018年5月、欧州連合は一般データ保護規則（GDPR: General Data Protection Regulation）を制定した。当該規則においては、各個人は自己の個人情報を

管理する権利を有する旨が定められている。また、そうした個人情報には、自分自身がウェブあるいはソーシャルメディアに投稿した情報も含まれるとされている。

　ソーシャルメディアに関するもう1つの問題は、コンテンツの操作が比較的容易なことである。その結果、**偽情報**（disinformation）作戦を行う格好の機会ともなっている。ソーシャルメディア上の投稿の中で真正なもの及び故意的な偽物を識別する能力は、収集担当者及び分析担当者にとって必修である。これは、ヒューミントにおける人的情報源の信頼性の判断と相当程度類似している（より詳細な議論については第8章参照）。

　情報収集の道具としてのソーシャルメディアの活用は、他の収集手法へも影響を与え始めている。例えば、ソーシャルメディア上の写真（自撮り写真を含む）の解析の広がりは、ジオイントの一種とも言い得る。こうした場合、顔認識ソフトウェアの活用も重要となるとみられる。さらに、ソーシャルメディアは、世論を形成し、あるいはこれに影響を及ぼす機会を提供する可能性がある。これは、パブリック・ディプロマシー及び秘密工作活動（第7章参照）とも重なり合う領域である。報道によると、国防省高等研究計画局は、ソーシャルメディアに関する研究を実施している。当該研究においては、ソーシャルメディアの利用法を追跡するのみならず、ソーシャルメディア上での対話に参加し、相手方の反応を追跡・記録している。こうした活動は、人権上の懸念を惹起する可能性がある。なお、2021年1月6日の連邦議会議事堂襲撃事案の参加者の身元の特定及び訴追に際しては、ソーシャルメディアが重要な役割を担っていた。

　ソーシャルメディアにおける投稿の真偽の確認の問題は深刻である。これは、2016年の米国における選挙の際にもみられた。1つ重要な点として、ソーシャルメディアの利用者は、自己意思に基づいて積極的に、自分の意見、写真等をウェブ上に投稿している。したがって、ソーシャルメディア上での情報操作は、秘密裡に実行されるものではあるものの、インテリジェンス活動における「侵入」を伴うものではないとの見方もあり得る。こうしたソーシャルメディア及びインテリジェンスに関する理論的な問題及び法的な問題は、当面の間は結論を得られないとみられる。世界中のソーシャルメディアの利用者に対して金銭的な報酬を支払い、写真を含む基礎的な情報の収集に活用している企業もある。こうした活動が政府組織のために実施されている場合もある。また、こうした活動は、公開情報に基づくインテリジェンス、すなわちオシントであると同時に、ソーシャルメディア・インテリジェンスでもあり得る。いずれの場合にせよ、これらの活動においては、その信頼性が課題となる。

以下は、ソーシャルメディアをインテリジェンス収集の道具として利用するに当たっての教訓になると考えられる事項である。

- 第1に、ソーシャルメディア上の内容そのものは必ずしも重要ではない。例えば前記のタハリール広場の事例においては、最も重要な問題は、「ソーシャルメディア上で最も影響力がある人物は誰なのか」及び「なぜ当該人物は強い影響力を持ち得るのか」との点であった。こうした点は、フォロワー数に基づいて大まかに把握することが可能である。メッセージの具体的な内容の精査が実施されるのはその後の段階である。
- 前記の第1の点は、次の第2の教訓につながる。すなわち、他の収集手法における情報源の場合と同様に、ソーシャルメディアは欺瞞工作の対象となり得る。ソーシャルメディアの利用者は、登録に当たって真正な名義を使用する必要はない。1人で複数のツイッターアカウントを持つことも可能である。また、ツイッターの場合、偽装フォロワーの購入も可能である（例えば、10万フォロワーにつき399ドル）。ツイッター社はそうした活動への対策を講じている旨を明らかにしている。しかし、実際にはこれは相当困難とみられる。加えて、ソーシャルメディアの内容は、情報源としては極めて原始的な段階の素材に過ぎない。ツイッターのフィードに関しては、然るべき技術に基づいてそのデータを解析することは可能である。しかし、各フィードの発信場所を地理的に特定することは困難である。したがって、発信場所の特定に当たり、分析担当者は主に（投稿者の）使用言語に依存することとなる。こうした手法は、ペルシャ語あるいは韓国語のように比較的狭い地域で利用されている言語や、中国語のように概ね1つの地域で話されている言語に対しては比較的有効とみられる。しかし、アラビア語（24カ国で公用語となっている）のような場合は、発信内容の中に含まれる固有名詞、文脈等に基づきより複雑な分析が必要となる。
- 第3に、ソーシャルメディアは、インテリジェンスの新たな情報源としての可能性を示している。例えば、米国の特殊作戦軍（SOCOM）は、ツイッター及びその他のソーシャルメディアを利用し、テロリストの資金ネットワークを混乱させる実験に成功している。
- 最後に、ボストンマラソン爆破の被疑者に関する当初の報道で示されたように、ソーシャルメディアの大半は、インテリジェンスの情報源としては極めて原始的な素材に過ぎない。他のインテリジェンスの収集手法の場合と同様、実際の報告の素材として利用される前に慎重な確認作業を要する。

　次に着目されるのはデータイントである。インフォメーションを扱う様々な取組

について議論する際に、ビッグデータに言及することが最近の流行となっている。ビッグデータとは一般に、通信、ソーシャルメディア、各種ビジネス等によって生成される大量のデータセットのことを指す。ビッグデータの信奉者の主張によると、こうしたデータセットには有用なインテリジェンスが潜在している可能性がある。すなわち、他の方法では容易には察知し得ない関係性あるいは詳細事情が解明し得る可能性があると言われる。

インテリジェンス・コミュニティは常に様々な種類のデータに依存している。ヒューミント及びオシントはもとより、それぞれの技術的な収集手法からも、何らかのデータが取得し得る。こうしたデータの取扱いに際しては、偽データの可能性（偶発的、意図的双方の場合があり得る）を念頭に置く必要がある。すなわち、データの信頼性は常に検証される必要がある。前記のCIAのデジタル・イノベーション局の目標の1つは、デジタル・インフォメーションの利用方法に対する理解の向上である。こうしたデジタル・インフォメーションには、人間によって意識的に蓄積されたデータもあれば、いわゆる残存データもある。また、こうしたデータ及びヒューミントの関係性も含まれる。

ただし、ビッグデータの信奉者が考えるデータ活用の在り方及びインテリジェンス組織の活動の在り方の間には明確な相違がある。

- ビッグデータの信奉者は「全てのデータ」について語る。すなわち、調査が可能なあらゆるデータを対象とする。他方、インテリジェンスは、（カスタマーから付与された）リクワイアメントに応えるために有用なデータのみを利用する。明らかに、対象とするデータはより狭いものである。したがって、インテリジェンスにおいては、データを選別し、実際にリクワイアメントと関連性のあるもののみにデータを絞り込む方法が必要とされる。
- こうした議論において想定されているデータの中には、私的所有物であるデータ、米国国民の個人情報に関するデータ等も多く含まれる。したがって、データ収集の合法性が問題となる。こうした課題には、不適切なデータ収集の発生をどのようにして最少化するか、不適切に収集されてしまったデータをどのようにしてデータセットから除去するか等の点も含まれる。
- また、ビッグデータの信奉者は「取りあえず収集し、後で分析する」と主張する。背景に「より多くのデータを蓄積すればするほど、より良い結果が得られる」との考え方がある。しかし、インテリジェンス担当者にはそうした時間的余裕はなく、直ちに収集及び分析を行う必要がある。

データは、単に保管されているだけでは何の役にも立たない。データを活用するためには、データに対して適切な処置を施す必要がある。そのためにはアルゴリズムが重要である。アルゴリズムの選択はデータ検索の結果を大きく左右する。異なった種類のデータ（例えば、疫病に関するデータ、金融に関するデータ、ソーシャルメディアに関するデータ等）への対処には、それぞれ異なるアルゴリズムを必要とし、その解釈及び理解にも異なった専門性を必要とする。

　データの問題を考えるに当たっては、これを、例えば外国語（あるいは複数の言語で表現されているもの）に類似したイントとして捉えると、より理解しやすいかもしれない。すなわち、各イントにおいては、収集された素材情報は加工処理を経て分析に供され、その後にインテリジェンスが生成される。データに関しても同様な思考が可能である。すなわち、データは、然るべき形式への「翻訳」を必要とする。そうした過程を経ない限り、当該データは、そのデータの「読み書き」ができない分析担当者にとっては何の価値もないものである。なお、異なった種類のデータを融合させようとしても、データ間に互換性がない場合もある。これらは異種データと呼ばれる。例えば、地理空間に関するデータ及びソーシャルメディアに関するデータを利用し、2つの異なった種類のデータストリームの比較、照合、検証を試みる実験が行われている。こうした試みは、インテリジェンスの向上に資する可能性を持っている。しかし、異なった種類のデータの融合は引き続きの課題となっている。

まとめ

　それぞれの収集手法は、複数の異なった形式の情報源から構成されている（図5.1参照）。また、各収集手法は、それぞれ独自の長所を持っている。（これらの長所は、それぞれ特定のインテリジェンス・リクワイアメントに適したものとなっている。）しかし同時に、各収集手法はいずれも、然るべき短所も併せ持っている（表5.1参照）。米国は、広範かつ多様な情報収集の手法を駆使している。これには2つの利点がある。第1に、異なった種類の収集手法のそれぞれの長所を活用することが可能となる。理想としては、こうすることによって他の収集手法の短所を補うことが可能となる。第2に、ある1つの課題に対して、異なった複数の収集手法を利用することが可能である。その結果、それぞれの収集のリクワイアメントを充足し得る可能性は向上する。ただし、米国のインテリジェンス・コミュニティは、提起された全ての課題

図 5.1　インテリジェンス収集：各収集手法（イント）の構成

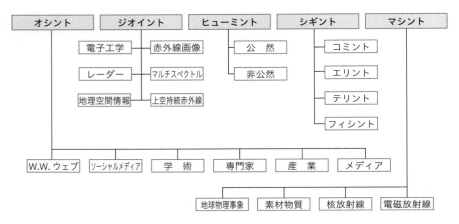

注：この図は、5 つの主要な収集手法（イント）のそれぞれにおけるインテリジェンスの形態を示すものである。

に対して解答を提供することができる訳ではない。もとより、インテリジェンス・コミュニティは、全てのリクワイアメントを充足し得るような能力を持っている訳ではない。すなわち、情報収集のシステムは強力であるが、同時に限界も有している。

　冷戦時代においては、情報収集に要するコストが問題視されることはほとんどなかった。なぜならば、ソ連の脅威に関して常に情報収集を実施する必要性に関して、広範な政治的合意があったからである。冷戦終了後から 2001 年 9 月のテロ以前の期間においては、情報収集システムに要するコストを正当化することが困難となった。なぜならば、極めて深刻な戦略的脅威が存在しなくなったからである。その結果、冷戦時代に米国が維持していたのと同レベルの収集能力を維持する必要性があるのか否かを疑問視する見方もあった。9.11 テロ事件の前、米国に対する国家安全保障上の脅威は大幅に低下した。また、ソ連問題のような単一的な問題に比較して、より多様かつ広範囲に及ぶ懸念事項に直面することとなった。この結果、情報収集活動においても新たな課題が生じた。2001 年 9 月のテロ事件は確かに恐ろしいものであった。しかし、米国の存立そのものに対する潜在的かつ圧倒的な脅威と言う点では、テロリズムは、敵対的なソ連の核ミサイル部隊に匹敵する程の深刻な脅威ではない。どの程度のインテリジェンス収集を行えば十分なのかを判断するためには、こうした国家安全保障上の課題を踏まえた上で検討を行う必要がある。しかし、

表 5.1 各インテリジェンス収集手法（イント）の比較

イント (収集手法)	長 所	短 所
ジオイント	・視覚的で説得力がある。 ・政策決定者にとって比較的馴染みがある。 ・一部の標的はアクセスが比較的容易である（例えば、軍事訓練）。	・視覚的で説得力があることから、ミスリードに陥る可能性がある。 ・解読を要する。 ・画像は瞬間のスナップショットであり、静的である。無人航空機搭載のビデオはこれを克服し得るが、多大な加工処理作業を要する。 ・天候、欺瞞工作に左右される。 ・金銭コストが高額である。
シギント	・（対象の内心の）計画及び意図に関する洞察に迫り得る。 ・分量が豊富である。 ・軍事的な標的は、定型的なパターンで通信を行う傾向がある。 ・遠隔で実施可能である。	・通信が暗号化されている場合には解読作業を要する。 ・分量が過多である。 ・通信の沈黙、安全な回線の使用、偽装通信による欺瞞工作に遭遇する可能性。 ・金銭コストが高額である。
マシント	・拡散問題等に対して極めて有用である。 ・遠隔で実施可能である。	・金銭コストが高額である。 ・利用者の大半から十分に理解されていない。 ・大量の加工処理作業を要する。
ヒューミント	・（対象の内心の）計画及び意図に関する洞察に迫り得る。 ・金銭コストが比較的低額である。	・生命及び政治的打撃のリスクが比較的高い。 ・情報源の獲得及び検証に比較的長い時間を要する。 ・ダングル、偽情報の流布、二重スパイの問題がある。
オシント	・入手が比較的容易である。 ・全ての収集の起点として非常に有用である。	・分量が過多である。 ・非公然の収集手法ほどには深い洞察には至り難い。

そうした判定を行うための基準の設定は実際には極めて困難である。いずれにせよ、当面の間、米国のインテリジェンス収集能力は、収集に対するリクワイアメントに対して十分に追い付いて行けない可能性がある〔訳者注：米国においては、収集業務に対して不適切に過剰なリクワイアメントが付与されている状況があるとみられる。その背景には、そもそも「どのようなインテリジェンスをどの程度収集すれば十分なのか」という根源的な問いに対する明確な解答が（インテリジェンスの利用者である政策決定者側においても）簡単には見出しにくいという問題があると考えられる〕。

第 5 章 収集及び収集の手法

主要な用語

"about" collection (「アバウト」収集)
activity-based intelligence (ABI) (アクティブ・ベースド・インテリジェンス)
agent acquisition cycle (情報協力者獲得サイクル)
all-source intelligence (オール・ソース・インテリジェンス)
anti-satellite weapons (ASATs) (対衛星兵器)
artificial intelligence (AI) (人工知能)
asset validation system (アセット検証制度)
automatic change extraction (自動変化抽出)
circular reporting (循環報道)
collection disciplines (収集のデシプリン)
constellation (集団)
content analysis (内容分析)
cryptographers (暗号解読者)
dangles (ダングル)
debris field (宇宙ゴミ (デブリ))
deception (欺瞞)
denial (拒否)
denied areas (アクセスが拒否される地域)
denied targets (ディナイド・ターゲット)
developmental (発展型)
disinformation (偽情報)
echo (反響)
encrypt (暗号化)
espionage (エスピオナージ)
Five Eyes (ファイブ・アイズ)
flock (群)
foreign liaison (対外リエゾン)
full motion video (FMV) (フルモーションビデオ)
geofence (ジオフェンス)
geosynchronous orbit (GEO) (対地同期軌道)
highly elliptical orbit (HEO) (長楕円軌道)
indication and warning (兆候及び警報)

Kessler syndrome (ケスラー・シンドローム)
key-word search (キーワード検索)
low earth orbit (LEO) (地球低軌道)
mean mission duration (MMD) (平均任務期間)
medium earth orbit (MEO) (地球中軌道)
multi-int (マルチ・イント)
negation search (反証検証)
noise versus signals (雑音と信号)
nonofficial cover (非公的組織身分のカバー)
official cover (公的組織身分のカバー)
pattern of life (生活パターン)
pitch (働き掛け)
processing and exploitation (P&E) (加工処理)
quantum cryptography (量子暗号)
resolution (解像度)
risk versus take (リスク及び効果の比較衡量)
self-reveal (自己顕示的)
shutter control (シャッターコントロール)
sleepers (スリーパー)
social media (ソーシャルメディア)
source (情報源)
sources and methods (情報源及び情報収集の手法)
spies (スパイ)
steganography (ステガノグラフィー)
sub-sources (副情報源)
sun-synchronous orbit (太陽同期軌道)
swarm ball (ボールに群がる子供のサッカー)
third party rule (サード・パーティ・ルール)
traffic analysis (トラフィック分析)
unattended ground sensor (UGS) (無人地上センサー)
unmasking (匿名解除)
walk-ins (ウォークイン)
wheat versus chaff (麦とモミ殻)

参考文献

使い易さの便宜上、以下の読み物は活動の種類ごとに分類されている。スパイ活動に関する書籍及びスパイの著書は多数ある。しかし、その多くは娯楽的な内容であり、インテリジェンスの技法及びその役割に関して適切に論じられているものは少ない。

General Sources on Collection

Best, Richard A., Jr. *Intelligence, Surveillance, and Reconnaissance (ISR) Programs: Issues for Congress.* CRS Report RL32508. Washington, D.C.: Congressional Research Service, updated August 24, 2004.

Burrows, William. *Deep Black: Space Espionage and National Security.* New York: Random House, 1986.

Clark, Robert M. *The Technical Collection of Intelligence.* Washington, D.C.: CQ Press, 2011.

Katz, Brian. *The Intelligence Edge: Opportunities and Challenges From Emerging Technologies for U.S. Intelligence.* Washington, D.C.: Center for Strategic and International Studies, April 2020. (Available at https://www.csis.org/analysis/intelligence-edge-opportunities-and-challenges-emerging-technologies-us-intelligence.)

Lowenthal, Mark M., and Robert M. Clark, eds. *The Five Disciplines of Intelligence Collection.* Washington, D.C.: CQ Press, 2016.

Wohlstetter, Roberta. *Pearl Harbor: Warning and Decision.* Stanford, Calif.: Stanford University Press, 1962.

Artificial Intelligence

Allen, Greg, and Taniel Chan. *Artificial Intelligence and National Security.* Cambridge, Mass.: Belfer Center for Science and International Affairs, Harvard Kennedy School, July 2017. (Available at https://www.belfercenter.org/sites/default/files/files/publication/AI%20NatSec%20-%20final.pdf.)

Hoadley, Daniel S., and Nathan J. Lucas. *Artificial Intelligence and National Security.* CRS Report R45178. Washington, D.C.: Congressional Research Service, April 26, 2018.

Cyber Espionage

Dhar, Maloy Krishna. *Intelligence Tradecraft: Secrets of Spy Warfare.* New Delhi, India: Manas Publications, 2011.Price, Douglas R. "A Guide to Cyber Intelligence." *The Intelligencer* 21 (winter 2014–2015): 55–60. (Available at http://www.afio.com/publications/PRICE_A_Guide_to_Cyber_Intelligence_%20 from_AFIO_INTEL_WINTER2014-15_Vol21_No1.pdf.)

Denial and Deception

Bennett, Michael, and Edward Waltz. *Counterdeception Principles and Applications for National Security.* Norwood, Mass.: Artech House, 2007.

Godson, Roy, and James Wirtz, eds. *Strategic Denial and Deception.* New Brunswick, N.J.: Transaction Books, 2002.

Espionage

Crumpton, Henry A. *The Art of Intelligence: Lessons From a Life in CIA's Clandestine Service.* New York: Penguin Books, 2012.

Hitz, Frederick P. "The Future of American Espionage." *International Journal of Intelligence and Counterintelligence* 13 (spring 2000): 1–20.

―――. *The Great Game: The Myth and Reality of Espionage.* New York: Alfred Knopf, 2004.

―――. *Why Spy? Espionage in an Age of Uncertainty.* New York: Dunne Books, 2008.

Hulnick, Arthur S. "Intelligence Cooperation in the Post–Cold War Era: A New Game Plan?" *International Journal of Intelligence and Counterintelligence* 5 (winter 1991–1992): 455–465.

Lord, Jonathan. "Undercover Under Threat: Cover Identity, Clandestine Activity, and Covert Action in the Digital Age." *International Journal of Intelligence and Counterintelligence* 28 (winter 2015–2016): 666–691.

Phillips, David Atlee. *Careers in Secret Operations: How to Be a Federal Intelligence Officer*. Frederick, Md.: Stone Trail Press, 1984.

Vinci, Anthony. "The Coming Revolution in Intelligence Affairs: How Artificial Intelligence and Autonomous Systems Will Transform Espionage." *Foreign Affairs*, August 31, 2020. (Available at https://www.foreignaffairs.com/articles/north-america/2020-08-31/coming-revolution-intelligence-affairs.)

Wallace, Robert, and H. Keith Melton, with Henry Robert Schlesinger. *Spycraft: The Secret History of the CIA's Spycraft From Communism to Al-Qaeda*. New York: Dutton, 2008.

Walsh, James Igoe. *The International Politics of Intelligence Sharing*. New York: Columbia University Press, 2009.

Weiser, Benjamin. *A Secret Life: The Polish Colonel, His Secret Mission, and the Price He Paid to Save His Country*. New York: Public Affairs, 2004.

Wippl, Joseph W., with Donna D'Andrea. "The CMO [Collection Management Officer] in the CIAs National Clandestine Service." *International Journal of Intelligence and Counterintelligence* 23 (fall 2010): 521–533.

Wirtz, James J. "Constraints on Intelligence Collaboration: The Domestic Dimension." *International Journal of Intelligence and Counterintelligence* 6 (spring 1993): 85–89.

Imagery/GEOINT

Baker, John C., Kevin O'Connell, and Ray A. Williamson, eds. *Commercial Observation Satellites: At the Leading Edge of Transparency*. Washington, D.C.: RAND Corporation, 2001.

Best, Richard A., Jr. *Airborne Intelligence, Surveillance, and Reconnaissance (ISR): The U-2 Aircraft and Global Hawk UAV Programs*. CRS Report RL 30727. Washington, D.C.: Congressional Research Service, 2000.

Bowden, Mark. "The Killing Machines: How to Think About Drones." *The Atlantic*, August 14, 2013. (Available at http://www.theatlantic.com/magazine/archive/2013/09/the-killing-machines-how-to-think-about-drones/309434/.)

Brugioni, Dino A. "The Art and Science of Photo Reconnaissance." *Scientific American* (March 1996): 78–85

———. *Eyeball to Eyeball: The Inside Story of the Cuban Missile Crisis*. Ed. Robert F. McCort. New York: Random House, 1990.

———. *Eyes in the Sky: Eisenhower, the CIA and Cold War Aerial Espionage*. Annapolis, Md.: U.S. Naval Institute Press, 2010.

———. *From Balloons to Blackbirds: Reconnaissance, Surveillance, and Imagery Intelligence—How It Evolved*. McLean, Va.: Association of Former Intelligence Officers, 1993.

Clark, Robert M. *Geospatial Intelligence: Origins and Evolution*. Washington, D.C.: Georgetown University Press, 2020.

Day, Dwayne A., and others, eds. *Eye in the Sky: The Story of the CORONA Spy Satellites*. Washington, D.C.: Smithsonian Institution Press, 1998.

Dolan, Alissa M., and Richard M. Thompson II. *Integration of Drones Into Domestic Airspace: Selected Legal Issues*. CRS Report R42940. Washington, D.C.: Congressional Research Service, 2013.

Lindgren, David T. *Imagery Analysis in the Cold War*. Annapolis, Md.: U.S. Naval Institute Press, 2000.

Long, Letitia. "ABI: Activity Based Intelligence, Understanding the Unknown." *The Intelligencer* 20, no. 2 (fall/winter 2013): 7–15.

Peebles, Christopher. *The CORONA Project: America's First Spy Satellite*. Annapolis, Md.: U.S. Naval Institute Press, 1997.

Richelson, Jeffrey T. *America's Secret Eyes in Space: The U.S. Keyhole Spy Satellite Program*. New York: Harper and Row, 1990.

———. "'High Flyin' Spies." *Bulletin of the Atomic Scientists* 52 (September–October 1996): 48–54.

Shulman, Seth. "Code Name CORONA." *Technology Review* 99 (October 1996): 23–25, 28–32.

SPOT Image Corporation. *Satellite Imagery: An Objective Guide*. Reston, Va.: SPOT Image Corporation, 1998.

Taubman, Philip. *Secret Empire: Eisenhower, the CIA, and the Hidden Story of America's Space Espionage*. New

York: Simon and Schuster, 2003.
U.S. Central Intelligence Agency. *CORONA: America's First Satellite Program.* Ed. Kevin C. Ruffner. Washington, D.C.: CIA, 1995.
U.S. Government Accountability Office. *Unmanned Aircraft Systems: Use in the National Airspace System and the Role of the Department of Homeland Security.* Washington, D.C.: Government Accountability Office, 2012.
U.S. National Geospatial-Intelligence Agency. *Commercial GEOINT Strategy.* Washington, D.C.: NGA, 2018. (Available at https://www.nga.mil/Partners/Pages/Commercial-GEOINT-Strategy.aspx.)
———. *2035 GEOINT CONOPS.* Washington, D.C.: NGA, 2021. (Available at https://www.nga.mil/assets/files/2035_CONOPS_FINAL_Public_Release.pdf.)

Open-Source Intelligence
Bazzell, Michael. *Open Source Intelligence Techniques.* 6th ed. CreateSpace (Amazon), 2018.
Best, Richard A., Jr., and Alfred Cumming. *Open Source Intelligence (OSINT): Issues for Congress.* CRS Report RL34270. Washington, D.C.: Congressional Research Service, December 5, 2007.
Eldridge, Christopher, Christopher Hobbs, and Matthew Moran. "Fusing Algorithms and Analysts: Open-Source Intelligence in the Age of Big Data." *Intelligence and National Security* 33 (April 2018): 391–406.
Hobbs, Christopher, Matthew Moran, and Daniel Salisbury, eds. *Open Source Intelligence in the Twenty-First Century: New Approaches and Opportunities.* London: Palgrave Macmillan, 2014.
Leetaru, Kalev. "The Scope of FBIS and BBC Open-Source Media Coverage, 1979–2008." *Studies in Intelligence* 54 (March 2010): 17–37.
Lowenthal, Mark M. "Open Source Intelligence: New Myths, New Realities." *Defense Daily News*, November 1998. (Available at http://www.oss.net/dynamaster/file_archive/040319/ca06aac-b07e5cb9f25f21babf7ef2bf0/OSS1999-P1-08.pdf.)
———. "OSINT: The State of the Art, the Artless State." *Studies in Intelligence* (fall 2001): 61–66.
Mercado, Stephen C. "Sailing the Sea of OSINT in the Information Age." *Studies in Intelligence* 48 (2004). (Available at www.cia.gov.csi/studies.)
Olcott, Anthony. *Open Source Intelligence in a Networked World.* New York: Continuum, 2012.
Omand, David, Jamie Bartlett, and Carl Miller. "Introducing Social Media Intelligence (SOCMINT)." *Intelligence and National Security* 27 (December 2012): 801–823.
Thompson, Clive. "Open-Source Spying." *The New York Times Magazine*, December 6, 2006, 54.

Satellites
Berkowitz, Bruce. *The National Reconnaissance Office at 50 Years: A Brief History.* Chantilly, Va.: U.S. National Reconnaissance Office, Center for the Study of National Reconnaissance, 2011.
Klass, Philip. *Secret Sentries in Space.* New York: Random House, 1971.
Kosiak, Steven. *Small Satellites in the Emerging Space Environment: Implications for U.S. National Security-Related Space Plans and Programs.* Washington, D.C.: Center for a New American Security, October 2019.
National Academies of Science. *National Security and Space Defense Protection.* Washington, D.C.: The National Academies Press, 2016.
Taubman, Philip. "Death of a Spy Satellite." *The New York Times*, November 11, 2007, 1.
U.S. Defense Intelligence Agency. *Challenges to Security in Space.* Washington, D.C.: DIA, January 2019. (Available at http://www.dia.mil/Portals/27/Documents/News/Military%20Power%20Publications/Space_Threat_V14_020119_sm.pdf.)
U.S. Department of Defense. *Defense Space Strategy Summary.* Washington, D.C.: DOD, June 2020. (Available at https://media.defense.gov/2020/Jun/17/2002317391/-1/-1/1/2020_DEFENSE_SPACE_STRATEGY_SUMMARY.PDF.)
U.S. Department of Defense. Defense Science Board. *Task Force on Military Satellite Communication and Networking.* Washington, D.C.: DOD, March 2017. (Available at https://dsb.cto.mil/ reports/2010s/DSB-MilSatCom-FINALExecutiveSummary_UNCLASSIFIED.pdf.)

U.S. Department of Defense and Office of the Director of National Intelligence. *National Security Space Strategy: Unclassified Summary.* Washington, D.C.: DOD and ODNI, 2011.

U.S. National Air and Space Intelligence Center. *Competing in Space.* Wright-Patterson AFB, Ohio:

U.S. National Air and Space Intelligence Center, December 2018. (Available at https://media.defense.gov/2019/Jan/16/2002080386/-1/-1/1/190115-F-NV711-0002.PDF.)

U.S. National Commission for the Review of the National Reconnaissance Office. *Report: The National Commission for the Review of the National Reconnaissance Office.* Washington, D.C.: U.S. Government Printing Office, November 14, 2000. (Available at https://www.fas.org/irp/nro/ commission/nro.pdf.)

Weeden, Bran, and Victoria Samson, eds. *Global Counterspace Capabilities: An Open Source Assessment.* Broomfield, Colo.: Secure World Foundation, April 2021. (Available at https://swfound.org/counterspace/.)

Zenko, Micah. *Dangerous Space Incidents.* New York: Council on Foreign Relations, 2014.

Secrecy

Moynihan, Daniel Patrick. *Secrecy: The American Experience.* New Haven, Conn.: Yale University Press, 1998.

Secrecy. Report of the Commission on Protecting and Reducing Government Secrecy, Senate Document 105–2. Washington, D.C.: U.S. Government Printing Office, 1997.

Signals Intelligence

Aid, Matthew M. *The Secret Sentry: The Untold History of the National Security Agency.* New York: Bloomsbury Press, 2009.

Aid, Matthew M., and Cees Wiebes. *Secrets of Signals Intelligence During the Cold War and Beyond.* Portland, Ore.: Frank Cass, 2001.

Bamford, James. *Body of Secret: Anatomy of the Ultra-Secret National Security Agency—From the Cold War Through the Dawn of a New Century.* New York: Doubleday, 2001.

———. *The Puzzle Palace: A Report on America's Most Secret Agency.* Boston, Mass.: Viking, 1982.

Brownell, George A. *The Origin and Development of the National Security Agency.* Laguna Hills, Calif.: Aegean Park Press, 1981.

Harris, Shane. *The Watchers: The Rise of America's Surveillance State.* New York: Penguin Press, 2010. Kahn, David. The Codebreakers. Rev. ed. New York: Scribner, 1996.

National Security Agency and Central Intelligence Agency. *VENONA: Soviet Espionage and the American Response, 1939–1957.* Eds. Robert Louis Benson and Michael Warner. Washington, D.C.: NSA and CIA, 1996.

Presidential Policy Directive 28 (PPD-28): Signals Intelligence Activities, January 17, 2014. (Available at https://obamawhitehouse.archives.gov/the-press-office/2014/01/17/presidential-policy-directive-signals-intelligence-activities.)

Warner, Michael, and Robert Louis Benson. "VENONA and Beyond: Thoughts on Work Undone." *Intelligence and National Security* 12 (July 1996): 1–13.

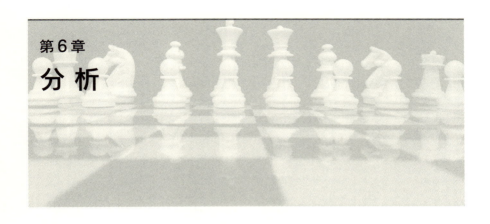

第6章
分 析

　ヘルムズ（Richard Helms）元中央情報長官（在 1966–1973 年）は、自分自身のキャリアの全てを工作活動に費やした人物である。しかし、同長官は、回顧録の中で「インテリジェンス業務の究極の本質」は「健全な政策決定を支援し得る」ような様々な分析文書の作成にある旨を指摘している。文民及び軍部の双方の政策決定者は、様々な課題に直面し、それらに対して決定を下さなければならない。インテリジェンス分析は、政策決定者に対し、そうした各種の課題に直接関係するインフォメーションを提供するものである。政策決定者に対するインテリジェンス・プロダクトの提供は、「1 日に 1、2 回」に限定されたものではなく、「終日に及ぶ継続的・恒常的な流れ」として実施される。インテリジェンス・プロダクトの中には、「日報」とされる文書及びブリーフィングのように、定期的に朝一番に報告されるものもある。その他のインテリジェンスは、（定期的ではなく）準備が整った時点、あるいは然るべき特定のタイミングで報告される。インテリジェンスのプロセスの中では、工作活動（収集及び秘密工作活動）が多くの注目を集めがちである。しかし、ヘルムズが指摘したように、分析こそがインテリジェンスのプロセスの中核である。

　インテリジェンスは、絶え間なく恒常的に作成・伝達されている。（インテリジェンスの実務家の全員がこうした見方に同意するとは限らないが）こうした状況によって、政策決定者の感覚が麻痺してしまう可能性がある。すなわち、インテリジェンス分析は、日常的に氾濫している大量のインフォメーションの「洪水」の中に埋没してしまう可能性がある。そうした「洪水」には、インテリジェンスのプロダクトのみならず、民間商業用のニュース、政策部門、大使館、軍幹部等からの報告、電子メール等が含まれる。インテリジェンスにとっての課題の 1 つは、こうしたインフォメーションの流れの中で埋没しないよう、自らを際立たせることである。

インテリジェンスを際立たせるためには、2つの方法がある。第1は、情報源の特異性を強調することである。ただし、インテリジェンスの担当者は、こうした方法を好まない。インテリジェンスの担当者は、単なる情報源の「取次役」以上の役割を自分たちは担っていると自負しているからである。インテリジェンスが注目を集めるためのもう1つの方法は、分析によって付加価値を生み出し、自らの長所を際立たせることである。**付加価値のあるインテリジェンス**（Value-added intelligence）とは、例えば、次のような要素を含む。インテリジェンス・プロダクトが適時（タイムリー）であること、特定の政策決定者の個別のニーズに合わせてプロダクトが作成されていること、分析の客観性が維持されていること等である。かつて大統領に対するブリーファーを務めたことがある分析担当者は「私がもたらした価値とは、大統領が『知る必要のある』事項であって大統領が『まだ知らない』事項を大統領に伝えることであった」旨を述べている。なお、インテリジェンス・コミュニティの中においては、「付加価値のあるインテリジェンス（の意味）」に関して頻繁に議論が行われている。この事実は、「付加価値のあるインテリジェンス（の提供）」が期待されている程には達成されていない実態を示唆している。

主要な課題

付加価値のあるインテリジェンスをどのようにして生成するのか（あるいは、付加価値のあるインテリジェンスが生成された頻度をどのようにして測定するか）を明示することは容易ではない。なぜならば、そもそも「付加価値とは何か」に関し、インテリジェンス担当者及びその依頼者である政策決定者の間に特段の合意は存在しないからである。特に政策決定者にとっては、「何が付加価値か」に関する考え方は各個人によって異なる。

分析とは、単に「収集された材料を持って席に座る」、「それらの素材を選別・分類する」、「万事を明確に説明する優れた文章を編み出す」等にとどまらず、それ以上の作業である。分析の過程においては、分析担当者による重要な判断も必要となる。また、そうした際に問題となる諸課題は、手強く強靭であり、繰り返し再発し得るものである。

公式的なリクワイアメントの付与

インテリジェンス・プロセスの理想的なモデルにおいては、政策決定者は、インテリジェンスに対する主たるリクワイアメントを検討し、それをインテリジェンス

組織の幹部（管理者）に伝達することとなっている。しかし、インテリジェンス・コミュニティの歴史上、こうしたリクワイアメント付与の公式的なプロセスはほとんど見られない。したがって、インテリジェンス組織の管理者は、どのようなインテリジェンスが要求されているのかに関し、経験則に基づいて推測をすることになる。

現実には、理想的なプロセスよりもやや非公式的なプロセスの方が重要であるとの指摘もある。なぜならば、「インテリジェンス・リクワイアメントの大半は既に広く知られており、あえて明示される必要はない」との考え方もあり得るからである。例えば、冷戦時代の米国のインテリジェンスの優先事項を質問されれば、大半の人々は、ソ連関連の事項を多数答えたとみられる。冷戦後から2001年9月のテロまでの間は、リクワイアメントがやや不透明な時代であった。こうした時代であっても、同様の質問に対して、薬物、テロ、拡散、ロシアの改革及び安定性、（その当時の）各地域における諸課題（イラン、中東、北朝鮮）等の答えが得られたとみられる。これらの事項は、クリントン（Bill Clinton）政権下の大統領指示（Presidential Decision Directive）35号に記載された米国のインテリジェンスの優先事項とほぼ同様である。2001年9月以降は、テロリズムが、（唯一ではないにせよ）インテリジェンスの主たる焦点となった。

確かに、リクワイアメントの多くは広く知られているかもしれない。しかし、リクワイアメント付与の過程の本質的な重要性は、複数のリクワイアメントの間の優先順位に関する指針をインテリジェンス・コミュニティに対して示すことである。政策部門及びインテリジェンス部門の上級幹部がリクワイアメントに関して公式に議論を行う場合、議論の中心は（複数の既知のリクワイアメントに関する）相対的な優先順位付けであるのが一般的である。すなわち、既知のリクワイアメントリストに対する新たな追加事項あるいは見落とし事項に関する議論がなされることは、必ずしも多くはない。唯一の絶対的かつ明確な優先課題が存在しない時代においては、リクワイアメントに関する優先順位の付与は一層重要となる。例えば、1991年（ソ連邦の崩壊）から2001年（9.11テロ）までの時期はそうした時代であった（2001年以降もそうした傾向は若干残っていた）。複数の課題が概ね同等の重要性を持つと考えられる場合、そのうちの1つが完全に優先されることはない。もっとも、こうしたインテリジェンス・リクワイアメントの「焦点ボケ」の状況は、安全保障上の国益の実情そのものの反映かもしれない。こうした状況下においては、インテリジェンス組織幹部は、同等の重要性を持つと同時に競合関係にある複数の課題に直面する中で、収集・分析のリソース（資源）の配分に関して重要な決断を行う必要がある。

優先順位を決定するプロセスの目的に関しては、これを「近い将来に重要となる課題を予測する（forecast）こと」と捉える考え方もある。しかし、これは誤解である。優先順位の決定プロセスとは「どの問題が（将来において）最も顕著になるのかを予測すること」ではない。むしろ、「政策決定者の関心事項を明らかにし、複数の関心事項の間の相対的な重要性を明らかにすること」である。実際には、優先順位のシステムの運営に携わっている関係者の大半は、予期せぬ課題の発生は避け難いものである旨を認識している。優れた優先順位システムとは、こうした予期せぬ新たな課題の発生に対して適切に対応し得るものである。すなわち、（新たな課題の発生の結果として）他のどの課題の順位をどの程度（どの位の期間）下げて良いものかを把握し得るようなシステムである。こうした状況の好例の1つは、中東の「アラブの春」の騒乱である。当時、チュニジア及びエジプト等のアラブの友好国の安定性の維持は、明らかに、米国の利害に影響を及ぼす事項であった。同時に、ベンアリ（Zine El Abidine Ben Ali）政権及びムバラク（Hosni Mubarak）政権に欠陥があること、あるいは、両指導者の年齢に鑑みればいずれ政権交代は避けられないことは、米国の分析担当者も認識していた。とは言え、2010年末の時点においては、チュニジアに対して高い優先順位を与えるべき特段の理由はほとんど見当たらなかった。（そうした理由は、「アラブの春」の騒乱開始後の2011年初頭になって明らかになった。）エジプトは、当時既に、米国の安全保障にとって更に重要な国であった。両国とも、独裁者の高齢化に伴い、権力移行の問題がいずれ然るべき時点において顕在化する可能性はあった。しかしいずれにせよ、どちらの国に関しても、それまで数十年間にわたり、政権が突然不安定化することを示唆するような特段の兆候は把握されていなかった。

　優先順位を設定するに当たっての更なる問題として、国家安全保障上の課題あるいは脅威は、それぞれが個々に完全に独立していることはほとんどない。むしろ、多くの課題は相互に関連している。例えば、テロリズム及び大量破壊兵器問題の関連性は常に懸念の対象である。テロリズムは薬物問題とも関連している。なぜならば、薬物取引はテロリズムの主要な資金調達方法だからである。また、テロリズム及びその他の国境を越える課題（犯罪、薬物、人身売買等）は、破綻国家において顕著である（第11章参照）。なぜならば、これらの破綻国家においては、法秩序あるいは国境管理がほとんど機能していないからである。こうした破綻国家における諸課題の重要性あるいは脅威は必ずしも同等ではない。これらの優先順位の決定に当たっては、各課題間の相互の関連性を考慮する必要がある。比較的重要性が低い課題であっても、より重要な課題と関連していることから、高い注目を浴びる場合も

ある。ただし、優先順位の高い課題に関連しているからと言って、そうした課題の全てが直ちに高い優先順位となる訳ではない。仮にそうだとすれば、ほぼ全ての課題の優先順位が相対的に高くなり、結果として、優先順位のシステム全体が無意味になってしまう。「全てが重要ならば、何も重要ではない」という戒めを銘記する必要がある。

また、これらの諸課題は抽象的なものとして存在している訳ではない。全ての課題は、地理的な側面を帯びている。すなわち、それぞれの課題は、広狭の程度の差こそあれ、何らかの特定の場所と結び付いている。各種課題の優先順位を決定するに当たっては、こうした各課題の持つ地理的な重要性を考慮することが有効と考えられる。例えば、アフガニスタン産の薬物は、東南アジア産に比較して、より深刻な問題である。なぜならば、タリバン及びアルカイダとの関連性があり得るからである。このように、地理的な区別（特徴）は、各課題の軽重を判断する際に有用と考えられる。

最後に、それぞれの課題は一面的ではない。米国がある国に対してインテリジェンス上の関心を有する場合、そうした関心は、複数の異なった側面の課題（政治、軍事、社会、経済等）から構成されている。そして、それぞれの重要性は、当該国及び米国の関係性によって異なる。例えば、米国はイギリス軍の状況に関して関心を持っているが、これは「重要な同盟国の能力の評価」という観点からの関心である。これに対し、北朝鮮に対して米国が有する関心は「潜在的な敵国の能力」という観点に焦点が当てられている。双方とも「能力の評価」に関する課題である。しかし、インテリジェンス上の関心の在り方は著しく異なっている。同様に、国境を越える諸課題（例えばテロ）を扱うに当たっては、多様な組織を、能力、場所、相互関係等に基づいて区別することが重要である。なぜならば、全てのテロ組織が等しいレベルの脅威あるいは利害をもたらすとは限らないからである。同種の課題を扱うに際しても、こうした区別に基づいて、収集及び分析の両面においてリソースの最適配分を実現することが肝要である。これは、インテリジェンス組織の幹部にとって重要な資質である。

短期的インテリジェンス及び中長期的インテリジェンス

短期的インテリジェンス及び**長期的インテリジェンス**（long-term intelligence）は競合関係にある。これは、分析における長年にわたる課題である。**短期的インテリジェンス**（current intelligence）は、概ね今後 1–2 週間以内の課題に関する報告及び分析である。これらは、インテリジェンス・コミュニティの主要業務である。なぜ

ならば、政策決定者からの要求が最も頻繁であり、かつ、政策決定者の眼に入ることが最も頻繁なプロダクトだからである。多くの点において、短期的インテリジェンスは、インテリジェンス・コミュニティのために「日銭を稼いでいる」業務と言い得る。短期的インテリジェンスは常に他の形態のインテリジェンスに比較して優位な立場を占めている。ただし、その優位性の意味合いは時によって異なる。危機あるいは戦争の時期においては、短期的インテリジェンスの分量が増加する。なぜならば、こうした状況下で行われる判断の多くは、（上級の政策決定者のレベルにおいても）戦術的なものであり、短期的インテリジェンスを必要とするものだからである。

　インテリジェンスの分析担当者の中には、短期的インテリジェンス重視の風潮に不満を抱く者もいる。すなわち、然るべき分野に関する専門的な知見及び分析手法を身に付けた者の中には、短期的インテリジェンスにとどまらず、より長期的な視点の分析を書くことを希望する者もいる。しかし、政策決定者の中で、長い時間軸の視点に基づく報告書に眼を通す者は多くはない。これは、興味の欠如ではなく時間の不足による場合が少なくない。すなわち、（政策決定者が）現下の喫緊の課題から距離を置くことの困難さによるものである。このように、政策決定者が必要としているプロダクト及び分析担当者が作成を希望しているプロダクトの間には齟齬が生じやすい。また、短期的なインテリジェンスのプロダクトは、その性質及び目的に鑑み、中長期的なものに比較して分量が短めになる場合が少なくない。したがって、分析担当者としては、価値がある「深み」あるいは「文脈」を分析に付加することを希望する一方で、（短期的なプロダクトの作成においては）そうした希望は制約を受けざるを得ない。加えて、分析担当者が作成するプロダクトの大半が短期的インテリジェンスだとすると、彼らは、分析担当者というよりはむしろ、日々の収集活動に関する単なる報告者（取次者）に成り下がってしまうことも危惧される。短期的なインテリジェンスのみを担当する業務の中で、専門的な技能を深めることは容易ではない。

　むろん、こうした問題に関しては然るべき「折り合い」が付けられることとなる。インテリジェンス・コミュニティは、複数の異なった形態の分析の間で白黒の明確な選択を行う訳ではない。また、分析の中にも様々な種類がある。分析担当者の人数には限りがあることから、インテリジェンスの幹部としては、何にどの程度のリソースを投入するかに関して判断を行う必要がある。いずれにせよ、リソース配分及びインテリジェンス・コミュニティに対する政策決定者の関心という点においては、短期的インテリジェンスのプロダクトが（長期のものに比較して）引き続き優位

を占めている。

　インテリジェンスに関するリソースの配分の問題を考えるに当たっては、「短期的か、中長期的か」という視点に基づくのが最も一般的な方法である。しかし、これは必ずしも唯一の方法ではない。インテリジェンスの問題を、時間軸に基づくのではなく、「深さか、幅広さか」あるいは「戦術的か、戦略的か」といった視点から検討することも可能である。短期的なインテリジェンスは、その性質上、大半の場合は「深さ」よりは「幅広さ」を重視する傾向がある。ただし、高い分析能力があれば、短期的であると同時に戦略的なインテリジェンスを創造することも可能である。すなわち、短期的なインテリジェンスは、現下あるいは近い将来の課題に焦点を当てるものである。これらは同時に、諸課題に関するより深い洞察を政策決定者に対して与えることも可能かもしれない。例えば、より複雑な課題の所在、異なった課題間の相互の関係性、事態の顛末の見通し等に関する洞察である。短期的かつ戦略的なインテリジェンスが生産される例は多くはない。しかし、それは決して不可能ではなく、また、政策決定者にとって有用な分析となることも可能である。むしろ、この２つの異なった種類（短期的及び戦略的）のインテリジェンスの間には、分析担当者及び政策決定者の双方にとって重要な関係性が存在する。すなわち、短期的なインテリジェンスは、より戦略的なインテリジェンスのために言わば「ビル建築を支える土台を成す個々のブロック」を提供するものと考えることができる。なぜならば、政策決定者は（短期的インテリジェンスを通じて）状況の進展に応じた課題の詳細に関する理解を深めることができるからである〔訳者注：短期的インテリジェンスを通じて提供されるこうした「土台としての基礎知識」は、同じ課題をより高次元かつ戦略的に思考する際にも有用であるとの趣旨〕。これは、危機の際に特に重要である。なぜならば、急速に進行する危機管理上の課題に関し、その速度に追い付いて行くことは非常に困難だからである。こうしたことから、トランプ（Donald Trump）が大統領選挙の当選後に「毎日のインテリジェンス・ブリーフィングは不要だ」と述べた際、インテリジェンスの実務家の多くは非常に驚いた。トランプは、こうしたブリーフィングを「毎日毎日、同じ事を同じ言葉で繰り返しているだけに過ぎない」と酷評していた。しかし、（前記のとおり）インテリジェンスとは、進行中の日々の出来事を（より高次元な）継続的な文脈の中で理解するために役立つものである。そして、こうした継続的な文脈を踏まえた理解の蓄積は、「戦略的な思考」を行う際に、（そのための土台となる基礎知識として）必要である。特に危機管理状況下ではそうである。しかし、こうしたインテリジェンスの意義はなかなか理解されにくい。前記のトランプの事例はそうした無理解の例を顕著に示している。なお、その後、

トランプは考え方を改め、(毎日ではないにせよ) 定期的なブリーフィングを受けていた。ただし、2020年以降はその頻度は低下したとみられる。

　短期的インテリジェンス及び長期的インテリジェンスの違いをめぐる問題は、「(将来の) 見通し」をめぐる政策決定者及びインテリジェンス担当者の姿勢の違いにも示される。米国の政策決定者が物事を思考する時間枠は4年単位である。これは、大統領の任期の長さであり、再選されれば最長で8年まで延長される。政策決定者にとっては、これよりも長い時間枠で物事を思考することは困難である。なぜならば、自分の任期を越えた (政策に対する) 影響力は限られているからである。長期的な分析プロダクトには、もう1つの問題がある。それは、分析の時間枠がより長期間になればなる程、分析の判断が「脆弱」になってしまうという (分析業務そのものに) 内在的な問題である。将来起こり得る状況あるいはその結末を推測することは常に困難である。しかも、検討の対象期間が長期になればなる程、判断はより脆弱になり、その信頼性も低下する。「どの程度の将来まで信頼性のある分析が可能か」との問題に関しては特には絶対的な指標は存在しない。しかしいずれにせよ、数年を越える期間を扱う分析の場合、その精度は著しく低下する可能性が高い。こうした長期的な分析は知的作業としては興味深いものである。しかし、政策決定者からは「役に立つ」とは認識されにくい。もしも政策決定者から「なぜ、喫緊かつ明確に特定された短期的な課題ではなく、長期的な課題にわざわざリソースを割り当てる必要があるのか」との疑問が呈せられるとすれば、インテリジェンス・コミュニティ全体に悪い影響が及ぶ可能性がある。

ブリーフィング

　政策決定者に対するブリーフィングは、多くの場合、短期的インテリジェンスを扱うものである。多くは、朝一番の日課 (定例行事) として実施される。ブリーフィングは、短期的インテリジェンスが伝達される主要な方法の1つである。ブリーフィングの持つ主な利点の1つとして、インテリジェンス担当者は政策決定者と直接対話することが可能である。こうした機会を通じて、インテリジェンス担当者は、インテリジェンスに対する政策決定者の嗜好及び反応を知ることが可能である。これは、公式なフィードバックの制度の欠落を埋め合わせるものともなる。ただし、ブリーフィングにはリスクも伴う。すなわち、ブリーフィングは、文字通り「ブリーフな (短い)」ものである。政策決定者の多忙な日程に鑑み、多くの場合、ブリーフィングにはその時間的制約に伴う限界がある。加えて、朝のブリーフィングでは通常、複数のテーマを取り扱う必要がある。時間的制約に鑑みると、ブリー

フィングを通じて、必要なコンテクスト（背景）及び「深み」を伝達することは困難である。（ただし、ブッシュ（George W. Bush）大統領及びオバマ（Barack Obama）大統領は、別途、1つのテーマを掘り下げたブリーフィング（ディープ・ダイブ（deep dive）と呼ばれる）を定期的に実施していた。）ブリーフィングの形式は、必ずしも口頭での報告に限定されるものではない。ブリーフィングの重要な点を裏付けたり強調するための資料等も併せて利用される場合がある。例えば、シギントあるいはヒューミントの報告書等である。こうしたブリーフィングの形態の在り方は、政策決定者の嗜好にも左右される。例えば、トランプ大統領へのブリーフィングはほとんど口頭で実施され、裏付け資料はほとんど使用されなかった。そのため、詳細な内容及び微妙なニュアンスの伝達は、更に困難であった。

　ブリーフィングとは、良く言えば、政策決定者及びインテリジェンス担当者の意見交換のようなものである。こうしたやり取りは刺激的かもしれないが、同時に、リスクを孕むものである。ブリーフィング担当者は、自分が伝達するインフォメーションに対して確信を持つ必要がある。ただし、伝達するインフォメーションの中には、事前に準備されたブリーフィング資料に含まれていないものもあり得る。また、（確信が持てない場合には）ブリーフィング担当者は、推測で物を言うのではなく、「分かりません（I don't know）」と言い、後で必要なインフォメーションを追加する旨を申し出るよう、訓練を受ける必要がある。加えて、ブリーフィングは、その性質上、曖昧な面がある。すなわち、ブリーフィング担当者は、その場における会話の内容を事後に全て正確に再現できるとは限らない。

　ブリーフィングに伴う問題の1つは、分析担当者及び政策決定者の関係性（関係の在り方）である。特に重要な課題は、分析の客観性を維持するべく、政策側と一定の距離をとる必要性及びそうした能力である。ブリーフィング担当者は（ローテーション人事のため）定期的に交代・任命されるが、いずれにせよ、その役割は双方向なものである。すなわち、インテリジェンスを政策決定者に伝達する役割と共に、政策決定者のニーズあるいは反応をインテリジェンス・コミュニティ側に伝達する役割の双方を担っている。ブリーフィング担当者は、政策決定者の政策を擁護したり、あるいは支持する立場に陥ってはならない。これは、対外的な発言等はもとより、官僚組織の部内での議論における発言等においても同様である。

　2001年の9.11テロの後、中央情報局（CIA）が大統領及びその他の政府高官に対して実施しているブリーフィングの在り方が議論の的となった。毎日の大統領定例インテリジェンス報告（PDB: President's Daily Brief）はCIAのプロダクトであり、CIAによって独占的に実施されていた。政府及びインテリジェンス・コミュニティの最

高幹部はPDBの内容を知ることが可能であった。しかし、そうした人々は極めて少数に限定されていた。こうしたことから、CIA以外のインテリジェンス組織は、大統領あるいは自分の属する省庁の最高幹部がどのような内容のブリーフィングをCIAから受けているのかを必ずしも承知はしていなかった。こうした状況は、嫉妬を生むと共に、インテリジェンス・コミュニティ内の各分析担当部門の間に不協和音を招きやすいものであった。

　2004年にインテリジェンス・コミュニティ改編法（IRTPA）が成立した後、PDBの所掌は、（国家情報長官に）移管された。PDBの担当スタッフも、国家情報長官室（ODNI）の所属となった。CIAにとっては、PDBの所掌権限は、政府高官へのアクセスを確保するための「虎の子」であった。しかし、毎朝の大統領ブリーフィングの実施の権限及び責任は国家情報長官に移管された。PDBが国家情報長官の管轄下に移行した結果、（CIAのみならず）多くの組織の分析部門がPDBに参画、貢献することとなった。こうしたことから、PDBはコミュニティ全体のプロダクトとしての性格が強くなり、より幅広いものとなったとみられる。同時に、このことは、国家情報長官の持つ制度的な課題を浮き彫りにしている。すなわち、国家情報長官制度の下では、PDBは関係組織間の「省庁合議」を経て作成される。これには、CIA、国防情報局（DIA）、国務省情報調査局（INR）、国家インテリジェンス評議会（NIC）、国家安全保障局（NSA）、国家地理空間情報局（NGA）等が参加する。国家情報長官がPDBに対して有する当事者意識及び各報告の背景等に関する知識は、中央情報長官（DCI）がPDBを管轄していた時代に中央情報長官が有していたものに比較すると、弱いものとみられる。国家情報長官の直接の監督下にある分析部門は国家インテリジェンス評議会のみである。他のインテリジェンス組織のプロダクトに関しては、国家情報長官はそれらの「取次ぎ」をしているに過ぎない。理論上も法律上も、国家情報長官は、全てのインテリジェンス組織に対して責任を担っている。しかし、同長官に対して付与されている権限は限定的である。また、内容面においても、CIAは引き続き、PDBに対して（他の組織と比較して）最も大きな貢献を行っている（PDBの内容の全体の75％程度との推測もある）。この背景として、CIAの擁するオール・ソース・アナリシスの分析担当者の数は、コミュニティの中で最多である。したがって、（他の組織と比較して）CIAの分析能力は、幅広さ及び深さの双方において最も優れていると考えられる。

　「分析業務の全体像から見ると、PDBの過剰な重視は悪影響を及ぼしている」との指摘も一部にはある。確かに「定期的に最高責任者に面会し、日常的に大統領の前でインテリジェンスを披露することができる」ということは（担当者にとっては）

極めて貴重な財産である。インテリジェンス組織の幹部であれば、こうした機会を断る者はいないであろう。それでもやはり、「たった1つの案件（PDB）の準備に費やす労力」及び「それ以外のより広範囲あるいはより内容の深いプロダクトの作成に費やす労力」の配分に関しては、慎重な判断が必要である。PDBあるいはその他の早朝インテリジェンス・プロダクトに掲載される分析は、必ずしも緊急性が高いものではない（だからこそ、報告は「深夜に即刻」ではなく「翌朝廻し」になる）。PDB掲載用の報告の執筆・完成に要する時間の長さによっては、（発生及び報告の間の）タイムラグは更に長くなる場合もあり得る。しかし、もしも当該案件が極めて緊急なものであれば、そうした案件は、大統領及びその他の高官に対して（PDBを通じてではなく）直ちに報告されるはずである。現在のPDB重視の風潮は、分析担当者の業務に歪みを生じさせている。なぜならば、多くの分析担当者は、PDBあるいはディープ・ダイブ会議に取り上げられる報告を書こうとする。しかし、そうした報告を書く能力と、本質的な分析能力は別物である（前者に基づいて後者を評価することはできないはずである）。しかし、CIA以外の組織がPDBに参画するようになった結果、こうしたPDB偏重の動向に拍車が掛かっている。一部のインテリジェンス組織では、幹部が「今週はPDBに何本の報告の掲載を目指すか」との業務目標を設定したり、PDBに掲載された報告の作成件数を部署ごとに集計・記録している。（分析担当者にとって）自分が作成した報告がPDBに掲載されることは確かに名誉なことである。しかし、「PDBへの掲載」が、分析評価の指標として本質的に適切なものであるとは言い難い。

危機 対 平時

　危機状況においては、現下の危機への対応の一環としてリクワイアメントが設定されるのが一般的である。こうした「危機に基づくリクワイアメント設定」の状況下では、長期的インテリジェンスよりも短期的インテリジェンスに対するニーズが圧倒的に重要性を増すこととなる。

　収集及び分析のためのリソースには限度がある。したがって、一部の課題は軽視されるか、あるいは全く注視されないことにならざるを得ない。一見して重要性が低いとみられていた課題が、突然の危機に際して重要性の高いものに発展する場合もあり得る。しかし、年次あるいは半期ごとに策定されるリクワイアメント計画の中で、そうした可能性を予測することはほぼ不可能である。前記のとおり、そもそも、リクワイアメントのプロセスの目的は将来予測ではない。その意味では、リクワイアメントの策定作業には、「自己成就的（あるいは自滅的）な予言」のような一

面がある。

　重要性が低いと見られていた課題が突然沸騰し、政策決定者にとっての最優先の関心事に急速に上り詰める場合もある。(理想としては) 分析部門の幹部は、こうした事態に備えて、(通常は優先度が低い課題に関しても) 最低限の専門知識を生成する (あるいは維持する) 術を心得る必要がある。インテリジェンス・コミュニティの場合、収集に関する余力は僅かであり、分析に関する余力はほとんどない。以前は認識されていなかった新たな重要課題に対してリソースを振り替える余力も限られている。したがって、リソースは、ある重要課題から別の重要課題へと振り替えられて行かざるを得ない。その結果、その他の課題はほとんど (あるいは全く) カバーされないこととなる。

　リクワイアメントの把握は容易でないし、(インテリジェンス分析の対象である) 国際関係は気まぐれである。そうした事情があるにもかかわらず、インテリジェンス・コミュニティは、何らかの問題を見過ごした場合には窮地に立たされる。(「問題を見過ごす」とは、当該問題の可能性に関して警鐘を鳴らさなかったこと、あるいは、当該問題が発生した際に対処する準備ができていなかったこと等を意味する。) インテリジェンスの機能の1つは戦略的警報 (strategic warning) の発出である。したがって、それに対する期待が高いのは当然とも言い得る。ただし、戦略的警報とは一般に、国家安全保障に対して脅威をもたらすような課題に関する事前の通告を意味する。単なる地域レベルの危機は (米国の一定の関与は必要かもしれないものの) 戦略的警報の射程には含まれない。こうした状況 (戦略的警報の射程に含まれないレベルの警報までもインテリジェンス・コミュニティに対して期待する傾向) は、インテリジェンス・コミュニティのリソースのみならず、そのイメージをも損なうものである。なぜならば、行政府及び連邦議会の政策決定者並びに報道関係者は、インテリジェンス組織の「見過ごし」に対しては厳しい見方をする傾向がある (そうした見方は、公平である場合もあればそうでない場合もある)。一例として、2015年の秋、ロシアがシリアに介入する可能性に関してインテリジェンス・コミュニティが政策決定者に対して警報を発しなかったことに関し、連邦議会議員の間では、その原因を調査するべきとの声が上がった旨が報じられた。こうした場合、まず、実際にインテリジェンス・コミュニティが警報の発出を失敗したのか否かの点が検証されなければならない。仮に、警報の発出に失敗があったと仮定した場合、続けて第2の疑問点がある。すなわち、「警報の失敗は、米国の政策に何らかの違いをもたらしたのだろうか」との疑問である。オバマ大統領は、シリア内戦にこれ以上深く関与することを望まない旨を明言していた。仮に、ロシアの介入の可能性について警報が伝えられたとしても、そ

れによって大統領の計算を変更させることはできたのであろうか。インテリジェンス組織が繰り返し警報を発したならば、そうした動向は「大統領の政策を転換させるべく、分析担当者あるいはインテリジェンス組織幹部が画策している」と解釈される可能性がある。すなわち、大統領が公式に表明している政策上の嗜好に相反する分析を送り続ける作業に関し、「（政策の転換を促すこと以外）他にどのような目的があり得るのだろうか」との印象を持たれる可能性が高い。こうした見方の背景には、「政策決定者は、自身の嗜好にかかわらず、インテリジェンスによって自身の行動を規定せざるを得ないはずだ」との（誤った）前提がある。しかし、前記のとおり、政策決定者には、インテリジェンスを無視したり、あるいは拒絶する自由がある。実際、政策決定者は、インテリジェンスが自身の政策上の嗜好に相反する場合には、そうした（インテリジェンスの評価を無視した）判断を行う場合が少なくない〔訳者注：理論的には、インテリジェンス組織は、政策決定者の政策上の嗜好と異なるインテリジェンス評価を提供し続けても何ら問題はない。しかし、実際には、こうした活動は、「インテリジェンス組織が政策判断への介入を画策している」（すなわち、インテリジェンスの政治化が発生している）との誤解を招く可能性がある。その背景には、政策決定者とインテリジェンスの関係性に関する誤解があるという趣旨〕。

　危機への対処の際の困難な課題の1つは、各地域担当の統合軍司令官（CCMD: geographic combatant commander）から国家インテリジェンスのリソースに対する、インテリジェンス支援の要請の取扱いである。統合軍司令官は、「4つ星級」の将官であり、欧州、アジア太平洋等の地域を管轄する米軍の司令官である（以前はCOCOMと呼ばれていた）。この問題は、インテリジェンスの優先順位の矛盾の一例である。すなわち、統合軍司令官は、地球上の広範な地域を管轄しており、自己の管轄地域（AOR: area of responsibility）内の全ての国における不測の事態に対応しなければならない。これに対し、ワシントンD.C.の政策決定者及びインテリジェンス組織幹部は、必ずしも統合軍司令官と同様のレベルの危機感を共有している訳ではない可能性がある。特に、比較的小規模な国及び米国との利害関係が希薄な国における事態に関してはそうであろう。このように、双方の間には視点及び認識の相違がある。各地域担当の統合軍司令官は、「自分の管轄区域内におけるあらゆる緊急事態に際して、国家レベルの組織からの支援を頼る」との願望を持つ傾向がある。これに対し、こうした願望を諦めさせるような取組も行われている。こうしたことから、各地域担当の統合軍司令官は、自前の戦域インテリジェンス機能を（国家レベルのものより能力的には劣るものの）より活用することが期待される。

　米国は、テロ、イラク、アフガニスタンという3種類の敵に対応してきた。こう

した状況は、「危機対平時」の矛盾の問題を悪化させる傾向にある。現実に発生している戦闘あるいはインテリジェンス活動は、他の問題及び活動に比較して圧倒的に高い優先度が置かれる傾向がある。軍及びインテリジェンスのこうした現実の活動に対する支援の重要性に疑問を呈する者はいない。ただし、こうした支援要求は、他の諸問題を圧倒し、封印してしまう可能性もある。また、インテリジェンス・コミュニティの視点からみると、こうした支援要求の大半は戦術的な性質のもの、すなわち、現在進行中の作戦に対する支援の要請である。インテリジェンスの分析担当者としては、(この種の業務に過度に忙殺されてしまうと)分析の視点をより高いレベルに引き上げて、作戦の全体像に関して俯瞰的かつ戦略的な分析を行うことは困難になる。

麦とモミ殻の問題

いわゆる麦とモミ殻の問題(The Wheat Versus Chaff Problem)は、収集に関連する問題でもあるが、最終的には分析に関連する問題となる。収集されたインフォメーションの大半は実際には加工処理をされない。それでも、加工処理を経て分析に供されるインフォメーションの量は膨大である。コンピュータが発達した時代においても、分析担当者がこうした大量処理の問題に対処するに当たり、これを劇的に改善し得るような技術的な方法はほとんど見出されてはいない。インテリジェンス・コミュニティにおいては、こうした課題に対処するべく、テキスト・マイニング及びデータ・マイニング等のソフトウェアが採用され、他にも多くのソフトウェアの検討が行われてきた。しかしいずれも、大きな成果を上げるには至っていない。国家情報長官室は、こうした試みの幾つかに対する財政的な支援を実施している。一例は「"Xpress" Automated Analysis Challenge(高速自動分析計画)」である。これは、インテリジェンス調査の発展等に資するような人工知能(AI)の手法を見つけることを目指す賞金50万ドルのコンペティションである。こうした取組はあるものの、分析担当者の日常業務(すなわち、日々送付されてくる大量のインテリジェンスの中から自分の所掌に関連するものを取捨選択すること)は、電子媒体で行うにせよ紙媒体で行うにせよ、引き続き相当に面倒な作業である。ここで言う「取捨選択」とは、単に、積み上げらえた画像、信号、公開情報の報告、その他のデータに目を通すことだけに限らない。より重要なことは、こうした大量の資料を俯瞰的に観察し、日常的なパターンを把握した上で、異常な動向を察知することである。こうした作業に近道は存在しない。取捨選択の作業は、訓練及び経験を必要とする。インテリジェンスの実務者の中には、分析担当者を「流れ作業の中の部品の1つ」程度にしか考えな

い見方もある。しかし、分析官担当者の専門知識は、収集されたインフォメーションの取捨選択作業において不可欠な要素と捉えられるべきである。

データか知識か

　麦とモミ殻の問題に密接に関連する課題として、データの問題、更には「データか知識か（Data Versus Knowledge）」という問題がある。コンピュータの発展により、大量のデータの集積及び操作が可能となっている。この結果、以前には考えられなかった分析及び予測を行い得る可能性が生じている。ビッグデータに関しては多くの議論がなされている。これらの要点は、日々大量に生産される新たなデータに基づき、新たな洞察及び諸々のつながり（関連性）に関する知見を得られる可能性があるということである（第5章参照）。問題の1つは、データの集積の在り方である。ビッグデータの推進論者の多くは、日々生産される全てのデータ（電話、電子メール、ツイート、ブログ投稿等）を集積し、これ（大量のデータの蓄積）こそが、ビッグデータの輝かしい可能性の源泉であると考える。これらのデータが実在することは事実である。しかし、その中で、分析担当者が興味を持ち、分析担当者にとって有用なものは果たしてどれだけ含まれているのであろうか。一例として、電話の通話記録のメタデータの場合を考えてみる。NSAが検索するこうした記録は数百万件に上る。しかし、これらの中で更なる精査につながるものは僅か300件程度である。確かに、こうしたNSAのメタデータ・プログラムがなければ、こうした手掛かりは全く捕捉できなかったとの主張も可能である。しかし、「大規模なビッグデータを称賛する」論調に対しては、「手段及び目的の均衡（バランス）」の問題が依然として残っている。また、こうしたビッグデータの大半は、グーグル社（Google）、メタ社（Meta）（旧フェイスブック）、アマゾン社（Amazon）等の企業の私的な所有物である。そして、そうした企業の目的は、こうしたデータを通じて収益を得ることである。これらの企業は、これらのデータの全ての共有に積極的な訳ではない。加えて、これらのデータの多くは、米国国民の個人情報を含んでいる。したがって、その使用方法に関しては法的な制限及び要件の設定が課題となる。

　インテリジェンスの諸課題の中には、（その対処に当たり）大量のデータの活用が有効なものもある。例えば、テロリストのネットワーク、兵器システムの詳細、経済データ等の分析である。しかし、いかなる大量のデータの集積を以てしても、相手国の政策決定者の頭の中の最重要課題、すなわち「意図」を解明することは不可能である。例えば、北朝鮮、イラン、その他の国あるいは（これらの国々の）指導者の「次に何をするか」の意思決定は、必ずしもデータには左右されていない可能性

がある。ある政策担当の幹部は「必要なのはデータではなく、（相手方の最高指導者の意図に関する）知識及び洞察だ」と指摘している。

また、ビッグデータの有用性に関しては、反対意見もある。分析担当者の間でも指摘されているように、データに基づいて相関関係を検証することは比較的容易である。しかし、相関関係は因果関係とは同一ではない。（こうした「落とし穴」は、イラクの大量破壊兵器問題の経験において良く示されている。）「深い知識及び専門性」と単なる「大量のデータ」は、しばしば混同されがちである。データは、ある程度までは、機械的な取扱いが可能である。これらは、有用な洞察であるかのような幻想を与えがちである。しかし、実際には、そうした幻想は一時的なものに過ぎない可能性がある。クキエ（Kenneth Cukier）及びメイヤー＝シェーンベルガー（Viktor Mayer-Schoenberger）は、2013年の『フォーリン・アフェアーズ』誌の記事で次のように指摘している。「ビッグデータはリソースであり、道具である。（すなわち）ビッグデータは（素材としての）インフォメーションを提供するものである。しかし、（洞察を備えた）説明を提供するものではない。」

こうしたことから、分析部門の幹部は、部下である分析担当者が常に「知識労働者（knowledge worker）」であり続けるよう、注意を払う必要がある。知識労働者とは、1959年頃にドラッカー（Peter Drucker）が提唱した造語である。職場において、インフォメーションを扱い、あるいは知識を創造して活用する者を主に意味する。実際のところ、従来、インテリジェンス・コミュニティの主要な機能の1つは、知識の創造、蓄積、伝達であった。近年、こうした機能が低下しているとの見方もある。背景として、第1に、分析担当者及び幹部がデータへの依存をより強めていることが指摘されている。第2に、2001年以降、上級の分析担当者が勇退する一方で新人の分析担当者が大量に流入し、インテリジェンス・コミュニティ全体の経験値が低下しているとの指摘もある。

CIAのデジタル・イノベーション局（DID: Digital Innovation Directorate）〔訳者注：2015年に新設〕は、データを分析モデルに基づいて活用し、異常な兆候の識別法として活用することを検討している。これまでに、ある社会不安が実際に発生する数日前にそうした動向の事前予測に成功した例があるとも報じられている。関連する動向として、国家情報長官の傘下のインテリジェンス高等研究計画局（IARPA: Intelligence Advanced Research Projects Agency）は、「地政学的予測計画（Geopolitical Forecasting Challenge）」を立ち上げた。同計画は、様々な出来事をリアルタイムで予測するための方法論の開発を行うものである。

情報の過多

　インテリジェンスの分析担当者は、他の人々と同様に、情報過多（Information Overload）という課題に直面している。この問題は収集段階から始まっている。誰もインテリジェンスの収集量の削減を提唱することはない。しかし、収集の量の増加に伴って（前記の）麦とモミ殻の問題は深刻化し、既に過重負担を強いられている加工処理システムへの負担も更に増加する。インテリジェンスを自動的に選別して各分析担当者別に送付するシステムは既に導入されている。それにもかかわらず、分析担当者は、大量のインテリジェンスを選別し、読み、理解しなければならない。分析担当者は、自分が報告書を作成する際にも同様の問題に直面する。すなわち、読者に過度の負担を掛けることなくインテリジェンスを正確かつ適切に伝達するために、どの程度の量を報告書に盛り込むべきかの判断をしなければならない。その際には、既知の事柄及び未知の事柄の区別、確実な事柄及び不確実な事柄の区別等の観点を踏まえる必要がある。最後に、インテリジェンスを受領する政策決定者も同様の問題を抱えている。すなわち、彼らが多様な情報源から受領するインテリジェンス、インフォメーション、データ等は大量である。このことが課題となっている。

　2019年、コーツ（Dan Coats）国家情報長官（在：2017–2019年）はAIMイニシアティブ（A Strategy for Augmenting Intelligence Using Machines）を立ち上げ、こうした問題への取組を開始した。このAIMイニシアティブは、AI及びそのサブセットである機械学習に大きく依存している。この背景には、情報過多の問題に対して、民間商業市場から有効な解決法が提供される可能性があるとの認識がある。同時に、AIMイニシアティブは、AIシステムが「敵対的な攻撃」に対して脆弱であることや、「時間の経過」の中でインテリジェンスは変化し得ることを前提としている。したがって、こうしたシステムには柔軟な適応性が必要である。また、これらのシステムは自律的ではなく、プログラミングが必要である。その際は、エンドユーザーである分析担当者との緊密な連携の下でなされることが好ましい。米国のインテリジェンス組織が新しいインフォメーション技術を採用するに当たっては、こうした柔軟な対応が常になされるとは限らない。新たな技術が導入されても、分析担当者はこれらの利用を回避したり、あるいは無視する場合もある。最後に、熟達した分析担当者は、複雑かつ繊細な分析を行っている。AI及び様々な科学技術は、こうした熟練分析担当者に取って代わることはできない。こうした旨は、戦略国際問題研究所（CSIS）の報告書においても指摘されている（章末の参考文献参照）。

　国家情報長官室はまた、AIの倫理基準及びその枠組みを発表している。これは、

インテリジェンス・コミュニティの使命及び人権擁護への配慮の観点から、AI技術の適切な利用を保証するためのものである。

分析担当者の代替可能性

　インテリジェンスのリクワイアメントが変化したり、危機が発生したりする場合、分析担当者は、よりニーズが高い分野へ業務をシフトしなければならない。収集の場合と同様に、分析にもゼロサムゲームがある。ある分野の分析担当者が増員される場合、それは他の任務からの異動となる。しかし、全ての分析担当者が全ての課題を担当できる訳ではない。各分析担当者にはそれぞれ得手及び不得手があり、当該担当者自身が知識等を有しない分野もある。分析担当者の数は収集システムより多い。しかし、分析担当者は、収集システムに比較して代替可能性は低い。すなわち、分析担当者の簡単な交換あるいは入れ替えはできない。例えば、フランス語を話す標的に対する収集を行っているシギントの衛星が、アラビア語を話す標的に対する収集に任務が変更された場合、無知あるいは能力不足が問題となることはない。こうした場合、確かに、標的の選定、アクセス、周波数等に関する重大な課題が生じる。しかし、言語能力そのものの問題は存在しない。すなわち、デジタル通信データのストリームの収集に際しては、解読不能なアクセントあるいは難解な文法等の問題が生じることはない。他方で、分析担当者は、よりニーズの高い分野に異動するとしても、必要な言語能力、当該地域あるいは課題に関する知識等を必ずしも有している訳ではない。このように、**分析担当者の代替可能性**（analyst fungibility）には極めて現実的な限界が存在し、組織の運営管理上の大きな課題ともなっている。この問題は、**分析担当者の機敏性**（analyst agility）の問題と呼ばれることもある。この場合の「機敏性」とは、1つ（あるいは2つ）よりも多くの専門分野を持ち必要に応じてより優先順位の高い課題への対応が可能な分析担当者を確保する必要性を意味する。分析担当者の代替可能性あるいは機敏性を左右するのは次の3つの要素である。第1は、分析担当者が採用された際の彼らの才能及び経歴である。第2は、インテリジェンス・コミュニティの中における、分析担当者に対する教育及び訓練の在り方である。第3は、分析担当者の人事（キャリア）制度の管理である。すなわち、分析担当者が複数の専門分野を育むことができるように十分な機会が人事制度の中で付与されていることが重要である。

　米国のインテリジェンス組織の幹部はしばしば「**全世界をカバーする**（global coverage）」という言葉を口にする。しかし、この言葉は誤解を招く可能性のある危険な用語である。インテリジェンス担当者が「全世界をカバーする」と言うのは、

あらゆる課題に関するリクワイアメントが（政策決定者から付与される可能性が）あり得るとの認識を意味しているに過ぎない。例えば、インテリジェンス・コミュニティの担当者は、政策決定者に対して「現在進行中のマリにおける危機を分析する能力は不十分であるが、メキシコに関しては良く知っている」などと言い訳をすることはできない。こうした誤魔化しは許されない。ある特定の国あるいは地域の情勢が政策決定者にとっての現実の懸念事項となれば、インテリジェンス・コミュニティは、当該課題に関するインテリジェンス収集及び分析を実施することが期待される。しかし、「全世界をカバーする」という言葉には、インテリジェンス・コミュニティが現実に対応可能である以上の深さ及び幅を持った収集及び分析が（常に全世界のあらゆる地域に関して）可能であるかのような誤解を政策決定者に与えてしまう現実的な可能性がある。この点こそが、この用語の「落とし穴」である。インテリジェンス組織の幹部自身は、自分たちの活動に割り当てられているリソースに限界がある旨を理解している。しかし「全世界をカバーする」という言葉を使うことによって、実際の能力以上の成果を約束しているとの誤解を（政策決定者側に）招く可能性がある。

　分析担当者の採用プロセス上の限界も、こうした問題の一因となっている。米国の場合、採用担当者は、分析担当者の候補者を探すべく大学を訪問する。（大学生以外の）他の希望者は自分自身で応募をする。しかし、分析担当者の市場は「売り手」市場である。したがって、インテリジェンス組織は、自分から積極的に興味を示してくれた応募者しか採用することができない。一部の大学にはインテリジェンスに関するプログラムがあり、然るべき問題意識あるいは技能を持った分析担当者を多く輩出している。しかし、それによって（採用）問題が十分に解決される訳ではない。インテリジェンス・コミュニティは、連邦議会が定めた法律に基づき、特定の技能を持つ分析担当者に対して（限定的ではあるものの）奨学金を提供することが可能とされている。これは、奨学金の見返りとして、一定期間のインテリジェンス・コミュニティへの勤務を条件とするものである。これも重要な施策ではあるが、やはり、これによって採用問題の全てが解決される訳ではない。そもそも、分析に対するニーズを数年先にわたって予測することは極めて困難である。分析担当者の採用に当たっては、技能、専門分野、語学能力等が参照される。ただし、これは往々にして、現在のニーズに基づいたものとなっている。したがって、将来的にインテリジェンス上の課題が大きく変化した場合には、バランスが崩れる場合がある。一例は、ソ連・ロシア人材をめぐる状況である。ソ連の崩壊以前、ソ連問題はインテリジェンスの最優先事項であった。ソ連崩壊後、ロシア語の人材は供給過剰となっ

第6章　分析

た。当時、こうした余剰人材の全員が容易に他の課題にシフトし得た訳ではなかった。2012年、プーチン（Vladimir Putin）がロシア大統領に返り咲き積極的な外交政策の展開を開始した。これに伴い、ロシアへの関心は再び高まることとなった。しかしこの時、かつてのソ連専門家及びロシア関連の専門知識の蓄積は、既に消滅してしまっていた。同様に、2001年のテロ事件の後、アラビア語及び南西アジアで使用されている様々な非ローマ字系言語の人材への需要が緊急に高まり、充足が困難な状況が発生した。これに対し、CIAは、採用方法の多様化等の措置を講じた。しかし、技能面において特に必要性の高い人材をどのようにして確保するかという根本的な課題は引き続き残っている。

　このように、インテリジェンス・コミュニティの分析能力は、分野によって偏りがある。この問題は、分析担当者のシフトによってある程度は対処が可能である。しかしその結果、分析がカバーし得る「幅」を確保するために、分析の「深さ」は犠牲とされることとなる。ちなみに、危機に際して、分析担当者に最も要求されることは分析の「深さ」である。重要な点は、全ての分析担当者には限界があるということである。したがって、インテリジェンス・コミュニティが（政策決定者からの）期待に応じるに当たっても、コミュニティとしての能力には一定の限界がある。コミュニティが自ら希望する活動を行うに際しても、やはり同様の限界がある。

分析担当者の訓練

　訓練に関するインテリジェンス・コミュニティの取組はやや独特である。それぞれの主要な部門が、独自の訓練プログラムを作成している。新任の分析担当者は、自身に対する期待、インテリジェンス・コミュニティ全体としての機能、規則及び倫理観等に関し、こうした訓練を通じて一定の理解を得ることができる。ただし、分析担当者に必要な知識の多くは、業務を通じて学ぶ必要がある。いかなる訓練を以てしても、この点を否定することはできない。分析担当者は、採用時には既に大学・大学院あるいは前職において一定の技能を身に付けている。（現在では、分析担当者の中の相当数は、他の分野での一定の職歴を経た後にインテリジェンス・コミュニティに就職している。）その後、新任の分析担当者は、個別のインテリジェンス組織あるいは部署に同化して行く。具体的には、リクワイアメントの基礎的な手続、毎日の業務スケジュール、望ましい文章表現方法等を学ぶこととなるが、これらは各インテリジェンス組織によって異なる。こうした過程を通じて、各分析担当者は、自身が勤務するインテリジェンス分野に次第に慣れ親しんでいく。

　全ての分析担当者にとって最低限必要な技能は、1つまたは複数の特定分野に関

する知識、適切な語学能力、文章で自己を表現する基礎的能力である。あるインテリジェンス組織の幹部は、部下が新人の採用を意見具申してきた際には常に2つの質問をしていた。それは「面白い思考をする者か」及び「きちんとした文章を書ける能力がある者か」である。当該幹部は、最低限この2つの才能さえあれば、別の能力は訓練及び経験次第で補えると考えていた。

　基本的な技能は、より上位の技能の修得の土台となる。ただし、修得すべき新たな技能の中には、各組織に独特で偏狭なものもある。すなわち、各組織には独自の組織文化があり、当該組織の所属員はそれらを修得しなければならない。加えて、より重要な事として、分析担当者は、麦とモミ殻の問題への対処法と「文章を可能な限り簡潔に書く手法」を修得しなければならない。この2つの技能は、現在のインテリジェンスが直面する課題を反映したものである。とりわけ、政策決定者は多忙であり、簡潔な文体を好むという状況を反映している。「政策決定者の注意を引くためには、文書は長いよりも短い方が良い」というのは官僚機構における不変の定説である。また、分析担当者は、必要とされている（あるいは期待されている）時にタイミング良く分析を提供できるよう、時間管理の手法も修得する必要がある。

　分析担当者に対して収集のシステムに関する研修を施すことは極めて重要である。しかし、この点は未だに望ましい目標には達していないとみられる。背景として、上級幹部でさえも、この問題の重要性を十分には理解していないとみられる。すなわち、分析担当者の中には、インテリジェンスがどのように収集されているかに関して深くは理解していない者もいる。その結果、インテリジェンスの情報源の本来の性質あるいは相対的な信頼性に関して、分析担当者が十分に理解することは困難となっている。だからと言って、分析担当者の全員が全ての収集手法に関して深く精通する必要がある訳ではない。それでも、収集に関して単なる表面的な知識以上の理解があれば、分析においても有益である。分析担当者が修得しなければならないもう1つの重要な技能は、客観性の維持、すなわち**分析担当者のバイアス(analyst bias)**の克服である。インテリジェンスの分析担当者は、自分の担当案件に関して個人的な意見を持つことも可能であるし、実際そうした場合は少なくない。しかし、そうした個人的な意見は、インテリジェンスのプロダクトからは排除されなければならない。カスタマー等が分析担当者に対して耳を傾けるのは、彼らが専門知識を蓄積しているからである。彼らの個人的な意見に興味がある訳ではない。分析担当者が自分の見解を発出することは、インテリジェンス及び政策の境界線の越境にもなる。いずれにせよ、分析担当者は、然るべき訓練を通じて、自身が執筆している課題に対して自分が有するバイアスを認識し、それらを抽出・排除する方

第6章　分析　259

法を学ぶ必要がある。特に、手元にあるインテリジェンスあるいは俎上に上がっている政策が自分自身の見解と相反する場合には、そうした技能は重要である。

より機微で修得が難しい技能は、インテリジェンスの政治化を避けつつ、インテリジェンスのカスタマーとの間で良好な関係を構築することである。なぜならば、インテリジェンス側がカスタマーの興味を理解したり彼らからの好意を得ようとする際には、インテリジェンスの政治化の危険性が生じやすいからである。

最後に、「分析担当者は、訓練あるいは経験を通じてどの程度の成長が可能なのか」という問題がある。相当の知性を備えて適切な教育を受けた人物であれば、訓練を通じて（一般的な実務に従事するには十分に可能なレベルの）立派な分析担当者となれる可能性はある。しかし、真の才能に恵まれた分析担当者は、その先天的な才能がゆえに、（そうでない者と比較して）本質的により優れた業務上の成果を挙げる。それは、真の才能に恵まれた運動選手、音楽家、科学者等の場合と同様である。直感的かつ迅速に分析し取りまとめることができる能力及び表面的な状況の下に隠された本質を見抜く優れた嗅覚は、先天的な能力であり、（訓練等を通じて）修得することは困難である。どの分野においても、そうした人材は稀少である。そうした才能を備えた人材に対しても、一定の訓練を施して育成を図る必要がある。ただし、彼らが訓練から得る利点は、それほどの才能に恵まれていない一般の分析担当者が訓練から得る利点とは異なる。

分析担当者の教育及び訓練に関する根本的な課題の1つは、そもそも、分析担当者のキャリアの進行に応じてどのような技能が必要とされるのかという点に関し、インテリジェンス・コミュニティ全体としての明確な認識が欠如していることである。こうした点に関しては、やや曖昧な一般的な合意はあるものの、十分に具体的なものとはなっていない。また、コミュニティの全ての組織の間で合意されているものでもない。教育プログラムを策定するためには、（当該プログラムが目指す）到達レベルがある程度具体的に明示されていることが不可欠である。近年、CIAの傘下のシャーマン・ケント研修所（Sherman Kent School）は、分析担当者のための研修プログラムに関してより詳細な取組を実施している。当該プログラムは、段階的に必要とされる技能に応じて、次のように設計されている。すなわち、1年目は分析担当者向けの（入門）プログラム、1年目以降は基礎的な技能のプログラム、4年目以降は上級者向けのプログラム、10年目以降は専門家（エキスパート）向けのプログラムとそれぞれ定められている。

分析担当者に対する人事管理

　インテリジェンスの分析担当者の人事管理には、多くの独特の課題がある。大きな懸念の1つは、分析担当者のキャリア・トラックの改善である。分析担当者が各分野において真の専門性を修得するためには然るべき時間が必要である。他方で、同じ課題を余りに長期間にわたり担当していると、知的な停滞に陥ってしまう可能性もある。分析担当者を複数の任務の間で素早くローテーションさせれば、閉塞を予防し得ると共に、複数の分野を修得させることが可能となる。しかし、こうしたキャリア・パターンを採用した場合、分析担当者は、ゼネラリストにこそなり得るものの、何ら特定の専門性が修得できない可能性もある。理想的には、監督者たる幹部としては、前記の両者の中間で上手くバランスをとることが期待されている。すなわち、分析担当者に対し、1つのポストにおいて専門性及び本質的な知識を修得するのに十分な長さの任期を用意する。同時に、分析担当者の任務を適宜シフトし、知的な新鮮さが維持されるような機会を十分に与えることも重要である。なお、1つの職務の任期には特定の長さがある訳ではない。個別具体の分析担当者、当該職務の厳しさの程度、その時々のインテリジェンスのリクワイアメントから生じる需要等によって定まるものである。比較的激務である職務の場合は、ストレスによる過労等を回避するべく、任期はやや短く設定される傾向がある。しかし、緊急性の高い課題の場合はその優先順位も高くなり、より高度な専門知識及び一貫性に配慮した人員配置が必要となる。このような場面においても、こうした相矛盾したニーズが存在する。

　分析担当者の管理に関するもう1つの課題は、昇進の基準である。インテリジェンス組織の分析担当者も政府職員であり、「ハイ・ミドル（中堅幹部）」と言われるレベルまでの昇進が一般的には保証されている。昇進の基準は必ずしも厳密ではない。昇進は、年功ではなく成果に基づくべきである。しかし、インテリジェンス組織の幹部が成果主義に基づいて分析担当者を評価する場合、具体的にはどのような基準を考慮に入れるべきなのであろうか。例えば、過去の分析の正確性、文章作成能力、語学能力及び外国地域に関する知識の向上、然るべき数の主要な研究への参加、新しい分野の学習における知的成長等であろうか。また、こうした様々な基準がある場合、各項目に対してはどの程度の比重が置かれるべきであろうか。こうした点も問題となる。

　上級幹部の職は、下級の職に比較して競争が激しく、その選考基準も異なっている。分析担当者としての昇進に必要な第1の資質、すなわち、優れた分析能力は、管理職につながるチケットである。管理職となれば、より大きな責任及び報酬が得

られる。ただし、皮肉なことに（あるいは悲しむべきことに）、管理職としての職務を遂行するに当たっては、分析能力はほとんど無関係である。分析能力は、管理職としての職務遂行能力の指標にすらならない。若干の例外はあるものの、更に上級の最高幹部層に昇進するためには、管理職を経験することが必須となっている。なお、CIA の場合は、上級の分析担当者のポストがある。CIA の分析担当者は、この職を経験することによって、（一般の管理職を経ずに）分析能力のみの評価に基づいて、最高幹部層の入口のランクまでは昇進することが可能である。

分析担当者の思考の特性

　分析担当者は、その集団の特性として、業務に影響を与える可能性のある一定の行動を示す。全ての分析担当者が、以下の各特性を常に示す訳ではない。中には、これらのいずれも全く示さない分析担当者もいる。しかしいずれにせよ、これらの特性の多くは、分析担当者の集団の大部分に共通するものである。

　ミラーイメージング（mirror imaging）は、分析担当者が最も頻繁に陥りがちな失敗の１つである。ミラーイメージングとは、前記のとおり、分析担当者が、他の国、集団、指導者等に関する分析を行う際に、「彼らの目的あるいは動機は（分析担当者自身にとって）身近な対象の場合と同じであろう」と仮定してしまう現象である。「彼らは我々と同じだ（They're just like us.）」とのフレーズは、ミラーイメージング的な思考を表す典型的な表現である。ミラーイメージングの蔓延の理由を理解することは特に困難ではない。人々は幼少期より「他人がある一定の行動をすることを期待する」ことを学んでいる。いわゆる黄金律も、互恵的な動機及び行動の考え方に基づいている。しかし残念なことに、ミラーイメージングは、分析に誤りをもたらす。なぜならば、こうした思考に陥った分析担当者は、動機、認識、行動様式等の相違を見落としてしまうからである。実際には、国民性の違い、状況の違い、（思考における）論理性の違い（あるいは論理性の不在）等により、動機、認識、行動様式等は異なるものである。

　モンテフィオーレ（Simon Montefiore）は著書の『Stalin: The Court of the Red Tsar』の中でスターリン（Josef Stalin）の言葉である「決断を行う際には『相手の立場に立って考えてみる』ことをしてはならない。それをすると、大きな間違いを犯す可能性がある」を引用している。こうしたミラーイメージングの一例として、東西冷戦時代、ソ連問題に関する（米国側の）一部の分析担当者は、「ソ連国内におけるタカ派及びハト派」に関して論じ、「ソ連の各指導者はどちらのグループに属しているか」との評価を試みていた。しかし、ソ連にタカ派及びハト派が存在する旨を示す実証

的証拠は存在していなかった。他方で、米国の政治分野にはタカ派及びハト派が存在することから、「ソ連の政治システムにも同様にタカ派及びハト派が存在するだろう」との安易な思い込みにつながったと考えられる。より最近の動向として、イランを扱う研究者及び評論家の中には、イランの保守強硬派及び穏健派に関して論じる者もいる。こうした見方に懐疑的な研究者等は、穏健派の存在の根拠に疑問を呈している。これに対して、前者の人々は「保守強硬派が存在するならば、穏健派も存在するはずだ」と反論している。彼らもやはり、自分たちに馴染みがある政治システムに基づいて他国のシステムを思考している。しかし、これは誤った仮定に基づくものである。イランの政治には保守強硬派に加えて「超」保守強硬派が存在すると考えられる。イランの文脈においては穏健派とみられる人々であっても、より広い世界における「穏健派」の定義には該当しないと考えられる。

　ミラーイメージングを回避するためには、管理職が分析担当者に対して訓練を施し、分析担当者が業務遂行の中でミラーイメージングの発生を自ら認識できるような能力を高める必要がある。また、ミラーイメージングの可能性に警鐘を発するべく、より高いレベルにおける点検の仕組みを確立する必要がある。

　クライアンティズム（Clientism）とは、分析担当者が自分の分析対象に深く没頭し過ぎた結果、適切な批判性を持って当該対象を評価する能力を喪失してしまう問題である。（一般的には、ある課題に対する取組が長期間にわたり過ぎた場合に生じ得る。）（同様の現象を、国務省では相手方炎症（clientitis）と呼んでいる。この用語は、担当者の思考が「赴任国等の社会に同化」してしまった者を指す場合に用いられる。）こうした症状に陥った分析担当者は、自身が担当する相手国の行動を分析するのではなく、それを（まるで自国の行動であるかのように）弁明することに時間を費やすようになる。クライアンティズムを回避するためには、分析担当者及び管理職としては、（前記の）ミラーイメージングの回避方策と同様の措置を講じる必要がある。

　レイヤリング（layering）は、主にイラクの大量破壊兵器問題の経験から生じた問題である。すなわち、レイヤリングとは、ある１つの分析における判断あるいは仮定を、そこに内在し得る不確実性を考慮することなく、他の分析における判断に当たっての根拠として（まるで「事実」であるかのように）利用することを指す。こうしたことは危険である。特に、最初の段階での判断が不確実なインテリジェンスに基づくものである場合、そうした危険性は一層高いものとなる。分析担当者は、分析を行うに際して何らかの仮定を設定することができる（むしろ、そうすることを期待されている）。しかし、更に別の仮定を追加するに際して、最初の仮定をまるで「事実」であるかのように扱うことは差し控えるべきである。このように、レイヤリン

グは、初期の判断に対して（現実以上の）「お墨付き」を与えてしまう傾向から生じる。その結果、分析担当者はもとより（更に深刻な問題として）政策決定者にも誤解を与えてしまう可能性がある。イラクの大量破壊兵器問題に関し、連邦上院のインテリジェンス問題委員会及びイラク大量破壊兵器調査委員会（Commission on the Intelligence Capabilities of the United States Regarding Weapons of Mass Destruction）の双方とも、インテリジェンス組織の分析担当者たちにレイヤリングが生じていた旨を指摘し、これを非難した。

　最後は、リニア思考（linear thinking）の問題である。多くの人は、直線的・連続的に物事を考えがちである〔訳者注：「先例にのみ基づいて思考する」、「先例のないことが将来に発生することを想定できない」という意味〕。なぜならば、日常生活の大半においては、（細部の変化はあるものの）過去の日々、本日、そして将来の日々はいずれもほぼ同じだからである。分析作業もこうしたリニア思考に影響を受けやすい。他方、分析担当者は常に、非連続性及び非直線的な事象に気を配る必要がある。これは、困難ではあるが、分析担当者に対してほぼ恒常的に要求される資質である。その意味では、分析担当者は、鈍感と敏感の間で適切なバランスを保つ必要がある。しかし、政策決定者にとって明らかに最も重要な問題は、非連続性にかかわる問題である。ソ連の崩壊、2010–2011年のユーロ危機、アラブの春等はいずれも、非連続的な（すなわち、先例からは予測が困難であった）事態の好事例である。著名な野球選手であるヨギ・ベラ（Yogi Berra）が「未来は過去と同じだろう。しかし、多少違うかもしれない」と述べたのは慧眼である。優秀な分析担当者は、自分の担当する課題に関して「この問題が（現在の予想に反して）別の道筋に向かうとすれば、それはどのような要因によるものか」と常に自問している。こうした問いに対して正解を導き出し得る可能性は低い。しかし、こうした問題提起は、リニア思考及び独りよがりな思考を回避するために有用である。

現場における知識

　分析担当者が自身の分析対象である国に対して持つ知識のレベルは様々である。東西冷戦時代、米国の分析担当者は、ソ連及びその衛星国に長時間滞在することは困難であり、これらの国々を隅々まで旅行することは不可能であった。同様に、インテリジェンス組織の分析担当者は、分析対象である外国政府の高官と接触する機会は必ずしも多くはない。これらの外国人を相手にしている米国の政策決定者に比較しても、こうした機会は少ないとみられる。このように分析担当者が自身の分析対象と一定の距離を置いているという事態は、然るべき代償を伴う場合もある。な

ぜならば、こうした状況は、インテリジェンスの消費者である政策決定者のインテリジェンスに対する見方にも影響を与えるからである〔訳者注：インテリジェンスのカスタマーである政策決定者が、「自分は分析担当者よりも現場知識及び経験が豊富である」と考え、インテリジェンス分析を見下す可能性があるという趣旨〕。また、政策決定者の中には、インテリジェンスの分析担当者に比較して米国国内における様々な経験を豊富に持つ者もいる。

こうした問題は、テロ問題を扱うに際しては更に深刻となる。なぜならば、分析担当者は、テロリストと直接あるいは長期間にわたり接触する機会は少なく、テロリストの思考の合理的根拠に対する知見も少ない。しかし、こうした知見は、テロリストの動機あるいは将来の行動を評価するために必要な知識である。フリン（Michael Flynn）陸軍中将（当時）及びリバーサル（Kenneth Lieberthal）元国家安全保障会議アジア上級部長によるインテリジェンス分析に関する研究も同様の批評を展開している。すなわち、分析担当者の現場の知識の不足を指摘した上で、そうした事態が政策に与える影響、更には、政策決定者のインテリジェンスに対する見方に及ぼす（ネガティブな）影響を指摘している。

他の職種の人々と同様に、分析担当者は自分自身の業績に対する誇りを持っている。分析担当者は、専門的な知識を体系的に修得しており、そうした知識の詳細を披露する機会を求める傾向がある。ただし、そうした行動は不適切な場合もある。分析担当者は、特定のカスタマーの具体的なニーズに対して必要な内容（事実、分析）に限定して報告書等を執筆するのが本来の任務である。しかし実際には、それが不得意な場合もある。なぜならば、分析担当者は、分析対象である課題に関して、（カスタマー自身が必要と感じている以上に）カスタマーにより深く理解してもらうことを期待する傾向があるからである。例えば、より広い文脈の中における当該課題の位置付け等をカスタマーに理解してもらいたと考える。しかし、インテリジェンスのカスタマーである政策決定者はしばしば、発生した結果だけを知りたいのであり、その背景の詳細には興味を示さない場合がある（「起こった奇跡のみについて知りたいのであり、その実現に関与した聖人の1人1人の人生には興味はない」と表現される）。こうした傾向は、分析担当者にとっては残念なことではあるが、現実には極めて頻繁に起こり得ることである。分析担当者のこうした行動を是正するには、訓練、（分析担当者自身の）成長及び成熟、適切な監督等が必要である。分析担当者の中には、この問題を素早く理解する者もいる。他方で、この問題を決して理解せず、冗長なプロダクトを作成し続ける分析担当者もいる。こうしたプロダクトは、本当に必要な要点に絞り込まれるまでに多大な編集作業を必要とする。結果として、分析

担当者あるいは編集担当者のいずれかに不満が蓄積することとなる。また、インテリジェンス側が過剰な資料を提供する一方で、そうした資料の大半が政策決定者の喫緊のニーズには対応していない場合もある。この結果、政策決定者がインテリジェンスへの関心を失ってしまう場合もあり得る。

　分析担当者は自分の知識の深さを誇示したがるものであるが、加えて、自分が経験豊富であると見られることを好む（おそらくは、実態以上に経験豊富に見られたがる）傾向もある。これもやはり、人間としては「ありがち」な過ちである。どのような分野であれ、専門家と言われる人々は、周囲の同僚等にとっては未知である事象に直面した際、（真実か否かにかかわらず）「それは自分にとっては珍しいことではない（自分は以前からこれを良く知っている）」と強く訴えたい誘惑に駆られる傾向がある。すなわち、「そんなことはよくあることだ」と言いつつ、やや飽き飽きしているかのように振舞うか、「それは自分も知らなった！」と言いつつ興奮気味に振舞うかの二者択一を迫られた場合、分析担当者は通常は前者を選択する。なぜならば、そうした振舞いの「底が割れる」リスクは低いと考えられるからである。また、自分よりも経験豊富な者から（「そんなことも知らないのか」と）見下されるよりはマシだからである。

　ただし、この問題は深刻な危機を招く場合もある。例えば、1986年4月、ソ連のチェルノブイリ原子力発電所において、作業員が無許可の実験を実施していた際に大爆発が発生した。翌日の午後、スウェーデンでは、多くの都市に設置されている大気モニター装置から通常より高いレベルの放射性物質の痕跡が検出されている旨が報じられた。米国においては、こうしたスウェーデンの主張に関して、インテリジェンス組織の幹部が分析担当者に対して見解を求めた。質疑を受けた分析担当者は本件を深刻に受け止めず、「スウェーデン人は常に大気の状況に敏感であり、極微量の放射性物質に対しても大袈裟に苦情を言う」旨を説明して受け流した。翌日、原子炉事故の事実を知った分析担当者たちは、チェルノブイリの状況の把握に必死にならざるを得なかった。米国の分析担当者たちは、前記のような「そんなことはよくあることだ」と振舞うアプローチに染まってしまっていた。その結果、例えば「スウェーデンはどのような種類の放射物質を検出したのか」といった最も簡単な質問を発することさえ怠るようになっていた。もしも（初動の段階において）こうした点が確認されていれば、放射線の発出源が兵器ではなく原子炉であることは容易に特定ができていたとみられる。あるいは、当時のスウェーデン上空の風向を確認しさえすれば、放射線の発出源を特定できていた可能性もある。（数年後、米国のインテリジェンス組織の幹部は、スウェーデン側のカウンターパートと協議を行う機会が

あった。スウェーデンは当初、放射線及び風の状況の分析に基づき、イグナリナ（バルト海の対岸にあるソ連領）近郊の原子炉からの放射線漏えいであると結論付けていた（実際の発出源は更に遠くの原子炉であった）。スウェーデンの見方は、実際の発出源の特定こそ誤っていたものの、米国のインテリジェンス分析担当者に比較すれば遥かに真実に迫っていた。）

　こうした「そんなことはよくあることだ」と振舞うアプローチには主に3つの問題点がある。第1に、そもそもこうした振舞いは、知的に不誠実である。全ての分析担当者が忌避すべきことである。第2に、こうしたアプローチは「全ての事象は他の事象と類似しているものだ」との誤った仮定に基づいている。そうした見方は、表面的にはある程度は正しいかもしれないが、本質的な部分では誤りである。第3に、分析担当者は、何らかの事案あるいは問題を扱うに当たっては、「新しいアプローチによる分析を必要とする新たな課題かもしれない」との可能性を念頭に置く必要がある。しかし、「そんなことはよくあることだ」と振舞うアプローチに染まると、たとえ経験値のレベルが高い分析担当者であっても、こうした可能性に対する思考が停止してしまう。

　信頼性（credibility）は分析担当者にとって最も貴重な財産の1つである。誰しも常に正しいとは限らないことは分析担当者自身も理解している。しかし、分析担当者は、政策決定者から課されるアカウンタビリティの要求レベルが厳しいことを懸念している。ここで言う信頼性とは主に、「インテリジェンス・プロセスの清廉性（integrity）」及び「プロダクトを作成する分析担当者の能力（ability）」に対する（政策決定者からの）信用（faith）及び信頼（trust）を意味する。分析担当者は、（政策決定者からの）信頼の維持を過剰に懸念する結果、自身の分析結果が急激に変化した場合にもそれを少な目に申告したり誤魔化したりする可能性がある。例えば、敵対国のミサイル生産能力に関するインテリジェンス分析に基づく推計は長年にわたり「年間15発」であったとする。ある年、収集能力の向上及び新たな分析手法の導入の結果、同国のミサイル生産能力の推計（依然としてあくまで推計に過ぎない）が「年間45発」に変化したとする。政策決定者は、こうした推計値の急増（300％増）に疑問を抱く可能性がある。これに対し、分析担当者は、新たな数字の算出根拠を率直に説明するのではなく、別の方法によって政策決定者に与える衝撃を緩和する誘惑に駆られる可能性がある。例えば、簡単な説明用のメモを発出し、ミサイル生産能力の推計の変化の可能性を示唆する。次のメモでは、ミサイル生産能力が年間20–25発となる可能性がある旨を示唆する。新たな推計値（年間45発）を政策決定者が「急激な増加」ではなく「分析の向上」として受け入れるようになるまで、そうした作業を繰り返すのである。こうした演出には長い時間を要する。また何より

も、こうした措置は知的に不誠実である。定期的に策定されるインテリジェンスのプロダクトは、(定期的なプロダクトではない物と比較して) こうした取組による影響をより強く受けやすい。例えば、一部の国家インテリジェンス**評価**（NIE: national intelligence **estimates**）等はそうであろう。単なるメモ等の場合は、(分析内容に変化が生じたとしても) 扱われている課題が極めて重要かあるいは変化が劇的でない限り、(カスタマーである政策決定者の) 記憶には残らない可能性がある。こうしたことから、(評価の変更に関しては) 単なるメモ等によって対応するのではなく、より確実に検証可能な基準等を設けて対応する必要がある。

　他方で、分析評価の内容を急激に変更することにはリスクも伴う〔訳者注：分析評価の変更の理由が正当に理解されず、むしろ不当な憶測を呼び起こす可能性があるという趣旨〕。2007年11月、マコーネル（Mike McConnell）国家情報長官（在：2007–2009年）は、イランの核開発の意図及び能力に関する新たな国家インテリジェンス評価の主要な評価（結論）の一部分（秘密指定されていない部分）を公表した。同評価は、2005年11月の時点における評価を修正し、イランは兵器化計画を2003年に停止した旨の見解を示した。このような見解の変更に関し、政府関係者は、新たに収集されたインテリジェンスに基づいて新たな見解が導き出された旨を説明した。しかし、評論家等の中には「なぜもっと早期にこのような状況が分からなかったのか」との疑問を呈す向きもあった。（こうした動向は、評論家等がインテリジェンス収集の本質を理解していないことを示す証左でもある。）また、こうした新たな見解（分析評価の変更）に関しては、「インテリジェンス・コミュニティが2002年のイラクの大量破壊兵器問題に関する評価において誤りを犯したことに対する『償い』（あるいは『懺悔』）の可能性がある」との見方や「インテリジェンス・コミュニティは（イランの核開発に関する評価を変更することによって）ブッシュ政権によるイランに対する武力行使を阻止することを画策している可能性がある」との見方も提起された。興味深いことに、いずれにせよ、当該評価による分析評価の変更を額面通り受け取る論者はほとんどいなかった。なお、当該問題に関する国際原子力機関（IAEA）による2015年の分析は、「イランは2009年までは積極的に核兵器の設計を推進していたものの、核兵器製造のための統合的な活動は2003年以降停止していた」旨を指摘している。IAEAによる当該分析は、イランの過去の活動に関して実施された同国に対する質問調査の結果等に基づくものである。同分析の結論は、前記の2007年の米国インテリジェンス・コミュニティの国家インテリジェンス評価の見解とほぼ一致したものであった。

　インテリジェンスの評価が唐突に変更された場合、政策決定者側の反応としては

（ネガティブなものも含め）様々な場合があり得る。いずれにせよ、分析担当者が最も危惧するのは、それによって政策決定者からの信頼を失ってしまうことである。分析担当者側の抱くこうした危惧は、実際に信頼が失われてしまう可能性よりも大きい。実際に何が起こるのかは、様々な要素によって左右される。例えば、当該分析担当者及び政策決定者の従来からの関係性、政策決定者のインテリジェンス問題に関する理解度、インテリジェンス・コミュニティの過去の実績等である。比較的近い過去において既に数度にわたり変更がなされている場合には、信頼が失われる可能性はより深刻な可能性がある。逆に、変更が非常に稀なことであれば、比較的問題は小さい可能性がある。加えて、俎上に上がっている課題の性質、政策決定者及び当該国家にとっての当該課題の重要性の程度等も関係するとみられる。

　一例として、ソ連の国防支出レベルは、東西冷戦時におけるインテリジェンスの主要課題の１つであった。当時、この問題の分析結果は、国民総生産（GNP）に対する比率として示されていた。フォード（Gerald Ford）政権（在 1974–1977 年）の末期、ソ連の国防支出に関するインテリジェンスの評価は、対 GNP 比率 6–7％から 13–14％に上昇した。こうした変更の背景には、新しいデータの取得、新しい分析手法の導入、ソ連の経済力とは無関係なその他の要因等があった。しかしいずれにせよ、こうした評価の変更は、次のカーター（Jimmy Carter）政権にとっては不愉快なものであった。カーターは、大統領就任演説の中で、ソ連問題のみに常に集中するのではなく、他の外交上の課題にも取り組む意思を示した。こうしたカーターの新しい方針に対して、ソ連の重武装化という評価は良いニュースではなかった。一方、カーター自身は、自分自身の分析能力に自信を持っていた。報道等によると、インテリジェンス組織による評価の修正を知った際、カーターは「インテリジェンス・コミュニティは過去の評価が全て 100％誤っていたと認めた」と指摘し、これを非難したと言われている。当該報道の内容が真実だとすれば、カーターがその後のインテリジェンス分析を信頼していたのか否かは疑問である。

　政策決定者に提供されるインテリジェンス・プロダクトの作成は、１人の分析担当者のみによってなされることは滅多にない。大半の場合、同僚及び上司・幹部による点検がなされる。別のインテリジェンス組織の見解が挿入される場合もある。特に、「評価」と称されるインテリジェンスの分析プロダクトの作成においては、こうした手続が踏まれるのが一般的である。なお、「評価」は米国では「estimates」、イギリス及びオーストラリアでは「assessments」と呼ばれる。このような分析のプロセスには、他の分析担当者及び組織が参画することから、官僚主義という別の問題が発生する。そこでは（通常の分析技法等とは異なる）様々な活動及び駆け引き

が実施される。

　インテリジェンス評価の中の重要な課題に関し、複数の組織が著しく相反する見解を持っている場合は少なくない。こうした場合の対処法として、米国の場合は、合意形成を目指すアプローチがとられるのが一般的である。(これは、インテリジェンス評価及び政策決定の双方の場面において同様である。)すなわち、多数決を用いたり、異なる意見の少数派あるいは「一匹狼」を排除したり粉砕しようとするアプローチとは異なる。全ての参加者が何らかの合意点を探る努力をすることが求められる。その上で、知的な議論による合意形成に失敗した場合には、他の様々な方法による合意形成が図られる。これらの手法の大半は、知的な分析とは別次元のもの(すなわち、官僚主義的な駆け引き等)である。

- **裏取引及び相互依存**(Back scratching and logrolling)
　こうした活動は、通常は連邦議会における立法活動においてみられる。しかし、インテリジェンスの分析においてもみられる場合がある。基本的には「15頁の当方の見解を貴方が受け入れ、38頁の貴方の見解を当方が受け入れる」といった取引を伴うものである。取引は、分析の本質とはほぼ無関係に実施される。

- **偽装の人質**(False hostages)
　例えば、組織Aは、ある論点(甲)に関する組織Bの見解に反対すると同時に、当該論点に関する自身の見解が多数意見になり得ないことを危惧しているとする。こうした場合、組織Aは、別の論点(乙)に関する自身の立場を必要以上に強硬化することがある。これは、論点乙に関する自身の見解が本質的に重要な訳ではない。論点甲に関する裏取引を行う際の材料を「仕込む」ために、論点乙をいわば人質に取ることを画策したものである。

- **最低限度の共通項を示すワーディング**(Lowest common denominator language)
　例えば、ある事態が発生する可能性に関し、組織Aは高いと考えるのに対し、組織Bは低いと考えているとする。こうした場合、対立が余程強くない限り、双方の組織は、妥協によって事態の解決を図る可能性がある。具体的には、双方が受け入れ可能なワーディング(修辞)を用いて、見解の相違の上に「壁紙を貼る」(すなわち、それを覆い隠す)ことが試みられる。

- **脚注戦争**(Footnote wars)
　前記のような技法が上手く通用しない場合もある。こうした場合の対処法として、米国における分析評価の策定のプロセスにおいては、各組織は脚注を追加し、そこで異なった意見を表明することが常に可能である。(米国における評価の場合、正確には脚注

ではない。なぜならば、こうした異なった見解は、本文の中の連続した段落の中で、頁の最後の部分に示される。ただし、その際に、当該意見は多数意見あるいは合意を得た見解ではない旨が明記される。）複数の組織が脚注を追加することも可能である。また、各組織は（ある論点に対して提示された複数の見解の中で）特定の見解を支持することも可能である。こうしたことから、「どの見解を本文に記載し、どの見解を脚注に廻すか」に関して激しい論争が発生する場合もある。

　米国の実務においては、インテリジェンス評価の中で「過半数の組織（a majority of agencies）」あるいは「少数派（minority）」等の用語が使用される場合がある。これらは奇妙な表現である。第1に、「多数派」及び「少数派」という用語は曖昧である。例えば、一方の見解を支持する組織は何個で他方を支持するのは何個なのか、具体的には示されていない。「過半数」と言ってもそれは大多数（例えば、18組織中の11組織）なのか、あるいは半数よりも1組織多いに過ぎないだけなのか不明である。第2に、こうした記述は、過半数の組織に支持された見解が「正しい」ものである可能性を強く示唆するものである（しかし、実際にはそうした見解が本当に「正しい」とは限らない）。（なお、国家インテリジェンス評価の策定プロセスでは、公式にも非公式にも多数決は行われない。）ちなみに、イギリスでの実務の状況は異なる。イギリスにおいては、インテリジェンス評価の策定に参画する組織の全てが合意しない場合、各組織の見解が単純に併記されるのみである。こうした方式は、評価報告書の読者である政策決定者にとっては、よりフラストレーションが溜まるものかもしれない。他方で、こうしたイギリスの方式にはメリットがある。（米国の方式においては）「過半数」という曖昧な知的概念の利用によって、「合意」あるいは「正しい見解」に関する誤った認識を政策決定者に与えてしまう可能性がある。これに対し、イギリスの方式においては、こうした誤解を回避することが可能である。

　イラクの大量破壊兵器に関するインテリジェンス分析に対する批判の1つは、大半の論点に関して異なる見解が表明されず、いわゆる**グループシンク**（groupthink）に陥っていたという点である。連邦上院のインテリジェンス問題担当の委員会は、「当時の分析担当者たちは様々な仮定を十分に精査することなく余りにも安易に合意形成を行っていた」旨を指摘している。当該事案は、分析担当者及びその監督者（特に、評価作業に携わる人々）が直面する難問を浮き彫りにしている。政策決定者は一般に、分析において合意が形成されていることを好む。インテリジェンス側に一定の合意が形成されていれば、自らわざわざ様々な異なる見解を精査する必要はないからである。「結局のところ、そうした合意形成を通じて政策決定者の手間を省

くことこそ、インテリジェンス・コミュニティの役割である」との考えもあり得る。そうしたことから、可能な限り合意形成に至ろうとする一定の動機は常に分析担当者の間には存在する。しかし、イラクの大量破壊問題の後、合意が形成されているインテリジェンス分析の多くが、（それが真摯な合意によって得られたものである場合も含めて）疑いの目を向けられるようになった。カスタマー側としては、インテリジェンス分析を読むに当たり、当該分析が合意に至った根拠をどのように判断するべきであろうか。仮に合意が形成されているとしても、心からの真摯な意見の一致なのか、あるいは官僚的な駆け引きの中で得られた「最低限度の共通項」としての合意に過ぎないのか。こうした点の判断は容易ではない。

分析における「縦割り」

収集にも「縦割り」は存在する。その原因は、それぞれの収集手法は異なる技術に基づいていること、それぞれを監督する組織が別であること、各手法がしばしば競争関係にあること等である。**分析における「縦割り」**（Analytical stovepipes）は、米国のインテリジェンスのオール・ソース・アナリシスの分野においてみられる現象である。オール・ソース・アナリシスを行っているのは、CIA の分析局、DIA の情報局、国務省の INR の 3 つの組織である。各組織はそれぞれ、別の特定の政策決定者に仕えている。同時に、これらの組織は、インテリジェンス・コミュニティとしての様々な分析にも共同して参画している。代表例は、国家インテリジェンス評価である。これらの分析担当組織の活動を管理し（あるいは、少なくとも監督し）調整するための努力は従前より行われている。そうした努力から垣間見られる分析担当組織同士の「縦割り」的なメンタリティは、収集担当組織のものとは似て非なるものである。インテリジェンス・コミュニティ全体の分析を所掌する担当者は、これらの 3 つの組織（CIA、DIA、INR）をコミュニティ全体の分析機構の中の一部分と位置付けて取り扱う。他方、各組織はそうした姿勢を警戒する傾向がある。ただし、分析担当組織は、収集担当組織に比較すると、こうした反発姿勢を明確には誇示しない。これを認識するのは（収集担当組織の場合と比較して）更に困難である。したがって、分析担当組織が「縦割り」メンタリティを垣間見せる場合は、収集担当組織が同様の姿勢を示す場合よりも大きな衝撃をもたらす可能性がある。各収集担当組織は、それぞれが別の対象分野において活動しており、各組織の手法も異なっている。これに対し、分析担当組織はいずれも、同様の手法に基づき、同一の課題を取り扱う場合が多い。こうした組織間協力の必要性にもかかわらず分析における「縦割り」が増長される背景としては、官僚主義的な要素がある。また、各組

織は、（コミュニティ全体に仕える責務よりも）それぞれの組織の特定の政策カスタマーを直接支援する任務を優先する傾向がある。

　こうした「縦割り」の動向をみると、インテリジェンス分析に基づく評価プロセスはもとより、あらゆる大規模な分析作業は全て「知的な失敗」に陥っているとの印象を受ける。そうした印象は正しくない。ただしいずれにせよ、インテリジェンス分析は、純粋に学術的な取組とは異なるものであることには注意が必要である。すなわち、インテリジェンス分析のプロセスは、「純粋な分析上の真実」のみならず、別の要素によって影響を受けている。なぜならば、インテリジェンス分析に基づく評価プロセスは、（官僚機構における）勝者及び敗者を生み出すものである。自分の分析プロダクトがより高位の政策決定者に読まれる分析担当者は勝者であり、そうではない分析担当者は敗者となる。その結果が分析担当者の昇進にも影響を与える可能性がある。

分析上の諸課題

　前記のような分析担当者の思考及び行動上の特性に加え、分析においては、更に別の幾つかの諸課題にも対処する必要がある。

競争的分析 対 共同的分析

　米国のインテリジェンスにおいては、**競争的分析**（Competitive Analysis）という概念が重視されている。それと同様に、異なった組織あるいは分野の分析担当者が現下の重要課題に対して共同することも必要であると認識されている（これは、国家インテリジェンス評価の策定における共同作業に限られたことではない）。こうした認識の下、ゲーツ中央情報長官（Robert M. Gates）（在1991–1993年）は、「センター（center）」の制度を導入した。これらの組織の大半は、テロ、不拡散、薬物等の国境を越える課題に対処するためのものであった。ブレナン（John Brennan）CIA長官（在2013–2017年）も、同様の「ミッション・センター（mission center）」の概念に基づき、CIAの改編を実行した。

　インテリジェンス・コミュニティ全体としても、特定の課題に対処するためのタスクフォースが組織されることがある。一例は、バルカン半島タスクフォースである。この組織は、1990年代にユーゴスラビアの崩壊に関連して発生した様々な課題を取り扱った。

　いわゆる9.11委員会（National Commission on Terrorist Attacks Upon the United States）は、

全ての分析機能を地域別あるいは機能別のセンターを中心に組織化することを勧告した。そして、2004年のインテリジェンス・コミュニティ改編法の規定に基づき、国家情報長官の傘下に国家テロ対策センター（NCTC）の設立が義務付けられた。これは、テネット（George J. Tenet）中央情報長官（在1997-2004年）が設立したCIAのテロ脅威統合センター（Terrorism Threat Integration Center）を拡張したものである。同法はまた、国家情報長官に対して、国家拡散対抗センター（NCPC: National Counterproliferation Center）の設置の有用性を検討するよう義務付けた。同センターはこうした経緯に基づき設立された。加えて、国家情報長官は、必要に応じて他のセンターを設置する権限も付与されている。なお、全ての分析をセンター方式で実施すると分析の柔軟性が損なわれるという課題もある。当然のことではあるが、センター方式の構成には容易には馴染まない課題あるいは対象国も存在する。こうした課題をどのようにして取り扱うのかという問題が生じる。また、センターの創設は比較的容易ではあるものの、逆（センターの閉鎖）は決して容易ではない。他の組織と同様に、各センターもひとたび創設されて運用が開始されると、自身のリソースを他者と共有したり、あるいはリソースが削減されることを良しとはしない。こうしたことから、センター方式は、分析担当者のグループのアジリティ（俊敏性、柔軟性）には逆行する側面がある。センターの多くは機能別に組織され、当該課題が発生している国あるいは地域の専門家というよりは、そうした機能別の課題そのものの専門家である分析担当者を中心に構成されている。（ただし、CIAには、機能別のセンター及び地域別のセンターの両方が設置されている。）こうした機能別のセンターの問題点は、その分析の内容が、技術的な面にのみ焦点を当てたものとなってしまい、当該課題が発生している地域の政治的・文化的な文脈とは乖離してしまう危険性である。例えば、大量破壊兵器問題を取り扱うに当たっては、対象国における大量破壊兵器の開発状況を（技術面からのみ）分析するだけでは不十分である。加えて、こうした兵器開発の推進の背景にある（現地の）内政的要因あるいは地域の政治的な要因の分析も必要である。なぜならば、こうした事項は、当該兵器開発プログラムの目的及び射程の分析に当たり、重要な指標となり得るからである。こうしたギャップこそが、2002年のイラクの大量破壊兵器に関する評価における失敗の1つであった。センターに所属する機能問題を専門とする分析担当者であっても、地域問題の専門家の協力を求めることは可能である。日常的にもそうしたことが実施されている例は少なくない。ただし、それを実行するには多少の積極的な努力も必要である。毎日の業務に忙殺されている中で、そうした努力が抜け落ちてしまう可能性もある。このように、センター方式のコンセプトは、個々のセンター自身の枠

を越えた協力を困難なものとし、(導入当初の意図とは異なった) 分析上の「縦割り」を生み出してしまう可能性がある。

　センター方式の導入は、インテリジェンス組織内の別の部署との間で、リソースをめぐる競争を生み出す可能性がある。イラク大量破壊兵器調査委員会によると、(国家情報長官の傘下の) 国家テロ対策センター及び CIA のテロ対策センターはそうした競合関係にあったとみられる。各インテリジェンス組織のトップは、自分の監督下にはない (したがって、そこからの成果を直接享受することもない) 諸活動のために、自身のなけなしのリソースを召し上げられることを快く思わない。これは、1990年代初頭にゲーツ中央情報長官がセンター方式を導入して以降、常にみられる状況である。各センターは、当時は、中央情報長官 (すなわち CIA 長官) の監督下にあり、現在は国家情報長官の監督下にある。しかし、ある課題に関して (国家情報長官の下に) センターが設立されたとしても、各インテリジェンス組織 (CIA、DIA 等) が当該課題に関する分析業務の責任を免れ得る訳ではない。例えば、前記のとおり、イラク大量破壊兵器調査委員会の勧告に基づき、国家拡散対抗センター (NCPC) が設立された。同センターは、同委員会の示した「ミッション・マネージャー (mission manager)」のコンセプトに基づき、管理的な役割のみを担う。すなわち、拡散問題に関連する特定の課題に関して収集及び分析上の調整を担う。しかし、同センターは、独自の分析は実施しない。

　センター方式の在り方に関しては、官僚主義的な観点からの様々な議論が提起されている。センター方式の目的は、(同じ課題に関する) 異なったインテリジェンス機能を 1 つの場所に集めることである。ただし、従前 (2004 年のインテリジェンス・コミュニティの改編以前は) センターの大半は CIA の傘下に置かれ、CIA がこれらを支配していた。連邦下院のインテリジェンス問題担当委員会のスタッフによる 1996 年の調査は、センター方式の考え方は評価するものの、こうした「CIA 中心主義」の改善を強く訴えた。現在は多くのセンターは国家情報長官の傘下にある。テロ、拡散、カウンターインテリジェンスに関するセンターである。最近、これに加えて、対外悪質影響力対策センター (FMIC: Foreign Malign Influence Center) が国家情報長官の傘下に創設された。いずれにせよ、こうした各センターの設置場所 (国家情報長官の傘下になること) に鑑み、(CIA、DIA 等の) 他の組織は、自身の分析担当者を各センターに出向させることに難色を示す場合も少なくない。なぜならば、これらの分析担当者の出向期間中、各組織は実質的に自己のリソースを失うことになるからである。(同様の問題は、かつて、軍の統合参謀本部においてもみられた。以前から存在した陸軍、海軍、空軍、海兵隊の各軍は (宇宙軍を除く)、それぞれ自己の最優秀の人員を

自組織の手元の職務に充てることを好んだからである。しかし、1986年、連邦議会においてゴールドウォーター・ニコルズ法（The Goldwater-Nichols Act）が成立したことにより、こうした状況は収束した。なぜならば、同法は、各軍人が将官級に昇進する前提条件として、統合任務の経験を課すこととしたからである。）かつての中央情報長官はCIAを直轄していたのに対し、国家情報長官は分析を担当する組織を直接には管轄していない。こうしたことから、国家情報長官は、傘下の各センターの人員をどのようにして確保するかという課題を抱えている。これに関し、マコーネル国家情報長官は、インテリジェンス組織の職員が幹部職に昇進するための条件として（国家情報長官室関連組織における）統合任務（joint duty）を経験することを義務付けた。これは、最も優秀な分析担当者にとって、センター等における勤務がより魅力的なものとなるようにするための措置である。前記のような軍における（将官級への昇進に際しての）統合任務経験の義務付けと類似した制度と言い得る。センター制度の直面する更なる課題は「組織寿命」の問題である。政府のどの部門においても、形式的には暫定的とされる組織が（たとえ創設の理由が既に消滅した後であっても）恒久的に存在し続ける場合がある。これは、言わば「官僚主義的な慣性」によるものである。すなわち、ある組織の存在が自分自身の権力の源泉となっている人々は、当該組織の存続を望む。また、当該組織を廃止すべきと思っているとしても、先頭に立ってそれを提案することには消極的な人々もいる。なぜならば、そうした提案をすることによって「仕事を嫌う横着者」と見られる可能性を危惧するからである。こうした状況は滑稽な面もあるが、同時に深刻な面もある。なぜならば、暫定的な組織であっても、それが存在する限りは相当量のリソース及びエネルギーを消費するからである。

　このように、センター方式（あるいは、その他のグループ方式）には、「いつ、不要になるのか」との問題がある。例えば、国境を越える課題は明らかに現在も進行中である。しかし、これらの課題も、時間の経過に従って状況が変化し、あるいは深刻度が低減する可能性がある。ある元中央情報副長官は、全てのセンターに関して、期間5年の「サンセット条項」（見直しを義務付ける条項）の導入を提案した。この場合、各センターは、5年ごとに、その機能及び存続の必要性に関して厳しい見直しの審査を受ける必要がある。地域問題を扱うセンターは、（機能問題を取り扱うセンターに比較して）こうした期限をめぐる問題は少ないかもしれない。それでもやはり、これらのセンターの相対的な人員の規模は定期的に見直しの審査を受けるべきである。

　最後に、センター方式の重点の置き方に疑問を呈する見方もある。すなわち、各センターの重点は、特定の課題の長期的な課題ではなく、工作面に関する戦術的

（すなわち短期的な）な側面に置かれている。これに対し、センター方式を擁護する論者は、国家インテリジェンス分析官（NIO: National Intelligence Officer）及びセンターに配置されている分析担当者の協力が得られることの重要性を指摘している。国家インテリジェンス分析官は、（国家インテリジェンス評議会に所属し）国家インテリジェンス評価の作成の責任者である。国家インテリジェンス分析官は、各センターの分析業務に関して報告を受け、センターに対して適宜アドバイスを与えることが可能である。

2005年3月、イラク大量破壊兵器調査委員会は、ミッション・マネージャー制度の創設を提言した。この制度は、「優先的なインテリジェンスの課題に対し、戦略的かつコミュニティ全体レベルでの集中的な取組を確保する」ことを目指すものである。同委員会の考えでは、ミッション・マネージャーは、ある特定の課題に関して収集及び分析の両方を監督し、加えて、代替的な分析を促進することが想定されている。ただし、ミッション・マネージャー自身は自ら実際の分析に従事するのではなく、むしろ分析の調整及び促進を担うものとされていた。同委員会は、ミッション・マネージャー方式はセンター方式よりも柔軟なアプローチであると想定していた。また、同員会の勧告では、ミッション・マネージャーは、各課題の目標策定及び研究開発に対する監督を担うとされていた。

国家インテリジェンス・マネージャー（NIMs: National Intelligence Managers）の任務はやや流動的である。2019年現在、国家インテリジェンス・マネージャーのポストは16の課題に関して設置されている。すなわち、6つの地域担当ポスト（アフリカ、東アジア、ロシア・ヨーロッパ・ユーラシア、近東、南アジア、西半球）と10の国境を越える課題担当ポスト（テロ対策、拡散対抗、カウンターインテリジェンス、サイバー、経済安全保障・金融、宇宙・技術インテリジェンス、航空、海洋、国際犯罪、国土安全保障）である。なお、国際犯罪及び国土安全保障は、西半球担当の国家インテリジェンス・マネージャーが兼務している。国家インテリジェンス・マネージャー方式は、ミッション・マネージャー方式と同様、幾つもの課題を抱えている。最も明確な第1の課題は、国家インテリジェンス・マネージャーの権限（収集の対象の選定あるいは分析の調整・促進に関する権限）に関するものである。そもそも、こうした活動は、様々なインテリジェンス組織の内部においても既に実行されているものである。したがって、国家情報長官（及びかつての中央情報長官）は、こうした権限の行使に際して現実的な限界に直面している。〔訳者注：各国家インテリジェンス・マネージャーは、国家情報長官の傘下に設置されている。〕第2に、各国家インテリジェンス・マネージャーにとって、自分の担当課題に関して作成されている全ての分析プロダクトを

把握することは極めて困難である。加えて、各国家インテリジェンス・マネージャーは、当該課題に携わっているコミュニティ内の各分析担当者に関する知識を持つ必要がある。各国家インテリジェンス・マネージャーは、関連する収集及び分析を統合するべく、自分の所掌事項に関する**統一的インテリジェンス戦略**（UIS: Unifying intelligence strategy）を作成する責務を担っている。また、各国家インテリジェンス・マネージャーは年1回、「任務の現状（State of the Mission）」に関する報告を国家情報長官宛に提出する必要がある。当該報告においては、自分の所掌事務における業務統合及びその他の課題の進捗状況に関して論じることが期待されている。最後に、国家インテリジェンス・マネージャー制度の創設の結果、同ポスト及び国家インテリジェンス分析官のそれぞれの任務に関して疑義が生じている。なぜならば、双方の任務は相当に類似しているように見えるからである。従来、インテリジェンス・コミュニティにおいて、国家インテリジェンス分析官は各課題に関する「知的リーダー」と見なされてきた。しかし、国家インテリジェンス・マネージャー方式の創設により、国家インテリジェンス分析官は、分析の専門家として国家インテリジェンス・マネージャーの傘下チームの一員として位置付けられることとなった。その意味で、国家インテリジェンス分析官は、国家インテリジェンス・マネージャーとの対比において、そのステイタスが低下したとも考えられる。（それぞれの国家インテリジェンス・マネージャーの傘下のチームには、国家インテリジェンス収集官（NICO: National Intelligence Collection Officer）、国家カウンターインテリジェンス官（NCO: National Counterintelligence Officer）も配置されている。）

　センター方式の導入の機運が政策部門から提起される場合もある。2015年2月、オバマ大統領は国家情報長官に対し、サイバー脅威情報統合センター（CTIIC: Cyber Threat Intelligence Integration Center）の創設を指示した。ただし、インテリジェンス部門のサイバー担当の幹部は、そうした組織の必要性はないと主張していた。それにもかかわらず、同センター設立の圧力は、国家安全保障会議（NSC: National Security Council）の担当者からも提起された。背景として、国家安全保障会議の担当者としては、サイバー問題に対するインテリジェンス側からの支援に対する不満、政治的な必要性（サイバー問題に関して「何かをやっている」感を醸し出したい）、あるいはその両方があった可能性がある。同センターの任務は、米国のサイバー活動に対してオール・ソースに基づく分析上の支援を提供することである。ただし、具体的に「何を、どのように」実施するかの詳細は曖昧なままであった。この点は、2015年の予算審議の際に、連邦下院のインテリジェンス問題担当委員会及び政府の間の議論の課題となった。

連邦上院のインテリジェンス問題担当委員会は、2016会計年度のインテリジェンス関連の支出承認法案に関する報告書の中で、分析プロダクトが過多であり、連邦議会を含む政策決定者側に混乱を来している旨の懸念を表明した。同委員会は、競争的分析の価値を認める一方で、分析の「重複」に対する懸念を表明した。その上で、重複を削減するべく、国家情報長官室に対していわゆる「反復可能な（標準化された）方法論」の実験的な導入を指示した。「同一の課題に対する分析報告書の数を削減すること」は、「分析手法を標準化・均質化すること」とは別の問題である。ただし、両者の区別を厳密に定義することも困難である。こうした措置は、実際には政策決定者側の利益にならない可能性がある。

　結局のところ、「分析担当者の組織化」の問題に対する唯一で絶対の「最善方策」は存在しない。（センター方式、ミッション・マネージャー方式、国家インテリジェンス・マネージャー方式等）それぞれの方式には、長所及び短所の双方がある。それぞれの方式において、中核を担うのが機能担当の分析官あるいは地域担当の分析官なのかという問題に関しても、依然として決着は付いていない。いずれにせよ、目指すべき目標は、必要な課題に対して適切な分析担当者を充てることができるようにしておくことである。「適切」な分析担当者とは、機能担当者の場合もあれば、地域担当者の場合もあり得る。また、人員の充当は、一時的な場合もあれば、恒常的となる場合もあり得る。重要な点は、（形式的にどの方式を採るか決めることではなく）柔軟性及び機敏性である（コラム「分析を考えるための『例え話』」参照）。

［コラム］分析を考えるための『例え話』

　インテリジェンス分析のプロセスを説明する際には、例え話が利用されることが少なくない。国務省のINRの元局長のヒューズ（Thomas Hughes）は「インテリジェンスの分析担当者は肉屋であり、パン屋である」旨を書いている。肉屋は、何が起きているのかを判断するために、インテリジェンスを切り刻み、細部を詳細に吟味する傾向がある。パン屋は、全体像を把握するために、複数の分析を混ぜ合わせる傾向がある。分析担当者は、状況に応じて、この両方の役割を担う。

　9.11テロ事件の後、インテリジェンス分析の失敗を表現する言葉として、「点と点をつなぐ（connecting the dots）」が広がった。しかし、これは適切な表現でない。そもそも、正しい絵を描くためには、全ての点が揃っていなければならない。そうでなければ、「点と点をつなぐ」ことはできない。ちなみに、あるインテリジェンス分析の幹部が指摘したように、インテリジェンス・コミュニティは、9.11テロに関しては「点と点をつなぎ損ねた」ことを非難された。しかし、イラクの大量破壊兵器問題に関しては「つないだ点が多過ぎた」ことを非難された。

別の有用な表現として、「モザイク」あるいは「真珠」がある。インテリジェンス分析は、モザイクの組み立てに類似している。ただし、インテリジェンスの場合、到達点たる最終的な絵の姿は不明確である。また、モザイクのピースが全て揃っているとは限らない。更に問題を複雑化することとして、モザイクを組み立てる過程において、新しいピースが現れたり、古いピースの大きさ、形、色等が変化する場合がある。真珠の例え話は、インテリジェンスの収集及び分析の様子を表している。すなわち、インテリジェンス上の課題の多くは、何年（あるいは何十年）にもわたり検討がなされている。収集されたインテリジェンスは時間をかけて着実に蓄積される。こうした蓄積に基づき、分析担当者は、問題の本質をより深く洞察できるようになる。これは、牡蠣の中で真珠がゆっくりと成長する様子に類似している。

こうした例え話は重要である。なぜならば、分析プロセスに対する人々の見方、さらに、そこからの成果物に対する期待は、こうした例え話に影響を受けるからである。

インフォメーションが限られている場合の対処

分析担当者は、ある課題に関して知りたい事項の全てを知り得ることは滅多にない。むしろ、ほとんど何も分からない場合もあり得る。こうした問題に対して、分析担当者はどのように対処するのか？

選択肢の1つは、クライアントである政策部門に対してこうした問題点（未判明の事項があること）を知らせることである。一般に、インテリジェンス担当者が政策部門側に対し、「何が分かっていないのか」を知らせることは、「何が分かっているのか」を伝達するのと同程度に重要なことである。パウエル（Colin Powell）国務長官（在 2001–2005 年）は「何が分かっているかを伝えよ」、「何が分かっていないのかを伝えよ」、「どう思うかを伝えよ」と表現していた。パウエルは更に「何が分かっていて何が分からないのかは、インテリジェンス担当者の責任だ」、「しかし、インテリジェンス担当者の考えに基づいて私が取った行動に関しては私の責任である」とも述べた。しかし、インテリジェンス担当者にとって、自分の無知を認めることは魅力的な選択肢ではない。なぜならば、無知を認めることは、インテリジェンス組織の側の失敗と解釈される懸念があるからである。別の対応策として、こうした問題を回避するべく、分析担当者は、自身の経験及び技術を駆使し、可能な限り知識の空白を埋める努力を継続することも可能である。こうした選択肢は、知的及び専門的な観点からは（第1の選択肢よりも）満足の行くものであろう。ただし、この方法にはリスクもある。すなわち、政策部門側のクライアントに対して、分析の根拠に関する誤解を与える可能性がある。そもそも、分析そのものが誤ってしまう可能性もある。

更に別の選択肢は、（時間上の制約さえなければ）追加のインフォメーションの収集を手配することである。あるいは、同じ課題に従事しているより多くの分析担当者に更なる支援を仰ぎ、彼らの見解及び経験を取り入れることも考えられる。

近年、前記と同様の問題が逆の形式で発生している。「分析の実施に当たり、入手可能なインテリジェンスにどの程度まで依存すべきか〔訳者注：「分析を入手可能なインテリジェンスの範囲内に限定するべきか」という意味〕」という問題である。すなわち、インテリジェンス分析は、既知の事項のみを扱うべきなのであろうか。あるいは、現在進行中であるが現段階ではインテリジェンスが入手不可能な事項あるいは分野にまで、分析を掘り下げるべきであろうか。この問題に対する積極的な立場は、「インテリジェンスがないからといって、何も発生していない訳ではない。発生している事項に関するインテリジェンスが入手できていないだけだ」と主張する。消極的な立場は、この種の（積極的な）分析はインテリジェンスに危険をもたらすと主張する。なぜならば、こうした分析は裏付けを欠くものであり、その結論も、最悪の想定に基づく極めて推測的なものとなる可能性が高い。確かに、インテリジェンス分析は、証拠に基づき結論に至る司法手続とは異なる。それでもやはり、大半が推測に基づいて執筆されたような分析は、多くの読者にとって説得力を欠くものであり、（インテリジェンスの）政治化の危険性すら孕むものである。インテリジェンス・コミュニティは、長年にわたり、情報源の不足を克服するための知的な方策として、いわゆる**分析的洞察**（analytic penetration）の重要性を強調している。分析的洞察とは、特定の課題に関してより長くより深い検討を加えることによって、最も可能性が高いとみられる予測を立てることである。加えて、様々な合理的な仮定に基づいて、こうした顛末の予測を「幅（range）」を持って提示することもある。こうした分析的洞察の取組の前提として、分析部門には、単に手を上げて（降参して）「申し訳ありませんが、インテリジェンスが入手できないので分析はできません」と言い放てるような余裕はない。ただし、「分析が必要であるが情報源が不十分である」状況の下で情報源不足を分析によって補うことを試みるのであれば、そうした分析は厳格かつ緻密なものでなければならない。これは、部署及び組織を越えた広範な協力が最も有効な領域である。

限られたインテリジェンスへの対処に関する懸念は、2001年の9.11テロ事件以前のインテリジェンス及びイラク戦争（2003–2011年）以前のインテリジェンスの検証においても取り上げられた。ただし、課題はそれぞれの事例によって異なるものである。9.11テロ事件の場合は、「分析担当者は、手元にあるインテリジェンスをより適切につなぎ合わせていれば、アルカイダの脅威及び計画に関してより適切に

第6章　分析　281

認識できていたはずである」との批判がなされた。また、「インテリジェンス当局者はより強い警報を発するべきであった」との批判もなされた（ただし、インテリジェンス当局者はこうした批判に対して反発している）。更に、「政策決定者側も、受領していたインテリジェンスに対してより適切に反応するべきであった」との批判もなされた。ただし、9.11 テロ攻撃の具体的な時間及び場所を予測するのに十分なインテリジェンスが当時存在していたとの見方は存在しない。第1章で議論したように、戦略的サプライズ及び戦術的サプライズの違いを認識することが必要である（第1章参照）。テロ攻撃を未然防止するためには、（戦略的ではなく）戦術的な観点からテロリストの計画を洞察する必要がある。

　イラクにおける大量破壊兵器問題の場合、9.11 テロ事件の場合とは正反対の批判が展開された。すなわち、インテリジェンスの分析担当者は、収集された様々なインテリジェンスの断片を根拠なく結び付け過ぎてしまった。そうした過剰な「結び付け」の結果、イラクにおける大量破壊兵器プログラムの状況に関して誤った見方を造り出してしまったとの批判である。こうした批判の暗黙の前提として、「分析担当者は、誤った結論を避けるべく、収集されたインテリジェンスを超えた分析をするべきではない」との見方がある。実際、一部の人々はこうした見方を持っているとみられる。しかし、収集は常に完全ではない可能性がある。したがって、こうした見方は、実務の常識とは異なっているものであり、危惧を抱かせるものである。実際、分析担当者は、収集の不足を可能な限り補うべく、経験及び直観（instinct）を駆使するよう訓練を受けている。これは、分析担当者がもたらす付加価値の1つである。

　前記の2つの分析に関する経験から導き出される教訓は、「いかなる条件下であっても、分析のプロセスは不完全なものである」ということに尽きるであろう。分析の基となるインテリジェンスの適切な分量に関しても、ゴルディロックスの定理（Goldilocks formula）のようなものは存在しない。極めて重要なのは、分析の対象物の性質とともに、（収集される）インテリジェンスの（量ではなく）質である。

　2007年、国家情報長官室は、インテリジェンス・コミュニティ通達（ICD: Intelligence Community Directive）によって、ソーシング（根拠の提示）の問題を提起した。ICD 第 206 号は、分析プロダクトにおける根拠の提示及び参考文献の引用に関する要件を定めた。当該通達は、イラクの大量破壊兵器に関するインテリジェンス評価をめぐって明らかになった課題の幾つかに対処するものである。このインテリジェンス評価においては、評価の判断及びその根拠となるインテリジェンスが必ずしも明確に結び付けられていなかった。その結果、読者としては、評価の判断の根

本的な根拠を理解することが困難であった。ICD 第 206 号は単なる指針に過ぎないものであるが、相当に断定的な表現で記述されている。すなわち、「配布される分析プロダクトは、その重要かつ根本的な内容に対して、一貫性及び体系性を持ったソーシングを備えなければならない」旨の要件を定めた。例外はほとんど認められていない。ICD 第 206 号が定めた要件に関し、分析部門の幹部の多くは、「分析の根拠が提示できない場合、そうした分析は先には進められない」との趣旨と理解した。他方、そうした理解は ICD 第 206 号の真意ではないとの見方もあった。なぜならば、前者のような見解に立つならば「十分な情報源が得られない場合、分析担当者が自身の経験及び専門性に基づいて評価判断を下す」ことができる余地はなくなるからである。そもそも、分析の役割とは何であるのだろうか。分析の役割は、収集されたインテリジェンスを単にカスタマーに伝達する（取り次ぐ）ことであるか、あるいは、分析担当者の知識に基づき価値を付加することであるか。ICD 第 206 号の本来の趣旨が何であるかにかかわらず、分析部門の幹部の多くは、当該指示を深刻な束縛とみている。前記のとおり、分析担当者は、秘密（secret）及び謎（mystery）を峻別する。これは、「限られたインフォメーションへの対処」の問題を浮き彫りにするものでもある。秘密とは、我々にとっては未知であるが別の誰かには既知である知識である。例えば、イランの核開発計画の詳細及び意図は、（我々にとっては未知であるが）イラン人の中には既にそれを知っている人々がいる。他方で、謎とは、全ての人にとって未知であり、そもそも誰も知ることができない可能性がある事柄である。例えば、ピラミッドの建造方法等である。インテリジェンス組織は、秘密を解明するべく、これに対して洞察を加え、あるいは所要の情報収集及び分析を行うために存在する。このように、謎は秘密とは異なるものである。ただし、政策立案者から提示された質問が、秘密というよりは謎に関するものである場合もある。分析担当者としてはそうした要求は拒絶したいものである。しかし実際には断り切れない場合も多い。

　最後に、政策決定者及びインテリジェンスの批評家の間では、分析担当者が利用可能な全てのデータに確実にアクセスして点検するようにするべしとの見方が高まりつつある。こうした見方は、9.11 テロ事件の前のインテリジェンス組織間の情報共有の失敗、すなわち「点と点をつなげ」の例えに端を発する。こうした見方の前提には、「全ての点をつなげば、答えはそこにあるはずだ」との信念がある。（こうした信念は、ビッグデータの推進論者が唱える「十分な量のデータを分析すれば、データの中のどこかに答えがあるはずだ」との信念に類似している。）一例として、2009 年のクリスマスに、デトロイトにおいて航空機爆破テロ未遂事件が発生した。この直後、オバ

マ大統領は、利用可能な全てのインテリジェンスが必ずしも（関係者間において）共有されていなかった旨を指摘し、インテリジェンス・コミュニティを厳しく非難した。現実には、ある課題に関して「利用可能なインテリジェンスを自分は全て見た」と確信を持てるような分析担当者はほとんど存在しない。（仮にそれができるとすれば、当該課題の重要性が低く、したがって関連するインテリジェンスが極めて限られているような場合である。）「分析担当者は『全て』のインテリジェンスを見て、全てのデータベースを点検せよ」との見方は、分析担当者を委縮させる可能性がある。なぜならば、分析担当者は、何らかのインテリジェンスを見落としていることが明らかになることを危惧し、分析プロダクトの公表に慎重になる可能性がある。すなわち、分析担当者は、限られたインフォメーションに対処する方法を修得することをやめてしまう可能性がある。他方で、分析担当者は、「悪い結末に結び付く何かを見落とした」との非難を受けることを回避することを重視するようになる。その結果、全てのインフォメーションを入手したとの確信が持てない限り、分析プロダクトの作成を躊躇するようになる可能性がある。

不確実な事柄をどのように伝達するか

　不確実な事柄（uncertainty）を正確かつ明確に伝達する能力は重要である。これは、やや矛盾しているように聞こえるかもしれないが、決してそうではない。端的に言えば、インテリジェンス分析の主要な目的は、（1）政策決定者が直面する不確実性の解消を支援すること、（2）（今後の見通しに関し）様々な可能性があり得ることを政策決定者に認識してもらうこと、（3）政策決定者が最も喫緊の課題に集中するのを支援すること、である。ただし、全ての事柄が判明している訳ではないのと同様に、将来の見通しも明確ではない。不確実な事柄を伝達することは容易ではない。分析担当者は、「分からない」という簡潔かつ率直な表現を使うことを躊躇する傾向がある。なぜならば、分析担当者は、既に分かっている事柄を超えるような「知的な跳躍」を行うことで報酬を得ている面もあるからである。分析担当者は、不確実な事柄を伝達する際に、曖昧な表現に依存することが非常に多い。例えば、「一方で、他方で（on the one hand, on the other hand）」、「もしかしたら（maybe）」、「おそらく（perhaps）」等である。（トルーマン（Harry S. Truman）大統領は、経済予測を聞く際に「一方で、他方で（on the one hand, on the other hand）」との表現を好まず、「片腕の（one-armed）の経済学者に会いたい」と述べた）。これらの表現は、（分析担当者の意図とは異なり）分析上の不確実性ではなく、責任逃れ的な臆病さを（カスタマーである政策決定者に対して）抱かせてしまう可能性がある。（ゲルマン語系言語である英語は、ラテン語系言語に

比較して仮定法の用法が少ない。したがって、不確実な事柄を伝えることはより困難である。)

　かつて、ある分析担当の幹部が、語句及び数字の双方を利用して将来見通しを表現する方法を考案したことがある。例えば、「10分の1の確率（1-in-10 chance）」あるいは「10分の7の確率（7-in-10 chance）」との表現である。こうした数値に基づく表現は、語句に基づく表現よりも満足度は高いかもしれない。しかし、政策部門側のクライアントに対して誤解を与える危険性がある。すなわち、現実には存在しない「予測の正確性の程度」が存在するかのような印象を与えてしまう危険性がある。例えば、「10分の6の確率」及び「10分の7の確率」の差異は何なのであろうか。また、ある事象の発生確率が「10分の6」ということは、同時に、発生しない確率が「10分の4（40パーセント）」であることを意味する。このように詳細に表現すると、結局この事象の発生確率は「5分5分」に近いのではないかとの違和感が生じる可能性もある（単なる「10分の6の確率」との表現だけではこうした違和感は発生しないかもしれない）。結局、「確実なこと」はほとんど存在しない。現実には、分析担当者は直観（gut feeling）に頼ることになる。（かつて、国家インテリジェンス評議会のある議長は、ある事象の発生可能性に関する「小さいながらも深刻な可能性（a small but significant chance）」との評価分析を読んで頭を抱えたと言う。)

　不確実な事項を伝達する方法の1つは、分析において、不確実性を抱えている課題あるいは重要なインテリジェンスの欠落を具体的に明示することである。「重要なインテリジェンスの欠落」とは、「仮にそのインテリジェンスがあれば、（少なくとも分析担当者の見解としては）未知の課題を解明し得る、あるいは、分析担当者が現在の評価の再検討を迫られるようなインテリジェンスが欠落している」ことを意味する。こうした状況は、更にもう1つの問題の提起につながる。すなわち、「未知が認識されている事項（known unknowns）」及び「未知が認識されていない事項（unknown unknowns）」の区別の問題である。前者は、「自分はそれを分かっていない」ことを自分自身で認識している事項であり、後者は、「自分はそれを分かっていない」ことを自分自身でも認識していない事項である。後者のカテゴリーの事項に対処することは困難である。なぜなら、前記の定義に鑑みれば、そうした事項はそもそも認識されていないからである。しかしいずれにせよ、分析は常に検証を継続することが必要である。それによって、「未知が認識されている事項」を特定し、可能な限りこうした事項の解決に注意を払うことが可能となる。

　全ての分析において、用語の使い方は重要である。分析担当者は、自分の見解を伝達するために、特定の動詞を使用する傾向がある。「信じる（believe）」、「評価する（assess）」、「判断する（judge）」等である。分析担当者の中には、特定の見解を支

持するインテリジェンスの分量及びそれらの見解に関する確信度を伝達するに際して、これらの用語はそれぞれが明確かつ異なった意味を持つとしている者もいる。ただし、インテリジェンス・コミュニティ全体としては、2005年になってようやく、それぞれの動詞の意味に関する統一的な見解が示されるようになった。現在、国家インテリジェンス評議会が作成する国家インテリジェンス評価はいずれも、推定を表す用語に関する説明の頁を掲載している。有用な例の1つとして、2007年7月に作成された国家インテリジェンス評価「米国の国土に対するテロの脅威」の中の囲み記事「我々の説明はどのような意味を持っているか：推定を表す用語に関する説明」がある。(当該説明記事によると)「我々は判断する（we judge）」及び「我々は評価する（we assess）」との用語は、同じ意味で（互換的に）使用されている。(こうした用語の使用法は、イギリスの状況に近いとみられる。イラクの大量破壊兵器問題に関し、イギリスでは2004年にいわゆるバトラー報告書（Butler Report）が公表された。当該報告書によると、イギリスにおいても、政策決定者は、こうした異なる用語にはそれぞれ異なる意味があると考えていた。しかし、実際には、イギリスの分析担当者は、両方の用語を同じ意味で書いていた旨を証言している。) 分析的な判断は一般に、収集されたインテリジェンスあるいは過去の判断の蓄積に基づいてなされる。後者はいわば「建築用ブロック」と同様の機能を果たしている。(前記のとおり) 現在は、「評価の詳細な数値化」は否定されている。なぜならば、そうした数値は「インテリジェンス側が意図する以上の正確性を示しているかのような誤解を生じさせる可能性」があるからである。代わりに、「見通しの可能性（likelihood outcome）」に一定の幅を持たせるような表現が利用されている。

- Remote（可能性は極めて低い）
- Unlikely（可能性は低い）
- Even chance（五分五分の可能性）
- Probably, likely（おそらく、可能性は高い）
- Almost certainly（ほぼ確実に近い）

　注意が必要な点として、前記で示された範囲の両端の部分は、確実性の評価の射程外である。すなわち、「発生の可能性がないことが分かっている事項」に関して分析がなされることはない。また、「発生することが確実な事項」に関しても、その発生可能性に関して分析がなされることはない。(ただし、発生がもたらす影響に関して議論がなされる場合はある。)「排除できない（we cannot rule out）」あるいは「割愛で

きない（we cannot discount）」との表現は、当該事象が発生する可能性が「低い（unlikely）」あるいは「極めて低い（remote）」旨の評価であるものの、もしも発生してしまった場合は「その影響は言及に値するものである」との意味を表している。これらの表現は、推定を表す用語としては古典的なものである。カスタマーたる読者はやはり、こうした表現を、分析側の「責任逃れ的な臆病さ」の表れと解釈する可能性がある。最後に、「たぶん（maybe）」及び「示唆する（suggest）」の使用は、情報不足のために可能性の評価が不可能である状況を示すものと定義されている。

このような用語法の問題に加えて「**確信の程度（confidence levels）**」と呼ばれる問題がある。これは、分析担当者が自身の判断に対して有する確信のことである。国家インテリジェンス評価においては、確信の程度は「当該判断の基となっている素材情報の射程及び質に基づく」とされている。

- 高レベルの確信（High confidence）：質の高い素材情報に基づく判断である場合。あるいは、事柄の性質上、確実な判断が可能である場合。
- 中レベルの確信（Moderate confidence）：入手可能な素材情報に対して複数の解釈が可能な場合。別の視点からの分析の可能性が残されている場合。素材情報は「信用性があり説得力がある」ものではあるが、十分な裏付けが得られない場合。
- 低レベルの確信（Low confidence）：判断の基となる素材情報が乏しい、信頼性が薄い、あるいは断片的であることから、「十分な分析的推論」を行うことが困難である場合。あるいは、問題がある情報源に基づく判断である場合。

こうした説明文を公表することは、政策部門の読者にインテリジェンス評価の根拠を理解してもらうためには大きな前進である。ただし、こうした説明文の有用性は、政策決定者がこうした説明文を読むか否かにかかっている。また、こうした説明文があったとしても、推定を表す用語の利用法に関して引き続き誤解が生じる可能性を排除することはできない。とは言うものの、（政策部門側の読者は）こうした説明文を読むことによって、推定的なインテリジェンス評価に内在する重層的な意味合いをよりよく理解することができると考えられる。インテリジェンス評価においては、単純明快な評価はほとんどないものである。2017年、インテリジェンス・コミュニティは、2016年中の選挙におけるロシアの行動に関する評価を発表した。当該文書の中でも、前記の「我々の説明はどのような意味をもっているか：推定を表す用語に関する説明」の内容の多くが繰り返し説明された。これは、当該評価文書をより良く理解するための枠組みを読者に提供することを意図したものであった。

こうした「確信の程度」に関する課題の例として次のような事例がある。2013年、「核兵器をミサイルに搭載可能なサイズに縮小するための北朝鮮の能力」に関するDIAの評価が、連邦議会の公聴会において不用意に公表されてしまった。北朝鮮がこうした能力を有している可能性に関し、DIAの分析は「中程度の確信（moderate confidence）」と評価していた。公聴会の参加者（議員等）の中には、「中程度の確信に過ぎない（only moderate confidence）」として当該評価を無視した者もいた。これは、彼ら（議員等）が「中程度の確信」の語句の意味を、前記の定義のような意味としては十分に理解していなかったことによるとみられる。すなわち、これらの議員等は、「高いレベルの確信（high confidence）」以外のものは無視して構わないと考えていたとみられる。これは、インテリジェンス分析の記述法に関して議員側に誤解がある旨を示している。後にクラッパー国家情報長官は、本件に関してDIAが示した「確信の程度」は、他のインテリジェンス組織の評価よりも高いものであった旨を証言した。同時に、こうした異なった組織間での見解の相違は、競争的分析の過程では頻繁に起こり得ることである旨を指摘した。
　「確信の程度」に関する問題は、「アフガニスタンにおける米軍の殺害に対してロシアのインテリジェンス組織がタリバンに報奨金を提供している」旨の報道に関しても発生した。報道によると、2019年、トランプ政権は、こうしたロシアによる報奨金制度に関して初めてインテリジェンスの報告を受けたとみられる。政権関係者は、「当該インテリジェンスは信頼性に問題があることから、トランプ大統領に対しては説明されていなかった」として、当該問題の鎮静化を図った。一方、2020年、国家インテリジェンス評議会は、当該インテリジェンス分析は「中レベルの確信」である旨を示した。また、CIA及びDIAは、当該インテリジェンスの信頼性は高いものと評価したのに対し、NSAはこれに反対した。（NSAは、良質なシギント情報がない課題に対しては低い評価を下す傾向がある。）さらに、2021年4月、バイデン政権は、本件に関するCIAの評価は「低から中レベルの確信」である旨を指摘した。その数週間後、CIAは、ロシアの29155部隊及びアフガニスタンの犯罪組織との間に関係があることに「高い程度の確信」を持っている旨を発表した。こうした一連の出来事の結果、報奨金の問題は「可能性は否定できないが、確定的でもない」状況にとどまっている。政策側及びインテリジェンス側の双方とも、こうした状況には苛立ちを感じている。

兆候及び警報

　兆候及び警報（Indications and warnings）または「I&W」とは、重要な出来事（通常

は軍事関連の出来事）に関して事前に政策決定者に対して警報（ウォーニング）を発することである。インテリジェンス実務者の間では、こうした業務はインテリジェンスにとって最も重要な役割の1つであると認識されている。米国においてI&Wが重視されている背景には、冷戦時代における長期間の軍事的対立の影響及びその名残りがある。更には、真珠湾攻撃に際しての米国のインテリジェンス・コミュニティの活動にまで遡ることもできる。これは、I&Wの典型的な失敗例とされる。

I&Wは基本的には軍事インテリジェンスの機能であり、特に奇襲攻撃への備えに重点を置いたものである。いずれの軍隊も、一定の規則的なスケジュール、形式、行動に従って活動している。I&W活動は、こうした事実に依存したものである。すなわち、I&Wの分析担当者は、攻撃を予想させるような通常とは異なる行動、新しい行動、予期せぬ活動等の察知を試みている。例えば、（対象国の軍における）予備役の召集、部隊の警戒レベルの上昇、通信活動の減少又は増加、突然の通信遮断、海上への部隊の増派等である。ただし、これらの事象はいずれも個別単独なものとして評価することは適切ではない。相手の活動の全体に関するより広い文脈の中で評価を行う必要がある。

例えば冷戦時代、米国及び北大西洋条約機構（NATO）の分析担当者は、ワルシャワ条約機構が西ヨーロッパを攻撃する場合、どの程度の事前兆候を察知することが可能なのかを懸念していた。分析担当者の中には、最低でも数日前には政策決定者に対して事前警報を発することが可能であるとの見方もあった。なぜならば、そうした攻撃の前には、在庫兵器の配備あるいは部隊の増派等があると予想されたからである。他方で、事前の警報を発する余裕はほとんどないとの見方もあった。こうした論者は、ワルシャワ条約機構は、直ちに攻撃を開始し得る十分な戦力及び物資を配備済みであると考えていた。幸いなことに、この問題が実際に検証されることはなかった。

分析担当者にとって、I&W業務はチャンスというよりむしろ罠になり得る。分析担当者にとっての最悪の事態は、兆候を見逃し、十分な警報を発することに失敗することである。この背景として、インテリジェンスが重要な出来事を見逃した際には厳しい批判に晒されるという事情がある。こうしたことから、分析担当者は、警報の基準値を低めに設定して何事に対しても警報を発する傾向がある。すなわち、「オオカミ少年」になってしまう可能性である。確かに、こうすれば分析担当者が批判に晒される可能性は低下するかもしれない。しかし、これは政策決定者側の感覚を麻痺させ、I&W業務の機能を低下させるものである。I&W業務の失敗の古典的な事例は、1973年の第四次中東戦争勃発前のイスラエルのI&W業務である。イ

スラエル軍情報部は、エジプトが戦争を開始する際にはスエズ運河を渡河する必要があるとの前提に基づき、周到な I&W 用の兆候確認リストを作成していた。しかし、エジプト側の欺瞞作戦の結果、イスラエル側の認識したエジプト軍の行動はイスラエルが作成した I&W の兆候確認リストに合致しなかった。この結果、イスラエル側は警報を発せず、結果的に奇襲攻撃を受けることになってしまった。言い換えると、イスラエルの分析担当者は、自らが作成した I&W 用の兆候確認リストに固執し過ぎてしまったと言い得る。

　テロリズムにおける I&W 業務は、全く新しくより困難な課題となっている。テロリストは、大規模なインフラ施設を持って活動する訳ではないし、活動に際して大規模な人員を動員する必要もない。テロは政治的手段の 1 つである。その魅力は、最小限の兵力で大きな効果を上げることができることにある。こうしたことから、テロ対策においては、差し迫った活動の非常に小さな兆候を捉えることができるような、従来とは異なる新しい I&W の概念が必要となる。ある面においては、テロ対策における I&W の機能は、警察の業務に非常に近いものとなる。すなわち、地域あるいは管轄区の監視を続けて「ちょっとおかしいこと」を察知することである。また、テロリズムは、「警報を発する義務」に関する問題を孕む。例えば、テロの可能性を示す確かな証拠がある場合、政府は市民に対して警報を発する責任があるのだろうか。警報を発すれば、テロリスト側は、彼らの計画が政府側に漏えいしている旨を察知する。その結果、政府側の情報源が危険に晒されたり、インテリジェンス手法が暴かれる可能性がある。また、警報を発したとしても実際にテロが発生しなければ、市民も、警報レベルの変化に対して無頓着になってしまう可能性がある。市民の中には、政府（特にインテリジェンス組織）が、万が一テロが発生した際に備えて「言い訳」のために警報を発していると考える者がいる可能性もある。こうした現象は、2001 年以降の米国において実際に散見された。テロの警報が発令された後に脅威が沈静化したため（あるいは現実化しなかったため）、警報が撤回される事例が相次いだ。

機会分析

　I&W 業務は、分析機能の中でも最も重要なものの 1 つである。それのみならず、インテリジェンス分析担当者が、当然に修得すべきものでもある。そもそも、インテリジェンス組織の第 1 の存在理由は、戦略的サプライズを避けることである（第 1 章参照）。I&W 業務は、まさにそのための手段である。他方で、I&W 業務には罠もある。すなわち、I&W 業務においては、何らかの見落としを防止するために、

議論が堂々巡りに陥る可能性がある。

　I&W においては、政策決定者は、インテリジェンスに対して受動的に反応する立場に置かれる。しかし、政策決定者の中には、「悪い事態」が発生するのを防止するだけではなく、より具体的な目標を達成するべく、能動的・積極的なアクターでありたいと考える者もいる。高位の政策決定者の中には「私は、自分の政策アジェンダの推進に役立つようなインテリジェンスが欲しい」、「そうしたインテリジェンスがあれば、自分は受動的ではなく能動的なアクターになれる」と述べる者もいる。こうした機能を果たすインテリジェンス分析は、しばしば、**機会分析**（opportunity analysis）と呼ばれる。

　機会分析は複雑な分析であり、プロダクトの作成は容易ではない。第1に、インテリジェンス部門の幹部あるいは分析担当者は、政策決定者が達成しようとしている政策目標をよく理解する必要がある。機会分析の成功のためには、こうした目標に関して然るべく具体的かつ詳細な知識が必要となる。例えば、ある政策目標が軍備管理である旨が既に判明しているとしても、それは大雑把な一般論でしかない。そこからは、必ずしも有用な機会分析の方向性は得られない可能性がある。他方、軍備管理に関する当該政策目標に特定の種類の兵器あるいは兵器の制限等が含まれている旨が判明していれば、あるいは、当該目標が特定の政治的圧力に反応したものである旨が判明していれば、そうした知識は機会分析にとってより有用である。このように、インテリジェンスの分析担当者にとって重要なことは、政策の意図する方向性を知ることである。第2に、機会分析においては、当該政策に対して関係国あるいはその指導者がどのような反応を示すかを評価する必要がある。こうしたことから、機会分析はより困難あるいはリスクが高い業務と見られがちである。もっとも、実際には、外国の行動を予想し、その結果あるいは起こり得る反応を説明することは、その逆の作業よりも容易である場合も少なくない。分析担当者としては、対象国あるいはその指導者等の反応を予想することは、（たとえ当該国の専門家でないとしても）比較的安心して取り組み得る業務である。最後に、機会分析において、インテリジェンス組織は、インテリジェンス及び政策の境界線に接近せざるを得ない場合がある。規範的な面（政治的な価値判断）に踏み込むことなく優れた機会分析を書くことは難しい作業である。意図せずとも、そうした領域に入り込んでしまう可能性がある。

　一般的には、機会分析は頻繁に実施されるものではないし、（インテリジェンスの政治化の観点からの）誤解を招きやすいものである。とは言うものの、機会分析は政策に対する重要な貢献であることに変わりはない。

優れた機会分析の例の1つは、2003年にブッシュ大統領がリビアの秘密裡の大量破壊兵器計画に関してカダフィ（Muammar Qaddafi）との交渉を決定した際のインテリジェンス支援である。この成果として、様々な大量破壊兵器がリビアから米国に移された。また（より重要な顛末として）、2011年にNATO軍がリビア内乱の沈静化を図るべくリビア軍に対して空爆作戦を実施した際、NATO軍は、リビア軍は既に大量破壊兵器をほとんど保有していない旨を確信しつつ当該作戦を遂行することができた。

代替的な分析

　イラクの大量破壊兵器問題に関するインテリジェンス・コミュニティの働きに対しては、代替的な分析（Alternative Analysis）を試みる努力を怠ったとの批判もある。もっとも、仮にそれが事実であるとしても、イラクに関し、2003年の時点で、「フセイン（Saddam Hussein）は大量破壊兵器を持たず、潔白を表明するべく真実を述べていた」旨の議論を思い付くことは困難であった。イラクの大量破壊兵器の問題に限らず、代替的分析は重要な問題である。そうしたことから、2004年のインテリジェンス・コミュニティの改編法において、代替的分析の効果的な利用を確保するための然るべき手続を構築する旨が国家情報長官に対して義務付けられた。

　こうした動向の背景には、ある懸念がある。すなわち、分析担当者が1つの分析の方向性に固執し、他の仮説あるいは代替案を受容しなくなる可能性である。（こうした行動は、**早期閉鎖（premature closure）**と呼ばれる）。特に、何年にもわたり検討されてきた（あるいは再検討されてきた）課題に関しては、そうした懸念がより強く生じる。こうした早期閉鎖の状況が生じた場合、分析担当者は、変化、非連続性、突発的な事態等に対する警戒感が鈍る可能性がある。こうした潜在的な知的な「落とし穴」を回避する1つの方策は、代替的分析を担当するチームを結成することである。これらは、レッド・セルあるいはレッド・チームと呼ばれることがある。

　インテリジェンス・コミュニティは、こうした代替的分析の考え方を必ずしも常に受容して来た訳ではない。背景には幾つかの理由がある。理由の第1は、こうした手法のプロセスが政治的な性格を帯びる、あるいは政治化を招くとの懸念である。冷戦時代における「チームA及びチームB」の事例は、まさしくこうした点に対して警鐘を鳴らすものである（第11章参照）。（当該事例においては）代替的分析のグループ（チームB）の構成員は、ソ連への対応に関してより強硬な考え方の人々であった。したがって、当然のことながら、チームBは、ソ連の戦略目標に関する国家インテリジェンス評価〔訳者注：チームAによる評価〕を疑問視していた。こうした代替

的分析が存在する場合（とりわけ、論争の的となっている課題に関して代替的分析が実施される場合）政策決定者は、自分の政策に都合の良いインテリジェンスを探し求め、場合によっては分析の「都合の良いところ取り（cherry-pick）」をすることが可能となる。その結果として、インテリジェンスの政治化が発生する。第2に、様々な課題に対応し得る分析担当者、あるいは、様々な課題への対応に必須な専門知識を身に付けている分析担当者は限られている。したがって、主流的な見方のチーム及び代替的見方のチームのそれぞれに誰（どの分析担当者）を割り当てるのかの判断は容易ではない。両チームの専門知識レベルはほぼ均等でなければならない。過去に当該領域における分析作業において「負け」側に所属していた分析担当者は、代替的分析作業への参加の機会を捉えて、過去の議論を蒸し返し、以前の仇を打つ絶好の機会と考えるかもしれない。最後に、代替的分析作業を実施するそもそもの目的は、そうした作業を通じて当該課題に関する新たな視点を得ることである。しかし、この種の作業が制度化され、通常業務の一部として定型化してしまうと、当初の目的であった独創性及び活力は失われてしまう。

　代替的分析とは、単に「反事実的な『問い』を建てること」にとどまるものではなく、それ以上のものである。例えば、イラクの大量破壊兵器の事例における一般的な「反事実的な問い」は、「サダム・フセインは真実を述べており、イラクは本当に大量破壊兵器を所持していないのではないか」というものである。しかし、こうした表層的な問いを検討するだけでは、十分に優れた分析結果は得られなかったと考えられる。分析担当者あるいは分析部門幹部は、検討の対象課題の性質を十分に踏まえた上で、一般的に信じられている考え方の本質を精査し得るだけの的確な「反事実的な問い」を建てることが求められる。一般に広く受け入れられている「常識」に対して的確な検証を挑み得るような「問い」にたどり着くには、複数の様々な「問い」を試してみることも必要と考えられる。イラクの大量破壊兵器の事例の場合、より適切な「問い」は、「もしもイラクが大量破壊兵器を本当に保有していないとしたら、イラクはどのように見えるのであろうか」というものであったと考えられる。（こうした「問い」の検討を踏まえると）分析担当者の中には、自分が目にしているイラクは（大量破壊兵器を持っているとも、いないとも）どちらにも解釈可能であると認識する者もいた可能性がある。たとえこうした代替的分析の過程を経たとしても「イラクは大量破壊兵器を保有している可能性が高い」との国家インテリジェンス評価の最終的な結論は変わらなかったかもしれない。ただし、仮にそうだとしても、分析担当者は、少なくとも異なった視点の存在を認識し、そうした可能性の検証を実行した可能性がある。

2004年のインテリジェンス・コミュニティ改編法では、代替的分析、競争的分析、レッド・チーム編成が重視されている。これらはいずれも、グループシンクの回避という同じ課題に対応することを目的としたものである。同法に基づき、国家情報長官は、これらの様々な種類の分析プロセスを制度化する責務を担っている。

　インテリジェンス・コミュニティは長きにわたり、より優れた分析を促進するプログラム及び技法の双方を兼ね備えた分析用のツールを探し求めている。コンピュータ産業の尽力により、インテリジェンス・コミュニティによるデータの収集、加工、照合の能力は向上し、分析担当者の負担はある程度は軽減されている。しかし、こうした個々のツールを分析プロセスに統合するには依然として課題が残っている。原因の多くは、分析担当者及びこうしたプログラムの設計担当者との間に「知的断絶」が存在することによる。分析担当者及びこうしたプログラムの設計者の思考方法は異なるものである。多くのプログラムは、分析担当者の思考法あるいは業務の進め方を無視して開発されている。また、実際の分析担当者による試験を経たツールは滅多にない。これらのプログラムは往々にして複雑に過ぎるか、あるいは、分析担当者の業務の補完たり得ないものとなっている。その結果、新しく開発されたプログラムの大半は、利用されることなく分析担当者のデスクトップコンピュータの中に放置されてしまう。

　分析担当者のための様々な分析の技法も開発されている。9.11テロ事件及びイラクの大量破壊兵器問題の後には、競合的代替仮説（ACH: alternative competing hypotheses）という技法がよく使用されるようになった。この技法は、代替的なシナリオを検討するマトリックスを構築するものである。この技法によって、既知のインテリジェンスに関する複数のシナリオを確実に検討し、どの仮説がより可能性が高いかの評価をより容易に行うことが可能となる。DIAは、オブジェクト・ベースド・プロダクション（OBP: object-based production）という技法の実験を行っている。これは、検討の「対象（オブジェクト）」（事象、行為者等）に関し、全てのイント（収集手法）から入手可能なデータを集めて整理するものである。オブジェクト・ベースド・プロダクションの前提として、インテリジェンスをこうした方法に基づいて整理することによって「既知の知識」がより容易に特定し得るとの考え方がある（おそらくは「未知の知識」についても同様であろう）。DIAはまた、収集におけるアクティブ・ベースド・インテリジェンス（ABI: active-based intelligence）（第5章参照）から得られる技法及び教訓を応用することによって、オブジェクト・ベースド・プロダクションを更に強化することが可能と考えている。なぜならば、アクティブ・ベースド・インテリジェンスの応用によって、発見された各活動を「対象」と結び付けることが可能

となるからである。こうした様々な新しい技法に関しては、インテリジェンス・コミュニティの内外に熱心な信奉者がいる。ただし、これらの技法は、せいぜい「家庭用の道具箱」の中にある大工道具のようなものに過ぎないと考えるべきである。すなわち、全ての業務に役立つような（万能の）道具（分析用のツール）は存在しない。重要なことは、それぞれの道具がどのような分析業務に適しているのかを理解し、各道具を（状況に応じて）上手く使いこなすことである。

評価

　米国は、評価（estimate）と呼ばれる分析プロダクトを作成し、活用している。イギリス及びオーストラリアにおいては、同様のプロダクトはアセスメント（assessment）と呼ばれる。このプロダクトには2つの主な目的がある。第1は、今後数年の間に主要な課題がどのような方向に向かうのかを検討することである。第2に、こうした課題に関して、単独の組織だけではなく、インテリジェンス・コミュニティ全体の見解を示すことである。米国においては、国家インテリジェンス評価は、インテリジェンス・コミュニティ全体の見解に基づいたものである。これは、完成した評価報告書に国家情報長官が署名をしていることによって裏付けられている。国家情報長官の創設以前は中央情報長官が署名をしていた。

　評価とは、単なる将来の予測（prediction of the future）ではない。国家にとって重要な課題をめぐり発生し得る出来事に関する判断（judgement）である。多くの場合、評価には、可能性のある複数の結末が示されている。評価（estimate）及び予測（prediction）の違いは非常に重要である。しかし、しばしば誤解されがちであり、特に、政策決定者にその傾向がある。予測は将来を予言する（foretell）（あるいは予言しようとする）ものである。これに対し、評価はより曖昧なものである。すなわち、評価とは、可能性のある1つあるいは複数の結末に関して、それぞれの結末の（発生）可能性を相対的に査定する（assess）ものである。もしも何らかの出来事あるいはその結末が予測可能（すなわち、予言可能）であるならば、インテリジェンス組織がその可能性を評価する必要はない。問題となるのは、不確実性（uncertainty）あるいは未知の可能性（unknownability）である。ヨギ・ベラ（Yogi Berra）の言葉を再度引用するならば、「予測すること、特に将来に関して予測することは非常に難しい」と言い得る。

　評価を作成する際には、官僚主義的な手続が重要である。米国においては、（国家情報長官室の傘下の国家インテリジェンス評議会に所属する）国家インテリジェンス分析官が評価の起案の責務を担う。評価の作成の開始に当たり、国家インテリジェン

ス分析官は、分析に際しての様々な前提条件（TOR: terms of reference）を定め、これを関係者及び関係機関に対して提示する。こうした前提条件をめぐる議論及び交渉は長期間に及ぶ場合もある。なぜならば、様々な関係組織が、根本的な「問い」あるいは分析の方針が適切ではないと異議を申し立てる場合があるからである。このように、前提条件の設定は、評価の結果に大きな影響を及ぼすものである。評価の起案を行うのは、国家インテリジェンス分析官自身ではなく、そのスタッフである。他のインテリジェンス組織から起案者が抜擢される場合もある。起案された評価の原案は、他のインテリジェンス組織との調整に付される。すなわち、他のインテリジェンス組織は評価の原案を熟読し、然るべく意見を提出する。提出された意見は起案者の見解と異なる場合もあり、その全てが受容される訳ではない。論争の解決を図るべく、調整のための会議が頻繁に開催される。最終的に複数の異なった見解の折り合いが付かない場合もある。最終の決定会議は、国家インテリジェンス委員会（NIB: National Intelligence Board）である。国家インテリジェンス委員会は、国家情報長官が主宰し、多数の関係組織の幹部が出席する。最終的に国家情報長官が評価報告書に署名することによって、同長官が評価の内容に同意したことが示される。すなわち、評価報告書は国家情報長官によるプロダクトとなる。かつての中央情報長官たちは、自身が同意しない評価の内容の変更をしばしば命じていた。これは中央情報長官の権限内の行動ではあったが、起案担当者からは不興を買うものであった。

　このように、評価の起案には、官僚主義的な駆け引きが含まれる。これに加えて、評価の作成プロセスに絡む他の諸問題も評価の結果に影響を与える。すなわち、全ての課題に対して、全てのインテリジェンス組織が同等に興味を持っている訳ではない。それにもかかわらず、各インテリジェンス組織は、評価の作成のプロセスに参画することが重要であると認識している。これは、インテリジェンスの本質的な価値を高めるためではなく、他の組織の動向を監視するためである。また、ある課題に対して、全てのインテリジェンス組織が同じ水準の専門知識を有している訳ではない。例えば、国務省は、日常的な業務においても、人権侵害の問題に関して、他の組織よりも強い関心を持っている。実際に、国務省のINRは、この問題に関する専門知識を集中的に蓄積しており、（当該問題に携わっている）一部の特定の政策決定者のためにプロダクトを作成することもある。また、国防省は、米軍が活動する可能性のある国のインフラに関して、他の組織よりも強い関心を持っている。とは言うものの、良い悪いは別として、評価の作成は平等主義的な作業である。すなわち、全ての組織の見解は平等の重要性を持つものとして取り扱われる。これは、「ある問題に関しては、一部の組織の方が他の組織よりも優れている」というオー

ウェル（Orwell）のようなインテリジェンス観とは異なるものである。

　評価が繰り返して実施される課題もある。例えば、東西冷戦時代、ソ連の戦略的戦力に関して、インテリジェンス・コミュニティは年次の評価を作成していた（NIE11-3-8、全3巻）。長期的に重要な課題に関して定期的に評価を実施することは有用である。なぜならば、こうした方法を通じて、当該課題の継続的な把握及び詳細な観察が可能となる。加えて、従来から把握されているパターンに変化が生じた場合にそれを察知することも可能となる。しかし、定期的に作成される評価は「知的な罠」に陥る可能性もある。なぜならば、長期間の作業を通じて一定の「相場観（ベンチマーク）」が設定されると、たとえそれを変更する必要性が生じた場合であっても、分析担当者はそうした変更を加えることに消極的な姿勢を示す傾向があるからである。すなわち、ある重要な課題に関して長期間にわたり評価が蓄積されている場合、評価の担当者としては、過去の分析を根底から覆すような大きな変化が発生しつつあることを認めるのは容易ではない。

　こうした問題は、担当者が自分の過去の業績を守ることに固執することに比べれば、やや穏やかな方かもしれない。分析担当者あるいは分析担当者のチームが、収集及び分析に基づいて一定の結論に達した結果、自身の過去の見解を覆し、反対の結論を出さざるを得なくなるのはどのような場合なのだろうか。例えば、何らかの新しいインテリジェンスが入手された結果、分析担当者が自身の考えを完全に覆せざるを得なくなる場合があるかもしれない。ただし、そうしたケースは極めて稀である。そもそも、過去の分析を無視して、改めて最初から分析をやり直すことは可能なのであろうか。仮にそれが可能だとしても、捨て去るべき古いインテリジェンスと残すものとの線引きはどのようにするのだろうか。このように、過去の分析の蓄積の影響は大きく、一般に考えられているほど簡単には解決し得る問題ではない。（この背景として）実際には、インテリジェンス分析とは、相互作用的な反復プロセスである。収集あるいは分析の各段階の明確な始点及び終点すらも必ずしも判然とはしない場合がある〔訳者注：第4章で既述のとおり、実際のインテリジェンス・プロセスは単純な直線というよりも、循環的かつ重層的な作用と考えられる〕。この点に関し、イランの核開発問題に関する2007年の国家インテリジェンス評価は、多くの示唆に富んでいる。インテリジェンス当局の関係者によると、当時、イランの核開発問題に関する評価プロセスの最終段階において、当該課題に関する新たなインテリジェンスが明らかになった。新たなインテリジェンスの内容は明確かつ赤裸々なものであった。第1の問題は、新たに明るみとなったインテリジェンスの信頼性であった。すなわち、「これはイランからの偽情報ではないか」等の疑いである。こうした疑

問に完璧な解答を出すことはできないものの、分析担当者たちは、新しいインテリジェンスを検証した結果、これが真正なものであることを確信した。この結果、評価の結論は修正を余儀なくされた。（修正に当たっては、前記のような混乱も生じた。）イランの核開発問題に関する国家インテリジェンス評価の責任者は、自身の分析を支持すると同時に、それは決して確実なものではなく、将来的に変更される可能性がある旨も認めた。

　そもそも論として、インテリジェンス評価の有用性を疑問視する見方もある。評価報告書の文章の長さ及び時として間延びした形態に関しては、インテリジェンスの生産者及び利用者の双方が懸念を抱いている。評価作業の完了まで1年以上を要する場合もあることから、適時性に欠けるとの批判もある。評価作業がタイミングを失したものであった事例の中でも最悪の事例の1つは、1979年に発生した事例である。当時、イランの王制は刻々と崩壊に向かっていた。それにもかかわらず、イランの政治的安定性に関するインテリジェンスの評価は、「イランは直ちに革命が発生するような状況にはない」との見解を示していた。当該評価の内容にこうした違和感がみられたことから、連邦下院のインテリジェンス担当の委員会からは「この評価報告書は議論に値しない」との指摘を受けた。2010年、こうした批判に応え、国家インテリジェンス評議会は、国家インテリジェンス評価の構成の見直しを行った。そうした見直しの中で、評価報告書の本文は20頁以内とされた（それまでの長さは平均で54–68頁であった）。また、主要な判断（結論）部分は2–3頁以内とされた。さらに、結論部分及びその裏付けとなる分析の関連付けをより強化することとされた。

　（2003年の）イラク戦争開戦後、評価策定のプロセスは厳しい批判及び注目を浴びることとなった。特にその契機となったのは、イラクの大量破壊兵器問題に関する国家インテリジェンス評価であった。そうした懸念の例としては、過去の評価がもたらす影響、グループシンクの問題、情報源から裏付けられる範囲を超えた確実性を示唆するかのような表現の使用、要旨及び本文の不一致、評価の策定の迅速性等であった。このうち最後の批判（評価の策定の迅速性）は興味深いものである。なぜならば、イラクの大量破壊兵器問題に関する評価は、連邦上院の要請に基づいて作成されたものであった。背景として、イラクに対する武力行使の権限を大統領に付与する決議案の投票の前に、当該評価は、3週間という期限に間に合わせるために作成されたものであった。イラクに関連する様々な問題に関して国家インテリジェンス評価の内容が頻繁にリークされたことから、インテリジェンス・コミュニティ及びブッシュ政権の間に対立があるとの見方もあった。

イラクの大量破壊兵器に関する国家インテリジェンス評価が問題となった後、評価のうち少なくとも主要な判断（結論）は公表すべきとの政治的圧力が主に連邦議会から高まった。こうした圧力の下、「イラクの安定性の見通し：今後の課題」（2007年1月）及び「米国国土に対するテロリズムの脅威」（2007年2月）と題する各評価の主要な判断（結論）部分が公表された。事前予想のとおり、ブッシュ政権の政策を問題視する議員の中には、自身の政治的見解を補強するべく、公開された評価の内容を利用する者もいた。こうした議員の活動は、何ら法令あるいは規則等に違反するものではない。しかし、これによって、国家インテリジェンス評価は党派的な争いに翻弄されることとなった。2007年10月24日、マコーネル国家情報長官は、国家インテリジェンス評価の主要な判断（結論）部分は公表されるべきではないとし、前記の公表事例を先例とはしない旨を述べた。しかし、その僅か7週間後、マコーネル国家情報長官の意向にもかからず、ブッシュ大統領の指示によって、イランの核問題に関する国家インテリジェンス評価の主要な判断（結論）が公表された。背景として、大統領は、不正確なインテリジェンスのリークを懸念していたとみられる。その後、国家インテリジェンス評価の公表は行われなくなった〔訳者注：バイデン政権下では、様々な案件に関して、国家インテリジェンス評価そのものではないものの、インテリジェンス・コミュニティによる評価の文書が公開された〕。国家インテリジェンス評価の一部あるいは全部を公表することは多くのコストを伴う。すなわち、国家インテリジェンス評価が公表された場合、分析担当者あるいは国家インテリジェンス評価の作成担当者は、党派的な争いに巻き込まれることを嫌い、意見を明確に表現することを躊躇するようになる可能性がある。また、政権の政策に対する反対のために国家インテリジェンス評価が悪用される傾向もある。この結果、評価が策定された根拠そのものが変更されてしまうこともあり得る。さらに、国家インテリジェンス評価が公表されると直ちに政治的かつ表面的な批評に晒されることになる。この結果、本来は戦略的（中長期的）なインテリジェンス分析の議論が、短期的インテリジェンスの議論にすり替えられてしまうという奇妙な現象も生じる。

　国家インテリジェンス評議会は、国家インテリジェンス評価を最大20頁に短くしたことに加え、国家インテリジェンス評価の正確性の向上のための変革を実施した。すなわち、国家インテリジェンス評価の判断（結論）には、可能性（likelihood、probability）及び確信（confidence）に関する説明が添付されるようになった。また、リスク分析及び機会分析、収集のギャップ（必要な情報が収集できていない点）及び代替のシナリオに関する説明も加えられるようになった。

　評価の策定が過度に重視されている可能性もある。確かに、評価はインテリジェ

ンス・コミュニティの総意として策定され、国家情報長官の署名を経て大統領に送付される。しかし、インテリジェンス・コミュニティ内で作成される戦略的インテリジェンスのプロダクトは、評価だけに限られている訳ではない。それにもかかわらず、インテリジェンス・コミュニティがある課題を戦略的な視点から扱っているか否かを見極める唯一の指標が、評価の作成の有無であると認識されている風潮がある。これは実際には誤った認識である。しかし、9.11 テロ事件の調査委員会の報告書も、同様の誤った認識を示していた。すなわち、同委員会は、9.11 テロ事件以前の数年間、テロリズムに関する国家インテリジェンス評価が策定されていなかった旨を非難した。実際には、戦略的インテリジェンス分析には様々な形態がある。複数の組織によって策定される場合もあれば、単一の組織によって策定される場合もある。すなわち、国家インテリジェンス評価が戦略的インテリジェンスの唯一の形式な訳ではない。また、国家インテリジェンス評価の有無が、インテリジェンス・コミュニティが当該問題をどの程度深刻に扱っているかを示す指標となる訳ではない。

競争的分析

　米国のインテリジェンス・コミュニティは、競争的分析（Competitive Analysis）という考え方を尊重している。これは、異なった視点を持つ複数の組織が同じ課題に取り組むというものである。米国は、3つの主要なオール・ソースの分析組織（CIA、DIA、INR）を含め、複数のインテリジェンス組織を擁している。関係者の共通の理解としては、各組織はそれぞれが異なった分析上の長所を持っており、かつ、同じ課題に対して異なる視点を持っていると考えられる。こうした各組織が分析に取り組むことにより（場合によっては同一の課題に対して複数の組織が取り組むことにより）、分析はより強固なものとなり、政策部門に対してより正確なインテリジェンスを提供し得ると考えられている。

　各インテリジェンス組織の間では、それぞれのプロダクトの発行を通じて日常的に競争が行われている。これに加えて、インテリジェンス・コミュニティは他の方法においても競争を促している。場合によっては、インテリジェンス組織はいわゆるレッド・チームを設置することがある。レッド・チームは、他国あるいは他組織の思考に対する洞察を深めるべく、そうした他国側の分析担当者の役割を担う。こうした競争的分析が実際に実施された著名な例として、前述のとおり、1976 年、ソ連の戦略戦力及び核ドクトリンに関するインテリジェンスを検討するべくチームA 及びチームB が結成された。チームA は、インテリジェンス・コミュニティの

分析担当者によって構成された。他方、チームBは、外部の専門家で構成された。チームBの専門家は、明らかにタカ派的な視点を持っていた。ソ連が構築した戦略システムに関しては、両チームの見解にほとんど相違はなかった。他方、問題となったのは、ソ連の核ドクトリン及び戦略的意図に関する評価であった。予想通り、チームBは、ソ連の意図に関する脅威がより深刻なものとして裏付けられているとの評価を下した。ただし、この事例においては、チームBの視点が著しくバランスを欠いていたため、競争的分析の意義は大きく損なわれてしまった。本来であれば、こうした試みは、ソ連の意図に関する洞察を深めるのみならず、競争的インテリジェンスの有用性を検証するためにも意義深いものとなるはずであった。

　異議申し立て制度（Dissent channels）は、有用ではあるものの、必ずしも広くは活用されていない。この制度は、分析担当者が、自身のキャリア上のリスクを冒すことなく、上司の意見に対して異議を申し立てることを認める官僚組織内の制度である。国務省の外交官に対しては、以前からこうした制度が存在している。こうした制度は、競争的分析に比較すると、異なった視点を明確化するという点ではやや劣っている。しかし、相互の合意を重視する傾向のある官僚的プロセスにおいて、異なった視点を生き残らせるための手段とはなり得る。

　より広義の問題は、こうした競争的インテリジェンスをどの程度制度化できるか（あるいは制度化するべきか）という点である。米国の制度においては、既にある程度は競争的インテリジェンスが実現されている。ただし、3つのオール・ソースのインテリジェンス組織（CIA、DIA、INR）の間では、常にこうした競争的インテリジェンスが実行されている訳ではない。3つの組織は、しばしば同じ課題に取り組んではいるものの、（良く知られているように）それぞれの組織は異なる視点を持っている。その結果、（本来は競争的インテリジェンスによって浮き彫りにされるかもしれない）意見の相違点の幾つかは搔き消されてしまっている。

　競争的分析を実施する条件として、類似の専門分野を持つ十分な数の分析担当者が複数のインテリジェンス組織において活動していることが必要である。競争的分析の全盛期であった1980年代には、確かにそうした条件が満たされていた。しかし、冷戦終結後の1990年代、インテリジェンス組織は深刻な予算削減及び人員削減に直面した。この結果、競争的分析を実施する能力は低下し始めることとなった。分析担当者の数が減少した結果、インテリジェンス組織は、顧客である政策部門にとっての最優先課題に手持ちのリソースを集中せざるを得なくなった。そうしたことから、競争的分析を実行する能力は低下した。こうした能力の回復のためには2点が必要である。第1は、分析担当者の増員である。第2は、それぞれの分析担当

者が1つあるいは複数の分野の専門家になるための時間的余裕である。

　競合的分析が有効に機能するためには、分析担当者は自分の分析を積極的に他の分析担当者と共有することが必要である。こうした活動を阻害する要因の1つが、ニード・トゥ・ノウ（need to know）という安全保障上の概念であった。この概念は、（インテリジェンスを）共有しないことを正当化するために利用されてきたとみられる。2001年のテロ攻撃の後、インテリジェンス・コミュニティのこうした考え方に変化が生じた。マコーネル国家情報長官の下での新しい方針は、従来のニード・トゥ・ノウをニード・トゥ・シェア（need to share）に変更し、更には「提供する責任（responsibility to provide）」を推進する旨を示していた。こうした方針の変化は、インテリジェンスの管理者及び分析担当者の業績評価にも関わるものであることから、（インテリジェンスの）共有を大いに促進することとなった。ただし、共有には依然として課題も残る。2017年3月、司法省及び国土安全保障省の首席監察官は、国土安全保障に関するインテリジェンス共有において統一性及び戦略が欠如している旨を指摘した。

　共有の促進に対するもう1つの障害は技術的なものである。情報共有を促進するためには、安全性の確保された共用のネットワークを確立することが必要である。長年にわたり、インテリジェンス・コミュニティには、互換性もなく時代遅れのシステムが存在している。この問題への対応の1つは、インテリジェンス・コミュニティ情報技術事業（ICITE（Intelligence Community Information Technology Enterprise)、「アイサイト」と発音）である。これは、国家情報長官によって進行中の事業であり、コミュニティ全体に共通のITプラットフォームを構築することを目指した取組である。別の対応策としては、クラウド技術の活用がある。特に、アマゾン・ウェブ・サービスの秘匿版を利用することにより、様々な秘密指定レベルにおける情報共有が可能となる。加えて、新しいソフトウェア及びアプリケーションを試験することも可能である。2017年10月、トランプ政権は、国家情報長官、司法長官及び国土安全保障省長官に対し、国家安全保障上の脅威に対応するための情報共有ネットワークの構築を命じた。これが、ICITE及びインテリジェンス・コミュニティによる他の既存の取組とは別個のものか、あるいは連動したものなのかは明らかではない。

　民間企業の中には、米国のインテリジェンス活動に対して非協力的なものもある。グーグル社（Google）は「Maven」プロジェクトに参加していたが、社員の反対により、同計画からの脱退を余儀なくされた（第5章参照）。ツイッター社（Twitter）は、米国のインテリジェンス組織による「Dataminr」サービスへのアクセスを打ち切った。「Dataminr」は、SNS上の全情報を網羅するアラートサービスである。

インテリジェンス・コミュニティは競争的分析を重視しているが、政策決定者の中にはそうした考え方を受け入れない人々もいる。すなわち、政策決定者の中には、ある問題に関して各インテリジェンス組織が合意できないはずはないと考えている者もいる。その前提として、そうした論者はおそらく、全ての問題に対して唯一の「正解」があり、しかもその「正解」を知ることができるはずだと考えている。トルーマン大統領が中央インテリジェンス・グループ（CIG）及びその後継組織であるCIAを創設した主な理由の1つは、意見が一致しない複数のインテリジェンス報告を受領することに苛立っていたからである。トルーマンは、相矛盾する複数の見解に対処するべく、報告内容を調整する組織を求めていた。ちなみに、トルーマンは、各インテリジェンス組織の見解が一致しない可能性がある旨は十分に理解していた。ただし、意見が一致する部分及び一致しない部分をそれぞれ明確化するための調整すらなされることなく、全くバラバラの報告を受領することには不満だった。政策決定者の中には、インテリジェンスに関するトルーマンのような繊細な理解を欠き、単純に各インテリジェンス組織が意見を異にすることに耐えられない者もいる。その結果、彼らは、競争的分析の概念を受け入れられない。

最後に、競争的分析という考え方に馴染みのない人はもちろん、一定の知見のある人であっても、競争的分析の持つ「計画的な重複性」という側面を、知的生産性というよりもむしろ無駄に過ぎないとみなす場合がある。

マルチ・インテリジェンスによる分析とオール・ソース・インテリジェンスによる分析

第5章で既述のとおり、マルチ・ソース・インテリジェンス（通常、マルチ・イント（Multi-Int）と呼ばれる）とオール・ソース・インテリジェンスの間の相違及び相対的な利点に関しては、若干の混乱及び緊張が生じている。繰り返しになるが、マルチ・インテリジェンスとは、2つ以上の技術的情報源、特に地理空間情報（ジョイント）及び信号情報（シギント）を組み合わせたものである。これも繰り返しになるが、マルチ・ソース・インテリジェンスとは、複数のイントに基づくインテリジェンスではあるが、オール・ソースのインテリジェンスではない。この問題は（「どちらが優れているか」といった）明確な白黒の問題ではない。それぞれの課題に応じて、マルチ・ソース・インテリジェンスによる対応で（適切ではないかもしれないが）十分である場合もあれば、オール・ソース・インテリジェンスによる対応が必要となる場合もある。なお、（この点に関連し）オール・ソースの担当者の側からは、幾つかの問題点が指摘されている。懸念される問題の1つとして、こうしたインテ

リジェンスの微妙なニュアンスに精通していない政策決定者は、マルチ・インテリジェンスのプロダクトを読んだ際、それがオール・ソースのプロダクトではないことに気付かない可能性がある。マルチ・ソース・インテリジェンスかオール・ソース・インテリジェンスかの違いが分析の価値に影響を与えるか否かはケースバイケースかもしれない。しかしいずれにせよ、政策決定者としては、そうした点を判断するのは容易ではない。なぜならば、彼らは、両者の相違を理解しておらず、オール・ソースであればカバーできたかもしれない事柄でマルチ・ソースでは欠如してしまっている事柄が何かを理解していないからである。もう1つの懸念は、マルチ・ソース・インテリジェンス分析に従事している分析担当者は、基本的には単一のイントの分析担当者である。彼らは、オール・ソース担当の分析担当者が通常備えているような深い分析能力を持ってはいない。特に政治分析の領域ではそうした分析上の「深み」が要求されることから、マルチ・ソース・インテリジェンスの分析担当者では手に負えない場合がある。ただし、マルチ・ソース・インテリジェンスに従事する分析担当者を管理している幹部の中には、自分たちこそが「縦割り」分析の橋渡しを担っていると自負している者もいる。彼らは、自分たちの分析には限界がある旨の指摘に対して反発することもある。

　実際には、マルチ・ソース、オール・ソースの双方の形態の分析共に必要である。その上で、「誰が何を担当するのか」（マルチ・ソースとオール・ソースのどちらが対応するのか）に関する一定の基準があれば、分析プロダクトは一層改善され得ると考えられる。また、政策決定者が分析プロダクトを読む際に、始めに分析の根拠を知ることができるような（すなわち、マルチ・ソースかオール・ソースかの違いを明示するような）何らかの表示も必要と考えられる。

インテリジェンスの政治化

　政策及びインテリジェンスの間には両者を隔てる境界線が存在する。こうしたことから、**インテリジェンスの政治化**（politicized intelligence）の問題が生じる。この境界線は、半透性の膜のようなものと捉えるのが適切である。すなわち、政策決定者は、インテリジェンス部門の分析とは相反する評価を自由に論じることができる。これに対し、インテリジェンス部門の担当者は、自身のインテリジェンスに基づいて政策を論じることは許されない。例えば、1980年代後半、ニカラグアにおいて反政府勢力（コントラ）が勝利する可能性に関し、国務省のINRは悲観的な評価をしていた。他方、同省の西半球担当の次官補であったアブラムス（Elliot Abrams）は、しばしば、INRの評価とは異なる見方をしていた。アブラムスは、この問題に関す

るより肯定的な独自の見解をシュルツ（George P. Shiltz）国務長官（在 1982–1989 年）に対して報告していた。この事例の場合、アブラムスは、自ら独自にインテリジェンス活動を行った訳ではない。同人がインテリジェンス部門とは異なった見解を持つこと自体は、「政策とインテリジェンスの境界線」の枠組みをわきまえたものであった〔訳者注：特段の問題があるものではなかった〕と言い得る。

　政策決定者及びインテリジェンス担当者は、（同じ課題に取り組んではいるものの）それらの課題に対して有する利害は、組織的にも個人的にも異なったものである。政策決定者は、政策を立案し、それらの政策の成功によって更に別の利益（キャリア上の出世、選挙での再選）を得ることを画策している。インテリジェンス担当者は、政策の立案あるいはその成功に対して責任を担うものではない。ただし、それらの政策の結果が組織的にも個人的にも自身の地位に影響を及ぼし得ることは理解している。

　政治化には 2 つの種類がある。第 1 の形態は言わば「善意の政治化」である。これは主に、インテリジェンス担当者が、政策決定者の嗜好する選択肢あるいは結果を支持するために、本来客観的であるべきインテリジェンスを意図的に変更する可能性があるというものである。このような行動は様々な動機から生じ得る。現下の課題に対する客観性の喪失、特定の選択肢あるいは結果に対する嗜好、（政策決定者に対して）より協力的であろうとする努力、自己のキャリア上の利害、明確な迎合等である。こうした事例は非常に身近なものである。他方で、第 2 の形態はよりネガティブな形態であり、言わば「悪意の政治化」である。これは、前述のとおり、（インテリジェンス担当者自身が）政策決定者に対して影響を及ぼし、政策が変更されるあるいは撤回されることを画策するものである。「下向きの政治化」あるいは「上向きの政治化」という区別も考えられる。「下向きの政治化」の場合、政策決定者の側が、自分が強く嗜好するあるいは希望する分析結果を分析担当者の側に対して伝えることがある。「上向きの政治化」の場合、分析担当者の側が、政策決定者が聞きたいと期待している内容の分析を（おもんぱかって）政策決定者の側に伝えることがある。善意であれ悪意であれ、下向きであれ上向きであれ、これらの行為はいずれも誤ったものであり、分析の役割を歪めるものである。

　インテリジェンス担当者は意図的にインテリジェンス内容を変更することもあるが、これは微妙な問題である。なぜならば、これは必ずしも、インテリジェンス及び政策を隔てる境界線を踏み越えるものではない場合もあるからである。すなわち、分析担当者は、インテリジェンスのプロダクトがより好意的に受け取られるようにすべく、手を加えることがあり得る。また、インテリジェンス・コミュニティの最上層においては、インテリジェンス及び政策を隔てる境界線はより曖昧になって

いる。こうしたことから、政治化の問題はより複雑化する。政策決定者がインテリジェンス組織幹部に対し、ある問題あるいは政策に関しての個人的な見解を求めることはあり得るし、インテリジェンス組織の幹部がこれに答えることもあり得る。大統領あるいは国務長官がこうした質問を発した際に、国家情報長官あるいはCIA長官が常に発言を差し控えているとは考えにくい。(インテリジェンスの政治化は、分析担当者の持つバイアスとは別である。後者は、分析担当者自身の思考過程の中で、政策決定者とは無関係に発生するものである。どちらも警戒を要する事象であるが、両者は異なるものであることには注意を要する。)

インテリジェンスの政治化の問題の規模あるいは持続性を判断するのは容易なことではない。インテリジェンスの政治化を告発する者の中には、官僚組織の中での競争の敗者(すなわち、自分の意見が取り入れられなかったインテリジェンス担当者)あるいは現在の政策の方向性に不満を持つ政策決定者等が含まれる。(後者は、行政府あるいは連邦議会の関係者で、現政権を支持する者の場合もあれば、反対の立場の者の場合もある。)したがって、こうした人々による告発の客観性は低いものである可能性がある(彼らが問題視しているインテリジェンスの客観性よりも、これに対する告発の客観性の方が低い可能性もある)。インテリジェンスの実務的なプロセスに関する知識が乏しい人は、インテリジェンスの実務家が「勝者及び敗者」について議論するのを聞いて驚くことがある。ただし、こうした議論は、あくまで政策機構あるいはインテリジェンスのコミュニティの内部におけるものであり、厳密な意味での学術的な議論ではない。実務上の「勝者及び敗者」は現実の結果を伴うものであり、それは重大かつ時には危険なものである。すなわち、分析担当者のキャリア上の成功・不成功は、議論のどちらの側に居るかによって影響を受ける。インテリジェンス担当者が政策決定者に仕えるのと同様に、政府の幹部公務員は(インテリジェンス部門であれ政策部門であれ)政治任用の上級幹部職員に仕えている。こうした政治任用の幹部は、分析の客観性に対する関心は比較的薄い。

一例として、1940年代後半から1950年代前半、国務省の中国専門家(いわゆる「チャイナ・ハンド」)の多くが、「中国が共産主義者に奪われるのを支援した」との疑惑の下、左遷され職を追われた。研究者及び官僚の多くは、こうした仕打ちを重大な不正と考えた。ただし、ハーバード大学教授のメイ(Ernest R. May)が指摘したように、1950年代初頭の選挙における米国国民の選択は、蔣介石を支持する(=中国共産党を支持しない)共和党が政権へ復帰することであった。これによって、チャイナ・ハンドの唱える反蔣介石的な見解は(政治的には)否定されることとなった。すなわち、チャイナ・ハンドは、政府内においてイデオロギー上の反対に直面する

のみならず、自分たちが嗜好する政策を実行するために必要な政治的基盤を失ったのである。同様に、カーター政権時代に第 2 次戦略兵器削減交渉（SALT II）の条約の策定及び推進に関与したインテリジェンス担当者及び国務省の外交官の多くは、同条約に反対するレーガン（Ronald Regan）政権の誕生により、その後の職務上のキャリアでは冷遇された。繰り返しになるが、彼らのキャリアが翻弄された原因は、選挙の結果に他ならない。有権者は、必ずしもこうした「処罰」を意図したものではないとも言い得る。他方で、こうした状況は、「政府及びその政策プロセスは本質的には政治的なものである」という事実を明確に示している。

「インテリジェンス担当者による（インテリジェンスの）政治化」の問題もまた、「捉え方の問題」である可能性がある。「政治化されたインテリジェンスとはどのようなものであるか」に関しては、合意を得ることは可能と考えられる。しかし、ある個別具体の分析がそうした定義に該当するか否かに関しては、合意を得ることは容易ではない。

このように、インテリジェンスの政治化は引き続きの懸念材料である。そして、この問題はやや漠然としたものであることから対応が困難であり、だからこそ注意を払い続ける必要がある。ゲーツ（Robert Gates）が 2 度目に中央情報長官に指名された際の公聴会では、こうしたインテリジェンスの政治化をめぐる様々な問題が顕在化した。分析担当者の中には、ゲーツは政策決定者の嗜好に迎合するべくソ連に関する分析を変更したと主張する者もいた。（イラン・コントラ事件（1985–1987 年）の最中の 1986 年、ゲーツは、中央情報長官への指名を受けていたが、当該指名を取り下げるようレーガン大統領に申し出た。その後、1991 年、ゲーツは、ブッシュ（George H. W. Bush）大統領によって再び中央情報長官に指名され、連邦議会によって承認された。）

インテリジェンスの政治化に対する懸念は、イラクの大量破壊兵器問題を巡っても生じた。2003 年の報道によると、チェイニー（Richard Cheney）副大統領は、イラク問題に関する説明を受けるため、数度にわたり CIA を訪問した。こうした訪問は、分析担当者に影響を与えることを意図したものであるとの批判もある。他方で、インテリジェンス組織の関係者及び分析担当者は、（副大統領から）分析内容を変更するような要求は受けていなかった旨を主張した。本件は、極めて機微な案件に関して政府高官がインテリジェンス組織から説明を受けて、その後にインテリジェンスの政治化が生じたとみられる事例である。こうした事例において、（政治的圧力があったか否かを見極めるために）政府高官がインテリジェンス側に説明を求め得る「適切な回数」の基準等を設定することは可能なのであろうか。この答えは否であろう。重要なのは（面談の回数ではなく）政策決定者と分析担当者の間のやり取りの内容で

ある。また、こうした（インテリジェンス組織による政策決定者に対する）説明の実施は、政策決定者の意思決定を支援するというインテリジェンス組織の根本的な任務とも考えられる。イギリスにおいては、イラク問題の政治化に関する議論の中心は、ブレア（Tony Blair）首相あるいはその周辺が、国防省関係者に対してイラクの大量破壊兵器に関するインテリジェンスを「粉飾」するように依頼したとの告発であった。イギリス政府はこれを否定した。イラク問題に関するインテリジェンスに関しては、3つの組織による外部調査が実施された。米国においては、連邦上院のインテリジェンス問題委員会による調査及びいわゆる大量破壊兵器調査委員会による調査が実施された。イギリスにおいては、バトラー（Butler）卿による調査が実施された。いずれも、インテリジェンスの政治化はなかったと結論付けている。加えて、オーストラリア政府による報告書も同様の結論に達している。

　2015年8月の報道によると、米国中央軍（CENTCOM）のインテリジェンス分析担当者の多くは、「イスラム国」に対する米国の作戦に関する分析の内容は、上層部によって実態よりも楽観的な見解に変更されていると感じていた。2017年1月、国防省の首席監察官は本件に関する報告書を発表した。同報告書は、インテリジェンスのわい曲や改ざんに関する主張には根拠がない旨を結論付けた。同時に、中央軍のJ–2（インテリジェンス部門）の雰囲気及び業務プロセスの改善を勧告した。連邦下院軍事委員会及びインテリジェンス担当委員会の合同タスクフォースは、国防省よりも早く本件に関する報告書を発表していた。これは更に批判的な内容であった。いずれにせよ、これらの出来事は、9.11テロ事件及びイラクの大量破壊兵器問題以降のインテリジェンス分析業務を取り巻く（厳しい）政治的な雰囲気を浮き彫りにしたものであった。

　インテリジェンスの政治化の第2の形態は、政策決定者側によって引き起こされるものである。この場合、政策立案者は、政策上の自身の好みを裏付けるかあるいはこれに反対するようなインテリジェンスに対して強く反応する。例えば、1998年11月の報道によると、ゴア（Al Gore）副大統領のスタッフは、ロシアのチェルノムイルジン（Viktor Chernomyrdin）首相による私的な汚職に関するCIAの報告を拒絶したとされる。当該スタッフは、米国政府としては（実際の汚職の有無にかかわらず）本件問題に対して何らかの対応をしなければならないとした上で、そのためのインテリジェンスが不十分である旨を主張したとされる。これに対し、分析担当者は、政権側は立証の基準を高く設定し過ぎており、インテリジェンスがそうした基準を満たし得る可能性は低い旨を反論したという。分析担当者は、大統領府との間でのそれ以上の論争を避けるため、報告内容を自己検閲するに至ったとされる。政策側

及びインテリジェンス側の双方とも当該疑惑を否定した。

　2019年、トランプ大統領は、年次の世界脅威評価（Worldwide Threat Assessment）報告に関するコーツ国家情報長官のコメント、特に「北朝鮮は核兵器を放棄しないとみられる」及び「イランとの核合意に関し、米国はその条件から逸脱しているがイランはこれを遵守している」旨のコメントに対して激しく異議を唱えた。トランプ大統領は、コーツ国家情報長官、ハスペル（Gina Haspel）CIA長官（在2018–2021年）、レイ（Christopher Wray）FBI長官（在2017年–）を大統領府に呼び付け、彼らを「世間知らず」、「学校で勉強し直せ」等と罵倒した。同会合の最後に、トランプ大統領は、3名の長官は「（自分たちの発言がメディア等によって）誤って引用された」との見解に同意した旨を述べた。しかし、実際には、誤った引用がなされた訳ではなかった。大統領を始めとする政策決定者がインテリジェンス組織による評価に同意しないことは許容されることであるし、実際にそうしたことはあり得る。ただし、（政策決定者からインテリジェンス組織に対する）批判が、これ程までに公然とあるいは明確になされた事例は稀である。コーツ国家情報長官は、政権の対北朝鮮政策及び対イラン政策に関するインテリジェンス・コミュニティによる評価を述べた。同長官は、トランプ大統領の嗜好する政策を特定的に攻撃した訳ではない。しかし、北朝鮮に関しては、「北朝鮮との交渉により同国の非核化を実現し得る」とするトランプ大統領の見解及びインテリジェンス・コミュニティの評価の間には不一致があった。コーツ長官は、この後程なく解任された。

　2020年12月、バー（William Barr）司法長官（在2019–2020年）は、ダーラム（John Durham）を特別検察官に任命した。これは、インテリジェンス組織及び法執行組織がトランプの2016年の選挙運動及び同陣営とロシアとのつながりの可能性を調査した際に、これらの組織（インテリジェンス組織及び法執行組織）が違法行為を行ったか否かを捜査するものであった。（ダーラム特別検察官は同年10月に任命されていた。しかし、2020年の選挙への干渉を防止するべく、バー長官は12月まで当該人事を非公表としていた。）2017年1月、インテリジェンス・コミュニティは、2016年の選挙においてロシアはトランプに利するべく選挙干渉を試みた旨を結論付ける評価を発表していた。当初、ダーラム特別検察官の任務には、当該インテリジェンス評価の背景にある分析に対する捜査も含まれていると考えられていた。しかし、これは、インテリジェンス組織の行う分析に対して犯罪捜査を行うことであり、危険な先例になり得るとみなされた。その後、ダーラム特別検察官による捜査の範囲は、トランプ陣営及びロシアの関係を捜査したFBIの「クロスファイア・ハリケーン作戦」に対する捜査に絞られることとなった。

第6章　分析　309

インテリジェンスの政治化の問題は、「2020年の選挙に対する外国からの干渉の可能性」の問題に関しても再び浮上した。報道によると、本件に関する国家インテリジェンス評価の当初の草案では、「ロシアは来る2020年の選挙においてトランプ大統領を支持する」旨を指摘していたとされる。しかし、コーツ国家情報長官の解任後、この草案の内容はトーンダウンされたとみられる。この時、コーツの後任である国家情報長官代行には、マグワイア（Joseph Maguire）退役海軍中将が就いていた。その後、連邦下院のインテリジェンス担当委員会のシフ（Adam Schiff）委員長に対して、国家情報長官室の分析官が、ロシアはトランプを支持している旨を再度説明した。その後、マグワイア長官代行も解任された。2020年10月、ラトクリフ（John Ratcliffe）国家情報長官（在2020–2021年）は、本件に関する連邦議会での証言において、トランプ大統領に打撃を与えることを画策したイランの活動を強調する一方で、トランプ大統領を支援するロシアの活動の扱いは控え目なものとした。連邦上院のインテリジェンス担当委員会のルビオ（Marco Rubio）委員長（共和党、フロリダ州選出上院議員）及びワーナー（Mark Warner）副委員長（民主党、バージニア州選出上院議員）は、国家情報長官室の分析問題担当監察官であるズラウフ（Barry Zulauf）に対し、本件に関する評価を依頼した。ズラウフ監察官は、外国による干渉及び選挙に関するインテリジェンスにおいて政治化があったと考えられる幾つかの点を指摘した。政治化の背景には、トランプ大統領に対する外国からの支援の可能性を過小評価するため、あるいは、相対的に他の問題をより深刻な脅威として過大評価するため等の事情があったとみられる。

政策決定者はまた、党派的な目的のためにインテリジェンスを利用することもある。米国における2つの事例は、「ミサイルギャップ」問題（1959–1961年）及び「脆弱性の窓」問題（1979–1981年）の際にみられた。いずれの事例においても、野党側（前者では民主党、後者では共和党）は、ソ連は米国に対して戦略的な核の優位性を獲得しているにもかかわらず、そうした事態は無視されている（あるいは報道されていない）旨を主張した。いずれの事例においても、政権を批判していた野党側がその後の選挙に勝利した（ただし、本件に関する主張が勝因ではない）。それぞれの政党は、政権に就いた後、（ソ連の戦略核に関する）自らの主張はインテリジェンスによって裏付けられていないことを知り、単に「深刻な状況は解消された」旨の取り繕いの主張を行った。

分析の基準

本章においてこれまで論じてきたように、インテリジェンス分析には一定の基準

(standards) がある〔訳者注：ここでいう「基準」とは、業務の実施方法及び手続等に関する一定の決まり等を意味する〕。そうした基準の大半は広く知られ、受け入れられているものである。しかし、最近に至るまで、こうした基準を成文化する努力はほとんどなされていなかった。こうした状況は、2001 年の 9.11 テロ事件及びイラクの大量破壊兵器問題の影響を受けて変化した。2004 年のインテリジェンス・コミュニティ改編法には、インテリジェンス分析に関する多くの基準が含まれている。国家情報長官室も、インテリジェンスの評価に関する基準を策定し、インテリジェンス・コミュニティ通達第 203 号（ICD 203）によってこれらの基準を公表している。

これらの分析の基準それ自体を（逐語的に）理解することは重要である。同時に、これらの基準は、それらが策定された背景事情と切り離して理解すべきものではない。9.11 テロ及びイラクの大量破壊兵器問題という 2 つの出来事は、「インテリジェンス組織の分析能力には欠陥があり、ほとんど機能しなかった」旨の強烈な印象を多くの人々に与えた。しかし、前述のとおり、この 2 つの出来事から得られた「教訓」は相互に正反対の意味を持つものである。

- 警報（Warning）：9.11 テロ事件の「教訓」として、インテリジェンス・コミュニティの発した警報が十分に明確ではなかったことから、政策決定者は脅威の本質を正確に把握できなかった。ただし、当時のインテリジェンス当局者はこうした見方を否定し、そもそも有用な戦術的インテリジェンスは当時存在しなかった旨を指摘している。他方、イラクの大量破壊兵器問題の場合、インテリジェンス・コミュニティは、非常に些細な新しいインテリジェンスに基づき、脅威を誇張し過ぎたと指摘されている。
- 分析プロセス（Analytical Process）：9.11 テロ事件に際して、分析担当者は、別々のインテリジェンスの間に必要な関連付けをすることに失敗した。（それゆえ「点と点をつなげ（Connect the dots）」との比喩が使われるようになった。）他方、イラクの大量破壊兵器の問題の場合、別々のインテリジェンスの間に過剰な関連付けを行ったことから、イラクの大量破壊兵器計画に関して誤ったイメージを持つに至ってしまった。同様に、9.11 テロ事件以前の分析は「想像力の失敗」として非難をされた。これに対し、イラクの大量破壊兵器問題の場合は、想像力が過剰に過ぎたと見られる。
- 情報の共有（Information sharing）：9.11 テロの企てを発見できなかった原因の 1 つとして、CIA 及び FBI の間の情報共有に失敗があったとされている。他方、イラクの大量破壊兵器問題の場合、インテリジェンス・コミュニティは、事実とは異なる情報を共有してしまったことが問題視された。当該情報は、カーブボール（CURVEBALL）と呼ばれる信頼性の低い人的情報源から入手されたものであり、各インテリジェンス組織は、

誤った情報と知らずにこれを共有していた。

　こうした状況を踏まえ、国家情報長官の創設にかかる法案が連邦議会において審議された際には、将来の分析に期待される事項に関して異例とも言える詳細な検討が行われた。同法に基づき、国家情報長官は、インテリジェンス・コミュニティによって作成されるあらゆるインテリジェンス・プロダクトが「適時で、客観的で、政治的な影響から独立し、入手可能なあらゆるインテリジェンス情報源に基づき、適切な分析手法の基準を満たしている」（第1019条）ことを実現する責務を担う担当者（または部署）を任命しなければならない。当該担当者（担当部署）は、個別具体のインテリジェンス・プロダクトの作成に対して直接的な責任を担うことはない。その上で、分析のプロダクト、教訓、改善のための勧告に関して、定期的に詳細な検証報告を作成する責務を担う。同法は、こうした評価及び検証のための基準を詳細に定めている。さらに、同法は、分析監察官（分析オンブズマン）の創設を求めている（コラム「どの程度正しく、どの程度頻繁に」参照）。

［コラム］どの程度正しく、どの程度頻繁に

「問い」の性質（野球の例え）

　インテリジェンス分析に関しては、永遠に答えが出そうにない難問がある。その1つは、「分析担当者は、どの程度『正しく』ある必要があるのか、それはどの程度の頻度においてか（How right How often?）」である。この問題に対する答えは、一方においては、入手可能なインテリジェンス及び分析担当者の技量に依存する側面がある。同時に、分析担当者に付与される「問い」の性質によっても大きく左右される。

　この問題を野球に例えてみる。野球を行う上で2つの重要な活動は守備及び打撃である。ただし、この2つの活動に要求される水準は大きく異なる。プロ野球選手であれば、守備においては95%以上の正確性が要求される。他方で、打撃に関しては、メジャーリーグ全体の平均打率は2割6分前後である。すなわち、明らかに、守備よりも打撃の方が困難である。

　分析に関しても同様である。一方で、分析担当者に付与される「問い」が野球における守備と同様の水準の（比較的容易な）「問い」である場合がある。例えば、「北朝鮮の空軍司令官は誰か」、「同人に関する既知の事項は何であるか」といった「問い」である。他方で、野球における打撃と同様の水準の（困難な）「問い」が付与される場合もある。例えば「金正恩は次に何をしようと画策しているのか」といった「問い」である。

　このように、分析の達成度は、付与される「問い」の性質によっても左右される。

　国家情報長官室の分析担当幹部もまた、分析に関する一定の評価基準を策定して

いる。その内容に対する異論はほとんどみられない。これらの評価基準は主に、「情報源（source）」、「仮定（assumption）」、「判断（judgement）」、「代替的分析（alternative analyses）」、「論理的論証（logical argument）」といったインテリジェンスの根底に関わる事項である。こうした基準に関する諸要素の中で最後に問題になるのは「正確性（accuracy）」である。この問題に関しては、当面は解決策を見出せない可能性がある。なお、ベテランのインテリジェンス分析担当者であるカーベル（Josh Kerbel）は、こうした基準の設定は「産業革命時代の職人技」を用いて（現代の）分析に当たるようなものであり、創造性及び想像力を発揮する分析担当者の能力をかえって制約してしまう可能性がある旨を指摘している。

　関係者の大半は、優れた分析のためにはこうした基準が必要であることに同意すると考えられる。その上で、本当に重要な問題は、これらの基準がどのように実践されるかという点である。なお、これらの基準は、9.11テロ事件よりもイラクの大量破壊兵器問題からの教訓を反映したものとなっていることは注目に値する。国家情報長官室は、これらの基準はコミュニティ全体の指針として機能するものであるとした上で、新人の分析担当者及び分析担当の幹部に対する研修の中に含まれるべきものとしている。ただし、コミュニティ全体に跨る研修は依然として不足しており、こうした研修を受講し得る分析担当者は、毎年、全体の中でも極めて少数に過ぎない。したがって、これらの基準の実践は、各インテリジェンス組織によって実施されている研修に掛かっている。ただし、ソーシング（根拠の提示）に関するインテリジェンス・コミュニティ通達第206号に関しても指摘したように、こうした基準に関しては、誤った解釈がなされ、当初の意図とは異なる結果がもたらされる危険性もある。

　こうした基準を、（各インテリジェンス・プロダクトに対する）評価のための道具として利用することには、更に大きな課題がある。連邦議会は、インテリジェンス・プロダクトに対して広範囲な検証を実施することを要求している。しかし、日々作成されるインテリジェンス・プロダクトは莫大な分量である現実に鑑みると、これは現実的ではない。したがって、現実に実施可能なことは、事項別あるいは組織別（あるいはその両方）にサンプルを抽出し、そこからより大まかな教訓を引き出す程度と考えられる。ただし、どのようなサンプリング採取方法にも一定の問題点があることから、こうした方法を実行することも実際には困難とみられる。

　こうした状況の根底にある論点は次のようなものである。すなわち、これらの基準が将来の分析に対してどのような影響を及ぼすのかという点に関し、連邦議会あるいは国家情報長官室はどのような見通しを持っているのであろうか。例えば、こ

れらの基準の1つ1つに関して高い評価を得た分析であっても、後になってみると、当該分析の判断及び評価が不正確であった旨が判明することもあり得る。つまり、本質よりも形式が勝ってしまう場合と言い得る。これらの基準は主に（分析の手法の）一貫性あるいは画一性を重視するものである。したがって、却って（創造的な）分析的洞察力の発揮及びグループシンクの回避とは逆行する面がある。仮に、分析において最も重要な価値が正確性（accuracy）だとした場合、たとえこれらの（分析の方法論に関する）基準が十分に遵守されているとしても、その結果として分析内容の正確性が達成され得るとは限らない。すなわち、これらの基準の活用によって、方法論における健全性が担保された分析プロダクトが生成される可能性は高まる。しかし、方法論上の健全性は、分析内容の正確性とは異なるものである。また、こうした基準の活用は、分析に対する機械的（メカニスティック）なアプローチを過度に奨励することになる危険性も孕んでいる。しかし、分析とは、その本質において、より知的な過程である。例えば、真に才能があり深い洞察力を発揮する分析担当者は、こうした（分析の方法論に関する）基準の遵守においては相当に悪い評価を受けている場合がある。それでもなお、彼らは、本質において正確かつ有用な分析を行うことができる。

分析担当者の人材確保

　米国のインテリジェンス組織の分析担当者の年齢構成は、主に2つの要因によって大きな影響を受けている。第1に、1990年代、米国のインテリジェンス組織は、冷戦後の大幅な予算削減に直面し、組織の縮小を余儀なくされた。冷戦終了後のいわゆる「平和の配当」（すなわち予算削減）の影響は、（金額ではなく）比率ベースでみると、国防分野よりもインテリジェンス分野においてより強烈であった。テネット中央情報長官によると、その結果として、米国のインテリジェンス・コミュニティ全体で2万3千人の職員及びポストが削減された。すなわち、その数の人員が職を去ったのみならず、より深刻なこととして、その補充の雇用はなされなかった。第2の要因は、2001年のテロ事件の後に、全てのインテリジェンス組織が大規模な採用活動を開始したことである。この結果、新規採用者の数が退職者の数を上回る状況が続き、組織としての経験値は次第に低下することとなった。2018年の時点で、インテリジェンス・コミュニティ全体の分析担当者の約半数は経験年数が6年間以下であったとみられる。これは、1947年のインテリジェンス・コミュニティの創設以降で「最も経験の浅い分析担当者の集団」との指摘もある。

　こうした人員構成上の傾向は、分析業務に幾つかの重要な影響を及ぼしている。

- **経験（Experiences）**：最も明白な問題は、分析担当者及び課題専門家としての経験値が比較的浅い集団になっていることである。前記のとおり、人的情報（ヒューミント）の収集担当者が熟達者とみなされるには、5年間から7年間の経験が必要とみられる。分析担当者に関しては、こうした点に関して特段合意された基準はない。いずれにせよ、5年間（プラス・マイナス1年間）は概ね信頼に足る目安と考えられる。分析担当者の集団の年齢構成は次第に低年齢化している。こうした状況は、「グリーン／グレー」問題と呼ばれることもある。これは、そのこと自体が問題であると同時に、組織管理上の問題ともなっている。すなわち、分析部門の上級管理職に昇格すべき人材層が不足し、必要なポストを充足できなくなっている。その結果、非常に若手の分析担当者の昇格を早める必要が生じている。こうした場合にも、彼らの経験不足は問題となり得る。
- **仕事のやり方（Work methods）**：新しい世代の分析担当者たちは、古い世代に比較してネットワーク上での作業及び共同作業により慣れ親しんでいる。これはいずれも好ましい資質である。彼らはまた、情報技術及び「ソフトコピー（デジタル媒体）」による作業にも馴染んでいる。ただし、こうした協調的な資質の結果として（異なった意見がある場合でもあえて厳しい議論を闘わすことなく）「最低限度の共通項」である分析を行えば十分だとする作業スタイルに落ち着く可能もある。彼らが、自身の意見を強く主張する必要がある際にはそれを躊躇なく行うことができるのか否か、現段階では不透明である。

　また、新しい世代の分析担当者たちが、入手したインテリジェンスをどのように評価するのかも不透明である。ネット空間の利点の1つは、それが民主的な制度であることである。すなわち、誰でも、あらゆるテーマに関して、自由な見解を投稿することが可能である。同時に、インテリジェンスの観点からは、これは深刻な課題を含んでいる。なぜならば、インテリジェンス側としては、それぞれの情報源の妥当性の問題に取り組む必要があるからである。「投稿者は何者なのか」、「彼らの主張の根拠は何なのか」、「彼らは十分な知識を有し、信用に足りる者なのか」、「彼らの発言の動機は何なのか」等の点である。ネット空間を「何でも投稿、共有することができる巨大な掲示板」であると捉えるならば、インテリジェンス側としては、それを上回る能力を持つことが重要となる。確かに、ネット空間を、共同作業の場と例えることは魅力的かもしれない。しかし、そこに投稿されている見解及び情報を評価する必要があるという意味では、ネット空間には危険性もある。また、主要なコミュニケーションの手段としてソーシャルメディアを利用することに慣れている若い世代は、ソーシャルメディアから入手されるインテリジェンスを評価する際に十分な批判的思考能力を発揮することができるのだろう

か。

- **人材の定着（Retention）**：可能な限り多くの新人の分析担当者（少なくとも優秀な担当者）を確保しておくことは、インテリジェンス組織にとって重要な課題の1つである。職員の定着率が悪い場合、現在の年齢構成の問題が将来においても更に繰り返されることとなる。人材の定着の問題は、職員のキャリア管理、キャリア向上、研修、訓練の問題にも関連する。インテリジェンス組織の管理者層は、近年までこうした分野に対しては多くの注意を払ってこなかった。しかし、これらは、組織の変革に向けた他の取組の土台となるものである。この問題は予算にかかわる側面もあり、前記のような職員の経験値の問題にも影響を与える。アフガニスタン戦争の終結に伴い、イラク及びアフガニスタンにおける戦争の資金を支えてきた国防予算は縮小した。これらの資金は、各司令部において分析担当者として勤務していた数百人もの契約職員の雇用を支えていた。予算削減のため、彼らの契約は更新されなかった。この結果、組織の経験値は一層低下することとなった。また、こうした契約職員の多くは正規雇用の分析担当者よりも経験が豊富である場合が多く、結果として組織における「頭脳流出」を招くこととなった。

　国土安全保障省のインテリジェンス分析局における人材確保の問題は、ある意味では最も深刻である。同局は 2005 年に創設され、インテリジェンス・コミュニティでは最も新しい分析組織である。米国政府の会計検査院（GAO: Government Accountability Office）が 2014 年に実施した調査によると、同局の分析は、その利用者の多くから有用とはみなされていない旨が判明した。同局の抱える問題点には、明確な目的及び戦略目標の欠如が含まれる。こうした諸問題は、同局はもとより、国土安全保障省そのものが抱えるより広範な課題に起因するものである。会計検査院の調査では、インテリジェンス分析局は、職員の採用、定着、士気にも問題がある旨が指摘された。

　人材確保に関する更なる問題は、長期間に及ぶテロとの闘いに起因するものである。問題の多くは、イラク、アフガニスタン、シリアにおける作戦に伴うテロ対策（CT: Counterterrorism）及び反乱鎮圧（COIN: Counterinsurgency）に関するものである。確かに、こられの取組の指針となる戦略は確立されていた。しかし、分析担当者にとっての業務の大半は、（個人ではないにせよ）小規模な（テロリスト等の）グループを探索する戦術的な取組であった。こうしたことから、2001 年以降の大量採用期に採用された分析担当者の多くは、そのキャリアの大半を、こうした戦術的な課題に費やしてきた。こうした状況による影響は、CIA 及び DIA において最も顕著に表れている可能性がある。ヘイデン（Michael Hayden）元 CIA 長官（在 2006–2009 年）

は、自分の配下にいるのは分析担当者ではなく「（戦術的な軍事攻撃の）標的を探す」担当者に過ぎないと指摘した。ブレナン（John Brennan）CIA長官も、工作ではなく分析の分野において、CIAを「非軍事化」する必要がある旨を指摘した。

　DIAにおいては、戦闘部隊を支援するための戦術的な課題に取り組む場面は以前からも少なくない。したがって、状況はCIA程に深刻ではないかもしれない。それでもやはり、同種の影響が生じている。すなわち、（2001年以降の）前記のような人材構成の変遷の中で、DIAにおいても、伝統的な軍事作戦の計画を支援するために必要な知識を持つ多数の分析担当者が組織を去った。同時に、その後を埋めた人材は主にテロ対策に従事していることから、伝統的な軍事作戦の支援のための知識はそれらの後継世代には受け継がれなかった。DIAは更に別の難問にも直面している。それは、「DIAは、国防インテリジェンスに従事しているのか、あるいは、国防（組織）のためのインテリジェンスに従事しているのか」との問いである。この問いに対し、DIAの幹部及び分析担当者が好むのは、前者の「国防インテリジェンス」、すなわち「国防に関連するインテリジェンス課題に集中している」との立場である。しかし実際には、DIAは、政治的あるいは経済的な問題を含むより一般的なインテリジェンス支援への貢献を求められる場合が少なくない。こうした活動は、特に、統合軍に対する支援として求められる場合が多い。この背景として、インテリジェンス・コミュニティの中には、こうした要求に応える組織がDIA以外にはないことがある。DIAの分析担当者の中には、この種の課題はCIAが対応すべきと考える者も少なくない。しかし、（軍事組織である）統合軍からの要請に対し、（非軍事組織である）CIAがDIAと同じように迅速に応じる訳ではない。CIA及びDIAの双方とも、長期間にわたり分析担当者を軍事活動の前線に配置する必要に迫られている。こうした動向は、特にDIAにおいて顕著である。

　インテリジェンス・コミュニティが直面している問題は、分析担当者をテロ対策及び反乱鎮圧の業務から解放し、より伝統的な政治的・軍事的な課題、すなわち戦術的ではなく戦略的な課題に引き戻すにはどうすれば良いかということである。2018年9月、ハスペルCIA長官は、公式発言の中で、こうした変革の必要性を示唆した。ベテランの分析担当者の多くは、戦術的な課題から戦略的な課題への移行はその逆よりも困難である旨を指摘している。しかし、（そうした困難性はあるものの）この問題は避けて通れない課題である。なぜならば、国家主体の動向に関する問題は、決してなくならない問題であり、しかも、現在はより喫緊の問題となっている。こうした国家主体の動向に関する問題は、本質的に、戦術的ではなく戦略的な課題である。

近年のように人材の定着率が低い場合、こうした変革の実行はより困難となる。長年にわたり、インテリジェンス組織の幹部は、人材の定着率の問題に対して高い関心を示さなかった。背景として、2007年から2009年にかけての経済不況もあり、公務員を辞めることは魅力的な選択肢ではないとの議論があった。しかし、経済状況が改善するに従い、民間への人材流出が顕著になってきている。このことはやはり、人材の経験値レベルに影響を及ぼしている。しかし、空いたポストを充足するのに必要な予算上の措置は講じられていない。一部のインテリジェンス組織においては、人材定着率の問題は組織運営上の不手際を反映しているとも考えられる。また、一部の職員に発生している「燃え尽き症候群」を反映している可能性もある。こうした症状は、テロ対策あるいは戦闘部隊の支援等、緊張度の高い業務に長時間従事することによって生じる。

コロナ禍下及びその後における分析

　コロナ禍の時期には、自宅待機が要求された。インテリジェンス組織の職員も在宅勤務を余儀なくされ、影響を受けた。大半の職員は、秘密の情報源への安全なアクセスを確保できず、公開情報により多く依存せざるを得なかった（第5章参照）。多くの分析担当者は、公開情報に依存してもそれなりに有用な分析を行い得ることを経験した。こうした経験に対して分析担当者が感じた驚き及び安堵に関し、多くの報告がなされている。その上で、重要な問題は次の点である。分析担当者は、秘密情報隔離施設（SCIF: sensitive compartmented information facility）、すなわち秘密を取り扱う職場に戻った後も、公開情報に対して同様の価値を置き続けるのか、あるいは、公開情報よりも秘密に価値を置くという従前の慣習に戻るのであろうか。これは、公開情報が秘密のインテリジェンスに完全に取って代わり得ると主張している訳ではない。それは不可能である。秘密のインテリジェンスは極めて重要なものであり、代替性がない場合もある。他方で、公開情報をより良く活用することができれば、秘密のインテリジェンスの収集担当者の活動を、より有用かつ必要とされる分野に集中させることが可能となる。

インテリジェンス分析の評価

　ケント（Sherman Kent）は、米国のインテリジェンス・コミュニティ、特にその評価プロセスの創設に対して多大な知的貢献を行った。同人は、全てのインテリジェンス分析の担当者は「3つの願望」を持っている旨を記している。第1は「全てを

知ること」、第2は「信用を得ること」、第3は「（当該分析担当者自身が理解する限りにおいて）政策に対して望ましい方向の影響を与えること」である。ケントが示したこの「3つの願望」は、分析を評価する際の尺度ともなり得る。第1に、ある分野に関して分析担当者が全てを知ることは明らかに不可能である。もしも全ての事柄が既知であれば、発見すべき事柄は残っておらず、インテリジェンスの必要性はなくなってしまう。ケントが意味したことは、「ある課題に関して分析を書くよう命じられる前に、その課題に関して可能な限り多くの事項を知っておきたい」という分析担当者の願望である。入手可能なインテリジェンスの分量は、課題及び時期に応じて異なる。したがって、分析担当者は、インテリジェンスが不十分な際にも、行間を読み、経験に基づく推測あるいは直観的な選択を行う必要がある。そのために、内面的かつ深い知識を修得するような訓練を受ける必要がある。

ケントが記した「第2の願望」は、インテリジェンス及び政策との関係の核心に関するものである。政策決定者は、インテリジェンスを無視しても何ら問題はない。すなわち、特段の代償を払うことはない。（ただし、極めて例外的に、戦略的な大損害が生じる場合もある。例えば、1941年、スターリン（Josef Stalin）は、ドイツによる攻撃が差し迫っている兆候を受け入れなかった。）インテリジェンスの担当者は、自分自身の役割を、「素材情報のみならず分析も提供し、政策プロセスに付加価値を与えるような、正直かつ客観的なメッセンジャー」であると考えている。インテリジェンス担当者にとっての報償とは、政策プロセスの中で「耳を傾けてもらえる」ことである。ただし、これがどの程度実現するか否かは、政策決定者次第である。

最後に、こうした「第2の願望」から派生する事柄として、ケントは次のように記している。インテリジェンスの担当者は、政策に対して望ましい影響を与えること、災難を回避すること、そして、国益にとって望ましい結果を生み出すような支援をすることを望んでいる。すなわち、分析担当者は、（ギリシャ神話上の凶事の預言者である）カサンドラを超越し、常に世界の破滅及び大災害に関して警報を発するような存在でありたいと考えている。こうした「政策に対して望ましい影響を及ぼしたい」との願望があることから、インテリジェンスの担当者は、「政策決定者が何をしているのか」に関して常に自分も承知しておきたいとの願望を持っている。そうすることによって、（政策プロセスにおいて）自身が有意義な役割を果たせるようになり得るからである。

それでは、「優れたインテリジェンス」の構成要素とは何なのであろうか。これは決して容易に答えられる問題ではない。かつてスチュワート（Potter Stewart）判事は、猥褻及びポルノに関する裁判において「これ（猥褻）を厳密に定義することは

できないが、見れば（猥褻に該当するか否か）分かる」と述べた。「優れたインテリジェンスとは何か」という問題も、これと同様に、判然としない性質を含んでいる。とは言うものの、「優れたインテリジェンス」は、少なくとも次の4つの要件を満たすものと考えられる。

- **適時性（Timely）**：収集された情報素材の最後の一片が届くのを待つことや、報告書の美観・清潔性・形式性を整えることよりも、インテリジェンスを政策決定者の手元に時間通りに（適時に）届けることの方が遥かに重要である。この適時性という要素は、ケントが記した「3つの願望」の第1である「全てを知る」とは相反するものである。時間の経過によって、ある出来事に対する認識も変化し得る。ナポレオンは、1821年5月にセントヘレナ島において死亡した。彼の死亡の報がパリに到達したのは同年7月のことであった。タレーラン（Charles Maurice de Talleyrand）（かつてナポレオン政権の外相を務め、後に政敵の1人となった）は、ナポレオンの訃報に接した際、友人宅で食事中であった。友人が「何という出来事だ！（What an event!）」と叫んだのに対し、タレーランは「いや、これはもはや出来事（event）ではなく、ニュース（news）に過ぎない」と訂正したと言われている。
- **特定のカスタマーに向けて内容が絞り込まれていること（Tailored）**：優れたインテリジェンスは、その深さ及び範囲が、政策決定者が必要とする個別具体的な情報に絞り込まれている。同時に、余分なものは取り除かれている。ただし、それによってインテリジェンスの客観性が失われたり、あるいは政治化をすることがあってはならない。政策決定者が最も重視するのは、特定のニーズあるいは要請に応えるべく、カスタマイズされたインテリジェンスである。
- **消化しやすいこと（Digestible）**：優れたインテリジェンスは、政策決定者が知るべき事項を可能な限り容易に把握し得るような形式及び長さでなければならない。こうしたことから、一般には、インテリジェンス・プロダクトは短い程良いと考えられる。ただし、より重要な点は（単に長さの問題ではなく）、主要なポイントが（利用者である政策決定者によって）容易に理解され得るよう明確に提示されるという点である。これは、主要なポイントが複雑であったりあるいは不完全であることが、絶対にあってはならないという意味ではない。しかし、いずれにせよ、政策決定者が最小限の努力によって主要なポイントを理解し得るようになっていなければならない。このことは更に「最重要の事項を最初に配置する」ことを意味する。すなわち、政策決定者が知るべき事項を報告書の冒頭において伝達することにより、これらの事項が（報告書の末尾の）結論部分に埋没してしまうことを防止する。簡潔かつ明瞭であることは、分析担当者が修得する

べき重要な技法である。同じ事柄に関して5頁の文書を作成するよりも、2頁の文章に上手くまとめる方が遥かに難易度が高い作業である。作家のマーク・トウェイン（Mark Twain）は友人に宛てた手紙の中で、「私があなたに長い手紙を書いているのは、短い手紙を書く時間がないからだ」と述べている。

- **既知の事項及び未知の事項が明示されていること**（Clear regarding the known and the unknown）：優れたインテリジェンスは、プロダクトの中で次の事項を読者に伝達しなければならない。既知の事項は何なのか、未知の事項は何なのか、（未知の事項の中で）分析によって補われている事項は何なのか、確度の度合い（degree of confidence）（あるいは確度の欠如の度合い）はどの程度であるのか、である。確度の度合いの明示は重要である。なぜならば、政策決定者としては、（当該インテリジェンスに基づいて判断を行うに当たり）当該インテリジェンスの相対的な確度を承知する必要があるからである。全てのインテリジェンスには、事柄の性質上、一定のリスクが含まれる〔訳者注：100％の真実解明は不可能であり、インテリジェンスには不透明及び不確実な部分があるという趣旨〕。そうしたリスクは、分析担当者だけが背負うものではなく、利用者側も共有して負担すべきものである。

元統合参謀本部議長であるマレン（Mike Mullen）提督もかつて、インテリジェンスの要件に関し、J-2部門のインテリジェンス担当幹部に対して同様の見解を述べている。すなわち、「遅過ぎる、長過ぎる、複雑過ぎる、はいずれもインテリジェンスとしては良くない」である。マレンはインテリジェンスの複雑さを良く理解しつつも、自身の業務を取り巻く制約の中において容易に利用し得るインテリジェンスを必要としていた。

客観性は、「優れたインテリジェンス」を定義する要件には含まれてはいない。客観性の欠落は単なる欠陥では済まされないことである。客観性の維持は極めて重要かつ根本的な事項であり、むしろインテリジェンスの「当然の前提」とされるべき事項である。仮にインテリジェンスが客観性を欠いているとすれば、前記の他の要件（適時性、分かり易さ、明瞭性等）は何の意味も持たないこととなる。

正確性（accuracy）もここでの指標には含まれていない。正確性は、インテリジェンスを評価する指標としては想像以上に扱い難いものである。誰しも誤りを犯したくはないことは明らかである。同時に、無謬性が不可能であることも誰もが認めるところである。こうした限界を踏まえ、「優れたインテリジェンス」の評価基準として正確性を用いるとすれば、どのようにするべきだろうか。100パーセントは高過ぎるし、0パーセントは低過ぎる。50パーセントで区切るとしても不十分であろ

第6章　分析

う。したがって、50パーセント以上100パーセント未満のどこかになるかもしれないが、それはもはや「数の遊び」に過ぎない。加えて、優れたインテリジェンスの評価基準に正確性を用いることが困難であるもう1つの理由として、そもそも多くの課題には明確な結末がないことがある。「短期の課題及び長期の課題」の議論に戻って考えてみよう。短期的な課題（例えば、選挙、個別具体の決定あるいは行動）は明確な結末を持つ可能性が高いのに対し、長期的な課題はそうではない。したがって、（常に明確な結末があることを前提として）インテリジェンスの正確性を評価することは困難である。例えば、冷戦時代、米国は40年間以上にわたり（東側諸国に対する）封じ込め政策を維持していた。ただし、当該政策の具体的な成功の見通しはほとんどなかった。ところが、1989年から1991年にかけて、突然、封じ込め政策は成功を収めた。こうした場合、この40年間にわたる封じ込め政策に対する評価はどのようなものとなるのであろうか。

　正確性をめぐる問題は、9.11テロ事件及びイラク戦争の開始の後により厳しいものとなった。インテリジェンス分析には不完全性が内在する。（米国の）政治システムは、こうした不完全性に対する寛容性を失いつつあるように見える。全ての関係者は、インテリジェンス分析において完璧であることが不可能である旨を理解している。それにもかかわらず、1つ1つの誤りの結果、インテリジェンス組織は大きな政治的コストを被るようになっている。しかも、誤りを犯すことによる政治的コストを懸念するために分析担当者がよりリスク回避的になるとすれば、その結果として、分析システムは更なるコスト（損害）を被ることとなる。関係者の大半は、インテリジェンスにおける100％の正確性は達成不可能である旨に同意する。しかし、同時に、「大事件」に関してはやはりインテリジェンスの正確性が重要であるとも主張する。そうした「大事件」の例としては、イラクにおける大量破壊兵器の有無の問題あるいはソ連の崩壊の切迫性の問題がある。これらの事例においては、長年にわたり収集されてきた情報や「正確」とされてきた分析に相反する事態が生じたため、「インテリジェンスが誤っていた」とされている。ここで、収集に関する章で紹介した「真珠の生成」の比喩を思い起こすべきでる。これらの事例において結果的に「誤っていた」とされるインテリジェンスは、（真珠と同様に）長時間をかけて（しばしば数十年間にわたり）、ゆっくりと着実に蓄積されてきたインテリジェンスであった。こうした蓄積のプロセスは、分析担当者にも影響を与える。すなわち、分析担当者たちは、こうした従前からのインテリジェンスの蓄積を踏まえて、分析対象の行動及び顛末に関し、「正確だ」と思料されるイメージを描く。しかし、これらの「大事件」においては、蓄積されたインテリジェンスと相反する事柄が発

生した。それ故に、こうした「大事件」は予見することが最も困難であると言い得る。これらの事例に関しては、その顛末が明らかになってから既に長い年月が経過している。しかし、今日振り返ってみても、(当時蓄積されていたインテリジェンスに基づき)、(1) ソ連崩壊の危機に際して共産党は平和的に権力を放棄する、(2) サダム・フセインが「大量破壊兵器を保有していない」と述べていたのは真実である、との分析を行うことは困難である。

このように、正確性の要素は「優れたインテリジェンス」の指標としては不完全なものである。同様に、その他の要素もやはり不完全である。例えば、特定の課題、組織、部署等に関して、時系列的に「打率」〔訳者注：優れたプロダクトをどの程度の割合で策定したかの数値〕を計算することは可能かもしれない。あるいは、作成されたインテリジェンス・プロダクト（評価書、分析書、画像等）の数量に基づいてインテリジェンス活動の質を評価することが可能かもしれない。しかし、これらの尺度もやはり不完全である。こうしたことからも、「優れたインテリジェンス」の評価が極めて困難である旨がうかがわれる。

他方で、優れたインテリジェンスを生産することは、聖杯（ホーリー・グレイル）を手に入れる程に達成が困難という訳でもない。実際、優れたインテリジェンスはしばしば生産されている。ただし、「毎日のように着実に生産されるインテリジェンス」及び「それらの中でも、適時性、文章の質、政策への影響等の何らかの理由に基づき際立っている少量のインテリジェンス」とは区別が必要である。この点に関し、インテリジェンス組織の最高幹部がしばしば論じている見解の１つは次のようなものである。すなわち、許容範囲内にある有用なインテリジェンスを毎日継続的に生産することは、努力によって可能である。しかし、例外的に卓越したインテリジェンスを生産することは更に困難であり、滅多に達成できることではない。このように、「業務の一貫性及び継続性の維持」という目標及び「例外的な卓越性の追求」という目標の間には齟齬が生じ得る。インテリジェンス・コミュニティ全体としては、常に卓越的であることは不可能であり、むしろ、継続的に政策を支援することが目標となるであろう。このように、インテリジェンスにおける一貫性・継続性及び卓越性は同一ではなく、相矛盾するものである。（「常に『最高の状態』にいられるのは凡人だけだ」という皮肉なフレーズもある。）一貫性及び継続性の維持は、目標としては悪いことではない。しかし、その結果として、分析が生産者及び利用者の双方にとって無難に過ぎるものに陥ってしまう可能性もある。このように、「優れたインテリジェンス」の特徴に関しては、判明している部分もあるものの、少なくとも日常的な現象としては、依然としてやや曖昧な部分が残っているのが現実で

第６章　分析

ある。こうした点は、分析担当者にとっては、この職業におけるポジティブな意味での挑戦課題と言い得る。

　前記のとおり、9.11テロ事件及びイラクの大量破壊兵器問題の後、国家情報長官室等によって分析に関する基準が策定された。しかし、その後も、重要かつ根本的な「問い」に対しては依然として結論が出ていない。「インテリジェンスは、どの程度優れたものであるべきか、どの程度の頻度で供給されるべきか、どのような課題に対して供給されるべきか」との「問い」である。これらの「問い」に対しては、実務的な答え及び政治的な答えの両方があり得る。しかし、両者の間の本質的な相違は依然として未解決のままである。

主要な用語

分析担当者の機敏性（analyst agility）
分析担当者のバイアス（analyst bias）
分析担当者の代替可能性（analyst fungibility）
分析的洞察（analytic penetration）
分析における「縦割り」（analytical stovepipes）
評価（assessments）
クライアンティズム（clientism）
競争的分析（competitive analysis）
確信の程度（confidence levels）
短期的インテリジェンス（current intelligence）
評価（estimates）
全世界をカバーする（global coverage）
グループシンク（groupthink）
兆候及び警報（indications and warnings（I&W））

レイヤリング（layering）
リニア思考（linear thinking）
長期的インテリジェンス（long-term intelligence）
ミラーイメージング（mirror imaging）
国家インテリジェンス・マネージャー（national intelligence managers（NIMs））
機会分析（opportunity analysis）
インテリジェンスの政治化（politicized intelligence）
早期閉鎖（premature closure）
統一的インテリジェンス戦略（unifying intelligence strategy（UIS））
付加価値のあるインテリジェンス（value-added intelligence）

参考文献

分析に関する文献は豊富にある。これらの文献の中には、広範かつ一般的な問題を扱っているものもあれば、インテリジェンス分析に関する特に重要な個別の分野を扱っているものもある。ソ連関連のCIAの評価書の多くは、機密指定が解除されている（第11章参照）。

Adams, Sam. "Vietnam Cover-Up: Playing With Numbers: A CIA Conspiracy Against Its Own Numbers." *Harper's* (May 1975): 41–44ff.

Bar-Joseph, Uri. "The Politicization of Intelligence: A Comparative Study." *International Journal of Intelligence and Counterintelligence* 26 (summer 2013): 347–369.

———. "The Professional Ethics of Intelligence Analysis." *International Journal of Intelligence and Counterintelligence* 24 (spring 2011): 22–43.

Bell, J. Dwyer. "Toward a Theory of Deception." *International Journal of Intelligence and Counterintelligence* 16 (summer 2003): 244–279.

Berkowitz, Bruce. "The Big Difference Between Intelligence and Evidence." *Washington Post*, February 2, 2003, B1.

Caldwell, George. *Policy Analysis for Intelligence*. Report by the Central Intelligence Agency, Center for the Study of Intelligence. Washington, D.C.: CIA, 1992.

Clark, Robert M. *Intelligence Analysis: Estimation and Prediction*. Baltimore, Md.: American Literary Press, 1996.

Cooper, Jeffrey R. *Curing Analytic Pathologies: Pathways to Improved Intelligence Analysis*. Washington, D.C.: Center for the Study of Analysis, CIA, December 2005.

Cukier, Kenneth Neil, and Viktor Mayer-Schoenberger. "The Rise of Big Data." *Foreign Affairs* (May–June 2013). (Available at www.foreignaffairs.com/articles/139104/kenneth-neil-cukier- and-viktor-mayer-schoenberger/the-rise-of-big-data.)

Davis, Jack. *The Challenge of Opportunity Analysis*. Report by the Central Intelligence Agency, Center for the Study of Intelligence. Washington, D.C.: CIA, 1992.

Frederichs, Rebecca L., and Stephen R. Di Rienzo. "Establishing a Framework for Intelligence Education and Training." *Joint Forces Quarterly* 2 (3rd quarter, 2011): 68–73.

Friedman, Jeffrey A., and Richard Zeckhauser. "Assessing Uncertainty in Intelligence." Faculty Research Working Paper RWP 12-027, June 2012. (Available at https://research.hks.harvard.edu/ publications/workingpapers/citation.aspx?PubId=8427&type=WPN.)

Flynn, Michael T., Matt Pottinger, and Paul D. Batchelor. *Fixing Intel: A Blueprint for Making Intelligence Relevant in Afghanistan*. Washington, D.C.: Center for a New American Security, 2010.

Ford, Harold P. *Estimative Intelligence*. McLean, Va.: Association of Former Intelligence Officers, 1993.

———. *Estimative Intelligence: The Purposes and Problems of National Intelligence Estimating*. Washington, D.C.: Defense Intelligence College, 1989.

Gates, Robert M. "The CIA and American Foreign Policy." *Foreign Affairs* 66 (winter 1987–1988): 215–230.

———. "Guarding Against Politicization." *Studies in Intelligence* 36, no. 5 (1992): 5–13.

Gazit, Shlomo. "Estimates and Fortune-Telling in Intelligence Work." *International Security* 4 (spring 1980): 36–56.

———. "Intelligence Estimates and the Decision-Maker." *International Security* 3 (July 1988): 261–287.

Gentry, John A. "Assessing Intelligence Performance." In *The Oxford Handbook of National Security Intelligence*. Ed. Loch Johnson. Oxford, U.K.: Oxford University Press, 2010.

———. "Has the ODNI Improved U.S. Intelligence Analysis?" *International Journal of Intelligence and Counterintelligence* 28 (winter 2015–2016): 637–661.

George, Roger Z. "Beyond Analytic Tradecraft." *International Journal of Intelligence and Counterintelligence* 23 (summer 2010): 296–308.

———. "Fixing the Problem of Analytical Mind-Sets: Alternative Analysis." *International Journal of*

Intelligence and Counterintelligence 17 (fall 2004): 385–404.

George, Roger Z., and James B. Bruce, eds. *Analyzing Intelligence: Origins, Obstacles, and Innovations.* Washington, D.C.: Georgetown University Press, 2008.

Heuer, Richards J., Jr. *Psychology of Analysis.* Washington, D.C.: Central Intelligence Agency, History Staff, 1999. (Available at www.cia.gov/library/center-for-the-study-of-intelligence/csi-publications/ books-and-monographs/psychology-of-intelligence-analysis.)

Jervis, Robert. *Why Intelligence Fails.* Ithaca, N.Y.: Cornell University Press, 2010.

Johnson, Loch K. "Analysis for a New Age." *Intelligence and National Security* 11 (October 1996): 657–671.

Katz, Brian. The Analytic Edge: *Leveraging Emerging Technologies to Transform Intelligence Analysis.* Washington, D.C.: Center for International and Strategic Studies, October 9, 2020. (Available at https://csis-website-prod.s3.amazonaws.com/s3fs-public/publication/201008_Katz_Analytica_ Edge_0.pdf.)

Kerbel, Josh. "Are the Analytic Tradecraft Standards Hurting as Much as Helping?" National Intelligence University Research Short, November 1, 2017.

Kerbel, Josh, and Anthony Olcott. "Synthesizing With Clients, Not Analyzing for Customers." *Studies in Intelligence* 54 (December 2010): 1–13.

Lieberthal, Kenneth. *The U.S. Intelligence Community and Foreign Policy.* Washington, D.C.: Brookings Institution, 2009.

Lockwood, Jonathan S. "Sources of Error in Indications and Warning." *Defense Intelligence Journal* 3 (spring 1994): 75–88.

Lowenthal, Mark M. "The Burdensome Concept of Failure." In *Intelligence: Policy and Process.* Eds. Alfred C. Maurer, Marion D. Tunstall, and James M. Keagle. Boulder, Colo.: Westview Press, 1985.

———. "The Intelligence Time Event Horizon." *International Journal of Intelligence and Counterintelligence* 22 (fall 2009): 369–381.

Lowenthal, Mark M., and Ronald A. Marks. "Intelligence Analysis: Is It as Good as It Gets?" *International Journal of Intelligence and Counterintelligence* 28 (fall 2015): 662–665.

MacEachin, Douglas J. *The Tradecraft of Analysis: Challenge and Change in the CIA.* Washington, D.C.: Consortium for the Study of Intelligence, 1994.

Marrin, Stephen. "Evaluating the Quality of Intelligence Analysis: By What (Mis) Measure?" *Intelligence and National Security* 27 (December 2012): 896–912.

———. "Training and Educating U.S. Intelligence Analysts." *International Journal of Intelligence and Counterintelligence* 22 (spring 2009): 131–146.

Nye, Joseph S. *Estimating the Future.* Washington, D.C.: Consortium for the Study of Intelligence, 1994.

Office of the Director of National Intelligence. Intelligence Community Directive 203: Analytic Standards. January 2, 2015. (Available at https://www.dni.gov/files/documents/ICD/ICD%20 203%20Analytic%20 Standards.pdf.)

Pease, Bruce E. *Leading Intelligence Analysis: Lessons From CIA's Analytic Front Lines.* Thousand Oaks, Calif.: CQ Press, 2019.

Petersen, Martin. "What I Learned in 40 Years of Doing Intelligence Analysis for US Foreign Policymakers." *Studies in Intelligence* 55 (March 2011): 13–20.

Pillar, Paul. "The Perils of Politicization." In *The Oxford Handbook of National Security Intelligence.* Ed. Loch Johnson. Oxford, U.K.: Oxford University Press, 2010.

Pipes, Richard. "Team B: The Reality Behind the Myth." *Commentary* 82 (October 1986).

Price, Victoria. *The DCI's Role in Producing Strategic Intelligence Estimates.* Newport, R.I.: U.S. Naval War College, 1980.

Reich, Robert C. "Reexamining the Team A–Team B Exercise." *International Journal of Intelligence and Counterintelligence* 3 (fall 1989): 387–403.

Rieber, Steven. "Intelligence Analysis and Judgmental Calibration." *International Journal of Intelligence and Counterintelligence* 17 (spring 2004): 97–112.

Stack, Kevin P. "A Negative View of Comparative Analysis." *International Journal of Intelligence and Counterintelligence* 10 (winter 1998): 456–464.

Steury, Donald P., ed. *Sherman Kent and the Board of National Estimates*. Washington, D.C.: Center for the Study of Intelligence, History Staff, CIA, 1994.

Turner, Michael A. "Setting Analytical Priorities in U.S. Intelligence." *International Journal of Intelligence and Counterintelligence* 9 (fall 1996): 313–336.

U.S. Central Intelligence Agency. *The Collection of Presidential Daily Briefing Products from 1961 to 1969*. (Available at http://www.foia.cia.gov/collection/PDBs.)

———. *The President's Daily Brief: Delivering Intelligence to Kennedy and Johnson*. (Available at https://proquest.libguides.com/dnsa/pdf.)

———. *A Tradecraft Primer: Structural Analytic Techniques for Improving Intelligence Analysis*. March 2009. (Available at https://www.hsdl.org/?view&did=20945.)

U.S. Department of Defense. Inspector General. *Unclassified Report of Investigation on Allegations Relating to USCENTCOM Intelligence Products*. January 31, 2017. (Available at https://media.defense.gov/2017/Feb/01/2001714315/-1/-1/1/DODIG-2017-049.pdf.)

U.S. House of Representatives. *Initial Findings of the U.S. House of Representatives Joint Task Force on U.S. Central Command Intelligence Analysis*. August 10, 2016. (Available at https://info.publicintel ligence.net/US-CENTCOM-ISIL-Intel.pdf.)

U.S. House Permanent Select Committee on Intelligence. *Intelligence Support to Arms Control*. 100th Cong., 1st sess., 1987.

———. *Iran: Evaluation of U.S. Intelligence Performance Prior to November 1978*. 96th Cong., 1st sess., 1979.

U.S. National Commission on Terrorist Attacks Upon the United States. [Redacted text of August 6, 2001 PDB article re Al Qaeda Threat.] (Available at https://govinfo.library.unt.edu/911/ report/911Report_Ch8.htm.)

U.S. Office of the Director of National Intelligence. *The AIM Initiative: A Strategy for Augmenting Intelligence Using Machines*. January 16, 2019. (Available at https://www.dni.gov/index.php/news room/reports-publications/item/1940-the-aim-initiative-a-strategy-for-augmenting-intelligence-using-machines.)

———. *Background to "Assessing Russian Activities and Intentions in Recent U.S. Elections": The Analytic Process and Cyber Incident Attribution [and] Assessing Russian Activities and Intentions in Recent U.S. Elections*. Intelligence Community Assessment. January 6, 2017. (Available at https://www.dni.gov/ files/documents/ICA_2017_01.pdf.)

———. *Principles of Artificial Intelligence Ethics for the Intelligence Community [and] Artificial Intelligence Ethics Framework for the Intelligence Community*. July 23, 2020. (Available at https://www.dni.gov/index.php/newsroom/press-releases/item/2134-intelligence-community-releases-artificial-intelligence-principles-and-framework.)

———. *Strategic Plan to Advance Cloud Computing in the Intelligence Community*. June 26, 2019. (Available at https://www.dni.gov/files/documents/CIO/Cloud_Computing_Strategy.pdf.)

U.S. Senate Select Committee on Intelligence. The National Intelligence Estimates A–B Team Episode Concerning Soviet Strategic Capability and Objectives. 95th Cong., 2d sess., 1978.

———. Nomination of Robert M. Gates. 3 vols. 102d Cong., 1st sess., 1991.

———. Nomination of Robert M. Gates to Be Director of Central Intelligence. 102d Cong., 1st sess., 1991.

———. Report on the U.S. Intelligence Community's Prewar Intelligence Assessments on Iraq. 108th Cong., 2d sess., 2004.

Walton, Timothy. *Challenges in Intelligence Analysis: Lessons From 1300 BCE to the Present*. New York: Cambridge University Press, 2010.

Weiss, Charles. "Communicating Uncertainty in Intelligence and Other Professions." *International Journal of Intelligence and Counterintelligence* 21 (spring 2008): 57–85.

Wirtz, James J. "Miscalculation, Surprise, and American Intelligence After the Cold War." *International Journal of Intelligence and Counterintelligence* 5 (spring 1991): 1–16.

———. *The Tet Offensive: Intelligence Failure in War*. Ithaca, N.Y.: Cornell University Press, 1991.

第7章 カウンターインテリジェンス

　カウンターインテリジェンス（CI）とは、敵対国あるいは敵対国のインテリジェンス組織による侵入及び攪乱活動から自国のインテリジェンス活動を守るために行われる取組のことを指す。米国の行政命令（Executive Order）12333号（1981年、2008年改訂）は、**カウンターインテリジェンス（counterintelligence）** を次のとおり定義している。それは、「外国あるいは国外の非国家主体によって行われるスパイ活動及びその他の活動に対して、『これらを特定、欺罔、活用、妨害する、あるいはこれに対する防御を行うことを目的とした活動及び収集された情報』」である。カウンターインテリジェンスには、分析及び工作活動の両方の側面がある。また、カウンターインテリジェンスは、インテリジェンス・プロセスの中における独立の段階ではない。カウンターインテリジェンスは、インテリジェンス活動のあらゆる面と深く関連している。しかし、カウンターインテリジェンスは往々にして、単なる保安・保全（security）の問題として矮小化されてしまっている。カウンターインテリジェンスは、部分的には収集の問題と関連しているものの、単なるヒューミントの問題とは明らかに一線を画するものである。また、カウンターインテリジェンスは、秘密工作活動とも異なるものである。さらに、カウンターインテリジェンスは、単なる保安・保全の枠にも収まらないものである。なぜならば、保安・保全とは、違反を特定し、あるいはこれを未然防止することを指す。これに対し、カウンターインテリジェンスの成功は、積極的な分析及び工作の機会をもたらすものである。カウンターインテリジェンスは、単なる法執行の問題の枠を越えるものでもある。このように、一言でいうと、インテリジェンスに関する諸問題の中でも、カウンターインテリジェンスは最も扱い難い問題の1つである。

　ほとんどの国家は何らかのインテリジェンス組織を備えている。したがって、他

国から見れば、こうした相手国側のインテリジェンス組織は、自身のインテリジェンス活動にとっての格好の標的となり得る。相手国に関して「（相手国は）何を知っていて何を知らないのか」、「（相手国は）どのようにして業務に取り組んでいるのか」等の点を知ることができれば、それは常に有益なことである。加えて、相手国も当方と同様の取組（インテリジェンス活動）を行っているか否かを知ることも、極めて有益である。事実上、全ての国家がインテリジェンス組織を備え、インテリジェンス収集活動を行っている。それにもかかわらず、多くの国家は、自国が他国のインテリジェンス活動の標的になっていることが明らかになった場合、衝撃を受け狼狽しているかのような偽りの姿勢を示すものである。これはまさに、スノーデン（Edward Snowden）による暴露によって、自国が米国の国家安全保障局（NSA）の収集活動の標的になっていることが明らかになった際に、多くの国が採った姿勢である（コラム「誰が誰に対してスパイを行っているのか」参照）。

[コラム] 誰が誰に対してスパイを行っているのか

　「友好国のインテリジェンス組織は互いにスパイ活動を行わない」と考える向きもある。しかし、そもそも「友好的」とは何なのだろうか。米国及びファイブ・アイズ諸国（英連邦諸国の「親類国」であるオーストラリア、イギリス、カナダ、ニュージーランド）はインテリジェンスに関する緊密な協力関係を持っており、相互にスパイ活動は行わないこととなっている。しかし、それ以外の国に関する状況は明らかではない。

　1990年代、米国は、経済インテリジェンスのためにフランスに対してスパイ活動を行っていたとみられる。1980年代、イスラエルは、ポラード（Jonathan Pollard）を積極的に活用していた。ポラードは米海軍のインテリジェンス部局に勤務し、イスラエルにとって有益とみられる機微な米国のインテリジェンスをイスラエルに渡していた。ソ連崩壊後のロシアは、引き続きエイムズ（Aldrich Ames）を利用して、米国に対するスパイ活動を継続していた。米国では、この事案によって（憤慨はしないまでも）衝撃を受けた人々も少なくなかった。（なお、その後、ハンセン（Robert Hansen）事案においてロシアによる米国に対する同種のスパイ活動が明らかになった際には、衝撃は比較的少なかったとみられる。エイムズ事案の苦い経験に基づき（米国社会が）成長した証しかもしれない。）1990年代後半に実施された連邦下院のインテリジェンス問題の担当委員会による調査によると、中国は、米中両国がソ連に対抗するための戦略的パートナー関係にあった時期に、核に関する秘密を米国から窃取していた。2013年のスノーデンによるリークによって暴露された情報によると、米国は、様々な欧州の同盟国、欧州連合（EU）、中南米諸国に対してインテリジェンス収集活動を実施していた。

　1970年代、ある「米国政府高官」（おそらくキッシンジャー（Henry A. Kissinger）国務長官）は、「友好国にもインテリジェンス組織はあるが、『友好的な』インテリジェンス組織など存在しない」旨を指摘していた。

カウンターインテリジェンスは防御的な活動に限定されるものではない。カウンターインテリジェンスには少なくとも3つの類型がある。

- **収集活動**：自国を標的としている可能性のある相手国のインテリジェンス収集能力に関する情報を得ること。
- **防御的活動**：自国のインテリジェンス組織への侵入を企てる敵国のインテリジェンス組織の活動を阻止すること。
- **攻撃的活動**：自国に対する敵国のインテリジェンス活動を特定した上で、これを操作して逆利用すること。具体的には、敵国の情報源を「二重スパイ」に仕立て上げる、あるいは敵国の情報源に対して意図的に偽情報を与えて敵国に報告させることによって実施される。

　中央情報局（CIA）の職員であったレドモンド（Paul Redmond）は、自身のキャリアの大半をカウンターインテリジェンスに費やした。同人は、カウンターインテリジェンスを「自身の活動を支援すると共に敵対的な活動を阻止することを目的とした幅広い活動」と定義している。レドモンドによると、カウンターインテリジェンスには次の活動が含まれる。**カウンターエスピオナージ**（counterespionage）（自国のインテリジェンス組織に対する相手方の侵入に対処する活動）、情報源の評価（人的インテリジェンス活動（ヒューミント）の情報源の信頼性を評価する活動）、ディスインフォメーション（相手方への侵入を支援するために偽情報を流布する活動）、工作活動の技法である。エルマン（John Ehrman）も同様にCIAにおけるカウンターインテリジェンスのベテラン職員であった。同人は、カウンターインテリジェンスを「外国の国家及び非国家主体のインテリジェンス部門の組織及び行動を研究し、そこから得られた知識を応用し活用すること」と定義している。

　スパイ及びカウンターインテリジェンスの世界は地味なものである。確かに両者とも創作小説等の定番のテーマである。しかし、インテリジェンス活動の他の分野と同様に、カウンターインテリジェンスの業務は、一般に想像されている程の華やかさはなく、骨の折れるものである。米国及びその同盟国に対する敵対的なインテリジェンス活動、特にロシアによる活動は増加傾向にある。また、米国に対する中国によるインテリジェンス活動も大幅に増加している（第15章参照）。こうした活動には、ヒューミント及びサイバーの両面が関係している。また、インテリジェンス担当者によるリークも増加している。こうした様々な状況の結果、カウンターインテリジェンスの重要性も増加している。

カウンターインテリジェンスは、伝統的には、主に（専らではないにせよ）相手方のヒューミント活動への対処という視点から検討されてきた。しかし、最近のカウンターインテリジェンスの概念は、（エスピオナージのみに限定されない）より幅広い秘密裡の脅威への対処を含むものに拡大しつつあることは明らかである。国家カウンターインテリジェンス・保安センター（NCSC: National Counterintelligence and Security Center）のエバニナ（William Evanina）長官（在 2014–2021 年）は、外国勢力による米国の 2020 年の選挙を混乱させようとようとした取組や、ソーシャルメディア及び伝統的メディアを通じて影響力を行使しようとする取組に対する懸念を示した。このように、外国勢力は、（米国に対する）混乱及び社会不安の惹起を目的とした取組を強化している。この結果、広義のカウンターインテリジェンス能力の向上への要求は今後一層高まるとみられる。同様に、外国勢力によるサイバー空間を利用した侵入活動及びサプライチェーンの安全保障（第 12 章参照）に関する懸念も、こうしたカウンターインテリジェンスの「拡大した定義」の枠組み中で議論されるようになっている。例えば、トランプ政権は、オープンスカイズ条約から脱退した（第 11 章参照）。その理由の 1 つは、ロシアの航空機が米国の重要インフラをマッピングしている可能性への危惧であった。エバニナ長官は、ロシアによるこうした活動は国家安全保障上の脅威である旨を指摘していた。最新の「米国国家カウンターインテリジェンス戦略（U.S. National Counterintelligence Strategy）」においても、こうしたカウンターインテリジェンスの概念の拡大が指摘されている。

組織内における防護措置

　全てのインテリジェンス組織は、組織内部における一連の検査の制度及びその手続を備えている。その主たる目的は、（採用手続において）自組織に相応しくない応募者を排除することや、組織への忠誠心あるいは行動に問題がある現職の職員を特定することである。採用応募者に対する審査のプロセスには、広範な身元調査並びに本人及び近親者等への聞き取りが含まれる。加えて、少なくとも米国においては、全てではないものの大半の組織が**ポリグラフ**（polygraph）を利用している。理想的な応募者とは、「過去の経歴に全く何の問題もない者」であるとは必ずしも限らない。現実には、応募者の大半は、性的行為あるいは薬物利用（あるいはその両方）に関して何らかの経験がある可能性が高い。中には、軽微な犯罪を行った経歴がある者も含まれている可能性がある。重要なことは、応募者が自分自身の過去に関して率直に報告すると共に、犯罪、危険行為、（相手側からの）脅迫を受ける原因となり

得る行動を既にやめている旨を証明できることである。2016年5月、クラッパー（James Clapper）国家情報長官（在2010–2017年）は、応募者の適性評価の一環として、「一般に公開されている」応募者のソーシャルメディアのアカウントを調査することを許可した。（現在、私企業の多くは、応募者のソーシャルメディアのアカウントを日常的に閲覧している。）

　ポリグラフは、一連の質問に対する身体的な反応（心拍数、呼吸数等）を検査する装置である。しばしば「嘘発見器」と誤解されることもある。こうした身体的反応の変化は、（応答者による）偽りあるいは誤魔化しの兆候である場合がある。ただし、ポリグラフは不完全なものである。例えば、（応答者によって）欺かれる可能性もある。こうしたことから、米国のインテリジェンス組織によるポリグラフの利用は論争の的となっている。米国学術評議会（National Research Council）が2002年に実施した調査によると、カウンターインテリジェンスにおけるポリグラフの有用性は、犯罪捜査におけるポリグラフの有用性に比較すると劣るとみられる。なぜならば、犯罪捜査におけるポリグラフ検査においては、個別具体的な質問がなされる。これに対し、カウンターインテリジェンスにおけるポリグラフ検査においては、より一般的な質問がなされることから、偽陽性反応が出る可能性がより高い。

　少なくとも3人のスパイ、すなわち、チェン（Larry Wu-tai Chin）、エイムズ（Aldrich Ames）、モンテス（Ana Belen Montes）は、米国に対するエスピオナージ活動に従事している期間中にポリグラフ検査を受診したにもかかわらず、これに合格していた。ポリグラフを「欺く」方法を伝授する旨を宣伝している者もいる。報道によると、オバマ政権はこうした者に対する犯罪捜査を開始したという。

　ポリグラフの信奉者は、ポリグラフの活用は（不正に対する）抑止力になると主張する。彼らはまた、（ポリグラフの性能は不完全であり不当解雇等につながる可能性もあるとの主張に対して）ポリグラフは問題の可能性を指摘する道具に過ぎず、実際の問題がない場合（偽陽性の反応に過ぎない場合等）はその後の調査手続等の中で問題は適正公平に解決・処理される（疑念は解消される）はずだと主張する。しかし実際には、そうした解決能力を十分に持たない職員は、（不当に）職を追われる可能性がある。新規の応募者に加え、現職の職員も数年の間隔でポリグラフ検査を受ける。加えて、（有期の）契約職員、ヒューミントの情報源となる亡命者等もポリグラフ検査の対象となる。ただし、国家安全保障に関連する政府の組織機構の全てが統一的にポリグラフを利用している訳ではない。CIA、NSA、国防情報局（DIA）、国家偵察局（NRO）はポリグラフ検査を利用している一方で、国務省及び連邦議会は利用していない。連邦捜査局（FBI）は、2001年のハンセン（Robert Hanssen）によるエスピ

オナージ事案の後にポリグラフの利用を開始した。裏を返すと、それ以前は利用していなかった。なお、このことは、カウンターインテリジェンスに関する取組の厳格さにおいて組織によって格差がある旨を示唆している訳ではない。むしろ、人的な保安・保全の基準に関し、組織によって考え方の幅がある旨を示している。

これだけ多くの組織が保安・保全措置の一環としてポリグラフを利用しているにもかかわらず、ポリグラフ検査には統一的な手続の定めがない。各組織はそれぞれが独自の基準に基づきポリグラフ検査を実施している。報道によると、同じ対象に対する検査でも、組織によって異なる結果が生じることもある。また、それぞれの組織は別組織のポリグラフ検査の結果を相互には受け入れていない。これは、検査の厳密性の表れとも解釈し得るが、単に、統一的な基準の合意形成に向けた意思の欠如とも解釈し得る。

ポリグラフ検査は、目的及び質問の内容に応じて分類される。インテリジェンス組織の場合、**ライフスタイル・ポリグラフ検査**（lifestyle poly）（個人の行動に関するもの）と呼ばれるものと、**カウンターインテリジェンス・ポリグラフ検査**（counterintelligence poly）（外国人との接触、秘密情報の取扱いに関するもの）と呼ばれるものがある。ヒューミントの情報源を調査するような場合には、当該事案に関連する少数の質問のみが利用される。

2012年、クラッパー国家情報長官は、ポリフラフ検査の指針の改訂を発表した。この改訂には次の諸点が含まれる。(第1は、)各組織は他の組織のポリグラフ検査の結果を受け入れることである。(第2は、)犯罪捜査あるいは国家安全保障に関連する情報がポリグラフ検査を通じて発見された場合には、これを報告すること（犯罪行為等）である。(第3は、)ポリグラフ検査の中で、秘密指定された情報のリークに関する質問を行うことである。また、2015年、国家情報長官室は、ポリグラフ検査の中に「秘密指定情報の不許可開示」に関する質問を追加する旨を発表した。ただし、これらの施策に対しては、ポリグラフ検査の濫用の問題（例えば、クリアランスの付与にほとんど無関係な私的な事項に関して質問すること）に対処していないとの批判もある。

インテリジェンス組織の職員及び採用応募者は、ポリグラフ検査を受ける（「箱の中に突っ込まれる（being put on the box）」と表現される）のみならず、組織に対する不忠の兆候の可能性を示す他の指標に基づいても評価を受ける。ある人物の個人的な行動あるいは生活様式が変化した場合、それは「当該人物はスパイである」あるいは「将来的にスパイとしてリクルートされる、もしくはスパイとなることを志願する可能性がある」旨を示す兆候と評価され得る。具体的には、夫婦間のトラブル、飲酒量の増加、薬物使用の疑い、自己資産を超過する程の個人的支出の増加、多額

の借金等である。こうした個人的な問題は、決してスパイになりそうもない人物にも起こり得る。しかし、過去のエスピオナージ事件に鑑みると、こうした事象を懸念することにも一理ある。かつては長年にわたり、セキュリティ・クリアランスを持つインテリジェンス組織の職員は、メンタルヘルスに関する支援や治療を受けることに消極的であった。なぜなら、そうした行動によってクリアランスが失われることを懸念していたからである。最近はこうした傾向は徐々に変化しつつある。家族の問題、深い絶望感、夫婦間の問題、性的暴行等に関する相談を含め、さまざまな種類のカウンセリングを受けることが受容されるようになっている。（コラム「なぜ、スパイとなるのか？」を参照。）こうした問題が発見された場合、カウンターインテリジェンス上の対応は、当該個人を取り巻くより広い背景事情に基づいて判断がなされる。背景事情とは、例えば、当該問題の継続期間、当該個人が敵対的行為に及ぶ潜在的な可能性を示す証拠等である。エイムズ事件においては、同人の業務上の成績不振、アルコール依存、派手な個人的支出の急激な増加等が問題の兆候として把握されるべきであったが、実際には把握されていなかった。こうしたことから、エイムズ事件の後、米国のインテリジェンス組織の職員は、自身の個人資産に関するより多くの情報を定期的に組織に報告することとされた。ただし、こうした個人資産に関する報告は、不正に取得された利益が（本人の協力の有無にかかわらず）捕捉調査可能な形態で存在していることを前提としている。例えば、現金、株式、受領した資金で購入した新しい家屋あるいは乗用車等である。しかし、エイムズ及びハンセンの両事件で明らかになったように、エスピオナージ活動を支援している国は〔訳者注：当該事案の場合は旧ソ連及びロシア〕、スパイに提供した資金の一部あるいは全部を「隠し口座」等に留め置き、スパイ活動完了後数年が経過しても発見されない（アクセスすらできない）ような措置を講じている可能性がある。この点においても、エイムズ及びハンセンの両事件は教訓となる。エイムズの生活様式は明確に変化していた。新しい家、新しい乗用車、贅沢な服装、歯の矯正治療等の兆候がみられた。当時は、米国のインテリジェンス組織の職員に対する資産報告の義務化は実施されていなかった。他方、ハンセンの生活様式からは、少なくとも外見上は、資産の増加の兆候は見られなかった。

[コラム] なぜ、スパイとなるのか？

　米国のカウンターインテリジェンスは、保安・保全上のリスクを評価するに当たり、金銭上の問題を重視する。過去に米国が被害にあった最も深刻なエスピオナージ事案においては、主たる動機はイデオロギーではなく欲得であった。例えば、エイムズ（Aldrich

Ames）、ハンセン（Robert Hanssen）、ウォーカー（John Anthony Walker）とその関係者、ペルトン（Ronald Pelton）、ニコルソン（Harold Nicholson）である。例外はローゼンバーグ（Julius Rosenberg）及びヒス（Alger Hiss）（ソ連に協力）、チェン（Larry Wu-tai Chin）（中国に協力）、モンテス（Ana Belen Montes）及びマイヤーズ（Kendall Myers）（キューバに協力）である。対照的に、イギリスが被害にあった最悪の事例においては、主たる動機はソ連に対するイデオロギー上の傾倒であった。具体的には、フィルビー（Kim Philby）及びその関係者、ブレイク（George Blake）である。

　米英両国とも、欲得、イデオロギーそれぞれに基づく類型のエスピオナージ事案を経験している。（しかし、前記の通り、両国の傾向には一定の相違がある。）それぞれの国の傾向の相違に驚く向きもある。両国の相違の理由の１つとして、イギリスには従来から社会における階級制度が存在する（現在も存在する）旨が指摘されることもある。そのため、イデオロギーが裏切りの理由となりやすいとの見方である。ただし、イギリスにおける最も深刻なスパイは、上流階級の者たちであった。他方、米国においては、主な競争は社会階級よりも経済的なステイタスに基づいている。

　他の要因もスパイの動機たり得る。上司あるいは組織に対する復讐、自分自身あるいは家族に対する（相手国からの）脅迫、スリル（に対する欲求）、外国人との関係等である。とは言うものの、最近まで、米国が被害にあったスパイ事案の大半において、主たる動機は金銭欲であった。ただし、国防省が2008年4月に発表した調査によると、米国及び相手国の間での「分裂した忠誠心」がエスピオナージの動機となる事例が大幅に増加している。〔訳者注：「分裂した忠誠心」とは、米国籍を持つ移民あるいはその２世及び３世等が、自身がルーツを持つ国と米国との間で忠誠心の「板挟み」に陥る状況を指していると考えられる。〕

　カウンターインテリジェンスの関係者は、エスピオナージの主な動機を「MICE」という語で表している。
- **Money**（金銭）
- **Ideology**（イデオロギー）
- **Compromise (or coercion)**（妥協あるいは脅迫）
- **Ego**（エゴ）

　精神科医のチャーニー（David L. Charney）は、スパイ活動を自供した者数人に対する聞き取りを実施し、スパイとなる決心を促す主な動機として「自尊心（プライド）及び自我（エゴ）が傷ついたこと」及び「耐えがたい程に深刻な失敗感」を指摘した。

　前記のとおり、米国の空軍のインテリジェンス部門で勤務していたウイット（Monica Witt）元空軍軍曹の事例は、敵対的な国のインテリジェンス組織がオンラインを通じて接触を図ってくるという問題を提起している。イランのインテリジェンス組織は、主にオンライン上の手段を通じてウイットに接触を図っていた。同人は、そうした接触に関してFBIから警告を受けていたにもかかわらず、イラン側にリク

ルートされ、2013年にイランに亡命した。

　エスピオナージ攻撃を阻止するため、もう1つの内部的な保安・保全措置としては、秘密指定の制度がある。秘密指定制度においては、米国のインテリジェンスの専門用語で言うところの**コンパートメント化**（compartmented）が実施されている。すなわち、（秘密指定制度に基づき）各職員はクリアランスを付与される。しかし、クリアランスを保持するからと言って、必ずしも自動的に全てのインテリジェンス情報にアクセスできる訳ではない。様々なコンパートメントへの実際のアクセスは、更に**ニード・トゥ・ノウ**（need to know）に基づいて判断される。例えば、画像システムの作成に従事する者と、ヒューミント活動の管理に従事する者は、それぞれ異なったクリアランスを所持している。また、各コンパートメントの内部も更にコンパートメント化されている。例えば、ヒューミント関連のクリアランスによって認められるアクセスは、（ヒューミント活動全体に及ぶのではなく）個別具体のヒューミント事例あるいは更に細分化されたヒューミントの類型（例えば、薬物問題、不拡散問題等に関連するヒューミント活動）に限定され得る。

　ニード・トゥ・ノウは、何十年間にもわたり、業務上の基本となる考え方であった。しかし、2001年のテロ事件の後、この考え方は必要なインテリジェンス共有の障害になっているとの指摘も多くみられた。2003年以降は、インテリジェンス・コミュニティでは、ニード・トゥ・シェア（need to share）が強調されるようになった。これは、大きな変革であった。加えて、各組織（特に収集担当組織）は自身が生産したインテリジェンスを「所有」しているという考え方から脱却する必要性も指摘された。こうした「データの所有権」という考え方は、「ORCON（originator controlled）（作成者の管理下にある）」という秘密指定にも端的に表されている。「ORCON」の秘密指定がある場合、当該インテリジェンスを更に別の第3者に提供したり別の文書の中で利用するためには、当該インテリジェンスの作成組織の承諾を得なければならない。「ORCON」の制度の背景には、インテリジェンスの不注意な利用によって機微な情報源あるいは手法が開示されてしまう可能性に対する懸念がある。同時に、インテリジェンスのより広範な活用を希望する者は、必ずしもこうした繊細性に十分な注意を払わない傾向がある。「ORCON」は、確かに必要な制度ではあるものの、インテリジェンス共有に対する大きな障害にもなっていた。国立公文書館の傘下にある情報セキュリティ監視室（ISOO: Information Security Oversight Office）は、毎年、秘密指定制度に関して大統領に対して報告を行っている。同室の2012会計年度の報告では、「ORCON」指定の数の減少が指摘された。こうした「ORCOM」指定の削減措置に最も熱心だったのは国務省で、同省の7万3千件を超える

第7章　カウンターインテリジェンス　　337

「ORCON」指定の半数以上が解除された。2019 会計年度の報告では更に、文書の秘密指定を行う権限を持つ担当者の数の減少が報告された。

　2007 年、マコーネル（Mike McConnell）国家情報長官（在 2007–2009 年）は、「提供する責任（responsibility to provide）」の指針を発表し、（情報のコンパートメント化ではなく）情報の共有に重点が移ることを示した。言い換えれば、インテリジェンス組織及びその幹部は、インテリジェンスを積極的に共有しようとする姿勢の度合いに基づいて評価を受けることとなった。これは、従来のニード・トゥ・ノウの方針とは大きく異なる。ただし、（国家情報長官による他の政策の場合と同様）こうした新たな指針が実際に実行されるか否か、指針を守らない者に対してどのような制裁が課されるか等の点は依然として不透明である。ウィキリークスの事案では、国務省の数千通の公電がリークされた。これらの国務省の公電は全て、国防省の「Secret レベル」の秘密区分のシステムを通じて容易にアクセスが可能なものであった。スノーデンの事案では、NSA に関するリークが行われた。その他にも、幾つかのリーク事案が発生した。こうした状況を受けて、インテリジェンス共有の推進よりも、アクセス制限を強める機運が高まっている〔訳者注：2000 年代初頭以降のニード・トゥ・ノウからニード・トゥ・シェアへの変革の流れがある一方で、情報共有の行き過ぎによる弊害事例（ウィキリークス事案、ノーデン事案等）を背景として、一種の「揺り戻し」現象が発生しているという趣旨〕。

　スノーデンによるリーク事案を踏まえ、NSA は、システム管理者に関する新たな保安・保全策を発表した。（スノーデン自身がシステム管理者であった。）こうした新たな施策に基づき、然るべき特定の情報へのアクセスあるいはその持ち出しには 2 名のシステム管理者の立ち合いが必要となった。また、機微なサーバーが設置されているデータ保管室へのアクセスにも 2 名の立ち合いが必要となった。こうした制度は、地上配備型の核ミサイルの制御を 2 名で行うとの規則に類似している。同規則は、偶発的あるいは権限に基づかないミサイルの発射を防止することを目的としている。情報技術は、インテリジェンス・コミュニティの能力の発展及び成果の向上に大きく貢献してきた。しかし、皮肉なことに、そうした情報技術そのもの自体が、インテリジェンス情報の保護と言う点においては、脆弱性の主たる原因となっている。大量のデータにアクセスしたりこれを削除するに当たっては、保存の形式が電子データ（ソフトコピー）である場合の方が、紙媒体（ハードコピー）である場合よりも遥かに容易である。マーティン（Harold Martin）の事案はまさにそうした例を示している。マーティンは、NSA の契約職員であり、ハードコピー及びソフトコピーの両方の形式で、50 テラバイトに上るデータを NSA から持ち出した。同人

は 2016 年に逮捕された。マーティンによるデータの持ち出しの動機は不明である（エスピオナージ目的か、個人的な利用のためか、あるいは単に奇妙な「収集癖のある人物」だったのか）。2018 年、マーティンは「国防情報の故意の保持」という重罪を認め、懲役 9 年の判決を受けた。なお、マーティンは、保安・保全上の懸念を生じさせるような様々な行動様式（借金、暴飲暴食、ネット上のハラスメントのトラブル）を示していた。その意味でも、同事案は興味深いものであった。

　秘密指定及びインテリジェンス共有をめぐる問題は、国土安全保障の分野においては異なった視点から提起されている。すなわち、国土安全保障の分野においては、クリアランスを持たない人々（州及びそれ以下の地方自治体レベルの担当者、民間の私人等）との間でインテリジェンスを共有しなければならない場合がある。この問題は、2002 年に国土安全保障省が創設された際に初めて注目を浴びた。当時の連邦上院のインテリジェンス問題の担当委員会の委員長は、シェルビー（Richard Shelby）上院議員（共和党、アラバマ州）であった。同議員は、テネット（George J. Tenet）CIA 長官（在 1997–2004 年）に対し、リッジ（Tom Ridge）国土安全保障省長官（在 2003–2005 年）との間で素材情報を共有するよう主張した。しかし、テネットはこれを拒否し、リッジもテネットの考え方を支持した。リッジは、国土安全保障省としてはインテリジェンスの素材情報をあえて見る必要はない旨を指摘した。その上で、CIA からインテリジェンスの共有を受けた場合には、（たとえ機微な情報源等は示されていなくても）国土安全保障省側としては、それを深刻なものと理解して然るべく対応する旨を述べた。このように、米国のような連邦制度の下においては、秘密情報の共有は依然として課題である。2010 年、オバマ大統領（Barak Obama）は行政命令（Executive Order）第 13549 号に署名した。これによって、連邦政府以外の組織との情報の共有及び保安・保全の両立を可能とするようなプログラムが創設された。（非連邦政府関係者による）インテリジェンスへのアクセスは通常の秘密のレベル（Secret）で許可されるのが一般的である。ただし、個別具体の事例に応じて、より高いレベルのアクセスが許可される場合もあり得る。

　現在のクリアランス及び秘密指定の制度は、（秘密への）アクセスを制限することにより、理論的には、個別の秘密漏えいによって生じ得る損害を軽減するものである。ただし、スノーデン事案を始めとする各種のリーク事案の及ぼした損害の大きさは、そうした前提に疑問を生じさせている。現状の制度には様々な弊害もみられる。現在の制度の下では、分析担当者が自身の業務にとって重要なインテリジェンスへのアクセスを排除されることもあり得る。その意味では、現在の制度は、（故意的か否かは別として）分析業務に対する障害となり得る。「提供する責任」という

第 7 章　カウンターインテリジェンス

指針はあるものの、依然として、インテリジェンスの共有の実行には困難が伴う。そうした困難性の幾つかは、保安・保全の制度に起因している（ただし、こうした保安・保全の制度も必要なものである）。こうした保安・保全の制度の運用には、直接的なコストを要する。システムの考案、文書の追跡、職員の身元調査等に要するコストである。間接的なコストもある。収納場所、（文書の）配達担当者、職員のクリアランスを確認する保安・保全担当者、文書の分類のための色分けあるいはナンバリングの制度等である（これらは、必要な諸制度の一部の例示に過ぎない）。こうした様々なコストの一覧からは、秘密指定制度の徹底には多くのコストを要する旨が浮き彫りにされる。更に言えば、これら全てが徹底されなければ、制度全体が迷惑な「無用の長物」となってしまう。前記の情報セキュリティ監視室（ISOO）の報告によると、（政府及び関連する産業界において）秘密情報の保安・保全に要した費用の総額は、2018年には198億米ドルに達し、前年比で7％の増加であった。

　その他の保安・保全措置には次のようなものが含まれる。資料破棄の認証制度、秘密の会話に際して傍受が困難な保全装置付き電話の使用、機微な資料が使用される建物あるいは建物の一部への立入制限である。こうした施設は、秘密情報隔離施設（SCIF: sensitive compartmented information facility）と呼ばれる。最後に、米国においては、インテリジェンス組織の職員及び元職員で現在あるいは過去に秘密資料へのアクセスを有していた者は、自身が署名した契約上の同意に基づき、あらゆる著作物を「出版前審査」のために提出することが義務付けられている。1980年、最高裁判所はこうした契約の合法性を支持した。同判決は、現在も同種の事案における判例として有効である。同判決の発端は、元CIA職員であるスナップ（Frank Snapp）による回顧録の出版であった。CIAはスナップに対する訴訟を提起して勝訴した。この結果、スナップへの印税支払いも差し止められた。こうした論争が発生するのは、例えば、審査当局が求めた変更に著者が同意しない場合、そもそも著者が著作物を事前審査に提出しない場合等である。2010年、国防省は、予備役陸軍士官の著作9千5百部を購入して破棄した。同人の原稿は、陸軍による審査は受けていたものの、国防省による審査は受けていなかった。こうした出版審査プロセスに対しては、（インテリジェンス組織に対して）肯定的な著作を優遇する一方で、批判的な著作に対する検閲として利用されているとの批判もある。2012年の報道によると、CIAは、こうした批判に対応するべく、事前審査プロセスの見直しを行ったとみられる。しかし、CIAは、これらの報道に対するコメントを差し控えた。

　2019年、米国は、スノーデンの回顧録の出版に当たり事前審査を受けていないことを理由として、当該出版からの収益の差押えを行う訴訟を提起した。2020年、

米国政府は、トランプ政権における前国家安全保障担当大統領補佐官であったボルトン（John Bolton）の回顧録の出版をめぐり、同人に対する訴訟を提起した。ボルトンは、審査通過の通知を口頭で受けた後に、同書を出版していた。これに対し、政府側は、ボルトンは書面による通知を受領していなかった旨を主張した。書面の通知は、第2回目の審査が終了するまで保留されていた。実際、第2回目の審査では、原稿に多くの秘密情報含まれている旨が明らかにされた。当該訴訟に関し、連邦地裁は、出版の仮の差止めを求めたトランプ政権の訴えを却下した。理由として、既に20万部の書籍が印刷・出荷されており、仮の差止めを行うには遅過ぎて効果がない旨が指摘された。同時に、裁判所は、当該書籍に秘密情報が含まれている可能性がある旨を認めた。2021年、司法省は、ボルトンに対する訴訟を終結させた。（本書の序文に記してあるように、今読者諸氏が読んでいる本書は、出版前の保安・保全検査に提出済のものである。）

　インテリジェンス組織の職員採用のプロセスも、見直しを余儀なくされ、然るべき変更を求める圧力を受けている。こうした動向は、スノーデンによるリーク事案の後に特に顕著となった。とりわけ、スノーデンは（正規雇用の職員ではなく）契約職員であったという事実が注目されている。一方で、政府の各種業務の中には、契約職員が担うことができないもの（「政府の本質的な機能」）が存在する。例えば、被疑者の起訴、財政の支出、（支出を伴う）購入の意思決定等である。他方、それ以外の事項に関しては、政府の多くの職場において、契約職員は、正規雇用の職員と互換性のあるものとして区別なく活用されている。スノーデン事案においては、皮肉なことに、（契約職員である）スノーデンに対する身元調査もまた、政府の正規職員ではなく、契約職員によって実施されていた。契約職員であっても、クリアランスを付与されて然るべき役職に就けば、秘密へのアクセスが可能となる。そして、各職員がアクセスを許可される程度及び内容は、個々人の職務内容もさることながら、秘密アクセスに関する組織全体の方針によって大きく左右される。例えば、スノーデン及びマニング（Bradley Manning）も、それぞれの職場において相当に広範な範囲の秘密へのアクセスが可能であったとみられる。米国会計検査院（GAO: Government Accountability Office）が2012年に実施した調査は、個々の職務に対してセキュリティ・クリアランスを付与する必要があるか否かを判断するための指針及び手続が不明確で一貫性を欠いている旨を指摘した。その上で、国家情報長官に対して事態の改善を求めた。

　皮肉なことに、（政府の正規職員ではなく）契約社員が身元調査の業務を担うようになった理由の1つは、連邦議会からの圧力であった。特に、2001年のテロ事件の

後にインテリジェンス組織による雇用の数が増加したことから、身元調査のプロセスの迅速化を求める連邦議会からの圧力が高まった。身元調査を請け負う民間の調査会社としても、収入増加の観点から、調査件数の増加及び調査手続の迅速化は貴重な朗報であった。スノーデン事案及びアレクシス（Aaron Alexis）事案の後、連邦議会は、セキュリティ・クリアランスの調査に契約職員を使用することに制限を課す方向に動いた。（アレクシスは、2019 年 9 月、ワシントン DC の海軍施設において、12 人を殺害した。同人は明らかにメンタルヘルス上の問題があったにもかかわらずクリアランスを付与されていた。）スノーデン及びアレクシスの身元調査を実施したのは USIS LLC 社であった。人事管理局（OPM: Office of Personnel Management）は、同社の実施した調査に多くの虚偽がある旨を指摘し、同社を非難した。2014 年、USIS LLC 社の記録に対するハッキングが発生した。人事管理局は、同社を契約業者から排除した。また、人事管理局は、身元調査に対する品質管理の審査を再開した。2014 年 2 月、セキュリティ・クリアランス監督・改編促進法（SCORE Act: Security Clearance Oversight and Reform Enhancement Act）が成立した。これにより、人事管理局の首席監察官は、身元調査に対する監督を強化するために予算を利用することが可能となった。この種の問題は、しばしば時計の振り子のような動きをみせる。すなわち、現場の機能とは必ずしも関係のない可能性のある政治的な懸念に基づいて方針が変更される場合がある。

　人事管理局が保有する人事記録に対するサイバー空間を利用した侵入事案が発生したことから、セキュリティ・クリアランスのプロセスは改めて精査されることとなった。2015 年 6 月、人事管理局は、現職及び退職者を合わせて 2,150 万人分の連邦政府職員の人事記録の漏えいを発表した。これらの職員の多くは、セキュリティ・クリアランスの保有者（あるいは元保有者）であった。米国政府は、人事管理局の情報漏えいの原因の特定には慎重であった。しかし、中国による犯行との見方が広まった。中国政府はこれを認め、中国の政府とは無関係の一般の犯罪者による犯行として、当該犯行を非難した。本件に関連して更に懸念されることは、カウンターインテリジェンス上の懸念である。すなわち、中国（あるいは、同様に米国の人事管理局のデータにアクセスし得る他のアクター）は、漏えいしたデータを利用して、公的な組織の身分を偽装しつつ米国国外において活動している米国のインテリジェンス組織の職員を特定し得る可能性がある。（例えば、ある人物の人事管理局の記録上に当該人物が名乗っている公的な組織の身分が掲載されていない場合、彼らが名乗っている身分は偽装用である可能性がある。）加えて、（敵対的な第三者等が）人事管理局のシステムにアクセスできるとすれば、当該データが操作・改ざんされる可能性もある。この

結果、人事記録データの将来の信頼性に懸念が生じることとなる。報道によると、人事管理局以外の米国政府の組織においても、同様に中国による侵入事案が発生しているとみられる。

　2016 年、オバマ政権は、人事管理局に国家身元調査局（National Background Investigations Bureau）を創設した。特に問題視されていたのは、身元調査の未処理案件（バックログ）の数及び（調査が開始されてから）調査完了までに要する時間の長さであった。この双方の要因により、政府及び民間企業において秘密を取り扱う人員の新規採用に遅延が生じていた。未処理案件数は、最も多い時期には、約 71 万件であったと推定される。なお、これは、（71 万件の）全てが完全に停滞していたという意味ではなく、毎年約 20 万件の出入りがあった。身元調査の完了に要する時間は、2018 年の段階で平均 18 ヵ月であった。未処理案件数は、決してゼロにはならないものの、2019 年までに 40％削減された。2020 年には、約 20 万人の「定常状態」に落ち着いた。2019 年 4 月、トランプ大統領は、保安・保全目的の身元調査業務を全て人事管理局から国防省に移管する行政命令に署名した。これによって、国防省は、同省自身の未処理案件の削減に取り組むことが可能となった。同時に、国防省は、政府内の文民組織も含むセキュリティ・クリアランス業務の全体に対するより広範な責務を担うこととなった。国防省が、こうした責任を理解しているのか（そもそもそうした責務を担う真摯な意思があるのか）を疑問視する見方もある。当該業務を所掌しているのは、2019 年 10 月に設立された国防カウンターインテリジェンス・保安局（DCSA: Defense Counterintelligence and Security Agency）である。（当該部署の旧名は国防保安局（DSS: Defense Security Service））

　保安・保全の専門家の多くは、セキュリティ・クリアランスを付与された各個人を継続的に監督し審査を行う制度の導入を促している。これは、金融業界における人事管理策を模した考え方である。現在、クリアランスを付与された職員等は 5 年ごとに審査を受けることとなっている。しかし、実際には、審査の間隔はより長くなっている場合が多い。国家情報長官は、国家カウンターインテリジェンス・保安センター（NCSC）を通じて、継続的な評価プログラムを開始した。これは、トラステッド・ワークフォース 2.0（Trusted Workforce 2.0）と呼ばれる。同プログラムでは、従来からの面接及び調査を補うものとして、金融取引記録、犯罪記録等に関するデータベースも活用される。同プログラムの背景にある考え方は、こうした継続的な評価を行うことによって、より詳細な精査が必要な具体的な問題の特定・発見が可能となるということである。実際、そうした発見に基づいて個別の調査が開始される場合もあり得る。ただし、こうした制度が機能するか否かは、情報技術インフ

ラの信頼性に大きく依存している。例えば、異なった種類の情報源からのデータの収集及び分類には人工知能が活用される。ただし、全ての判断及び決定は機械ではなく人間が行う。国防カウンターインテリジェンス・保安局は、クリアランスを付与されている政府の正規雇用職員及び契約職員の全員を、2023年までにトラステッド・ワークフォース2.0の管理下に置くことを計画している。また、同局の報告によると、セキュリティ・クリアランスにおける**相互主義**（reciprocity）（他機関が付与したクリアランスの有効性を認めるか否かの意思の確認）は、従来は65日間を要していたところ、6日間に短縮された。

国家地理空間情報局（NGA）は、「SCOUT」と呼ばれる「感情分析」用のソフトウェアの実験を行っている。これは、業務に関連するシステム上にある電子メール、チャット、ソーシャルメディアの中の感情的な内容を分析するものである。こうした技術において肝要な点は、偽陽性を排除することである。コロナ禍時のように、職員の多くが在宅勤務をしているような場合、こうした制度の導入は困難となる可能性がある。

深刻なリーク事案が発生するたびに、クリアランス保持者の人数に関する議論が繰り返される。国家情報長官室によると、2019年会計年度の時点で、クリアランスを保持する政府の正規雇用職員及び契約職員の総計は424万3,937人であった。これは、2018年度から4.2％の増加であった。ただし、クリアランス保持者全体のうち、129万4,181人は、現在は秘密資料へのアクセス権を有していなかった。〔訳者注：前記のとおり、クリアランスを保持していても、ニード・トゥ・ノウの要件等を満たさなければ、実際には個別具体の秘密情報へのアクセスを有しない場合があり得る。〕重要な点は、契約職員がクリアランスを保持しているのは、彼らが秘密に関連する業務に従事する際にはクリアランスを保持することを政府が義務付けているからである。したがって、この数字は、契約職員側の希望というよりは、政府側の意思の反映である。実際、契約社員を擁する民間の請負業者は、クリアランス及び秘密関連の作業を行うスペースに必要なインフラの維持のため多額の費用を負担している。

セキュリティ・クリアランスをめぐるもう1つの課題は、相互主義である。相互主義が欠如している場合、ある組織で既にクリアランスを付与されている人物に関しても、（別の組織においては）新たな調査及び判定を経ることが必要となる。従前よりクリアランス制度は個別の組織ごとに運用されてきた。幾つかの組織は、自らの制度あるいはアプローチの方が他よりも厳格であると主張していた。2018年11月、コーツ（Dan Coats）国家情報長官（在2017–2019年）は、軍を含む全ての関連機関に対して原則として相互主義を義務付ける指示を発出した。問題は、各組織がこ

うした指示を遵守する意欲があるか否か、国家情報長官がそうしたプロセスを監督し各組織に義務を守らせる執行力を発揮し得るか否かである。こうした国家情報長官の執行力は、しばしばインテリジェンス・コミュニティにおける課題となっている。前記の Trusted Workforce 2.0 が共通の制度として広く利用されることとなれば、各組織が相互のクリアランスに対してより高い信頼を持ち得るようになることが期待される。

　インテリジェンス組織の幹部及び採用応募者の双方とも、新規職員の採用プロセスに長い時間を要することを批判している。インテリジェンス組織側としては、費用の問題も生じる。採用候補者１人当たりの調査経費は約１万ドルに上る。保安・保全の観点からは、潜在的なリスク要因が組織内に侵入することを許すよりも、採用のプロセスを極めて厳格にする方が好ましいと考えられる。こうした考え方は「リスク回避」アプローチと呼ばれ、（意図的にせよ、そうではないにせよ）多くの成果を挙げている。こうしたアプローチでは、審査のプロセスがより厳格になると同時に、より長時間を要することになる。このため、インテリジェンス・コミュニティとしては、身元調査のために９ヵ月以上もの期間を待つ余裕のない応募者が犠牲になってしまう（すなわち、採用できなくなってしまう）場合もあり得る。また、採用者数が増加する時期には、採用の遅延が増加する可能性が高まることとなる。こうした状況は、2001 年以降にインテリジェンス・コミュニティ全体において発生した。

　「リスク回避」アプローチを採った場合、実際には保安・保全上のリスクがない可能性のある応募者が、厳格な審査基準のために採用に至らない場合もあり得る。マコーネル国家情報長官は、移民１世代の米国籍者に関し、彼らの語学能力及び（外国に関する）文化的経験は極めて貴重である旨を指摘した上で、これらの人材の採用プロセスを改善する旨を述べた。こうした人材は、（前記のような）忠誠心の分裂、出身国に残された家族の存在等のために外圧からの影響を受けやすいことが懸念される。こうしたことから、彼らは「リスク回避」アプローチの下で特に厳しい負担に直面している〔訳者注：他者に比較してより厳しい審査を余儀なくされているという趣旨〕旨が証拠に基づいて裏付けられている。FBI は、「事後リスク管理（PARM: Post-Adjudication Risk Management）」計画を導入している。FBI の職員のうち、海外で出生した者あるいは海外に親族あるいは友人がいる者は、当該システムを通じて、より厳格な保安・保全上の審査に直面する。FBI の幹部は、事後リスク管理計画に参加することによる特段の悪影響はなく、単純に脆弱性を評価するだけである旨を指摘している。しかし、当該計画に参加した経験のある FBI の職員は異なった見解を持っている。なお、皮肉なことに、これまで米国が被害にあった最悪のエスピオ

第７章　カウンターインテリジェンス　　345

ナージ事案の大半は、既に何世代にもわたり米国に定着していた人物によるものである。とはいうものの、いわゆる**スリーパー・エージェント**（sleeper agents）の問題を軽視することはできない。スリーパー・エージェントとは、他国に送り込まれた後に長期間にわたり（当該国の一般市民として）普通の生活を送り、その後の然るべき時期からスパイ活動を開始するものである。2010年にはロシアのスリーパー・エージェント10人が（米国から）追放された。これによって、スリーパー・エージェントの問題は引き続き重要である旨が浮き彫りとなった。

マコーネル国家情報長官は、保安・保全におけるアプローチを「リスク回避」から「リスク管理」に変えることを模索した。この背景にある意図は、潜在的なリスクを全て排除するような制度の運用を目指すというよりも（そもそも、それは明らかに不可能である）、（潜在的なリスクとみられる背景を持つ）職員あるいは応募者であっても取りあえず信用してみるということである。こうしたアプローチは道理にかなったものかもしれない。しかし、実際の制度の運営担当者、すなわち、人事上の保安・保全の責任者からは異論が出る可能性がある。こうした担当者からみれば、保安・保全上の脅威となり得る者にもクリアランスを付与するのであれば、どんなに多くの者を調査しても何の意味もないこととなる。また、人事上の保安・保全担当者は、実際に侵入事案が発覚した場合に真っ先に説明責任を追及されるのは自分たちであると認識しているともみられる。こうした人事政策の転換は、国家情報長官の権限（とりわけ、同長官の直接の監督下にはない組織で勤務するインテリジェンス担当者に対する権限）の在り方を示す試金石として興味深い事例である。最後に、忘れてはならない事柄として、保安・保全に関する規則は他の要素から完全に独立して存在している訳ではない。むしろ、こうした規則は、少なくとも民主主義国家においては、他の幾つかの政策目標と関連しながら存在している。こうした他の政策目標の中には、国民による一定の情報へのアクセス及び透明性を確保するという政府の意思が含まれる。これは、あらゆる情報へのアクセスを意味するものではない。しかし、折に触れ、幾つかの問題を提起する。例えば、公開及び非公開の境界をどこに定めるか、秘密指定の期間の長さはどの程度であるべきか、秘密指定解除の基準はいかにあるべきか等である。米国においては、これらの（異なった政策目標同士の）緊張関係はいずれも存在する。

2017年のトランプ政権の発足に際し、セキュリティ・クリアランスの政治化の問題が生じた。第1に、大統領府の新しいスタッフの中には、クリアランス付与の決定がなされるまでの間、長期間にわたり暫定クリアランスを使用している者がいた。トランプの義理の息子に当たるクシュナー（Jared Kushner）上級補佐官もその中

に含まれていた。報道によると、トランプは、クシュナーのクリアランスを確保するため、（公式の審査プロセスに）私的に仲介したという。2018 年、大統領府のケリー（John Kerry）首席補佐官は、（クリアランス付与に関連する）大統領府の手続を改善するため、FBI との連携を改善し、「重大な疑惑に関する情報」の伝達を迅速化する措置を採った。ケリー首席補佐官はまた、今後、大統領府の新規採用者が暫定クリアランスを使用することを禁止することとした。

第 2 に、より激しく物議を醸したこととして、2018 年、トランプ大統領は、ブレナン（John Brennan）前 CIA 長官（在 2013–2017 年）が保持していたセキュリティ・クリアランスを剥奪する旨を決定した。国家安全保障に携わった元政府高官は、主に儀礼的な観点から、退任後もクリアランスを付与されている。これにより、後任者等から助言を求められた際にも対応することが可能となっている。ブレナン元長官は、一連のツイッター投稿を通じて、トランプ政権に対する厳しい批判を繰り返し表明していた。その結果、トランプは、ブレナンのクリアランスを剥奪することとした。関係者の間では、（法律論的には）トランプ大統領はそうした法的権限を有するとの見方が大勢を占めた。しかし、ブレナンのクリアランス剥奪の決定を行ったのが、クリアランス付与機関（この場合は CIA）ではなく、大統領府であるという点において、前代未聞の出来事であった。こうしたトランプ大統領の行動に対して抗議書簡が発出された。国家情報長官・副長官及び中央情報長官・副長官の過去の経験者の大半がこれに署名した。インテリジェンス及び国家安全保障業務に携わった数百人の元政府職員もこれに続いた。こうした活動は、必ずしもブレナンによる（反政権的な）発言を支持した訳ではなく、ブレナンの「発言の自由」の権利を擁護しようとしたものである。規則上、クリアランスの剥奪の理由としては 13 種類が定められている。例えば、薬物等の乱用、犯罪行為、保安・保全上の規則違反等である。すなわち、規定上のクリアランスの剥奪の理由の中には、「大統領及びその政策に反対したり批判を行うこと」は含まれていない。

外部的な兆候及びカウンターエスピオナージ

保安・保全上の問題の予防や発見のため、カウンターインテリジェンスの担当者は、内部的な措置のみならず、外部的な兆候にも注意を払っている。そうした兆候として比較的明白なものは、例えば次のようなものである。海外における情報源のネットワークが突然失われた場合、当方の偵察衛星の軌道が照準を合わせていた相手国の軍事活動のパターンが突然変更された場合、他のインテリジェンス組織に対

する侵入事案から自組織に対する侵入の可能性が明らかになった場合等である。ハンセン（Robert Hanssen）事案の発覚は前記の中の第3番目の事例に該当すると考えられる。2010年、ロシアのスリーパー・エージェント10人が米国で逮捕された。ロシアにおける報道によると、彼らの身元は、米国に亡命したロシアのインテリジェンス組織員によって特定されたとみられる。必ずしも明白ではない曖昧な外部的兆候もある。例えば、軍事作戦あるいはスパイ活動が失敗したがその原因が不明確な場合、外交交渉等において相手側が当方の手の内を承知していた可能性がある場合等である。これらはいずれも、情報漏えいあるいは侵入の可能性を示す比較的曖昧な兆候である。こうした状況は、「ぼやけた鏡（wilderness of mirrors）」と表現される場合もある。

1995年、CIA及びNSAは、米国におけるソ連のスパイ活動を探知するために活用されていたシギントの傍受内容を公表した。同プログラムには、ベノナ（VENONA）というコードネームが付されていた。1943年から1957年の間、ベノナによるプロダクトは、（米国内において）ソ連のインテリジェンス組織に協力している情報源（スパイ）の特定に貢献した。この中には、ヒス（Alger Hiss）、ローゼンバーグ（Julius Rosenberg）、フックス（Klaus Fuchs）等が含まれる。ベノナによって示されたように、シギントによって現在進行中のエスピオナージ活動の兆候を察知することが可能である。ただし、（傍受された）通話の中においては、情報源に対する言及は（明確なものではなく）曖昧なものにとどまっている場合が多い。したがって、直ちに情報源を明確に特定することは困難である。ベノナが傍受していた通信の中では、各情報源に対してコードネームが利用されていた。それでも、（これらの情報は）調査の範囲を絞り込むには有益な情報である場合が多かった。

敵対的なインテリジェンス組織によって侵入された場合に、それによって生じる被害は深刻である。その裏返しとして、我が方が敵対的なインテリジェンス組織への侵入を成功させることができれば、多くの利益が得られる。敵方への侵入によって収集し得る情報は次のようなものである。

- 相手方のインテリジェンス組織のヒューミント能力及び標的、長所、短所、技法。
- 相手方のインテリジェンス組織の非公開の職員の人定事項。
- 相手方のインテリジェンス活動の主な関心分野及び現時点での不足事項。
- 我が方あるいは他のインテリジェンス組織に対する侵入の可能性。
- 相手方におけるインテリジェンス協力の状況。（例えば、旧ソ連時代、KGBは、米国の国防産業に対するインテリジェンス活動のために、米国在住のポーランド系移民を利用し

ていた。また、暗殺のために、ブルガリアのインテリジェンス組織員を利用していた。）
- 相手方のインテリジェンス組織のヒューミント活動の突然の変更の状況（例えば、新たなニーズ、新たな任務、焦点の変更、特定の地域からのインテリジェンス組織員の召喚）。これらの背景には、多くの要因が関係している可能性がある。

　外国のインテリジェンス組織の情報源の存在を発見しても、直ちにこれを検挙するとは限らない。外国組織の情報源の存在は好機でもある。なぜならば、彼らは相手国のインテリジェンス組織に通じるパイプである。これによって、我が方は、カウンターエスピオナージの領域へ踏み込むことが可能となる。我が方が最低限行うべきこととして、当該情報源の情報アクセスを、（相手方に）気付かれることなく、制限する必要がある。その上で、当該情報源に偽情報を掴ませて相手国に送付させる。これによって、相手側の分析を混乱させることが可能となる。別の方策として、カウンターインテリジェンスの担当者は更に積極的なアプローチを試みる場合もあり得る。すなわち、相手国の情報源を**二重スパイ**（double agent）に仕立てあげることである。二重スパイとは、表面上は従来通りの活動を継続しつつ、相手国に関する情報を我が方に提供し、相手国に対しては故意に偽情報を送付するものである。（第2次世界大戦中、イギリスの「ダブル・クロス」システムは、ドイツの情報源を二重スパイに仕立て上げるのに非常に有効であった。カストロ（Fidel Castro）も、キューバにおける反体制活動の為に送り込まれてきた米国のスパイを有効に活用したとみられる。）ただし、二重スパイが存在するのと同様に、三重スパイも存在する。これは、一度我が方に寝返った後にそれを相手国側に見破られ、再び相手国側に協力する場合である。こうしたことから、カウンターエスピオナージの効果は、やはり不明確な「ぼやけた鏡（wilderness of mirrors）」である。

　カウンターエスピオナージにおいては、前記のダングル（dangle）の活用も重視される（第5章のヒューミントの項参照）。〔訳者注：ダングルは、日本語では「撒き餌」あるいは「毒饅頭」のイメージに近いと考えられる。〕ダングルの活用は、敵対国のカウンターインテリジェンス活動の動向を探ったり特定するために有効な方法の1つである。すなわち、一見してスパイであるかのような人物（撒き餌）を相手国の外務省等の前にぶら下げ、相手国の反応及び当該人物に対する扱い方を観察するものである。（ハンセンは、ソ連のためのスパイ活動を一時的に停止した後、改めてソ連側に接触した。この際、ソ連側は、ハンセンを米国によるダングルと考え、米国側に抗議をしたとみられる。米国側はこれを否定した。なぜソ連側はハンセンをダングルと考えたのか、その理由は不明である。）

カウンターインテリジェンスに関する問題点

　カウンターインテリジェンス活動を評価するに当たっては、幾つかの課題がある。第1に、カウンターインテリジェンスが対象とするのは、（敵対的な相手方による）侵入活動である。こうした活動は、その性質上、秘密裡に行われる。したがって、カウンターインテリジェンスの担当者は、敵対的な侵入が成功裡に行われている旨を示す決定的な証拠を当初から入手できることはほぼあり得ない。

　第2に、どのようなインテリジェンス組織も、調査を経てクリアランスを付与されている自身の職員を信頼するという基本的な傾向が有る（これは、インテリジェンス組織に限らず全ての組織において同様かもしれない）。彼らは毎日のように顔を合わせて共に働いている。互いに慣れ親しむ結果、警戒心が低下し、あるいは、同僚及び部下の不忠を疑うことを厭うようになるとみられる。エイムズによるエスピオナージ事案の解明においては、こうした点が障害となったとみられる。当時、CIAは、モスクワに配置していた複数の情報源の喪失に直面していた。しかし、その原因を自分の組織内に求めることを躊躇していた。ハンセン事案においても、同人は20年間以上にわたり発覚を免れていた。当初、その原因は、同人が米国のカウンターインテリジェンス方策及び技法に精通し、巧みに立ち回っていたからと考えられていた。しかし、司法省の首席監察官による2003年の報告書によると、実際にはハンセンは実務上の能力が低く人格的にも問題があった。それにもかかわらず、同人の活動が発覚を免れていたのは、むしろ、FBI組織内の規律の弛緩及び稚拙な管理に原因があったことが判明した（FBIは司法省の傘下にある）。最も重要な点として、FBIは、（米国国内の）スパイ探しに際して、当初はCIAの職員であるケリー（Brian Kelly）に焦点を当てていた。しかし、後に、スパイはFBI内の身内であるハンセンである旨が発覚した。誰しも、「問題の所在は身内ではなく別の組織にある」と考える方が楽である。同様に、スノーデン（Edward Snowden）は、インテリジェンス組織のシステム管理者であった。スノーデンが同僚たちに対して彼らのコンピュータのパスワードを尋ねた際、彼ら（スノーデンの同僚たち）は特段何の疑問も抱かなかったとみられる。

　他方、逆のアプローチ（すなわち、身内の職員を根拠なく疑うこと）は、部内にスパイを抱えるのと同程度に、組織に打撃を与える可能性がある。アングルトン（James Angleton）は、1954年から1974年までの間、CIAにおいてカウンターインテリジェンスを担当していた。アングルトンは、ソ連の**モール**（mole）、すなわち、深く潜伏したスパイがCIAに侵入している旨を強く確信していた。こうしたアングルト

ンの強い猜疑心の背景には、イギリスにおける彼の親しい盟友であったフィルビー（Kim Philby）がソ連のスパイである旨が判明したことが影響していたとの見方もある。また、アングルトンは結局のところモールを発見することができなかった一方で、身内であるCIA職員のほぼ全員に対して疑いの目を向けることによって、CIAに混乱を招いたとの見方もある。さらに、実はアングルトン自身がモールであり、彼は自分への注意をそらすために故意に組織内の混乱を惹起していたとの見方もある。アングルトンは依然として論争の対象である。いずれにせよ、彼の活動は、スパイ活動及びカウンターインテリジェンスに関連する知的な（学術研究上の）諸課題を示唆するものである。

　長年にわたり、カウンターインテリジェンス活動は、CIA及びFBIの間の軋轢の大きな原因であった。そうした軋轢の一部は、長年にわたりFBIの長官を務めたフーバー（J. Edgar Hoover）のCIAに対する遺恨の遺産であり、また、そうしたフーバーの敵意に対するCIA側の報復の感情によるものであった。軋轢のもう1つの原因は、問題の捉え方に関する両者の見解の違いであった。スパイが発見された場合、それは厄介事であると同時に、カウンターエスピオナージの観点からは好機でもある。CIA側は、この機会を利用したいと考える傾向がある。カウンターエスピオナージは、広義のカウンターインテリジェンスの一部分と考えることが可能である。すなわち、カウンターインテリジェンスとは、我が方のインテリジェンス活動に対する妨害あるいは侵入を図る（相手方の）あらゆる活動を阻止し、更にはこうした機会を積極的に利用することを試みるものである。こうしたカウンターインテリジェンスに関連する諸問題の中でも、カウンターエスピオナージは、とりわけヒューミントの側面（防御的及び攻撃的の双方を含む）に関するものである。他方、FBIにとっては、スパイの発見は刑事訴追に向けた「幕開け」である。エイムズ事案が発覚した1990年代初頭まで、CIA及びFBIは、カウンターインテリジェンスに関する連携を行っていなかった。このことは、エイムズの発見が遅れる一因となった可能性がある。エイムズの逮捕とその後の捜査の結果を踏まえ、CIA及びFBIは、双方の職員を配置した共同のカウンターインテリジェンスの部署を設置し、過去の誤りの是正を図った。

　インテリジェンス活動全般にありがちなことではあるが、エスピオナージの疑惑は（刑事司法手続において）必ずしも十分に立証されるとは限らない。ロスアラモス国立研究所の科学者であったリー（When Ho Lee）の事案は、この点に関して参考となる複雑な事案である。簡単に言うと、当該事案は、コックス委員会（The Cox Committee: U.S. House Select Committee on U.S. National Security and Military/Commercial Concerns with the People's Republic of China, 1999）による議会報告書を契機として注目を浴びるようになった。コックス委員会は、中華人民共和国との間に生じる米国の安全保障、軍事及び商業上の懸念に関する連邦下院の特別委員会として1999年に設置された。委員長は、コックス（Christopher Cox）連邦下院議員（共和党、カリフォルニア州選出）であった。同委員会は、米国の核兵器の設計を含む高度技術を主たる標的として中国がスパイ活動を行っているとの一連の疑惑に関して調査を実施した。問題の性質上、エネルギー省（DOE）及び国立研究所が調査対象となる見通しとなった。（本件の責任の所在をめぐり、エネルギー省の現職及び元職のインテリジェンス担当者並びにカウンターインテリジェンス担当者の間で、不快な論争が公の場で展開された。エネルギー省の担当者の一部及びFBIの間でも同様の状況が発生した。）リーは台湾生まれであり、1994年以来捜査の対象となっていた。しかし、捜査は停滞し、結論が出ないままであった。リーは、ロスアラモスの研究所において、自身の業務とは無関係である核に関する秘密資料を40万頁にわたりダウンロードしていた。2000年、リーは逮捕され、59の罪に基づいて起訴された。リーは9ヵ月間以上にわたり拘置所に収容された（その大半は独房であった）。しかし、政府側は、リーによるエスピオナージ活動、すなわち、外国勢力への資料の提供に関する証拠を発見することはできなかった。司法省の報告書は、結論において「もしもリーがスパイであったとすれば、FBIはこれを取り逃がしてしまった」、「もしもリーがスパイでないのであれば、FBIは別の捜査方針を検討するべきであった」旨を指摘し、FBIによる本件への対応を厳しく批判した。その後リーは釈放された。そして、核に関する機微なデータを違法にダウンロードしたことに関する重罪1件を認める司法取引に応じた。（あえてFBIに対して）贔屓目に見るとすれば、本件は、（エスピオナージであったか否かの点に関しては）依然として結論が未確定の状態にとどまっていると言い得る〔訳者注：法的にはスパイ罪としての立証は十分にはなされていないが、実態としてはその疑念は残っているという趣旨〕。ちなみに、スコットランドの法制度においては、陪審員は「有罪か無罪か」ではなく「（有罪が）十分には立証されていない」旨の評決を下すことが可能である。（仮にスコットランドであれば、本件はそうした評価に値する事案であろう。）

　中間的な事例として、インテリジェンス担当者が、エスピオナージ活動以外の（カウンターインテリジェンス上の）リスクを孕む行動を理由として、疑惑の対象となる場合がある。そうした事例の1つは、ハワード（Edward Howard）の事例である。ハワードは、CIAの工作局（DO）の局長であり、1980年代にモスクワへの赴任が予定されていた。しかし、ハワードには薬物使用及び犯罪行為の問題が継続中である旨が明らかとなり、赴任は不可能となった。この結果、同人に関してはカウン

ターインテリジェンス上の問題が浮上した一方で、（CIAにとっては）本事案への対応は困難な課題となった。すなわち、ハワードをモスクワに赴任させることができない以上、選択肢は、別の任務に配置するか、あるいは解雇するしかなかった。別の任務に配置した場合、同人は、私的な活動に伴う保安・保全上のリスクを抱えているにもかかわらず、引き続き秘密の資料へのアクセスを維持することになる。加えて、海外赴任のキャンセルを恨み、より大きなリスク分子となる可能性が高かった。別の選択肢として、同人を解雇することもやはりリスクを伴うものであった。なぜならば、同人は、CIAの工作局の業務の技法及びCIAのモスクワにおける活動に関する深い知識及び情報を持っていたからである。一旦解雇してしまえば、同人への監視を継続することは、（不可能ではないにせよ）困難であるとみられた。結局、ハワードは解雇され、FBIの監視下に置かれた。しかし、同人は、CIA工作局の職員として修得した技法を駆使し、（FBIによる監視がやや弛緩していたこともあり）監視をかい潜ってモスクワに逃亡した。その上で、「自分はスパイではなかったにもかかわらずCIAによって（不当に）『お払い箱』にされた」旨を主張した。インテリジェンス問題に関する作家のワイズ（David Wise）は、モスクワにおいてハワードに対する取材を行った。ワイズはしばしば米国のインテリジェンス組織に対して批判的であったが、（そのワイズすらも）取材の結果、「ハワードはモスクワへの逃亡の以前から（そもそも）不誠実な人物であった」旨を確信したという。

カウンターインテリジェンスの関係者の間では、**「大きなカウンターインテリジェンス（big CI）」及び「小さなカウンターインテリジェンス（little CI）」**を区別する場合がある。組織内に相手方のスパイが侵入していることが明らかになった場合、重要なことは、当該スパイが然るべき特定の情報を狙った理由を解明することである。例えば、個別具体のニーズあるいは任務に基づくものであったのか、あるいは（場当たり的に）手を出したに過ぎないのかの点である。こうした点が解明できれば、当該侵入事案の性質及び当該スパイに指示を出していた相手国の目的を明らかにすることが可能となる。これらの事項は、「大きなカウンターインテリジェンス」に含まれる。（他方で、）侵入事案をめぐっては、この他にも個別の問題がある。例えば、侵入はどのようにした実行されたのか、侵入はどの程度の期間にわたり行われていたのか、相手側における侵入活動の管理・運営の責任者は誰か、どのような情報が漏えいしたと考えられるのか、どのような技法が利用されたのか等の諸点である。これらはいずれも「小さなカウンターインテリジェンス」の課題である。これは、軍事作戦において、戦略（大きなカウンターインテリジェンス）及び戦術（小さなカウンターインテリジェンス）の区別があることに類似している。

スパイが特定されて逮捕された場合（あるいは、外交官身分を持つ外国人が国外に追放された場合）、インテリジェンス・コミュニティは**被害評価**（damage assessment）を実施し、どのようなインテリジェンスが漏えいしたかを判断する。この際、逮捕されたスパイの協力を得ることが有益な場合がある。米国においては、こうした協力の問題は、しばしば、政府の検察官及び被疑者（スパイ）の弁護士の間の交渉において主要な論点となる。例えば、協力への見返りとして、具体的な量刑あるいは被疑者（スパイ）の家族に対する便宜等が議論される。（エイムズ及びポラードの妻は、夫のスパイ活動の共犯者であったが、刑期は比較的短期であった（それぞれ5年及び3年）。ハンセンの妻は、少なくともハンセンの初期のスパイ活動に関してはこれを承知していた。しかし、彼女は、ハンセンの連邦政府年金の遺族部分の受取資格を維持することができた。）

　カウンターインテリジェンス活動の全てに言えることではあるが、被害評価にも（解決困難な）問題が伴う。最も明らかな問題は、（我が方への協力に同意した）スパイがどの程度正直に我が方に協力しているのかという点である。被害評価を実施する際に重要なことは、摘発されたスパイに起因する被害と、当該人物のスパイ活動とは無関係の被害を峻別することである。実際には、被害評価の担当者はしばしば、前者を利用して後者を説明する誘惑にかられる〔訳者注：摘発された1つのスパイ事案が根拠なく安易に他の秘密漏えい事案に関連付けられることにより、本来は当該事案とは無関係の可能性のある他の漏えい事案の被害評価がわい曲されてしまう傾向があるという趣旨〕。しかし、被害評価は、当該スパイがアクセス可能であったインテリジェンスに厳格に焦点を絞ったものでなければならない。なお、実際には、複数のスパイが同時に活動し、同じインテリジェンスにアクセスしていた可能性もある。エイムズ及びハンセンはまさにこうした事例であった。両名は同時期にスパイ活動を行っており、同じインテリジェンスにアクセスを有していた。こうしたことから、ハンセン事案の被害評価の際には、（ハンセン事案よりも前に発覚した）エイムズ事案の被害評価の再検討が必要となったとみられる。しかし、両事件の被害評価は確定的な結論には至らなかったとみられる。ソ連（後にロシア）側は、エイムズ及びハンセンの双方から提供された情報を、他方から提供された情報の（信頼性の）相互検証に利用していたとみられる。すなわち、皮肉にも、両名は、相手方が（ソ連及びロシアにとって）有用なスパイであることの裏付けを相互に提供していたとみられる。

　二重スパイは、その忠誠心に関して多くの懸念が生じる。二重スパイは、本当に我が方に寝返ったのか、あるいは、実際には元の所属先の組織に忠誠を残したまま（表面上は寝返ったと見せかける）役割を果たしているだけなのか、その見極めは容易ではない。スパイ容疑が掛けられている米国国民に対する捜査には、多くの法律的

な課題が生じる。なぜならば、合衆国憲法は米国国民の人権の保護を定めているからである。国内の通話を傍受することは可能である。ただし、それは、対外インテリジェンス監視裁判所が発布した令状に基づく必要がある。同裁判所は、1978年に制定された対外インテリジェンス監視法（FISA Act: The Foreign Intelligence Surveillance Act of 1978）（FISAは「ファイサ」と発音される）によって設置された特別な連邦裁判所である（第10章を参照）。スパイ捜査に当たっては、他にもプライバシーに踏み込む手法が利用される。例えば、被疑者の自宅あるいは職場に傍受装置を仕掛ける、被疑者が不在の時に自宅あるいは職場の捜索を行う（コンピュータのファイルをコピーする場合もある）、ゴミを漁る等である。

インテリジェンス組織の職員をスパイ容疑で訴追することは、インテリジェンス組織にとって大きな懸念事項であった。なぜならば、容疑を掛けられた職員が、訴追を免れるべく、公開の法廷で秘密情報を暴露するとして組織を脅す可能性があるからである。こうした行動は、脅迫（blackmail）とは異なり**グレーメール**（graymail）と呼ばれる。こうした可能性を排除するため、1980年、連邦議会は秘密インテリジェンス手続法（The Classified Intelligence Procedures Act）（いわゆる「グレーメール法」）を成立させた。同法に基づき、裁判官は、秘密の資料を非公開の場で審査することが可能となった。この結果、機微なインテリジェンスが公開される可能性を懸念することなく、訴追を進めることが可能となった。

1999年、中国によるエスピオナージ活動が明らかになった。これに対する政府全体としての対応の一環として、FBIは、従来の国家安全保障課をカウンターエスピオナージ及びテロリズムを担当する2つの組織に分割することを提案した。2003年、FBIは、主にテロを扱うインテリジェンス課（Intelligence Division）を設置した。同部署は、2004年のインテリジェンス・コミュニティ改編法に基づき、インテリジェンス部（Directorate of Intelligence）として正式に承認された。また、FBIは、カウンターエスピオナージ上の脅威を検討する際に「国家安全保障上の脅威」と評価される事項のリストを拡張した。これにより、外国政府のみならず、私企業及び国際犯罪組織もカウンターエスピオナージ上の脅威に含まれることとなった。

2005年6月、ブッシュ（George W. Bush）大統領は、司法省及びFBIの組織改編を指示した。司法省には、国家安全保障担当の局長（次官補：assistant attorney general）が創設された。同ポストは、司法省内においてテロ対策、カウンターエスピオナージ、インテリジェンス関連政策を統括することとなった。FBIには、国家安全保障局（NSB: National Security Branch）が創設された。同局は、インテリジェンス部（Directorate of Intelligence）、テロ対策課（Counterterrorism Division）、カウンターインテリジェンス課

（Counterintelligence Division）、大量破壊兵器課（Weapons of Mass Destruction Division）を統括することとなった。国家安全保障局のトップは上級局長（executive assistant director）である。同ポストは、予算及び諸活動に関し、国家情報長官との間での連絡調整役を担うこととされた。興味深いことに、FBIの国家安全保障局のナンバー2には、CIAからの出向者が充てられた〔訳者注：FBIのNSBと国防省傘下のNSAは別組織であるが、日本語訳としては双方とも国家安全保障局となるので要注意である。〕。

　米国においては、カウンターインテリジェンスを所掌する第1義的な組織はFBIである。加えて、CIA、国防省の国防カウンターインテリジェンス・保安局（DCSA）、その他全てのインテリジェンス組織のカウンターインテリジェンス部門が、カウンターインテリジェンス業務に関して一定の責任を共有している。このように、カウンターインテリジェンスの取組が拡散している状況は、インテリジェンス・コミュニティの組織の在り方を反映している。同時に、カウンターインテリジェンス事案に関する調整が容易ではない理由も浮き彫りにされている。こうした状況を改善するため、2002年、連邦議会は、カウンターインテリジェンス強化法（The Counterintelligence Enhancement Act）を可決、成立させた。同法に基づき、国家カウンターインテリジェンス室（NCIX: National Counterintelligence Executive）が設置された。2014年、同室は、国家カウンターインテリジェンス・保安センター（NCSC）に改組された。同センターは、米国政府におけるカウンターインテリジェンスの中心組織であり、カウンターインテリジェンスに関する計画及び政策の策定を所掌している。例えば、年次の戦略的カウンターインテリジェンス計画の策定、国家カウンターインテリジェンス戦略の策定、被害評価の調整及び監督等である。2004年のインテリジェンス・コミュニティ改編法に基づき、同センターは、国家情報長官の傘下に置かれている。ただし、国家カウンターインテリジェンス・保安センターは、実際にカウンターインテリジェンスの活動を担っている組織あるいは担当者に対する指揮権を有していない。すなわち、同センターは比較的広範かつ一般的な戦略を策定する組織であり、現場における実際のカウンターインテリジェンス活動を担当する組織との間には一定の乖離がある。

　2020年、連邦議会は新たな法律を可決、成立させた。同法に基づき、インテリジェンス組織は、退職した職員が外国政府のために働くことによって生じるリスクを評価することが義務付けられた。その1年後、CIAのカウンターインテリジェンス部門の責任者は退職者宛に書簡を送り、彼らが直接・間接に外国政府のために働くことに関して警報を発した。セキュリティ・クリアランスの取得者は、退職後も生涯にわたり守秘義務を負う。こうした守秘義務の対象には、現職時代の工作活動

あるいは分析業務の中で使用した特定の技法等が含まれる場合もあり得る。こうした守秘義務が遵守される限り、退職者が外国政府のために働くことは、法令上制限はされない。しかし、こうした活動からカウンターインテリジェンス上の懸念が生じることは明らかである。こうした取組の契機となったのは、NSAの元職員4名がアラブ首長国連合において同国のサイバー能力向上を支援していた事例であるとみられる。

　より最近に問題となった事例は、ソーラーウィンズ社（SolarWinds）に対するサイバー侵害の事例である。当該事案はロシアによるものと考えられている（詳細は第12章参照）。当該事案が発生する以前は、米国の裁判所では、カウンターインテリジェンス事案に関連する機微な資料を電子データとして提出することが認められていた。しかし、ソーラーウィンズ社の情報漏えい事案によって影響を受けたデータの中には、米国の裁判所の電子ファイルも含まれていた。新しい規則の下では、機微な文書はハードコピーとして手渡しによって裁判所に提出されることとされた。

リーク

　リーク（leaks）は、常に保安・保全上の懸念事項である。リークは、エスピオナージによる侵入に比較するとそれほどには危険視されないかもしれない。しかし、リークは明らかにカウンターインテリジェンス上の懸念事項である。なぜならば、リークによって、秘密情報が許可なく公開されてしまうからである〔訳者注：本書においては、リークの定義は明示されていない。本書においては、スパイ及びエスピオナージとは、主に外国の敵対勢力等によるインテリジェンス活動に協力してこれらに対して秘密を提供する行為を意味しているとみられる。これに対し、リークは、必ずしも外国勢力の関与を要件とせず、政府職員等が適切な手続によらず秘密を開示する行為全般（国内の報道機関等に対する秘密の提供等を含む）を意味すると考えられる〕。一般に、現在のリークの問題は以前よりも悪化していると考えられている。こうした認識は、特に20世紀後半に広まった。（ルーズベルト（Franklin D. Roosevelt）大統領は在任中、イギリスには言論の自由及び茶会の習慣があるにもかかわらず米国に比較してリークの問題が少ない旨を指摘し、（米国における）リークを非難した。）

　リークが発生した場合、被害を受けた組織は司法省に対して司法捜査の開始を要請する。ただし、これには2つの障害がある。第1に、多くの場合、リークされた情報にアクセスし得る人数が多過ぎ、リークの根源を特定することは困難である。多くの場合、組織側は、特定のカテゴリーのインテリジェンスにアクセスを有する

人物のリスト（「ビゴットリスト（Bigot list）」と言う）を持っている。しかし、こうしたリストはしばしば分量過多であり、絞り込まれたものとはなっていない。第2は、リークに対する刑事訴追を行う法的根拠の問題である。イギリス、カナダ、インドを含む幾つかの国においては、秘密の情報を保護する法令があり、秘密情報の無許可の開示に対する罰則が定められている。これに対し、米国においては、リークそのものを対象とする単一の法律は存在しない。1982年に制定されたインテリジェンス身元保護法（The Intelligence Identities Protection Act）は、秘密の情報へのアクセスを有する者が、インテリジェンス組織の非公然の職員の身元を故意に開示した場合、こうした行為に対して罰則を科している。また、非公然の職員等の身元を開示することを意図した「一定の類型の活動」に関与することも犯罪化されている。当該法律は、1975年、CIAのアテネ支局長であったウェルチ（Richard Welch）の暗殺を契機に成立した。前記の「一定の類型の活動」に関する条項は、元CIA職員のエジー（Philip Agee）による事案等を念頭に置いたものである。エジーは、CIAから退職した後、海外に駐在するCIAの非公然の職員の身元を暴く活動に携わっていた。こうした行為は、2003年のプレイム事案（CIAの非公然の職員であるバレリー・プレイム（Valerie Plame）の身元が暴露された事例）の発覚の際にも問題となった。ただし、プレイム事案は、イラクの大量破壊兵器問題という、より大きな論争の一部として注目を集めたものであった。本件のリークに関する捜査の中心となったのは、チェイニー副大統領の首席補佐官であったリビー（Lewis Libby）の役割であった。2007年、リビーは、司法妨害、偽証、連邦捜査官に対する虚偽供述の罪で有罪判決を受けた。しかし、リーク自体では有罪判決を受けなかった。また、本件捜査は、秘密情報の取扱いに関する報道機関の役割及び責任に関しても議論を呼ぶものとなった（第13章参照）。

　2011年、オバマ大統領は行政命令第13587号に署名した。当該行政命令は、秘密の情報の共有を可能にすると共に、秘密を取り扱うネットワークに関する保安・保全を改善するべく構造改革を行うことを目的としていた。当該行政命令に基づき、**部内の脅威**（insider threat）の抑止、発見、低減化を目的とした部内脅威プログラム（Insider Threat Program）の策定が義務付けられた。当該プログラムの詳細は、2013年のスノーデンによるリーク事案の後、徐々に明らかになった。報道によると、当該プログラムは、秘密事項のリークに限らずあらゆるリークを対象とし、また、インテリジェンス組織以外の組織も対象としている。当該プログラムは基本的に、連邦政府の職員及び契約職員が「リスクの高い人物あるいは活動」を察知した場合にそれを組織に報告することを義務付けている。報告を怠った場合には罰則が科される。

(「リスクの高い人物あるいは活動」の判断基準の多くは、エスピオナージの兆候に類似している）。また、当該プログラムは、部内の適切な通報制度を通じて不正、浪費、権限濫用を報告した公益通報者（whistle-blower）に対してより手厚い保護を与えている。（こうした部内脅威プログラム設置の義務化に応じて）2015年末、国防省は、国防保安局（現在の国防カウンターインテリジェンス・保安局（DCSA）の前身組織）の傘下に国防部内脅威管理センター（DITMAC: Defense Insider Threat Management Analysis Center）を設置した。同センターは、国防関連の施設にアクセスを有する職員その他の者に関する潜在的に「有害な」情報の収集及び調整のための中心的なクリアリング・ハウス〔訳者注：情報共有等のための仕組み〕とされた。ただし、脅威の発見及び脅威への対処に関する責務を担う部署ではない。部内脅威プログラムに対する批判として、そもそも（同プログラムの調査の対象となる者の中には）クリアランスを保持している者の数が非常に多いことがある。加えて、（当該プログラムに定められている）「リスクの高い人物あるいは行動」の判断基準は、相当低く設定されているほか、やや主観的である。したがって、誤った報告が大量に届けられる可能性がある。こうした部内の脅威に関する懸念は、人事上の保安・保全システムに関する問題を改めて提起することとなった。とりわけ、職員のリスクに関して（継続的ではないにしても）より頻繁な点検を実施することの必要性が提起された。こうした点は、国家部内脅威タスクフォース（NITTF: National Insider Threat Task Force）の行った勧告にも含まれている。同タスクフォースは、オバマ政権下において、前記の行政命令第13587号に基づき、国家情報長官室の傘下にある国家カウンターインテリジェンス・保安センターに設置された組織である。2018年11月、同タスクフォースは、部内脅威プログラムに関する政策文書である「Threat Program: Maturity Framework」を発表した。

　2012年、クラッパー国家情報長官は、国家安全保障に関連する情報の無許可開示を抑止するための措置を発表した。例えば、カウンターインテリジェンス目的でポリグラフ検査を実施している全ての組織（CIA、DIA、エネルギー省、FBI、NGA、NRO、NSA）において、ポリグラフ検査における質問の中に、不正開示に関する質問が追加されることとされた。また、情報リークの事案の中で司法省が訴追を断念した事案に関しては、インテリジェンス・コミュニティの首席監察官が独立の捜査を指揮することとなった。なお、（年次の）インテリジェンス予算授権法案の中にリーク防止法案を盛り込む企ては失敗に終わった。

　USBメモリ及びフロッピーディスク等の取り外し可能な外部記憶媒体の使用を不可能にすることは、技術的には可能である。報道によると、国防省は、マニングによるリーク事案の後、そうしたシステムを導入したと言われている。これは、

ホスト・ベースド・セキュリティ・システム（HBSS: Host Based Security System）と呼ばれている。ただし、スノーデンによるリーク事案の際に、NSAに当該システムが導入済であったか否かは定かではない。1917年に制定されたエスピオナージ法（The Espionage Act）は、リーク事案を訴追する際の法的な根拠として利用されている。同法は、米国が第1次世界大戦に参戦する数ヵ月前に制定された。本来は、伝統的なエスピオナージに対処することを目的としていた。しかし、同法の規定はやや包括的であることから、同法に基づいてリーク事案を扱うことも可能と考えられている。例えば、秘密には該当しないものの国防に関連する情報がリークされた事例等においても同法の適用は可能と考えられる。第1次世界大戦中、エスピオナージ法は、デブス（Eugene V. Debs）のような反戦活動家の弾圧に利用された。デブスは、米国における社会主義運動の指導者であり、徴兵反対を扇動した罪で有罪判決を受けた。同法は、モリソン（Samuel L. Morison）に対する有罪判決の根拠としても利用された。モリソンは、米海軍のインテリジェンス部門に勤務しており、ビジネス上の関係にあったイギリスの出版社に対して秘密の画像を提供していた。1985年、同人は、エスピオナージ行為及び政府財産の窃盗により有罪判決を受けた。

2006年、エスピオナージ法は、イスラエルのロビー団体の職員2名の刑事訴追にも利用された。同事案におけるエスピオナージ法の利用は物議を醸すこととなった。在米国のロビー団体である米国・イスラエル公共問題委員会（AIPAC: American Israel Public Affairs Committee）の職員2名が、国務省職員であるフランクリン（Lawrence Franklin）から秘密の情報を受領し、これをイスラエルの政府関係者及び報道関係者に提供したとして起訴された。フランクリンは罪を認め、懲役12年以上の有罪判決を言い渡された。ただし、後にイスラエルのロビイストに対する訴追が取り下げられたことから、フランクリンに対する量刑も自宅謹慎10ヵ月及び社会奉仕活動100時間に減刑された。他方、米国・イスラエル公共問題委員会の職員であるローゼン（Steven J. Rosen）及びワイスマン（Keith Weissman）に関する事例は、リーク事案において米国政府職員以外に対する刑事訴追にエスピオナージ法が適用された最初の事例であった。FBIは、同委員会及びイスラエルのインテリジェンス組織の関係に関しても捜査を行った。被告の弁護人は、エスピオナージ法の適用は言論の自由の侵害に当たるとして無罪を主張した。裁判官はこうした被告人側の主張を退ける一方、審理の中で、本件に対するエスピオナージ法の適用可能性に対しては疑問を呈した。また、被告側が裁判における弁護目的で秘密情報を利用したことに関し、政府側はこれに反対したにもかかわらず、裁判官はこれを認める決定を下した。2009年、司法省は両名に対する起訴を取り下げた。

前記のプレイム及びリビーの事案においては、リークをめぐる別の論点が議論の的となった。2006 年の報道によると、2003 年、リビーは、当時秘密指定されていたイラクの大量破壊兵器問題に関する国家インテリジェンス評価（NIE: National Intelligence Estimate）（2002 年策定）に関して報道関係者に説明することをブッシュ大統領から許可されたという。大統領は、情報の秘密指定を解除する権限を有する。しかし、こうしたブッシュ大統領の行動の背景には、（イラクの大量破壊兵器問題に関する）政権内部からのリークに対してブッシュ政権が危機感を持ち、こうした状況に対処する目的があったとみられる。同様に、オバマ政権の発足当初から暫くの間、同政権の対イラク・アフガニスタン政策に関する書籍を執筆していた報道関係者に対して、大統領及び政権の高官が協力を行っていたことは明白であった。同時に、オバマ政権は、リーク関連の刑事訴追に関して、過去のどの政権よりも熱心であり、全部で 9 件の刑事訴追を行った。これらの中の何件かは訴追に成功した。例えば、CIA の職員であるキリアコウ（John Kiriakou）の事案である。キリアコウは、CIA が行った強制連行及び尋問のプログラムに関与した CIA 職員の人定事項に関する情報をリークした罪で有罪となった。〔訳者注：9.11 テロ事件後、CIA は、テロ対策目的で関係者に対する強制連行及び尋問を行っていた。これらの活動は違法であるとの批判が政権内部はもとより CIA 内部においても少なくなかった。〕キリアコウは懲役 30 ヵ月の判決を受けた。他方、NSA の職員であるドレイク（Thomas Drake）に関する事案は様々な物議を醸すものであった。ドレイクは、NSA が関与している問題のあるプログラムに関連する情報をリークした罪で刑事訴追を受けた。裁判官は、捜査の遅滞に疑問を呈したほか、秘密とされる資料の一部を陪審員に閲覧させる必要がある旨の決定を下した。しかし、NSA はこれを拒否した。ドレイクは、当初はエスピオナージ法違反の重罪で起訴されていた。しかし、同人は、これに対しては罪を認めず、他の軽微な罪に対してのみ罪を認めた。（その後、ドレイクを含め NSA をめぐるリークで訴追された数名は、複数の政府機関及びその担当者に対する訴訟を提起した。理由は、権利侵害、違法な捜索、公益通報者に対する報復、クリアランスの取消等である。）2018 年、NSA の契約職員であるウィナー（Reality Winner）は、2016 年の選挙に対するロシアによる干渉に関する情報をリークした罪を認め、懲役 5 年 3 ヵ月の判決を受けた。

　2013 年、マニング（Bradley Manning）陸軍 2 等兵は、敵国幇助罪では無罪となる一方、エスピオナージ法違反では有罪となり、懲役 35 年の判決を受けた。マニング事案における敵国幇助罪の適用は、合衆国憲法修正第 1 条の定める権利保護に関し、懸念を生じさせるものである。なぜならば、当該事例に対する敵国幇助罪の適用は、「報道機関に対するリークは、当該情報が敵方に渡る可能性をリークの当事者が認

識していたのであれば（たとえそれが直接的ではなく間接的な手段によるものであるとしても）、政権に対する反逆と同視し得る」との法的議論につながる可能性があるからである。この点に関しては、マニングは軍事法規に基づいて訴追されたのであり、軍関係者以外にも同様の訴追が可能か否かは現段階では不明であるとの見方もある。この他、オバマ政権下においては、国務省や FBI 及び元職員によるリーク事案に対しても成功裡に刑事訴追が行われた。

　2017 年 1 月、オバマ大統領はマニングの刑期を 7 年に短縮した。最後に、マニング事案は、合衆国憲法修正第 1 条の保護する報道の自由の「報道」とは何かという問題も提起した。例えば、ウィキリークスは、秘密の資料の公開を唯一の目的とするウェブサイトであるが、これも修正第 1 条が保護する「報道」機関に含まれるのであろうか。オバマ政権はこの問題への対応に苦慮し、ウィキリークスの創設者かつ運営者であるアサンジ（Julian Assange）を訴追しない旨を決定した。しかし、2018 年 11 月、連邦裁判所への提出書類から、米国政府が（トランプ政権発足後に）密かにアサンジを訴追している旨が図らずも明らかとなった。2019 年 4 月、エクアドル政府は、ロンドンの大使館において約 7 年間にわたり継続していたアサンジの亡命者としての身分を終結させた。この後、アサンジは、（イギリス当局によって）逮捕され、スウェーデンにおける性的暴行容疑に関する保釈条件に違反した罪で、懲役 50 週間の判決を受けた。この（イギリス当局による）逮捕後、米国政府よるアサンジに対する最初の刑事訴追の内容が明らかになった。すなわち、アサンジは、マニングと共謀して米国政府のコンピュータに侵入した罪に基づき米国においても起訴された。この罪状は、（有罪となれば）5 年間の刑期を伴うものであった。他方、アサンジが「報道」関係者の地位に該当するか否かの論点に触れることは避けられていた。2019 年 5 月、米国政府はアサンジに対する 2 回目の起訴内容を公表した。これは、エスピオナージ法に基づく 17 件の罪状を含むものであった。この 2 回目の起訴内容に対し、報道関係者及び報道の自由の擁護を主張する論者の間で懸念が広がった。他方で、そもそもアサンジが（報道の自由を享受する）「報道」関係者に該当するのか否かの点に疑問を呈する見方もあった。バイデン政権は、アサンジのイギリスから米国への送還を実現する努力を継続した。2021 年 7 月、同政権は、仮にアサンジが米国において有罪判決を受けた場合、同人は、米国における懲役刑ではなく自身の母国のオーストラリアにおいて刑に服することが可能である旨を発表した。スノーデンも、エスピオナージ法に基づき米国において起訴されている。2020 年 11 月、スノーデンは、妻と共に米国籍に加えロシア国籍を申請中である旨を公表した。

最近の最も深刻なリーク事案の1つは、CIA の元職員であるシュルテ（Joshua Schulte）の事案である。シュルテは、2017年に「Vault 7」と呼ばれる文書がウィキリークスに対してリークされた事案の背後に関与していたとして起訴された。当該文書には、サイバー関連の CIA の手法及び作戦の詳細が含まれていた。2020年に下された判決は、2件の微罪（法廷に対する侮辱、FBI に対する虚偽の陳述）に関してはシュルテを有罪とした。しかし、より重大な罪状に関しては陪審員の見解が対立した。この結果、裁判官は無効審理を宣言した。ただし、今後、当該事案が再審に付される可能性は残っている。

　政府内でリークを行った職員の刑事訴追に関しては、当該人物の地位に応じた「二重の基準」が存在するとの指摘もある。2015年3月、元 CIA 長官のペトレイアス（David Petraeus）（在2011–2012年）は、1件の微罪を認めた。これは、秘密の資料を無許可で持ち出して保管すると共に、自身の自叙伝の著者であり不倫相手であるブロードウェル（Paula Broadwell）に提供していたというものである。ペトレイアスに対しては、2年間の執行猶予及び4万ドルの罰金の判決が下された。元国務長官のクリントン（Hillary Clinton）（在2009–2013年）は、保安・保全上の安全が確保されていない民間のメールサーバーを使用していた。FBI はこの点を厳しく批判していた。しかし、クリントンに対する刑事訴追はなされなかった。両事案への対応の状況は「二重の基準」の存在を示しているとの批判もある〔訳者注：高官によるリークに対する処罰は、一般職員による同種の事案に対する処罰に比較して軽いとみられるという趣旨〕。2016年、元統合参謀本部副議長であるカートライト（James Cartwright）元大将は、米国及びイスラエルの対イラン作戦に関する情報リークの捜査に際し、FBI に対して虚偽の供述を行った旨を認めた。2017年、オバマ大統領はカートライトに恩赦を与えた。これは、マニングが恩赦を受けたのと同じタイミングであった。

　前記の事例においてはいずれも、秘密の情報へのアクセスを有する政府職員が関与していた。オバマ政権はまた、そうした情報を政府職員から受領した報道関係者に対しても厳しい姿勢を示した。2012年、司法省は、国務省におけるリーク事案の捜査に際し、AP 通信の編集者及び記者の通話記録を秘密裡に押収した。2013年7月、ホルダー（Eric Holder）司法長官は、報道関係者の通話記録等を取得する際の新たな指針を発表した。この中には、報道機関側への事前通告の改善も含まれていた。これによって、報道機関側は、法廷において（通話記録の差押等に対して）異議を申し立てることが可能となった。更に複雑な事案としては、元 CIA 職員のスターリング（Jeffery Sterling）及びニューヨーク・タイムズ紙の記者のライゼン（James Risen）の事案がある。2010年、スターリングは、エスピオナージ法に基づき、リー

クの容疑で起訴された。スターリングのリークの相手はライゼン記者とみられた。ライゼン記者は、スターリングによるリークに関連し、自身の情報源の一部を開示するよう命じる召喚状を受領した。ライゼン記者は、これに抵抗するべく可能な限りのあらゆる法的手段（連邦最高裁への抗告を含む）を講じたものの、失敗に終わった。しかし、2014年末にスターリングの裁判が開始された際、ホルダー司法長官は、ライゼン記者に法廷での証言を求めない旨を決定した。その理由として、ホルダー長官は、ライゼン記者はたとえ召喚されても証言を拒否すると予想したからとみられる。当該裁判において、スターリングは懲役3年6ヵ月の有罪判決を受けた。なお、興味深いことに、スターリングの弁護団は、（前記の）ペトレイアス元CIA長官による司法取引を先例として、より軽い量刑を要求した。しかし、それは功を奏しなかった。2018年6月、連邦上院のインテリジェンス問題委員会の警備担当責任者であったウォルフ（James Wolfe）は、リーク事案の捜査に関して、FBIに対して虚偽の供述を行ったとの罪に問われた。ウォルフに対する刑事訴追の過程において、検察側は、ワトキンス（Ali Watkins）記者の通話記録を入手した。ワトキンス記者とウォルフは、私的に親密な関係にあった。報道関係者の中には、こうした検察の動向に異議を唱える意見もあった。他方で、本件は、報道機関側の倫理をめぐる問題も孕んでいた。なぜならば、ワトキンス記者はウォルフと親密な関係にあったにもかかわらず、同記者の雇用主である複数の報道機関は意図的に同記者を連邦上院委員会の担当に任じていたからである。ウォルフは、FBIに対して虚偽の供述を行ったことに関して1件の罪を認め、懲役2ヵ月の判決を受けた。

　2020年8月、国土安全保障省のインテリジェンス・分析担当の次官代行（acting under secretary）のマーフィー（Brian Murphy）が解任された。同省のインテリジェンス部門は、オレゴン州ポートランドにおける「ブラック・ライブズ・マター」関連の抗議デモへの国土安全保障省の対処に批判的な文書をリークした報道関係者に関する報告書を作成して配布していた。マーフィーの解任は、こうした事態が発覚した直後に行われた。

　2021年5月、ワシントン・ポスト紙は、同紙の記者3名の2017年当時の通話記録が押収されていた旨を明らかにした。司法省は、当該捜査の対象は報道関係者ではなく、連邦政府職員である旨を説明した。当該政府職員は、2016年の選挙におけるトランプ陣営とロシアとの関連に関する情報をリークした可能性があるとみられていた。トランプ政権はまた、ニューヨーク・タイムズ紙の記者、CNNの記者、民主党の連邦議会議員の電子メールの入手も図っていた。本件に関しては政権内で箝口令が敷かれており、それはバイデン政権が成立した以降も継続していた。2021

年春、バイデン大統領は、こうした捜査活動を批判した。ガーランド（Merrick Garland）司法長官は、報道関係者の通話記録、連邦議会委員及びその関係者の情報の入手に制限を課す新たな指針を策定した。司法省の首席監察官は、民主党議員に対する過去の捜査に関して調査を実施する旨を述べた。

　用語の定義上、「大統領によるリーク」というものは存在しない。大統領が公開の場で何らかの発言をした場合、その内容は（たとえそれまでは秘密の指定を受けていたものであったとしても）公開の情報とされる。例えば、1967 年、ジョンソン（Lyndon B. Johnson）大統領は、演説の中で、米国が画像衛星を使用している旨を初めて公開の場で認めた。これは、米国のインテリジェンス関係者の不意を突くものであった。2011 年 6 月、オバマ大統領は、演説の中で、テロ組織の幹部で米国国籍を持つアウラキ（Anwar al-Awlaki）の死亡に米国が関与していた旨を認めた。ただし、オバマ大統領は、アウラキ殺害の状況の詳細に関しては言及を避けた。第 5 章で既述のとおり、トランプ大統領は、外国から提供を受けたインテリジェンスをラブロフ（Sergei Lavrov）ロシア外相に提供した。当該インテリジェンスはイスラエルから提供されたものとみられる。トランプ大統領の行為は、いわゆるサード・パーティー・ルールに違反するとされ、批判を受けた。2019 年 8 月、イランのロケット発射場で爆発が発生した。その直後、トランプ大統領は被害の状況に関する画像をツイッターに掲載した。ただし、米国の関与は否定した。当該画像は秘密の画像システムから入手されたものとみられる。したがって、こうした行為も、やはり、保安・保全上の懸念を生じさせるものであった。バイデン大統領は、2021 年の就任の数週間後、保安・保全上の懸念を理由として、トランプ前大統領に対するインテリジェンス・ブリーフィングをこれ以上提供しない旨を決定した。歴代の大統領経験者は退任後もインテリジェンス・ブリーフィングの提供を受けられることが儀礼的な慣行となっていた〔訳者注：第 2 次トランプ政権発足後の 2025 年 3 月、同政権は、バイデン前大統領に対してインテリジェンス・ブリーフィングを提供しない旨を決定した。〕。

　リークされた秘密指定情報の法的意義を正確に理解することは重要である。秘密指定されている情報が不適切な方法によって公開されてしまったとしても、それを以て直ちに、当該情報の秘密指定が解除されたことにはならない。当該情報は依然として秘密指定扱いであり、然るべき権限を有する者によって秘密指定が解除されるまで秘密指定の法的な効果は継続している。

　リークを取り巻く根本的な問題は、秘密指定を受けている資料が大量に存在することである。加えて、一部には不適切に秘密の指定を受けてしまった資料も含まれている。第 5 章において既述のとおり、秘密指定が適切に実施されるための規則及

び定義は定められている。（それにもかかわらず、実際には不適正な指定による過剰指定の状態が発生している。）加えて、前記のとおり、ペトレイアス元CIA長官及びクリントン元国務長官の事案の処理においては、明らかに規則の例外が認められてしまった。こうした事例は、秘密指定の制度の信頼性に水を差すものであった。2016年3月、オバマ政権は、秘密指定の基準の抜本的な見直しを開始した。これは、秘密指定の要件のうち時代遅れとなった事項を廃止すると共に、秘密の指定を受ける資料の量を削減することを目的とするものであった。オバマ政権は「機微ではあるものの秘密指定はされていない（SBU: Sensitive but unclassified）」と呼ばれるカテゴリーを新たに設けた。これは、「秘密の情報ではないが、その配布は管理を要する」ことを意味する。一部の保安・保全の専門家は、情報の区分は「秘密」あるいは「秘密ではない」の二者択一でありその中間はあり得ない旨を指摘した上で、この新しいカテゴリーを変則的過ぎるものとして批判している。

　2017年4月、国家情報長官室は、「インテリジェンス・コミュニティにおける秘密指定管理の原則」を発表した。これは、**国家秘密情報**（CNSI: Classified National Security Information）の指定及び表示に関する統一的なガイドラインを定めたものであった。こうしたガイドラインの中には、秘密指定の判断におけるリスク管理戦略も含まれている。その目的は、機械的な判断による過剰指定を防止することと共に、秘密指定の解除及び格下げを戦略の核心の一部に位置付けることである。

　ウィキリークスは、秘密の情報を公開することが目的であると公言している。こうしたウェブサイトの出現によって、新たな類型のリークが発生した。ウィキリークスがこれまでに公表した文書は数千件に上る。このことは、情報技術の発展に伴って、新たな保安・保全上の問題が発生している状況を明示している。すなわち、情報技術の発展によって、大量のデータへ簡単にアクセスし、削除、転送する能力が高まっている。ウィキリークスによるリークによって、米国に協力している外国人の氏名、2016年の大統領選挙期間中の民主党全国委員会のメール等が暴露された。興味深いことに、アムネスティ・インターナショナル、国境なき医師団等の組織もウィキリークスの活動を非難している。この点（ウィキリークスに対する批判）に関して、これらの組織は、国防省とも連携している。（こうした連携は、通常では考え難いことである。）ウィキリークスがロシア政府に協力しているか否かに関しては、米国のインテリジェンス・コミュニティの内外において様々な議論がある。この点に関しては、公式的な結論には至っていない。ロシアのプーチン（Vladimir Putin）大統領の外交政策上の目標は西側諸国に不協和音を生じさせることである。いずれにせよ、ウィキリークスの活動は、明らかに、こうしたプーチンの目標を利するもの

である。
　2017年3月、ウィキリークスは、CIAがコンピュータ及び携帯電話にハッキングする際に使用しているとされる技術等の詳細を含む数千頁に及ぶ資料を公開した。言うまでもなく、CIAはこのリークの真偽の確認を拒否した。2018年6月、CIAの元職員のシュルテ（Joshua Schulte）は秘密の資料の窃盗容疑で起訴された。当該リークの数ヵ月前、シャドウ・ブローカーズと名乗るグループは、NSAがシステムに侵入する際に使用している技術とされる情報のリークを開始した。世間の反響としては、前記のCIAにおけるリーク事案よりも、こちらのNSAにおけるリーク事案の方が、より大きくかつ深刻なものであった。なぜならば、リークを通じて窃取されたNSAの技術が、複数の組織によって使用されたとみられるからである。一部の報道によると、イスラエルは、ロシアのサイバーセキュリティ企業であるカスペルスキー社（Kaspersky）のシステムにハッキングした際、NSAから漏えいした技術が同社のシステム内に存在することを発見した。この件に関し、イスラエルは米国に対して警告を伝えたとみられる。CIA及びNSAが被害を受けたこれらの2つの事案は、リークをめぐる新たな懸念を浮き彫りにした。第1は、リークに対するインテリジェンス・コミュニティの脆弱性である。第2は、盗まれた技術が悪用される可能性等である。報道によると、サイバーセキュリティ企業のシマンテック社（Symantec）は、NSAからリークされた技術は中国によって取得され、中国国内の様々なシステムへの侵入に利用されている旨を報告した。
　2013年にランド研究所（RAND Corporation）が発表した報告書は、いわゆる「リークの文化」と呼ばれるものを阻止する可能性に関して相当に悲観的な見通しを示した。2014年3月、クラッパー国家情報長官は、インテリジェンス・コミュニティ通達（ICD）第119「メディアとの接触」に署名した。当該通達は、全てのインテリジェンス組織の職員による報道関係者との接触を制限し、接触に際しての許可制度を定めるものであった。後に、国家情報長官室は、当該指示の背景にある主たる懸念事項を明確にするための説明を行った。それは、「インテリジェンス組織の職員が報道機関に対して話をする際に、リークされた資料を話の情報源として利用してはならない」というものであった。しかし、いずれにせよ、当該通達はインテリジェンス組織の職員及び報道関係者の接触を制限しかねないとの懸念は残っている。
　エスピオナージ事案の場合と同様に、リーク事案が発生した場合には被害評価が必要となる。マニングによるリーク及びスノーデンによるリークは、いずれも、米国の外交政策に打撃を与えた。マニングは、米国の外交公電の内容及び様々な他国の高官に対する（米国政府による）評価の詳細をリークした。スノーデンは、前記の

第7章　カウンターインテリジェンス　367

とおり、各国に対する米国のインテリジェンス収集活動の詳細をリークした。この中には、米国の同盟国に対する活動も含まれていた。スノーデンによるリークはまた、個別具体の収集プログラムの存在及びその機能を暴露したことから、当該収集プログラムそのものが被害を受けた。ただし、スノーデンがもたらした被害を評価することは極めて困難であるとみられる。なぜならば、同人がコピーして持ち出したファイルの全容を正確に知ることは不可能とみられるからである。

　リークの中でも特に契約職員によるリークの件数が増加している。こうしたことから、保安・保全に関する支援業務及び部内の脅威に対処する業務等に契約職員を利用することにも新たな課題が生じている。契約職員であっても、政府の正規職員と同様に、クリアランスのための身元調査等を受けている。したがって、契約職員が保安・保全システムの中における根本的な脆弱性であると言うことは必ずしも適切ではない。部内の脅威は、（これを放置しておくと）重要なインテリジェンスの損害にまで拡大する可能性がある。したがって、こうした事態を未然に防止するべく、こうした脅威を（早期に）発見・特定するための様々な努力が実施されている。ただし、これらは、潜在的なスパイを発見・特定するための各種の施策とほぼ同様なものである。前記のとおり、職員による一定の類型の行動は、スパイあるいはリークの意思の兆候となり得る。ただし、こうした行動は、単に、多くの人々が直面する個人的な問題の兆候に過ぎない場合も少なくない。

　リークはまた、インテリジェンス協力のパートナーとしての米国の信頼性に関しても課題を突き付ける。第5章において既述のとおり、米国のインテリジェンス組織及び諸外国の関係組織の間には、様々な協力関係が構築されている。こうした協力関係の基盤にあるのは、利害の共有に加え、共有されるインテリジェンスの保安・保全に関する相互の信頼である。前記の通り、トランプ大統領が、イスラエルから提供を受けたインテリジェンスに関してロシアに対して発言した後、イスラエル側は米国とのインテリジェンス共有を縮小するとの報道もみられた。言うまでもなく、公式的にはイスラエルはこれを否定した。2017年、イギリスのマンチェスターにおいて自爆テロ事件が発生した際、イギリスは米国に対し、当該事件に関連する警察インテリジェンスを提供していた。しかし、当該インテリジェンスがニューヨーク・タイムズ紙に掲載され、イギリス政府はこうした事態に対して懸念を示した。

　トランプ政権は、それ以前の他の政権と同様に、リークを阻止しようと試みた。2017年9月、トランプ政権は、「不適正な情報開示」及びその影響に関する研修（所要1時間）を実施するよう、全ての連邦政府の省庁に対して指示した。当該研修

の実施を指示した文書は、秘密指定はされていなかったが、部外にリークされた。FBI は、カウンターインテリジェンス課の中に、リーク対策に専従するユニットを新設した。司法省の報告によると、トランプ政権発足後の 2 年間で、リークの件数は倍増した。

　リーク及び公益通報（whistle-blowing）の関係も課題である。例えば、スノーデンは自身は公益通報者であると主張し、人権侵害に該当すると自分が信じるインテリジェンス活動を暴露した。しかし、これらのインテリジェンス活動は、連邦議会が可決して大統領が署名した法律に基づくものである。また、スノーデンは、（人権侵害に当たると自分が主張する）NSA による 2 つのプログラムとは全く無関係な資料を大量に公表している。これは、同人の主張とは矛盾している。しかし、いずれにせよ問題は残る。そもそも、リークを行う者及び公益通報者の違いは何なのだろうか。公益通報は、法令に基づいて認められた正当な行為である。1989 年に制定された公益通報者保護法（Whistleblower Protection Act）は、公益通報の範囲を定義すると共に、報復に対する保護を定めている。インテリジェンス・コミュニティにおける公益通報に関しては、1998 年に制定されたインテリジェンス・コミュニティ公益通報者保護法（Intelligence Community Whistleblower Protection Act）、2012 年の大統領政策命令 19 号（PPD-19: Presidential Policy Directive-19）、2014 年のインテリジェンス・コミュニティ通達第 120 号（ICD-120）がある。これらはいずれも、1989 年の公益通報者保護法と同様の目的を有する。また、インテリジェンス・コミュニティの首席監察官室には、公式の公益通報制度がある。ただし、当該制度は、やや規模が小さいプログラムである。インテリジェンス・コミュニティの首席監察官室による最新の報告書（2020 年 4 月から 9 月までの期間が対象）によると、当該期間中、公益通報者による外部審査請求の件数は 8 件であった。このうち 2 件は処理が終了し、6 件が保留中であった。加えて、以前の期間からの繰り越し案件として 6 件が保留中であった。その前の期間の 6 ヵ月間に関する報告書によると、連邦議会への情報開示の件数は 15 件、外部審査請求の件数は 11 件であった。2018 年、NSA は、公益通報者に対する保護を従来よりも重視する措置を講じた旨を発表した。公益通報制度をめぐるこれらの様々な法令及び政策に関しては、その有効性に対して常に疑問が呈せられている。特に、「通報者に制度を利用してもらう」能力及び「報復からの保護を提供する」能力が問題となる。いずれにせよ、重要な点は、政府職員が、不正行為、違法行為、職権乱用等が疑われる部内の出来事を認識した場合、報道機関に訴えるのではなく、（政府職員として）従うべき具体的な手続及び制度が存在するということである。しかし、（政府の幹部等による）「公式的」なリークは、こうした制度の建

前の説得力を損なうものである。なぜならば、「公式的」なリークの発生は、（幹部によるリークは許されるが、一般の職員によるリークは許されないという意味で）「二重の基準」の存在を示唆するものである。

2019年12月、トランプ大統領は、自身とウクライナ高官との取引に関する告発を行った公益通報者に対して激怒した（当該告発は、トランプ大統領に対する最初の弾劾につながった）。トランプ大統領は、当該公益通報者とみられる個人の氏名を公表した。これは、公益通報者保護の規定に違反するものであった。2020年、連邦裁判所は、各省庁は公益通報者に対する報復的な調査を行い得る旨の判決を下した。これは、公益通報者に対する保護を台無しにするものである。

2020年4月、トランプ大統領は、インテリジェンス・コミュニティ首席監察官のアトキンソン（Michael Atkinson）を解任した。アトキンソンは、トランプ大統領のウクライナ政策に関する公益通報を連邦議会に報告していた（当該公益通報は、トランプ大統領に対する最初の弾劾につながった）。こうしたアトキンソンの行動は、法律によって義務付けられたものであった。同時に、トランプ大統領は、弾劾公聴会において自身に不利な証言を行った政府職員数名を解任した。トランプ大統領は、当該公益通報を「偽り」であると述べ、自身はアトキンソン首席監察官に対する「信頼を失った」と述べた。その後の数週間の間、トランプ大統領は、アトキンソンに加えて更に4名の監察官を解任した。

最後に、リークは、報道機関側の責任の問題も提起する。報道関係者は入手した秘密の情報を全て公表すべきなのだろうか。あるいは、場合によっては、リークされた秘密の情報の公表を差し控える責任を担うのであろうか。実際、報道関係者が、政府高官からの要請を受けて、秘密の情報を公表しない旨に同意した事例もある。著名な例は、1961年のピッグス湾作戦の事例である。この際、ニューヨーク・タイムズ紙は、同作戦の準備を知っていたにもかかわらず、その主要な詳細を公表しない旨に同意した。同作戦が大失敗に終わった後、同紙の編集者たちは、情報を非公開とした決定を後悔したという。しかし、もしも作戦が成功していた場合、彼らは同じように後悔したのだろうか。そもそも、報道機関の中において、誰がどのようにしてこの種の決定を下すのかに関しては、依然として様々な議論がある（本章の参考文献に掲載されている Schoenfeld 著『Necessary Secrets』参照）。

経済的エスピオナージ

外国勢力によるいわゆる経済的エスピオナージ（Economic Espionage）も問題である。

こうした活動は、1917年のエスピオナージ法の規制対象には含まれない。なぜならば、こうした活動は、同法が保護している「秘密」には該当しない情報の窃取だからである。近年、米国政府は、この種の情報にアクセスを有する中国系米国人による事例4件の訴追に失敗した。すなわち、彼らを（エスピオナージ法が規定している）「外国政府のために働くスパイ」として訴追することはできなかった。こうした失敗を受けて、司法省は、国家安全保障に少しでも影響を及ぼし得る全ての事案は、（単なるホワイトカラー犯罪としてのみ処理されるのではなく）同省の国家安全保障担当部署との調整の下で処理されることとした。

国家安全保障書簡（ナショナルセキュリティ・レター）

エスピオナージ及びテロ事件において使用される捜査手法の1つに、**国家安全保障書簡**（NSL: National Security Letter）がある。国家安全保障書簡は、個人の財務情報の保護を定める法律の例外措置として、1978年から認められている。ただし、同制度の存在が広く知られるようになったのは2005年である。国家安全保障書簡は、行政的な召喚状の一種である。すなわち、司法手続上の命令に基づくものではない。同書簡を最も頻繁に使用しているのはFBIである。CIAもこれを利用している。国家安全保障書簡は、名宛人に対して、個人に関係する記録及びデータの提出を求めるものであり、非開示規定も付されている。すなわち、（非開示規定に基づき）同書簡の名宛人は、受領した書簡の内容はもとより、当該書簡の存在すらも明らかにしてはならない。

国家安全保障書簡の内容は、制度の創設以降、当初の規定から拡大され、電子的な通信及び信用情報等にも及ぶようになっている。2001年のテロ事件の後に成立したいわゆる米国愛国者法（The USA PATRIOT Act）に基づき、国家安全保障書簡の発出権限は、FBIの本部のみならず、現場の支局にも拡大された。また、対象となる事案は、エスピオナージのみならずテロにも拡大された。さらに、国家安全保障書簡によって請求される情報は「外国勢力あるいはその代理人に関係するものに限定される」との要件は削除された。

国家安全保障書簡をめぐっては、様々な論点がある。第1に、最も明白な点として、国家安全保障書簡は、司法手続上の審査の下にはない一方で、名宛人に非開示の条件を課している。したがって、人権上の懸念を生じる。第2に、2001年以降、国家安全保障書簡の利用は拡大している。国家情報長官による2019年の統計報告書によると、同年の国家安全保障書簡の発出数は1万3,850通であり、情報リクエ

ストの数は6万3,455件であった（1通の書簡に複数の情報リクエストが含まれる場合がある）。過去数年間、国家安全保障書簡の発出数は概ね一定である。しかし、情報リクエストの数は年によって異なる。第3に、FBI及び司法省の調査によって明らかにされたことであるが、一部の国家安全保障書簡は、「切迫した状況（exigent circumstance）」という要件を適切に充足していないにもかかわらず発出されていた。モラー（Robert Mueller）FBI長官（在2001–2013年）は、こうした失態の責任を認め、謝罪した。ただし、報道機関あるいは連邦議会によってFBIの業務管理が問題視されたのは、決してこれが初めてではなかった。2013年3月、連邦地裁は、国家安全保障書簡の根拠法令及び同書簡の名宛人による異議申立てを禁止する法令を無効とする判決を下した。ただし、同裁判所は、FBIによる上訴まで当該判決の履行を保留した。2017年、第9巡回区控訴裁判所は、国家安全保障書簡は合憲であり、非開示規定は合衆国憲法修正第1条（言論の自由）に抵触しないとした。2017年、ツイッター社が2015年及び2016年に受領した2通の国家安全保障書簡の非開示規定が解除された。これを受けて、ツイッター社はこれらの書簡を公開した。当該書簡は、様々なツイッターアカウントに関する詳細な情報（名前、住所、利用年数、取引記録）を請求していたが、アカウントの内容に関しては請求していなかった。

2013年12月、インテリジェンスと通信技術に関する大統領検討グループは、国家安全保障書簡の発出は裁判所の命令に基づくものとすべき旨を勧告した。（同グループは、スノーデンによる暴露事案を受けて設置された。）その1ヵ月後、コミー（James Comey）FBI長官（在2013–2017年）は、当該勧告に異議を唱えた。同長官は、国家安全保障書簡は「必要不可欠なもの」であると指摘した上で、もしも勧告に沿った手続が実施されると、国家安全保障書簡の取得は非常に困難になる旨を論じた。2014年1月、オバマ大統領は、演説の中で、コミー長官の立場を支持する旨を述べた。ただし、国家安全保障書簡の秘匿性をより低減させるための措置を講じる旨も併せて指摘した。

前記のとおり、2015年に制定された米国自由法（The USA FREEDOM Act）に基づき、国家安全保障書簡の制度は改訂された（第5章参照）。現在では、国家安全保障書簡による要請は、包括的な情報提供の要請ではなく、個別具体的な情報の提供の要請でなければならない。非開示の命令は、司法手続上の異議申立の権利が名宛人（書簡の受領者）に告知される場合にのみ、発出し得ることとなった。また、書簡の発出者側は、（書簡に不開示条項を付す場合には）書簡の開示が次の事項のいずれかを惹起する旨を立証する責任を担う。それは、国家安全保障に対する危害、個別具体のインテリジェンス活動に対する支障、あるいは、書簡の名宛人（受領者）の安全に

対する危害である。最後に、同法に基づき、国家情報長官室は、前年中の国家安全保障書簡の発出件数及びこれらの書簡による要請件数を公式ホームページ上に掲載することが義務付けられた。他方、国家安全保障書簡の名宛人（受領者）（一般的には私企業）の側は、一定の要件の下で、自身が受領した国家安全保障書簡の件数及びその対象となった顧客の数を公表することが可能となった。

まとめ

　ベノナ（VENONA）によって明らかにされたように、冷戦期のエスピオナージの脅威は、顕著かつ明白なものであった。（ただし、ローゼンバーグ（Rosenberg）及びヒス（Hiss）の事例のように、ソ連によるエスピオナージの中には依然として論争の的となっている事例もある。）しかし、エイムズ事案及びハンセン事案によって示されたとおり、冷戦終結に伴ってロシアのエスピオナージ活動が終了した訳ではない。同様に、ロシアに対する米国の活動も、冷戦終結に伴って終了してはいなかった。こうした状況は、エイムズによるスパイ活動、あるいはハンセンにつながる情報源によって、（米国に協力していたとみられる）ロシア人が（ロシア当局によって）逮捕され処刑されたことからも明らかである。（2003年、ロシアは、同国の元インテリジェンス組織職員のザポロスキー（Alexander Zaporozhsky）を逮捕した。同人は、米国に定住していたところ、ロシアに誘い戻されていた。その後、ザポロフスキーは、米国のためにスパイ活動を行っていたとして、懲役18年の判決を受けた。米国がハンセンをスパイとして特定するに当たりザポロフスキーがこれを支援したとロシア側が考えていたとの見方もある。）1999年、コックス委員会は、1980年代に、当時は米中両国はソ連に対抗するべく実質的な同盟関係にあったにもかかわらず、中国は米国の核兵器計画を窃取していた旨を指摘した。

　米国に対するエスピオナージの脅威の性質及び範囲を評価することは、冷戦後の世界においては、ソ連が崩壊する以前に比較して困難化しているとみられる。その背景には、イデオロギー的な争いが終了したことのみならず、侵入活動の目的及び情報源が変化していることがある。2002年に連邦議会のために作成された報告書によると、最も活発な情報収集活動を行っている国として、中国、フランス、インド、イスラエル、日本、台湾が指摘されていた。これらの国々によるインテリジェンス活動の一般的な標的は、米国の軍事能力、米国の外交政策、技術的な専門知識、ビジネス上の計画等である。標的となるのは、政府関係者だけとは限らない。標的となるインテリジェンスの種類によっては、むしろ契約社員等が鍵となる場合もある。最近の複数の研究によると、米国にとってのカウンターインテリジェンス上の

最も深刻な懸念として、中国がロシアに取って代わりつつある旨が示唆されている。確かに、報道されるスパイ事案の件数でみれば、中国関連の事案が最も多くなっている。2020年、レイ（Christopher Wray）FBI長官（在2017年−）は、同局は、毎10時間ごとに新たな中国関連のスパイ事件の捜査を開始している旨を述べた。中国に協力してスパイ活動を行う情報源の主たる動機は金銭とみられる。そうした影響は、中国系のディアスポラ・コミュニティ以外にも広がっている。最近のコロナ禍下においては、西側諸国によるコロナウイルスに対するワクチン開発の動向が、中国によるエスピオナージ活動の標的となった。ロシアは、中国ほどではないにせよ、イランと共に引き続き主要なカウンターインテリジェンス上の懸念である。

　また、米国は自身のヒューミントを強化するために関係国との協力関係に依存している。これは、諸外国も同様である。2001年、DIAの分析担当者であったモンテス（Ana Belen Montes）は、キューバのためにスパイ活動を行っていたとして逮捕された。モンテスは、17年間にわたり、キューバに対してインテリジェンスを提供していた。米国政府関係者は、そうしたインテリジェンスの多くは、キューバからロシアを含む他国にも共有されたと推測している。2002年及び2008年に国防省の人事保安・保全研究センター（Defense Personnel Security Research Center）が作成した報告書によると、米国に対してスパイ活動を行った米国国民の属性は変化しつつある。東西冷戦終結後、スパイの年齢層は上昇し、所持するクリアランスのレベルはより低くなる傾向がある。また、米国で出生した国民ではなく、米国に帰化した国民が多くなりつつある（ただし、1990年代以降のスパイのうち65％は依然として、米国で出生した国民である）。女性の数も増える傾向にある。このように、東西冷戦の終結に伴って厳格なカウンターインテリジェンスやカウンターエスピオナージの必要性がなくなったと考えるのは誤りである。

主要な用語

大きなカウンターインテリジェンス（big CI）
ビゴットリスト（Bigot list）
国家秘密情報（CNSI: Classified National Security Information）
コンパートメント化（compartmented）
カウンターエスピオナージ（counterespionage）
カウンターインテリジェンス（counterintelligence）
カウンターインテリジェンス・ポリグラフ検査（counterintelligence poly）
被害評価（damage assessment）
二重スパイ（double agent）
グレーメール（graymail）
部内の脅威（insider threat）
ライフスタイル・ポリグラフ検査（lifestyle poly）
小さなカウンターインテリジェンス（little CI）
モール（mole）
国家安全保障書簡（NSL: National Security Letter）
ニード・トゥ・ノウ（need to know）
ポリグラフ（polygraph）
相互主義（reciprocity）
提供する責任（responsibility to provide）
スリーパー・エージェント（sleeper agents）

参考文献

単なるスパイ小説は多々あるものの、カウンターインテリジェンスに関する論考の中で、信頼性が高く、かつ包括的なものは多くはない。以下は最も信頼し得るものの一部である。

Bearden, Milt, and James Risen. *The Main Enemy: The Inside Story of the CIA's Final Showdown With the KGB*. New York: Random House, 2003.

Benson, Robert Louis, and Michael Warner, eds. *VENONA: Soviet Espionage and the American Response, 1939–1957*. Washington, D.C.: NSA and CIA, 1996.

Bruce, James B., and W. George Jameson. *Fixing Leaks: Assessing the Department of Defense's Approach to Preventing and Deterring Unauthorized Disclosures*. Washington, D.C.: RAND Corporation, 2013.

Charney, David L. "True Psychology of the Insider Spy." *Intelligencer: Journal of U.S. Intelligence Studies* 18 (fall/winter, 2010): 47–54.

———. "NOIR: A White Paper. Part One: True Psychology of the Insider Spy." 2014. "Part Two: Proposing a New Policy for Improving National Security by Fixing the Problem of Insider Spies." 2014. "Part Three: Prevention: The Missing Link." 2017. (All available at noir4usa.org.)

Clark, Robert M., and William L. Mitchell. *Deception: Counterdeception and Counterintelligence*. Newbury Park, Calif.: CQ Press, 2018.

Doyle, Charles. *National Security Letters in Foreign Intelligence Investigations: Legal Background*. CRS Report RL33320. Washington, D.C.: Congressional Research Service, July 30, 2015. (Available at https://sgp.fas.org/crs/intel/RL33320.pdf.)

Ehrman, John. "What Are We Talking About When We Talk About Counterintelligence?" *Studies in Intelligence* 53 (June 2009): 5–20.

Elsea, Jennifer K. *The Protection of Classified Information: The Legal Framework*. CRS Report RS21900. Washington, D.C.: Congressional Research Service, January 10, 2013. (Available at https://fas.org/sgp/crs/secrecy/RS21900.pdf.)

Finklea, Kristin, Michelle D. Christensen, Eric A. Fischer, Susan V. Lawrence, and Catherine A. Theohary.

Cyber Intrusion Into U.S. Office of Personnel Management: In Brief. CRS Report R44111. Washington, D.C.: Congressional Research Service, July 17, 2015. (Available at https://fas.org/sgp/ crs/natsec/R44111.pdf.)

Godson, Roy S. *Dirty Tricks or Trump Cards: U.S. Covert Action and Counterintelligence*. Washington, D.C.: Brassey's, 1995.

Hitz, Frederick P. "Counterintelligence: The Broken Triad." *International Journal of Intelligence and Counterintelligence* 13 (fall 2000): 265–300.

Hood, William, James Nolan, and Samuel Halpern. *Myths Surrounding James Angleton: Lessons for American Counterintelligence*. Washington, D.C.: Consortium for the Study of Intelligence, Working Group on Intelligence Reform, 1994.

Jervis, Robert. "Counterintelligence, Perception, and Deception." In *Intelligence: The Secret World of Spies*. Ed. Loch K. Johnson and James J. Wirtz. New York: Oxford University Press, 2015.

Johnson, William R. *Thwarting Enemies at Home and Abroad: How to Be a Counterintelligence Officer*. Bethesda, Md.: Stone Trail Press, 1987.

Masterman, J. C. *The Double-Cross System*. New Haven, Conn.: Yale University Press, 1972.

Olson, James M. *To Catch a Spy: The Art of Counterintelligence*. Washington, D.C.: Georgetown University Press, 2021.

Redmond, Paul J. "The Challenges of Counterintelligence." In *The Oxford Handbook of National Security Intelligence*. Ed. Loch Johnson. Oxford, U.K.: Oxford University Press, 2015.

Rosenzweig, Paul, Timothy J. McNulty, and Ellen Shearer, eds. *Whistleblowers, Leaks, and the Media: The First Amendment and National Security*. Washington, D.C.: ABA Book Publishing, 2014.

Schoenfeld, Gabriel. *Necessary Secrets: National Security, the Media, and the Rule of Law*. New York: W. W. Norton, 2010.

Shulsky, Abram N., and Gary J. Schmitt. *Silent Warfare: Understanding the World of Intelligence*. 2d rev. ed. Washington, D.C.: Brassey's, 1983.

Sims, Jennifer E., and Burton Gerber, eds. *Vaults, Mirrors and Masks: Rediscovering U.S. Counterintelligence*. Washington, D.C.: Georgetown University Press, 2009.

Sulick, Michael J. *American Spies: Espionage Against the United States From the Cold War to the Present*. Washington, D.C.: Georgetown University Press, 2013.

———. *Spying in America: Espionage From the Revolutionary War to the Dawn of the Cold War*. Washington, D.C.: Georgetown University Press, 2012.

Thompson, Terence. *Why Espionage Happens*. Florence, S.C.: Seaboard Press, 2009.

U.S. Department of Homeland Security. Classified National Security Information Program for State, Local, Tribal and Private Sector Entities. Washington, D.C., February 2012.

U.S. House Permanent Select Committee on Intelligence. *Report of Investigation: The Aldrich Ames Espionage Case*. 103d Cong., 2d sess., 1994.

———. United States Counterintelligence and Security Concerns—1986. 100th Cong., 1st sess., 1987.

———. Executive Summary of Review of the Unauthorized Disclosures of Former National Security Agency Contractor Edward Snowden. September 15, 2016. 114th Cong., 2nd sess., 2016. (Available at https://irp.fas.org/congress/2016_rpt/hpsci-snowden-summ.pdf.)

U.S. House Select Committee on U.S. National Security and Military/Commercial Concerns With the People's Republic of China (Cox Committee). *Report*. 106th Cong., 1st sess., 1999.

U.S. Information Security Oversight Office. 2018 *Report to the President*. 2019. (Available at https:// www.archives.gov/files/isoo/images/2018-isoo-annual-report.pdf.)

U.S. National Insider Threat Task Force. *Insider Threat Program: Maturity Framework*. 2018. (Available at https://www.dni.gov/files/NCSC/documents/nittf/20181024_NITTF_Maturity Framework_web.pdf.)

U.S. Office of the Director of National Intelligence. *FY2019 Annual Report on Security Clearance Determinations*. April 2020. (Available at https://fas.org/sgp/othergov/intel/clear-2019.pdf.)

———. National Counterintelligence and Security Center. *Executive Summary of the National CI Strategy [and] National Counterintelligence Strategy of the United States of America 2020–2022*. (Available at https://

www.dni.gov/index.php/ncsc-features/2741.)

———. *Principles of Classification Management for the Intelligence Community*. 2017. (Available at https://www.dni.gov/files/documents/Principles-of-Classification-Management-for-the-IC.pdf.)

———. *Statistical Transparency Report Regarding Use of National Security Authorities, Calendar Year 2019*. April 2020. (Available at https://www.dni.gov/files/CLPT/documents/2020_ASTR_for_ CY2019_FINAL.pdf.)

U.S. Office of the Inspector General of the Intelligence Community. *Semi-Annual Report to Congress, April–September 2020*. (Available at https://www.dni.gov/files/ICIG/Documents/Publications/ Semiannual%20Report/2020/IC%20IG%20Semiannual%20Report%20-%20April%20 2020%20to%20September%20 2020.pdf.)

Zuehlke, Arthur A. "What Is Counterintelligence?" In *Intelligence Requirements for the 1980s: Counterintelligence*. Ed. Roy S. Godson. Washington, D.C.: National Strategy Information Center, 1980.

略称一覧

A

ABI: activity-based intelligence
ABM: antiballistic missile
ACH: alternative competing hypothesis
ADDNI: assistant deputy director of national intelligence
AGI: advanced geospatial intelligence
AI: artificial intelligence
AIDS: acquired immune deficiency syndrome
AIPAC: American Israel Public Affairs Committee
Aman: Agaf ha-Modi'in (Military Intelligence) （イスラエル）
AOR: area of responsibility
ARC: Analytic Resources Catalog
ASAT: anti-satellite weapon
ASIO: Australian Secret Intelligence Organisation
ASIS: Australian Secret Intelligence Service

B

BDA: battle damage assessment
BfV: *Bundesamt für Verfassungsschutz* (Federal Office for the Protection of the Constitution) （ドイツ）
BND: *Bundesnachrichtendienst* (Federal Intelligence Service) （ドイツ）
BW: biological weapons

C

CBW: chemical and biological weapons
CCMD: Combatant Command
CCP: Consolidated Cryptologic Program
CDA: congressionally directed action
CEO: chief executive officer
CESG: Communications Electronics Security Group （イギリス）
CI: counterintelligence
CIA: Central Intelligence Agency
CIARDS: CIA Retirement and Disability System
CIC: Counterintelligence Center
CIG: Central Intelligence Group
CISEN: Center for Investigation and National Security （メキシコ）
CMA: Community Management Account
CMC: Central Military Commission （中国）
CNA: computer network attack
CNC: Counternarcotics Center
CNE: computer network exploitation
CNI: National Intelligence Center （メキシコ）
CNR: (1) *coordonnateur national du renseignement* (national intelligence coordinator); (2) *conseil national du renseignement* (national intelligence council) （フランス）
CNSI: Classified National Security Information
COI: Coordinator of Information

COIN: counterinsurgency
COMINT: communications intelligence
COO: chief operating officer
COS: chief of station
CRS: Congressional Research Service
CSE: Communications Security Establishment （カナダ）
CSIS: Canada's Security Intelligence Service
CSRS: Counter Surveillance Reconnaissance System
CT: counterterrorism
CTC: Counterterrorism Center
CW: chemical weapons

D

D&D: denial and deception
DA: Directorate of Analysis (CIA)
DARP: Defense Airborne Reconnaissance Program
DARPA: Defense Advanced Research Projects Agency
DBA: dominant battlefield awareness
DC: Deputies Committee (NSC)
DCI: director of central intelligence
DCIA: director of the Central Intelligence Agency
DCP: Defense Cryptologic Program
DCRI: *Direction Centrale du Renseignement Intérieur* (Central Directorate for Interior Intelligence) （フランス）
DCS: Defense Clandestine Service
DEA: Drug Enforcement Administration
DGIAP: Defense General Intelligence Applications Program
DGSE: *Direction Générale de la Sécurité Extérieure* (General Directorate for External Security) （フランス）
DHS: Department of Homeland Security
DI: Directorate of Intelligence
DIA: Defense Intelligence Agency
DICP: Defense Intelligence Counterdrug Program
DID: Digital Innovation Directorate (CIA)
DIS: Defence Intelligence Staff （イギリス）
DISTP: Defense Intelligence Special Technologies Program
DITP: Defense Intelligence Tactical Program
DMZ: demilitarized zone
DNI: director of national intelligence
DO: Directorate of Operations (CIA)
DOD: Department of Defense
DOE: Department of Energy
DPSD: *Directoire de la Protection et de la Sécurité de la Défense* (Directorate for Defense Protection and Security) （フランス）
DRM: *Directoire du Renseignement Militaire* (Directorate of Military Intelligence) （フランス）
DS&T: Directorate of Science and Technology (CIA)
DSRP: Defense Space Reconnaissance Program

E

ELINT: electronic intelligence
EO: electro-optical; executive order
EOD: entry on duty
EU: European Union
ExCom: Executive Committee

F

FAPSI: *Federalnoe Agenstvo Pravitelstvennoi Svyazi I Informatsii* (Federal Agency for Government Communications and Information)（ロシア）
FARC: *Fuerzas Armadas de Colombia* (Armed Forces of Colombia)（コロンビア）
FBI: Federal Bureau of Investigation
FBIS: Foreign Broadcast Information Service
FIA: Future Imagery Architecture
FININT: financial intelligence
FISA: Foreign Intelligence Surveillance Act
FISC: Foreign Intelligence Surveillance Court
FISINT: foreign instrumentation intelligence
FMV: full motion video
FSB: *Federal'naya Sluzba Besnopasnoti* (Federal Security Service)（ロシア）

G

GAO: Government Accountability Office
GCHQ: Government Communications Headquarters（イギリス）
GDIP: General Defense Intelligence Program
GDP: gross domestic product
GEO: geosynchronous orbit
GEOINT: geospatial intelligence
GNP: gross national product
GRU: *Glavnoye Razvedyvatelnoye Upravlenie* (Main Intelligence Administration)（ロシア）
GU: *Glavnoye Upravlenie* (Main Administration)（ロシア）

H

HEO: highly elliptical orbit
HPSCI: House Permanent Select Committee on Intelligence
HSI: hyperspectral imagery
HSINT: homeland security intelligence
HSIP: Homeland Security Intelligence Program
HUMINT: human intelligence

I

I&A: intelligence and analysis
I&W: indications and warnings
IAEA: International Agency for Atomic Energy
IARPA: Intelligence Advanced Research Projects Agency
IC: intelligence community
IG: inspector general
IMINT: imagery (or photo) intelligence
INF: intermediate-range nuclear forces
INR: Bureau of Intelligence and Research（米国国務省）
INTs: collection disciplines (HUMINT, GEOINT, MASINT, OSINT, SIGINT)
IR: infrared imagery
IRA: Irish Republican Army
IRGC: Iranian Revolutionary Guard Corps
IRTPA: Intelligence Reform and Terrorism Prevention Act
ISC: Intelligence and Security Committee（イギリス）
ISID: Inter-Services Intelligence Directorate（パキスタン）（通称 **ISI**）
ISG: Iraq Survey Group
ISR: intelligence, surveillance, and reconnaissance
IT: information technology

J

JCS: Joint Chiefs of Staff
JIC: Joint Intelligence Committee（イギリス）
JICC: Joint Intelligence Community Council
JIO: Joint Intelligence Organisation（イギリス）
JIOC: Joint Intelligence Operations Center
JMIP: Joint Military Intelligence Program
JTAC: Joint Terrorism Analysis Center（イギリス）
JTTF: Joint Terrorism Task Force

K・L

KGB: *Komitet Gosudarstvennoi Bezopasnosti* (Committee of State Security)（ロシア）
KJs: Key Judgments
LEO: low earth orbit

M

MAD: mutual assured destruction
MADIS: Marine Air Defense Integrated System
MASINT: measurement and signatures intelligence
MEO: medium earth orbit
MI5: Security Service（イギリス）
MI6: Secret Intelligence Service（イギリス）
MIP: Military Intelligence Program
MMD: mean mission duration
MOIS: Ministry of Intelligence and Security（イラン）
MON: memo of notification
Mossad: *Ha-Mossad Le-Modin Ule Tafkidim Meyuhadim* (Institute for Intelligence and Special Tasks)（イスラエル）
MSI: multispectral imagery

N

NAB: National Assessment Bureau（ニュージーランド）
NATO: North Atlantic Treaty Organization
NCPC: National Counterproliferation Center
NCS: National Clandestine Service
NCSC: National Counterintelligence and Security Center
NCTC: (1) National Counterterrorism Center; (2) National Counter-Terrorism Committee（オーストラリア）
NFIP: National Foreign Intelligence Program
NGA: National Geospatial-Intelligence Agency
NIA: National Intelligence Agency（南アフリカ）

NIC: National Intelligence Council
NIE: national intelligence estimate
NIIRS: National Imagery Interpretability Ratings Scale
NIM: national intelligence manager
NIMA: National Imagery and Mapping Agency
NIO: national intelligence officer
NIP: National Intelligence Program
NIPF: National Intelligence Priorities Framework
NOC: nonofficial cover
NRO: National Reconnaissance Office
NRP: National Reconnaissance Program
NSA: National Security Agency
NSC: National Security Council
NSL: national security letter
NTM: national technical means
NTRO: National Technical Research Organization（インド）

O

OCO: overseas contingency operations
ODNI: Office of the Director of National Intelligence
OMB: Office of Management and Budget
ONA: Office of National Assessments（オーストラリア）
OPIR: overhead persistent infrared
ORCON: originator controlled
OSD: Office of the Secretary of Defense
OSE: Open Source Enterprise
OSINT: open-source intelligence
OSS: Office of Strategic Services

P・Q

P&E: processing and exploitation
PC: Principals Committee (NSC)
PCLOB: Privacy and Civil Liberties Oversight Board
PCO: Privy Council Office（カナダ）
PDB: President's Daily Brief
PFIAB: President's Foreign Intelligence Advisory Board
PFLP: Popular Front for the Liberation of Palestine
PHIA: professional head of intelligence analysis（イギリス）
PHOTINT: photo intelligence
PIAB: President's Intelligence Advisory Board
PIOB: President's Intelligence Oversight Board
PIPs: Presidential Intelligence Priorities
QFR: question for the record

R・S

RAW: Research and Analysis Wing（インド）
RMA: revolution in military affairs
S&T: science and technology
SAC: (1) special agent in charge (FBI); (2) Strategic Air Command（現在 **STRATCOM** と呼ばれる）
SALT: strategic arms limitation talks
SAM: surface-to-air missile
SAR: synthetic aperture radar
SARS: severe acute respiratory syndrome
SAS: Special Air Service（イギリス）

SBS: Special Boat Service（イギリス）
SBSS: space-based surveillance satellite
SCIFs: sensitive compartmented information facilities
SDA: Space Development Agency
SDI: Strategic Defense Initiative
SGAC: Senate Governmental Affairs Committee
Shin Bet: *Sherut ha-Bitachon ha-Klali* (General Security Service)（イスラエル）
SIGINT: signals intelligence
SIS: Secret Intelligence Service（イギリス）
SMO: support to military operations
SNIE: special national intelligence estimate
SOCMINT: social media intelligence
SOCOM: Special Operations Command
SPA: special political action
SRA: Systems and Research Analyses
SSCI: Senate Select Committee on Intelligence
START: Strategic Arms Reduction Treaty
STRATCOM: Strategic Forces Command
SVR: *Sluzhba Vneshnei Razvedki* (External Intelligence Service)（ロシア）
SWIFT: Society for Worldwide Interbank Financial Telecommunications

T

TacSat: tactical satellite
TECHINT: technical intelligence
TELINT: telemetry intelligence
TIARA: Tactical Intelligence and Related Activities
TOR: terms of reference
TPEDs: tasking, processing, exploitation, and dissemination
TUAVs: tactical unmanned aerial vehicles

U

UAVs: unmanned aerial vehicles
UCR: unanimous consent request
UGS: unattended ground sensor
UIS: unifying intelligence strategies
UN: United Nations
UNSCOM: United Nations Special Commission
USDI&S: under secretary of defense for intelligence and security

V・W

VoIP: Voice-over-Internet Protocol
WIRe: Worldwide Intelligence Review
WMD: weapons of mass destruction

【著者】マーク・M・ローエンタール（Mark M. Lowenthal）
1948年生まれ。ハーバード大学Ph.D.（歴史学）。2002年から2005年にかけて、中央情報局（CIA）分析・制作部長補佐及び国家情報会議（NIC）評価担当副議長を歴任。それ以前には、中央情報局（CIA）長官補佐官を務め、国務省情報調査局（INR）において局長及び国務次官補を歴任。また米国議会図書館議会調査局では米国外交政策の上級専門官として勤務。ジョンズ・ホプキンス大学、パリ政治学院、ノルウェー防衛情報学校、コロンビア大学で講義を担当。2005年にインテリジェンス・コミュニティ最高の賞である国家情報特別功労賞を受賞、2006年にはインテリジェンス・コミュニティへの貢献に対してAFCEA（Armed Forces Communications and Electronics Association）特別功労賞を受賞。本書『Intelligence: From Secrets to Policy 9th Edition』は、アメリカの大学や大学院の標準的な教科書となっている。

【訳者】小林 良樹（こばやし よしき）
明治大学公共政策大学院（専門職大学院）ガバナンス研究科 特任教授。早稲田大学博士（学術）、ジョージワシントン大学修士（MIPP）。香港大学修士（MIPA）。トロント大学修士（MBA）。1964年東京都生まれ。1987年、東京大学法学部卒業後に警察庁入庁。在香港日本国総領事館領事、在米国日本国大使館参事官等を歴任。2019年3月、内閣官房審議官（内閣情報調査室・内閣情報分析官）を最後に退官。同年4月より現職。併せて、情報セキュリティ大学院大学客員教授、防衛大学校非常勤講師等を務める。主要著書に、『インテリジェンスの基礎理論』（講談社、2025）、『なぜ、インテリジェンスは必要なのか』（慶應義塾大学出版会、2021）、『テロリズムとは何か――〈恐怖〉を読み解くリテラシー』（慶應義塾大学出版会、2020）等。

インテリジェンス
――機密から政策へ［原著9版］ 上

2025年4月25日 初版第1刷発行

著　者―――マーク・M・ローエンタール
訳　者―――小林良樹
発行者―――大野友寛
発行所―――慶應義塾大学出版会株式会社
　　　　　〒108-8346　東京都港区三田2-19-30
　　　　　ＴＥＬ〔編集部〕03-3451-0931
　　　　　　　　〔営業部〕03-3451-3584〈ご注文〉
　　　　　　　　〔 〃 〕03-3451-6926
　　　　　ＦＡＸ〔営業部〕03-3451-3122
　　　　　振替 00190-8-155497
　　　　　https://www.keio-up.co.jp/

装　丁―――鈴木 衛
組　版―――株式会社ステラ
印刷・製本――中央精版印刷株式会社
カバー印刷――株式会社太平印刷社

©2025 Yoshiki Kobayashi
Printed in Japan ISBN978-4-7664-3016-5